U0170303

国家社会科学基金重大项目
“20世纪60年代以来苏联（俄罗斯）科技哲学与科技史研究”
（项目批准号：21&ZD062）阶段性研究成果

俄罗斯科学技术哲学文库 | 孙慕天◎主编

The Awakening out of Confusions

On the History of Russian (Soviet) Philosophy of Science and Technology

迷思后的清醒

——俄（苏）科学技术哲学史论

孙慕天/著

科学出版社

北京

内 容 简 介

本书是《跋涉的理性》姊妹篇，是一部关于俄（苏）科学技术哲学问题史论结合的学术著作。本书在深刻分析俄（苏）科学技术哲学首要问题——自然本体论和最为鲜明的两个导向——“本体论主义”与“认识论主义”的基础上，不仅论证了辩证唯物主义方法论对苏联科学家的启发意义，而且介绍了苏联哲学家对辩证唯物主义认识论的创新发展。通过对新俄罗斯哲学与科学哲学的管窥，阐明了当代俄罗斯学者对“六十年代人”开启的认识论主义传统的继承和发展，以及西方学者对俄（苏）科学技术哲学研究态度的转变。本书不仅是对苏联时期科学技术哲学遗产的再反思，而且是对当代俄罗斯科学技术哲学成果的新评介。

本书适合自然辩证法工作者、科学技术哲学和外国哲学专业的师生，以及对哲学感兴趣的广大科技工作者阅读参考。

图书在版编目（CIP）数据

迷思后的清醒：俄（苏）科学技术哲学史论/孙慕天著. —北京：科学出版社，2022.3

（俄罗斯科学技术哲学文库）

ISBN 978-7-03-071565-4

Ⅰ. ①迷…　Ⅱ. ①孙…　Ⅲ. ①自然哲学-哲学史-俄罗斯 ②自然哲学-哲学史-苏联　Ⅳ. ①N0951.2

中国版本图书馆 CIP 数据核字（2022）第 030209 号

丛书策划：侯俊琳　刘　溪

责任编辑：邹　聪　陈晶晶 / 责任校对：韩　杨

责任印制：徐晓晨 / 封面设计：有道文化

科学出版社 出版

北京东黄城根北街16号

邮政编码: 100717

http://www.sciencep.com

北京九州迅驰传媒文化有限公司 印刷

科学出版社发行　各地新华书店经销

*

2022年3月第　一　版　开本：720×1000　1/16

2022年3月第一次印刷　印张：21

字数：365 000

定价：148.00 元

（如有印装质量问题，我社负责调换）

总　序

不知不觉间，21 世纪也已经快过去六分之一了。20 世纪虽然渐行渐远，但是，人们对这 100 年的评价却大相径庭，褒之者誉之为非常伟大的世纪，贬之者嗤之为极端糟糕的世纪，两种观点各有理由，倒是霍布斯鲍姆（E. Hobsbawm）的说法最接近历史的辩证法："这个世纪激起了人类最伟大的想象，同时也摧毁了所有美好的设想。"

苏联 69 年的社会主义理论和实践，无疑是 20 世纪最重大的历史事件之一，只不过它是最大的历史悲剧，以美好的憧憬开始，却以幻梦的破灭告终。在 20 世纪初叶，得到普遍认同的观点是"十月革命开启了人类历史的新纪元"；而在 20 世纪末叶，流行的观点却是"苏联的解体是社会主义道路的终结"。苏联解体和十月革命一样震撼世界，无论是在那片土地上，还是在整个世界，人们都在思考这一最富戏剧性的历史事变。当然，站在不同的立场上，人们对苏联共产党的失败和苏联的崩解所持的态度各自不同。有的欢呼雀跃，认为是"历史的终结"，如美国学者弗朗西斯·福山（Francis Fukuyama）认为，这表明，"测量和找出旧体制的缺陷，原来只有一个一致的标准集：那就是自由民主，亦即市场导向的经济生产率和民主政治的自由"；有的则呼天抢地，哀叹这是"历史的大灾难"，如曾任苏联部长会议主席的尼古拉·伊万诺维奇·雷日科夫惊呼，他们留给后辈的是"一个四分五裂的国家""一副沉重的担子"。从国际共产主义运动的角度说，苏联的兴亡史的确是比巴黎公社所包含的内容和提供的教训要丰富和深刻得多，对共产主义抱有信心的研究者应当珍视这笔巨大的财富，认真地进行反思和总结。现在，苏联的继承者——俄罗斯已经走上了新的发展轨道，继续谱写一个伟大民族国家的新篇章。这段波澜壮阔的时代交响曲正在引起越来越多的关注，对过去的反思，对未来的前瞻，是当代学人不可推卸的历史责任。

中国是对苏联模式的弊端最早抱有清醒认识的社会主义国家，在这方面，从主流思想说，我国的领导层和学术界是有共识的。其实，早在20世纪50年代中期，对苏联教训的警惕和分析就已经开始了，而特别值得注意的是，对此具有先导和示范作用的恰恰是科学哲学领域。早在1950年，当苏联在自然科学领域大搞政治批判，对摩尔根遗传学进行“围剿”的时候，中国共产党的领导人就指出其错误的思想倾向。1956年召开的青岛座谈会，则反其道而行之，对科学和哲学、科学和政治做了明确的划界。著名科学哲学家龚育之先生从新中国成立开始，就致力于苏联科学技术哲学的研究，先是总结列宁对“无产阶级文化派”的批判，后又具体分析了苏联哲学界用哲学思辨取代科学实证研究的重大案例。20世纪60年代，他致力于介绍苏联持正确观点的哲学家和科学家的学术成果，坚持对苏联科学技术哲学进行系统研究。1990 年，他正式出版了《历史的足迹——苏联自然科学领域哲学争论的历史资料》一书，奠定了我国苏联科学技术哲学研究的基础。可以说，我国的俄（苏）科学技术哲学研究从一开始就有很高的起点，通过认真总结苏联的经验教训，为我国正确处理科学技术与政治的关系、制定合理的科学技术政策提供了重要鉴戒，也有力地推动了有中国特色的科学技术论的建设。

改革开放初期，在龚育之先生等老一辈学者的直接推动和指导下，一批中青年学者怀着新的目标热情地投入这项研究中。当时，在长期的文化锁国之后，学术界开始面对世界各种新的思潮，而西方科学哲学中的一些理论流派，如波普尔的证伪主义、库恩的范式论等，因为与思想解放的潮流有某种契合，一时成为学术热点，相应地，苏联学者如何评价西方科学哲学就成了学界亟待了解的学术动向。恰在此时，苏联也在“新思维”的旗号下热推改革，而以“六十年代人”为代表的苏联科学哲学家，早已率先从理论上向僵化的教科书马克思主义发起了挑战。所有这一切，都引发了学者们的强烈兴趣，于是，国内的苏联科学技术哲学研究自然成了改革理论的一翼。

历史地看，苏联科学技术哲学研究一直活跃在我国学术的前沿。龚育之先生当年提出的方针是：“前事不忘，后事之师，研究历史，是为了现在。”在那个时代，遵循这样的方针是现实的要求，有其历史必然性。从20世纪80年代开始，30 多年过去了，世界形势发生了根本变化，中俄两国的社会背景和学术语境也今非昔比。我们虽然不应当也不能够丢弃先驱者优秀的历史传统，但是，一代人有一代人的责任：如果说那时的研究主要是像鲁迅先生所说，是借了别人的火来煮自己的肉；那么，今天我们可以进入更广阔的学术空间，立场更客观，认识更理性，视野更开阔，主题更宽泛。一方面必须继续深入总结苏联悲剧的历史教训，另一方面更应当密切注视新俄罗斯发展的未来趋势，只有如此，才能科学地认识世界，认识中国。这表明，我们这一代俄罗斯科学技术哲学研究者有太多的工作要做。

恩格斯说过："因为各种不同的民族性所占的（至少是在近代）地位，直到今天在我们的历史哲学里还很少阐述，或者更确切些说，还根本没有加以阐述。"俄（苏）科学技术哲学是科学技术哲学的国别研究，唯其属于苏联，属于俄罗斯，才有了无可替代的学术价值。个性和共性、特殊和一般、相对和绝对的关系是认识论的基本问题，也是唯物辩证法的精髓。俄（苏）科学技术哲学是人类科学技术、哲学理论、思想文化的丰富资源，其中包含了社会发展的宝贵经验和教训，蕴藏着精神文明进步的潜在生长点，它的独特优势当然是这项研究的着力点。但重要的是与时俱进，形势的发展要求我们站在新的历史高度重新思考俄（苏）科学技术哲学研究的进路。

苏联科学技术哲学是马克思主义哲学导向的理论流派，新俄罗斯[①]的科学技术哲学虽然不再将马克思主义作为统一的指导思想，但苏联时期的传统仍然在一定程度上延续下来。简言之，在学科的划界、问题的设立、范式的规定、体系的建构、概念的定义、理论的解释、成果的评价，一言以蔽之，在科学技术哲学的整个研究域，苏联和俄罗斯的学者都展示了与西方迥然不同的思想进路和研究模式，是科学技术哲学发展的另一个维度，为研究者提供了一个可以比较和选择的参考系。

应当特别指出，苏联科学哲学一度是以本体论研究为中心的，尤其重视自然界各种物质运动形式的客观辩证法，相应地，所谓自然辩证法研究的主体则定位于各门实证科学中的哲学问题。在科学史上，苏联科学家是最自觉地运用哲学世界观和方法论指导具体科学研究的群体，如美国学者格雷厄姆（L. R. Graham）所说："我确信，辩证唯物主义一直在影响着一些苏联科学家的工作，而且在某些情况下，这种影响有助于他们实现在国外同行中获得国际承认的目标。"自然界是辩证法的试金石，深入研究苏联科学家在实证科学研究中应用唯物辩证法的功过得失，具体分析那些重大的案例，不仅对正确认识苏联科学技术哲学，而且对检验和发展马克思主义哲学，以至对全面评价整个科学技术哲学学科都具有重大的意义。格雷厄姆已经意识到这一点，他在谈到上面所说的研究主题时说："所有这一切对一般科学史——而不单单是对俄罗斯研究——都是重要的。"当年，我们曾大力介绍苏联自然科学哲学研究的具体成果，但是新

---

① "新俄罗斯"指的是 1992 年建立的俄罗斯联邦，以区别于苏联成立之前的旧俄罗斯。——编辑注

时期以来，这方面的研究完全中断了，现在，对这项研究应该有新的认识。

语境主义已经成了后现代科学哲学的共识，其实对科技进步的语境分析和历史唯物主义的科学编史学，是有互文性和一定程度的契合性的。关于斯大林主义的社会主义模式对苏联科技进步的灾难性破坏，在西方，早已成为苏联学（Sovietology）的首选主题，在俄罗斯和中国也是俄（苏）科学技术史和科学技术哲学研究的重大关注焦点，各种文献汗牛充栋。问题是，即使在那样的语境中，仍然有一批学者拒绝附和斯大林学者对马克思主义哲学的歪曲，而是坚持正确阐释和发展辩证唯物主义，并自觉地用唯物辩证法指导科学研究。如果说，对改革派科学哲学家的研究已经得到较多的重视，那么在同样语境下坚持正确哲学路线并继续以辩证法指导科学研究工作的科学家，却被忽略了。哈佛大学俄罗斯研究中心教授鲍尔（R. A. Bauer）指出："才能卓越、成就斐然的那些苏联知识分子认为，历史的和辩证唯物主义的自然解释，在概念基础上是令人信服的。施密特、阿果尔、谢姆科夫斯基、谢列德洛夫斯基、鲁利亚、奥巴林、维果茨基、鲁宾斯坦等杰出的苏联学者，都强调马克思主义思想对他们的创造性活动的启发意义，而且在被要求做与马克思主义有关的陈述之前，他们就已经这样做了。"显然，这是今后俄（苏）科学技术哲学研究必须填补的空白。

科学技术哲学与俄（苏）特殊历史语境的关联还有许多未被触及的方面，如斯拉夫文化传统对俄（苏）科技进步的影响就值得深入探索。旧俄罗斯（沙皇俄国）被称作第三罗马，"正教、君主制、民族性"是斯拉夫文化传统的核心，其主流思维方式属于出世的理想主义应然范畴，而不是入世的功利主义实然范畴。集中而不是发散，醉心于信仰，强烈的民族主义，都深植于民族文化精神的本底，所有这些不仅一直支配着俄（苏）公众的社会心理，也全面规范了俄（苏）哲学乃至科学技术哲学的特质。格雷厄姆在谈到苏联科学家时说过一句话："他们中最明智的一些人甚至会同意，哲学唯物主义与其说是一种可以证明的理论，不如说是多数学者赞同的一种信仰。"行文至此，使人联想起马克思在致查苏利奇的著名复信草稿中对俄国社会基础的研究，他认为俄国作为欧洲唯一保留农业村社并将其作为社会基础的国家，其特征就是"它的孤立性"，"保持与世隔绝的小天地"，而"有这一特征的地方，它就把比较集权的专制制度矗立在公社的上面"。我们不能不承认，俄（苏）科学技术哲学发展的曲折过程及其内在的诸多矛盾，正是折射出俄罗斯社会文化语境的结构性特质。苏联解体后，俄罗斯官方有意扶植和依托东正教，旧俄时代的索洛维约夫、别尔嘉耶夫等的宗教哲学思想大有主流化的趋势，对新俄罗斯的科学技术哲学研究也有不容忽视的影响。这就是说，从文化语境上研究俄（苏）科学技术哲学，还有许多需要深入挖掘的地方。

在整个苏联哲学中，也许还可以说，在整个苏联文化中，科学技术哲学占据十分特殊的地位。第一，相对于其他部门，相对于政治和官方意识形态，科学技术哲学受的负面干扰较少，始终保持自己的学术独立性；第二，科学技术哲学率先举起反官方教条主义的旗帜，成为苏联社会改革的思想先驱；第三，科学技术哲学是整个苏联时期意识形态领域始终保持连续性的学科部门，即使在苏联解体后的新俄罗斯时期，原来的许多研究结论仍然得到肯定，一些研究方向仍在继续向前推进；第四，俄（苏）科学技术哲学所取得的成就是举世瞩目的，完全可以和西方同行相媲美，而且得到了国际学术界的承认。我曾把上述事实称作“苏联科学技术哲学现象”，认为对这一现象的解读，可以揭示俄（苏）科学技术发展的内史和外史的许多深层本质。作为国际俄（苏）科学技术哲学研究的权威学者，格雷厄姆就曾敏锐地注意到这个特异的现象，并给出了自己的答案：“在过去七十年间苏联的辩证唯物主义者在科学哲学中努力创新，在同其他思想的尖锐冲突中卓然独立。也许，苏联在自然哲学领域比其他思想领域有所成就的一个更重要原因在于，尽管存在苏共控制思想生活的体制，但和政治主题相比，这种体制给予科学主题以更多的创造空间。众多英才潜心研究科学课题，而其中一些人自然而然地为其工作的哲学方面所吸引。在苏联的特殊环境下，对作者们说来，辩证唯物主义讨论的深奥性质还有某种免遭检查的好处。”格雷厄姆的解读不无道理，但仅停留在现象学层面，未触及科学技术哲学的学科性质等本质问题。科学技术哲学在近日俄罗斯的地位有所变化，但与其他哲学部门相比，仍有其特殊性。总之，科学技术哲学在苏联和现在的俄罗斯的特殊地位问题，是我国俄（苏）科学技术哲学研究者不能回避的重大问题。

我国新一代俄（苏）科学技术哲学研究者特别注意俄罗斯技术哲学的发展，这不是偶然的。相对于科学哲学而言，苏联时期的技术哲学因为意识形态原因，曾一度遭到冷遇或被片面理解。而在新俄罗斯却因为技术与人的本质、与生存环境、与社会伦理、与文明转型的密切关系，而成为科学技术哲学的人本主义转向的中心枢纽。一批中青年学者敏锐地察觉到这一重要学术动向，并为之付出了巨大的努力，已有几部重要成果问世，成为新时期俄（苏）科学技术哲学研究的亮点。

共性寓于个性之中，对俄（苏）科学技术哲学和西方科学技术哲学的比较研究表明，二者存在着明显的趋同演化过程。就西方科学技术哲学来说，从认识论转向到语言学转向，从人工语言哲学到日常语言哲学，以逻辑实证论为主导的“冰峰上的哲学”让位给以世界观分析为核心的社会文化主义；就俄（苏）科学技术哲学来说，从本体论主义主导的自然界客观辩证法研究，转向认识论主义主导的科学结构学和科学动力学研究，进而发展到人本主义主导的科学文化学研究。两两相较，可以发现，世界科学哲学的发展逻辑是从走向客体（本体论的形而上学）转到走向主体（认知主体的活动反思），再转到走向历史（文化价值语境的研究）。不仅发展过程上存在趋同演化，而且在内容结构上同样存在明显的理论趋同。特别是20世纪后半叶，西方和俄（苏）科学哲学在结构学上都把前提性知识的研究置于中心地位，而在动力学上则聚焦于科学革命的全域性分析和概念重构。布莱克利（T. J. Blackley）在《苏联的知识论》一书中明确断言：“苏联哲学家对待越来越多的问题的方式，与西方对这些问题所采用的方式多半相同。”他认为区别只是在所使用的词汇上，而“致力于解释和标准化的词汇表就可以打开哲学上接触的广阔前景”。这位波士顿学院的学者是很有见地的，我们应当在世界科学技术哲学的整体文化背景上，以时代发展的眼光，用马克思主义的观点对俄（苏）科学技术哲学重新进行审视。实话说，在这方面我们仍然不够自觉，而俄（苏）学者是有这种自觉性的，当年科普宁（П. В. Копнин）就说过：“对世界过程的真正理解既不是他们（西方），也不是我们。将来的某一时刻会产生第三方，而我们所能做的只是全力促进这一发展。”今天，全球化已经成为时代不可阻挡的趋势，每个民族的命运都与整个人类的命运紧密相关，俄（苏）科学哲学的领军人物弗罗洛夫（И. Т. Фролов）说：“可以再一次想一想陀思妥耶夫斯基，他说，俄罗斯的命运‘在全世界的整体性的团结之中’，在精神和物质的团结之中。现在，这是最重要的。” 站在历史转折的关头，我们中国的俄（苏）科学技术哲学研究者理应从这样的思想高度促进这一学科的发展。

从新中国成立开始的中国俄（苏）科学技术哲学研究，已经走过了半个多世纪的历程。21世纪以来，在俄（苏）科学技术哲学研究领域，新一代人已经成长起来，他们无论在目标上，在学识上，还是在眼界上，都有了更高的起点，已经开始回答我在上面所提出的那些新的学术问题。近些年来，他们从新的角度出发，采用新的方法，特别是通过与俄罗斯学者的直接对话和交流，全面推进了这项研究，并且成果斐然。值得注意的是，他们的研究几乎是与21世纪俄罗斯科学技术哲学的发展同步的。古人说，明达体用，这批研究成果既在理论的深度和广度上有重大的推进，实现了学术本体上的创新，又有直接的现实关怀和强烈的问题意识，显示了重大的实际应用价值。

现在，科学出版社决定把这些成果汇集起来，作为“俄罗斯科学技术哲学文库”出版。新时期我国的文化开放是全方位的，且不说对西方的研究差不多已经没有多少死角，就是有关苏联和俄罗斯的研究也几乎实现了全覆盖，但是，唯独俄（苏）科学技术哲学的出版物却寥若晨星。造成这种情况的原因是多方面的，在这里我不想对此进行追究，因为那是业内工作方面的检讨。应当说的是，感谢科学出版社对学术发展的深切关怀，以超越的学术眼光，把这株含苞欲放的稚嫩花株培植起来，让它在百花园里开放，点缀这繁花似锦的学术春天。

不能奢望这一文库短时期内会引起多大关注，也不应责怪人们对俄（苏）科学技术哲学的冷落，因为对这一领域的误解由来已久，30多年来，这一学科的边缘化是有深刻历史原因的。然而，在那片广袤的土地上，在漫长的岁月里，在这个重要的学科领域中，毕竟结出了而且还在继续结出累累硕果。虽然和一切文化生产一样，其中不免混杂着种种糟粕，但其中的精华却是人类精神文化宝库中的珍品，挖掘、清理、继承、发扬这一领域的遗产，密切关注所发生的变化和最新动向，既是对这个国家学术工作的尊重，也是这些成果本身固有的历史的权利，谁也不应也不能剥夺这一权利。我相信，无论久暂，正确认识俄（苏）科学技术哲学真正价值的日子必将到来。恩格斯说过：“对历史事件不应当埋怨，相反地，应当努力去理解它们的原因，以及它们的还远远没有显示出来的后果……历史权利没有任何日期。”历史权利是没有日期的，但是我们却有义务促进历史进程的发展，这是“俄罗斯科学技术哲学文库”的编著者和出版人共同的心愿。

孙慕天

2016年11月19日

前　言

我们这一代人是和中华人民共和国一起成长起来的，而对苏联的记忆常像梦一样缠绕着我们的头脑。作为一个哲学工作者，当然不能只是感情层面上的惊诧和迷茫，1978年，在改革开放起始之年，我选择苏联自然科学哲学作为自己专业研究的主攻方向之一，迄今已经整整四十年了。2006年，我把研究成果总结了一下，出版了《跋涉的理性》一书。这本书梳理了自普列汉诺夫以来，从马克思主义在俄国传播到苏联解体一个多世纪科学技术哲学发展的历史，按照历史语境的变化，从外史和内史相结合的角度，对思想观点的演变、重大事件的争议、理论学派的分化做了系统的反思。这是一个纵向的研究，主旨在于把握俄（苏）科学技术哲学历史演变的内在逻辑，从历史发展中重新审视相关主题，以求汲取有益的经验教训。但受这种历时性叙事的限制，许多重大课题不能做出深入解析，这使我早就有意另起炉灶，改变叙事体例，选择重大主题，以系列专论的形式，写一本《跋涉的理性》姊妹篇——《迷思后的清醒》，如果说前者是纵向的史述，后者则是横向的史论。

正题《迷思后的清醒》的含义是双重的，一是说，作为历史客体的当事者，苏联的一些科学技术哲学家和科学家，在官方教条主义意识形态的强势话语压制下，保持清醒的头脑，以追求真理的科学精神，坚守自己的信念，通过独立解读马克思主义哲学并以辩证方法论为指导，在哲学和科学上做出了骄人的成就，而且对走过的历史道路、各种理论争论和学术事件做出公正的评价；二是说，作为认识主体的研究者，无论是解体后的俄罗斯科学技术哲学家（包括经历过苏联时代的老一代人和解体后成长起来的新一代）、西方的俄（苏）科学技术哲学研究者，还是我国的俄（苏）科学技术哲学研究者，包括我自己，在今天的历史新时期，终于拨开了长期笼罩着苏联的迷雾，可以透视其中真相，应当也能够实事求是地评价其功过得失了。

本书首先从语境分析入手，选择了“沙俄的科技政策和斯拉夫文化语境”和“苏俄建国初期的科技进步思想和科技发展战略”两篇专论。一个时代的科技进步趋势和现代民族国家的科技政策构成了不同科学技术哲学形成和发展的历史语境。俄罗斯帝国（简称沙俄）植根于斯拉夫文明的特殊科技进步轨迹和科技政策选择，与斯大林时期苏联社会主义模式的科技发展理念和科技政策选择有着千丝万缕的联系，不容否认，苏联模式仍留有斯拉夫传统的印记。苏俄建国初期，列宁对新的社会主义国家的发展道路既有科学的理性思考，也有认真的实践探索，许多理论思考和政策设计不仅符合苏联的国情，而且作为发展社会主义科技事业的第一个理论构想和政策实践是极富原创性和前瞻性的。虽然后来的斯大林模式中断了列宁已经成功推进了的发展路线，但在以后苏联的意识形态斗争中，在改革派的理论探索中，仍然能够看到列宁思想的深远影响。

接下来，我选取了俄（苏）科学技术哲学中两个最有特色的专题，系统地做了深入讨论。第一个专题是“俄（苏）科学技术哲学的首要问题——自然本体论研究”，即研究自然界的辩证法和自然科学哲学问题，或所谓的自然本体论研究。20世纪20年代后期到50年代，长达三十余年间苏联科学技术哲学研究的中心主题是自然本体论和各门科学中的哲学问题，这成了苏联科学技术哲学的历史特色。至今还没有人明确提到这一点。这一特色的形成当然与那一时代逐渐强化起来的中央集权体制和意识形态控制直接相关。这一方向的研究也经历了曲折的历史，本书也做了历史的追溯。但是最值得注意的是，有一批专业的自然科学家，他们既摒弃自然哲学，也反对实证主义，而且拒绝接受官方的教条主义，始终保持独立的学术精神，根据自己的理解，从科学实践出发，真诚地运用辩证方法论指导科学研究，取得了世界级的科学成果。他们的这些尝试和成就，印证了“自然界是检验辩证法的试金石”的论断，也成为马克思主义哲学史和世界哲学史上的特殊一页。我选择亚历山大洛夫、福克、奥巴林三位实证科学家作了案例分析，还专题分析了质量能量讨论中辩证方法论的积极作用。美国学者格雷厄姆很早就对这一问题做过深入研究，但他的评述缺点是注意力主要放在哲学观点的辨析上，对辩证方法论究竟在哪一点上启发了科学家，使他们打开了科学思路却语焉不详。由于这一点涉及具体实证科学理论，需要真正的硬功夫，我虽然做了很多努力，但仍不尽如人意。只是我国俄（苏）科学技术哲学研究完全忽略了这一重要方面，而按照恩格斯的本意，研究自然界本身的辩证法和各门科学的辩证法是自然辩证法的中心内容，这一点在当下我国科学技术哲学研究中，不仅有淡化的趋势，而且还有被误读的趋向，所以很有必要重温一下俄（苏）科学技术哲学的这一段历史。辩证法是不是自然界本身的规律，以辩证方法论规范或启发自然科学研究是否具有合理性，这一哲学方向是不是复活旧自然哲学和重蹈教条主义的覆辙，如此等等都存在重大的争议。西方马克思主义自卢卡奇开始即反对自然界存在辩证法，这是马克思主义哲学史和马克思主义理论的一大公案，重温苏联科学技术哲学在这一重大理论问题上所做的探索，特别是苏联科学家运用辩证法解决实证科学问题的宝贵实践，是不可多得的宝贵历史资源。

第二个专题是“俄（苏）科学技术哲学发展的两个导向——本体论主义和认识论主义”。俄（苏）科学技术哲学中的本体论主义和认识论主义之争，已经有过充分的研究，我也曾多次撰文从不同角度进行讨论。本书则另辟蹊径，向前和向后拓展了研究空间。向前上溯到列宁。列宁的哲学思想发展分为前后两个阶段，这与当时俄国革命面对的形势有关：前期主要论述哲学的党性原则，强调哲学上的两军对战，重心在论证唯物主义反映论；后期主要研究辩证法的本性，强调马克思主义哲学的实践性，创造性地提出辩证法就是马克思主义认识论的命题。向后则一直延伸到苏联解体前后的那一代改革派科学技术哲学家。在 20 世纪 60 年代，当改革已经成为苏联普遍的社会要求时，科学哲学的“六十年代人”从理论上发起了声势凌厉的哲学思想运动，纲领就是辩证法、认识论和逻辑学三者一致。这一导向以直接承继列宁后期的哲学思想为纲领，争取话语权和合法化地位，成为反对官方僵化教条的思想先锋，为解放思想开辟了道路。这条导向的发展分为两个时期，前期以老“三驾马车”——凯德洛夫、伊里因科夫、科普宁为代表，后期则以新“三驾马车”——弗罗洛夫、施维廖夫、斯焦宾为代表。这些代表人物在基本哲学导向上是相同的，都一直坚持认识论主义的方向；但新老两代的交替，反映了俄（苏）科学技术哲学的两次转型——老一代标志着科学技术的认识论—方法论转型，新一代标志着社会文化主义转型。本书特别注意到这六位学者的学术个性，比较他们在立论和叙事上的差异，并结合个人的身世分述了他们的学术命运。新一代的三驾马车在苏联解体后仍然活跃在科学技术哲学研究的舞台上，他们与原来的认识论主义传统的关系尤其引人注目。

第五章“新时代的历史回声”是从一个特殊的视角对后苏联时代俄罗斯一般哲学，特别是科学哲学的窥视，所以副标题是“新俄罗斯哲学与科学哲学一瞥”。所谓特殊的视角指的是着眼于大转折以后俄罗斯哲学家对待马克思主义哲学基础的态度，其中最重要的是如何对待哲学基本问题，科学认识的客观性和辩证法与认识论的一致性。我特别注意的是，新一代研究者是否和如何继承与发展“六十年代人”所开启的所谓认识论主义的思想导向。我首先透过俄罗斯哲学的领军人物列克托尔斯基和资深科学哲学家马姆丘尔等在解体后对苏联时期科学哲学的反思和总结，把握他们对苏联时期的哲学，特别是科学哲学的基本态度。可以说，他们所代表的观点带有主流倾向，显示了苏联科学哲学领域的独特性：有别于其他意识形态领域，没有全盘否定苏联时期科学哲学取得的成果，在对集权体制下教条主义的批判和摒弃的同时，却仍然对以“六十年代人”为代表的改革派科学哲学给予高度的评价，并强调了辩证唯物主义哲学作为思想资源的历史意义和启发价值。我特别选取了新时期俄罗斯学者的四篇哲学论文作为窥探这一发展动向的窗口，这些文章均发表于2005—2008年，是颇有代表性的，以之为鹄地进行深入的分析和评述，虽不能说勾勒出新俄罗斯科学哲学的全貌，但却清晰地凸显了这一领域思想发展的历史连贯性。

第一篇是资深哲学家奥伊则尔曼2005年发表的《哲学基本问题》，该文表现了老一代马克思主义学者如何对待经典马克思主义哲学基本原理。他并没有（或者说不想）从根本上背弃马克思主义立场，但是却以世界历史的眼光把马克思主义哲学视为一个开放的相对的哲学理论体系，揭示其历史局限性，试图根据哲学发展的新趋势做出修正。第二篇是列文的《相对主义的三种类型》及其姊妹篇《现代相对主义》，分别发表于2007年和2008年，是两篇典型的科学哲学论文。作者抓住后现代西方科学哲学最具代表性的特征和最深刻的理论失误，从语义学、知识论和方法论三个层面做了深入分析，并明确指出这种倾向的根子在于否定客观存在是真理性认识的基础。作者根据单一和多元、直观和抽象的辩证法，深刻揭示了现代相对主义由于背弃了辩证法而陷入的思维困境。列文没有公开声言自己坚持唯物主义的哲学导向，也没有表明运用辩证方法论是上承“六十年代人”所代表的认识论主义路线，但他对相对主义的系统批判却鲜明地显示了与西方科学哲学对立的哲学进路，是对传统俄（苏）科学哲学优秀传统直接的继承和发展。第四篇是叶戈罗夫的论文《如果范式不可通约，为什么还是变动不居》，是对后现代西方科学哲学争议的焦点——不可通约论针锋相对地回应。作者一空依傍，既不遵奉马克思主义哲学的传统理路，又与后现代西方科学哲学各主要流派的观点相区隔，试图为破解不可通约论提供一条独特的思路。作者认为不可通约论的哲学歧路在于非理性主义和约定主义，并从心理学、认识论和方法论三个维度对不可通约论的哲学错误做出全方位的分析。在此基础上，作者认为理论的比较虽然没有唯一的绝对的硬标准，但是可以制定一个软标准群，并提出建立中性概括性元模式的设想。叶戈罗夫认为不可通约论从方法论上源于对辩证法的波普尔式误读，并根据自己的理解使用了辩证法的思想资源，重新定义了不同概念框架系统的矛盾。这一进路代表了新一代俄罗斯学人原创性的努力，对传统思想资源——包括马克思主义——所持的是实用主义的态度。

最后一章“西方的俄（苏）科学技术哲学研究”是一篇特殊的专论。应当说，这是一篇填补空白之作，西方这方面的研究成果在国内几乎迄无所知，相关西方原文文本在国内极难索求。但从西方视角如何看待俄（苏）科学技术不仅饶有兴味，更是为本领域的研究提供了另一个参考系，有助于认识俄（苏）科学技术的成就与失误，准确地把握其发展历程和学术特色。根据所掌握的文献，我发现按立场说，西方的俄（苏）科学技术研究可分为三个阶段：赞赏、敌对与中立。这一研究难度很大，我利用网络时代提供的方便，检索到一些特别生僻的原始资料，例如在网上竟检索到20世纪30年代全套的英国共产党机关刊物《劳动月刊》（*Labour Monthly*），而西方对俄（苏）科学技术的早期评论和介绍连篇发表于此。难得的是，直到今天，有些西方学者仍然在关注这一领域，提出了一些新的研究思路，对我们很有启发意义。

总之，本书主要是对苏联时期的科学技术哲学遗产的再反思，但历史是连续的，21世纪以来俄罗斯科学哲学虽然已经脱胎换骨，但从中仍可以窥见苏联时期那些先驱思想的流风余韵。

本书特别增加了两个案例分析：“李森科现象及其教训”和“切尔诺贝利核灾难”。李森科现象是苏联体制对待科技进步官方政策的典型事例，对苏联科技发展，特别是对俄（苏）科学技术的思潮演变影响巨大，是研究俄（苏）科学技术无法绕开的重大历史事件。切尔诺贝利核电站的灾难性事故是现代文明史上最大的科学技术悲剧，是科技进步与人的复杂关系的典型事例。国内对这一事故的详情缺乏了解，我根据原始材料做了汇总和编纂，力求全面反映这一事件的真相。切尔诺贝利核灾难是技术事故，但其实是人祸，是苏联科技体制和整个政治体制弊端的恶果。灾难发生时，正是俄（苏）科学技术的改革派大力倡导科技进步的人道主义伦理原则的时候，这不能不说是对历史的讽刺。

我国改革开放之初，处在冷战末期，苏联作为超级大国是国际关注的焦点，中苏关系更是敏感而微妙，戈尔巴乔夫的改革又是我国改革开放的一个重要参照坐标。当时，西方科学哲学的一些理论由于契合了思想解放的需要，成为理论界热议的显学。而俄（苏）科学技术则成了可与之比照的另一个对外开放窗口。我适逢其会，从介绍苏联学者对西方科学哲学的研究和评价入手，在龚育之等前辈学者的鼓励和支持下，集合同道，建立起学术共同体，使俄（苏）科学技术成为一个相对独立的学科部门在我国发展起来。

学科命运是和时代的走势连在一起的。苏联的解体虽然不等于苏联研究的终结，但是苏联几乎成了失败的代名词，苏联科学技术领域的失败教训经龚育之先生的总结和后继者的努力，已经成为定谳，没有更大的拓展空间了。由于标准尚未确定，在对整个体制问题的评价没有共识之前，许多敏感问题难以把握，所以对俄（苏）科学技术的正面研究一时无法开展起来。虽然解体后的俄罗斯充满不确定性，但在国际关系格局中中俄双边的地位却举足轻重，所以如果说出于地缘政治和经济关系的需要，一些涉及经济、政治、外交、科学、技术、文化等双边关系的研究甚至有了长足的发展，那么相形之下对抽象理论的兴趣却日渐边缘化了。

这一研究域的沉寂也有学科内在的原因。科学技术是个特殊的研究域，由于它的交叉性质，要求研究者不仅要有深厚的哲学素养，还要在自然科学领域有比较坚实的基础，对其他人文社会科学领域也要有广泛的涉猎。研究俄（苏）科学技术对此有更加特殊的要求：由于苏联时期的主流意识形态是马克思列宁主义，所以必须认真研读马克思主义经典作家的原著；如前所述，苏联前期科学技术的主题是自然本体论和各门科学中的哲学问题，尤其物理学和生物遗传学哲学问题一直是热点，所以在诸如相对论、量子力学、分子遗传学等现代自然科学领域要有一定的知识基础。此外当然还要通晓俄语，而为了和西方科学哲学进行比较，还要阅读其他西方语言的文献。这就是说，从事这一领域的研究是要付出超常努力的，但是并不因此就会得到更高的物质的和其他方面的回报。这些都使年轻一代学子对这一领域望而生畏。我从事这一领域研究工作的四十年间，日益感到远离热点的孤寂。但是，科学的唯一标准是真理，不能以冷热分高下。可喜的是，近年来一批俄（苏）科学技术的中青年研究者已经崭露头角，他们正在把这项研究推向新的高峰。

由于“左”的思潮干扰，对苏联意识形态的研究在指导思想上长期存在着种种误区，改革开放，正本清源，现在学术界已经能够理性、客观地审视苏联的功过是非了。以价值中立的眼光看待其有过辉煌成就的科学技术，既不隐恶，也不掩善，给予公正的评价，是唯一正确的科学态度。本书与过去著作的不同在于，比较注意苏联科学哲学家以及实证科学家在科学技术上取得的成就，并试图将他们放到世界科学哲学的舞台上，给出恰如其分的评价。历史的发展使中俄关系发生了质的变化，两国都在致力于民族的伟大复兴，正在创造新的国际关系格局。中俄文化的交流也进入了全新的时代，高度互补，合作双赢，需要的是通过吸收双方文化的优长，滋养本民族的文化血脉。还在苏联时代，苏联科学技术的领军人物弗罗洛夫评价当时苏联的科学哲学研究：我国对科学哲学的研究现在已达到很高的水平，达到世界水平。[①]这话应该不是自诩，而是实事求是的评价。所以我认为，改变消极的负面的眼光，更多研究整个俄（苏）科学技术哲学的优秀遗产，是今后俄（苏）科学技术哲学研究的新的侧重点。

王安石《读史》诗说："糟粕所传非粹美，丹青难写是精神。"想到那些在极端困难的情势下，仍然坚守自己的信念、以无畏的理论勇气探索真理、给后人留下珍贵的科学技术遗产的俄（苏）学术前辈，不觉肃然起敬。我愿本书作为一束鲜花，奉献在他们的学术丰碑之前。

孙慕天

2017 年 11 月 19 日

① И. Т. 弗罗洛夫. 60—80 年代苏联哲学总结与展望. 哲学译丛，1993（2）：11.

目录

第一章 沙俄的科技政策和斯拉夫文化语境

近代科学技术是17—18世纪才在沙俄出现的。事实上，只是到彼得一世的时代，俄国才有了由政府制定和推行的科技政策。由于沙俄社会发展的特殊道路，它的科学技术和科技政策也带有十分特殊的性质。十月革命后，苏维埃国家的发展是以沙俄科学技术原有的基础为前提的，而苏联科技政策也与沙俄科技政策有着特殊的历史关联，所以研究沙俄的科技政策对于俄（苏）科技史和科学技术的研究都是基础性的工作。

近代科学技术在沙俄的兴起和发展，是与资本主义生产方式在俄国的产生和演进密切相关的。资本主义在俄国的发展经历了200多年，这段漫长的过程是以1861年为分界线的：从彼得一世的时代到1861年这150年，是俄国资本主义的孕育时期，是俄国近代科学技术兴起的时代；从1861年到1917年的近60年间，是俄国废除农奴制后，资本主义生产方式确立的时期，也是近现代科学技术在俄国迅速发展的时代。

纵观十月革命前俄国的社会史可以发现，特殊的斯拉夫文化语境始终制约着俄国科学技术的发展。俄国是欧洲社会的异类，它和近代欧洲现代化的进程是错位的。马克思曾经专门研究过俄国社会特殊的经济结构，他在著名的《给维·伊·查苏利奇的复信草稿》中指出："俄国是在全国范围内把'农业公社'保存到今天的欧洲唯一的国家"，这种特殊制度的内在特征就是它的"孤立性"，保持着"与世隔绝的小天地"，而这一特质就使"比较集权的专制制度矗立在公社的上面"。[1]沙俄的经济基础是自然经济，既保存了"习惯于劳动组合关系"这种独特的古老传统，又发展出农奴制的封建剥削形式，这是斯拉夫文化语境的经济基础。沙皇尼古拉一世时期的教育部部长乌瓦罗夫（C. C.

Уваров）制定的著名公式“君主、东正教、民族性”——集中反映了斯拉夫文化传统的负面特质：集权主义、信仰主义、孤立主义。

直到18世纪初叶，俄国仍然是一个落后的封建农奴制的国家。当时全俄仅有十几家手工工场。为了改变俄国经济落后的局面，使其迅速赶上西欧先进国家，彼得一世在工业、农业、商业、政治和文化教育等领域，推行了一系列重大的改革措施。彼得大帝的改革在经济领域的重点是建立手工工场和发展贸易市场，这使俄国社会出现了前所未有的经济飞跃。从彼得一世逝世的1725年算起，到1790年，俄国的手工工场从200余家增加到1000余家；出现了图拉和乌拉尔这样的重工业中心和彼得堡、莫斯科这样的轻工业中心。一些手工工场开始实行雇佣劳动制度。同时，工业产品的增加促进了商品市场的活跃，以莫斯科为中心的全国商业市场已经形成，富商大贾成为重要的社会阶层。相应地，1725—1796年，俄国的对外贸易总额增加了15倍。①

但是，尽管如此，当时经济关系的主体仍然是封建农奴制，也就是列宁所说的：“宗法式的（自然经济的）农业同家庭手工业（即为自己消费而对原料进行加工）、同为地主进行的徭役相结合。”列宁认为，这是“中世纪经济制度最典型的形式”。[2] 在这种制度下，农民在给地主进行耕作之余，在自己分的一块份地上劳动，挣得糊口的生活资料，从而继续为地主提供劳动力。

沙俄这样的经济背景，使当时的俄国社会在政治、文化和思想方面表现出一种特殊的二元化倾向：一方面是社会要求变革的进步倾向，资本主义生产方式的发展势头汹涌澎湃；另一方面则是反对改革的保守倾向，反动集团以维护农奴制为施政基点，残酷镇压进步力量，禁锢先进思想。

社会的这种二元化倾向，对当时俄国的科学技术进步产生了巨大的影响，正如列宁所说：“资本主义所造成的竞争和农民对世界市场的依赖，使技术改革成为必要。”但与此同时，“……宗法制农民经济，按其本质来说，是以保守的技术和保持陈旧的生产方法为基础。在这种经济制度的内部结构中，没有任何引起技术改革的刺激因素……”。[3] 这就是说，一方面，俄国社会的进步力量要求发展科学和技术；另一方面，站在对立面的俄国贵族地主的代表——专制势力，则阻挠和破坏科学技术的进步。这种情况就是那一时代沙俄的科学技术政策，始终包含着改革与反改革两种倾向的对立和斗争。

① 周一良，吴于廑. 世界通史（近代部分上册）. 2版. 北京：人民出版社，1972：73.

第一节　沙俄科技政策的形成

在沙俄的历史上，18 世纪上半叶是近代科学在俄国兴起并取得长足进步的时期。瓦维洛夫（С. И. Вавилов）指出："在以往各世纪的世界文化史上，像 18 世纪上半叶俄国那样，借助彼得堡科学院而使科学获得如此迅速而卓有成效的增长，可以说绝无先例。"[4] 这一点当然是彼得一世改革的一个直接成果。改革使学者在实验和理论研究上获得了许多有利的条件："与其在一个气候温和但屈待和轻视缪斯的国度里忍受饥饿，不如到一个寒冷但却欢迎缪斯的国度去忍受严酷的气候。"[5]

1724 年 1 月 22 日，彼得一世同意了御医布留门特洛斯特（Л. Л. Блюментрост）起草的科学院及其附属大学的筹建方案，它在某种程度上体现了彼得一世的改革理念，可以看作他推行改革的科学纲领。1724 年皇家科学与艺术研究院①成立，从此科学院一直是沙俄的科学活动中心，实际上在相当长的一段时期，它的指导思想和活动原则集中反映了俄国科技政策的基本精神。由于彼得一世没有来得及为科学院制定详细的章程，因此直到 18 世纪 40 年代，上述草案仍然是俄国科技政策的指导文件。但是彼得一世逝世以后，专制势力反对在科技领域进一步推进改革，以科学院办公厅秘书舒马赫尔（И. Д. Шумахер）为代表的保守分子藏匿了草案全文，他们从来也没有认真贯彻草案的改革精神，直到 1747 年制定了《彼得堡皇家科学与艺术研究院章程》，这是后彼得时代上层保守势力试图以专制政权钳制科学技术发展的法规，因此遭到有进步思想的众多科学家的强烈反对。

18 世纪中叶以后，许多进步学者试图通过制定新的科学院章程，促使统治集团放宽对科学事业的行政干预。1758 年，罗蒙诺索夫（М. В. Ломоносов）——科学院第一位俄国终身院士起草了《关于调整彼得堡科学院的敝见》，指出科学院本身无权是一切弊端的根源，建议制定新院章。1760 年，他又起草了《科学院优惠权利草案》，为科学活动争取自由权利和条件。1764 年，他进一步拟定了几个章程草案，其中之一是《关于彼得堡科学院的建制和章程的建议》（*Idea Status et*

---

① 彼得堡科学院（Петрбургская Академия Наук），1724 年创立时称皇家科学与艺术研究院，1803 年称皇家科学院，1836 年称圣彼得堡皇家科学院，简称圣彼得堡科学院，1917 年 5 月改称俄罗斯科学院。本书按俄文文献习惯称彼得堡科学院，简称科学院。

Legum Academia Petropolitanae）[6]。这个由五部分构成的文件，核心思想是使科学事业摆脱暴政的蛮横干预，争取科学事业按自身规律健康地向前发展。罗蒙诺索夫竭力提高科学院的地位，企图使它获得与政府机关相等的权力，并使平民出身的学者和贵族平起平坐。这些僭越的主张触怒了统治集团，对他的草案全面进行封杀。罗蒙诺索夫去世以后，如列皮奥欣（И. И. Лепехин）院士等科学家都为改革不合理的科学政策进行过斗争，他们的行动曾先后得到科学院行政委员、比较开明的官方人士奥尔洛夫（В. Г. Орлов）、达什科娃（Е. Р. Дашкова）一定程度的支持，外籍院士、数学家欧拉（H. Euler）也积极参与，起过很大作用。1766 年米勒（Г. Ф. Миллер）提出科学院章程的修改草案，1769 年奥尔洛夫对草案定稿进行复审，1771 年他批准了该草案。尽管这一章程并没有从根本上改变传统的保守科技政策，但无论如何，从 18 世纪 60 年代到 80 年代，沙皇政府的科技政策还是发生了一些有利于科技进步的变化。

在 18 世纪最后二三十年里，从叶卡捷琳娜二世到保罗一世的统治时期，在宫廷权力的争夺中，贵族势力得到进一步加强。当时，贵族私有农奴已占全国农民人口的一半以上，地主甚至获得了强迫不驯服的农民服苦役和禁止农民控诉的权利。至此，农奴制在俄国发展到了登峰造极的地步。1773 年普加乔夫领导的反对农奴制的大起义和 1789 年爆发的法国大革命，促使沙皇政府大大强化了专制国家机器，采取高压政策镇压进步势力，这使科技政策改革受到重大挫折。

沙皇政府在科学领域推行了一系列反动政策。首先是镇压进步人士。1792 年，叶卡捷琳娜二世下令撤销法国数学家康多尔舍彼得堡科学院名誉院士的称号，因为他投票赞成处死国王路易十六；同时还把作家拉吉舍夫（А. Н. Радищев）流放到西伯利亚，逮捕了教育家诺维科夫（Н. И. Новиков）担任此职。由于达什科娃曾批准出版悲剧《诺夫哥罗德的瓦吉姆》，而剧中的主人公是反专制、捍卫诺夫哥罗德自由的战士，结果沙皇政府解除了达什科娃科学院行政委员的职务，并任命一个低级宫廷侍从巴库宁（П. П. Бакунин）担任此职。其次是强化书报检查，禁锢自由思想的传播。1796 年巴库宁下令禁止外文期刊转寄给科学院院士，科学院出版的各种刊物必须事先得到院务会议的批准；1799 年，保罗一世命令禁止从国外进口法兰西共和国的任何出版物，翌年 4 月 18 日又下令禁止进口一切外国书刊，包括音乐作品在内，同时还敕令对科学院的所有出版物进行严格的审查。不仅如此，还全面控制科学院的人事管理，取消科学院院长由院士选举的制度，改由皇帝任命。

进入19世纪以后，沙俄的社会生产力有了相当迅速的增长，其主要标志就是技术革命，即大机器生产取代了手工劳动。其中纺织行业已全部使用机器生产，开始普遍应用蒸汽动力，蒸汽机得到普及，轮船和铁路等现代交通手段也开始广泛应用。1800—1825年的25年间，俄国手工工场的数目增加了一倍，而从1825—1850年这25年间，制造业中雇佣工人的数目则增加了2.7倍。到1860年废除农奴制前夕，制造业中的雇佣工人已占工人总数的87%。由于生产的专业化，市场交换空前活跃，到19世纪中叶，全俄贸易总额已达2亿多卢布，共有集市4300多个，对外贸易额比世纪初增长了3倍多。显然，这时候，资本主义经济关系在俄国社会中已经成为最富生命力的因素了。①

但是，俄国社会传统的农奴制经济基础并没有被彻底动摇。19世纪中期，全俄农民人数是地主的107倍，而所占有的土地只是地主土地的35.7%。徭役制是纯粹的自然经济，农民对地主是人身依附关系，并被牢牢地束缚在土地上。同时，尽管在工业中已经相当普遍地推行雇佣劳动制，但农奴制的影响仍然十分强大。到1860年时，全俄工厂的86万名工人中，有37万人是强制劳动者（即徭役劳动者）。②

这样，在19世纪上半叶的俄国社会中，资本主义势力与封建势力的斗争逐步激化，一些具有资产阶级倾向的先进分子，在政治、思想和文化领域开展多种形式的斗争，试图推行改革，为资本主义的发展扫清道路。在新的形势下，科技领域的改革要求也日益强烈起来，沙皇政府所推行的科技政策也随着形势不断变化，时而做出一些让步，实行一些新措施，时而又走回头路，用种种行政手段干预科学事务。

1801年，迫于国内强烈的改革要求，新上台的沙皇亚历山大一世标榜所谓“温和的自由主义改革”。当时，奥泽列茨科夫斯基（Н. Я. Озерецковский）院士等致信沙皇，详细陈述了俄国科学面临的严重形势，提出对科学院实行民主管理的要求，建议改院长任命制为选举制，使院长的权力“仅限于监督科学院事务的一般进程”[7]。亚历山大一世对此做出了积极的回应，下令废除了1800年关于出版检查的规定，允许翻译外国书籍，重开私人印刷所。亚历山大一世为了推进在科学文化领域中的改革，1802年设立了国民教育部，将原来科学院的艺术、工艺和教育的任务划归教育部，使科学院集中从事科学活动。1803年7月25

① 周一良，吴于廑. 世界通史（近代部分上册）. 2版. 北京：人民出版社，1972：382.
② 周一良，吴于廑. 世界通史（近代部分上册）. 2版. 北京：人民出版社，1972：382-383.

日，科学院新章程得到沙皇批准，新章程规定科学院有权自行选举新的成员。科学院的民主管理有所加强，院长的权力受到院章和院务委员会的制约，不能直接向皇帝报告而应向教育部报告。同时，组建管理科学院行政事务和经济事务的理事会，其成员包括两名通过选举产生的院士。

但是，1812 年拿破仑入侵俄罗斯，俄国的科技事业遭到重大破坏，科学院的许多机构几乎处于瘫痪状态。与此同时，从 19 世纪第二个十年起，频繁发生农民暴动，仅 1813—1825 年就爆发了 188 次。而在上层人士中，以十二月党人为代表的民主运动也高涨起来，并于 1825 年举行起义。沙皇政府面对革命形势的高涨，不断强化专制统治，其文化政策也从标榜“温和的自由主义”转向对进步力量的残酷镇压。1826 年沙皇内廷特设“第三厅”，专门进行特务活动，重新颁布书报检查令，连自然科学著作也因“充满有害的现代哲理”而遭到禁止。时任科学院院长的乌瓦罗夫也一改原来支持科学进步事业的立场，一方面妄图使科学院成为脱离社会的纯学术殿堂，另一方面又举起“君主、教会、民族”的大旗，禁锢自由思想。作为“不惜一切手段为主子效力的奴仆”，他被屠格涅夫斥之为“厚颜无耻的乌瓦罗夫”[8]。

不过，在科学院以外却出现了生气勃勃的科学研究活动，科学院已不再是唯一的科学中心了。首先是莫斯科大学，它已经成为一系列科学研究任务的组织者，围绕莫斯科大学形成了许多科学共同体，像费舍尔（Ф. Б. Фишер）的植物学的学者群体。其他大学也相继建立起来，如塔尔图大学（1802 年）、哈尔科夫大学（1803 年）、喀山大学（1804 年）、圣彼得堡大学（1819 年）、基辅大学（1834 年）等。由于大学相对有较多的学术自由，它们甚至吸引了一些院士参加工作。与此同时，各种科学团体也蓬勃兴起，如莫斯科的博物学家学会（1804 年）、医学和生理学学会（1805 年）、数学家协会（1811 年），彼得堡的生理—医学学会（1804 年）、矿物学会（1811 年）等。这冲破了政府在科学领域造成的沉闷空气，为科学进步开辟了新的前景。

19 世纪 30 年代中期以后，沙皇政府对科学采取了一种特殊政策，企图既维持科学研究工作的正常进行，又能有效地阻止自由思想的蔓延。这一方针集中体现在 1836 年制定的新院章中。章程明确把科学院和其他科学机构以及大学区分开来：“科学院是俄罗斯帝国最重要的学术组织。”[9] 由于当时科学院的研究人员都是特别挑选的远离社会运动、不问政治的人，因此当局可以把优惠权利给予科学院，但却不能给予科学院以外的其他科学组织。科学院新章程规定：“科学院同意付印的学术著作”免检；有权从监察局的俄国出版图书中提取一套，保存到科学院图书馆；有权从国外免税函购书刊，并且不受检查。当然，章程也没有放过对科学院的控制：规定设立机要秘书一职，他有权决定科学院所有出版物是否可以付印；他还充当研究人员和院务会议之间的中介，从而在一定程度上决定了科学院活动的方向。这样，科学院的学术活动就成了完全封闭式的，与社会几乎切断了联系。1848 年欧洲革命爆发后，沙皇政府进一步强化了对科学工作的控制，再一次取消了允许从国外进口书刊的规定，并且禁止院士出国。

显然，19 世纪中叶以前，沙俄的科技政策包含着双重矛盾：一个是资本主义经济发展对科技进步的要求和受到禁锢而与社会生活脱节的科学活动之间的矛盾，一个是享有优惠政策的官方科学院和受到排斥的民间科学组织之间的矛盾。这种状况严重阻碍了俄国科学的发展，而这些矛盾归根结底出自反动政府维护封建农奴制的需要。尼古拉一世时期的教育部部长希什科夫（А. С. Шишков）说："科学就好像食盐一样，只有按照人的状况和需要适当地使用和授受时，才是有用的。"[10] 普希金在 1836 年 10 月 19 日的一封信中曾讽刺说："俄罗斯是作为东正教会存在的，没有科学和艺术。"[11] 科学技术是第一生产力，是资本主义发展的决定性力量，显然在 19 世纪的俄国，如果不进行改革为科技进步扫清障碍，就不可能实现向现代社会的转型。

第二节　沙俄改革科技政策的尝试

如前所述，到 1860 年时，俄国社会中的资本主义生产关系与封建农奴制经济基础和封建专制的沙皇政权的矛盾已经十分尖锐。1826—1854 年总共 28 年间，发生了 709 次农民暴动①，俄罗斯官方承认："农奴制状态是国家脚下的火药库。"上层集团也出现了要求废除农奴制的自由派，而在知识分子中，则产生了一批主张用革命手段彻底消灭封建制度的革命民主主义者，代表人物就是别林斯基（В. С. Белинский）、赫尔岑（А. И. Герцен）、车尔尼雪夫斯基（Н. Г. Чернышевский）。种种迹象表明，俄国社会面临着巨大变革的关头。

1855 年，俄国在克里米亚战争中败于英法两国，军事的失败全面暴露了沙俄的落后衰弱和农奴制的反动腐朽。尽管俄国在 19 世纪前半叶在经济和技术方

---

① 周一良，吴于廑. 世界通史（近代部分上册）. 2 版. 北京：人民出版社，1972：383.

面均有很大进步，但其综合国力和发展速度却远远落在西欧的后面。以生铁为例，1767—1867 年的百年中，俄国生铁产量增加了近 1 倍（表 1.1）。而同期英国生铁产量却增长了 11 倍。如果按人均国民生产总值比较，1830—1860 年，俄国只增长了不到 5%，为欧洲大国中最低的（表 1.2）。

表 1.1 18—19 世纪俄国生铁产量增长 单位：万吨

时间	1716 年	1767 年	1806 年	19 世纪 30 年代	19 世纪 40 年代	19 世纪 50 年代	19 世纪 60 年代	1867 年
生铁	10.595	15.485	19.560	16.300	19.560	24.450	25.265	28.525

资料来源：列宁. 列宁全集. 第 3 卷. 中共中央马克思恩格斯列宁斯大林著作编译局译. 北京：人民出版社，1984：445.

表 1.2 19 世纪 30—60 年代欧洲大国人均国民生产总值增长 单位：美元

国别	1830 年	1840 年	1850 年	1860 年
俄 国	170	170	175	178
英 国	346	394	458	558
法 国	264	302	333	365
德 国	245	267	308	354
意大利	265	270	277	301

资料来源：P. 肯尼迪. 大国的兴衰. 梁于华，金辅耀，赵祥龄，等译. 北京：世界知识出版社，1990：201.
注：单位按 1960 年美元价格计算。

从表 1.2 中可以看出，英国同期人均 GDP 的增长率为 61%，最低的意大利也达 14%，俄国却几乎停滞不前。事实上，1830 年俄国人均 GDP 仅约为英国的一半，到了 1860 年则降到仅约及英国的 1/3。战争是实力的较量，俄国在经济上的落后直接表现在武器装备、后勤补给、交通运输、军费开支各个方面。正是综合国力的孱弱导致俄国在克里米亚战争中的失败，这迫使沙皇政府正视农奴制度的弊端，被迫实行改革。尼古拉耶维奇（Николаевич）公开承认：我们不能再欺骗自己了……我们比头等强国弱而穷，而在物质和精神力量方面更贫乏，特别是在行政管理方面。[12]

1861 年 2 月 19 日，沙皇亚历山大二世正式签署改革法令和关于废除农奴制度的特别宣言，开始在农村以资本主义生产方式取代封建的徭役制度，这为资本主义的发展扫除了一大障碍。列宁认为，这是一次“由农奴主推行的资产阶级改革”，是“俄国在向资产阶级君主制转变的道路上前进的一步”[13]。这一改革解放了科学技术生产力，一个工业革命的时代终于到来了。列宁指出：“改革后的时代……与以前俄国各个历史时代截然不同。浅耕犁与连枷、水磨与手工织布机的俄国，开始迅速地变为犁与脱粒机、蒸汽磨与蒸汽织布机的俄国。资本主义所支配的国民经济各个部门，没有一个不曾发生这样完全的变革。”[14]

但是，俄国的资本主义改革走的是自上而下的改良主义道路，尽管资本主义关系逐渐成为俄国社会中的主导因素，但封建制度的残余仍然十分强大。封建势力和资本主义势力的并存和妥协，使俄国成了一个特殊的军事封建帝国主义国家，即使在和平时期，它也是比其他资本主义国家“更加野蛮的、中世纪的、经济落后的、军事官僚式的帝国”[15]。正是这种特殊的社会经济和政治性质，规定了沙俄科技政策的一系列根本特质。

改革后沙俄科技政策的历史演变，可以以1890年为分界线，分为前后两个阶段。

1861—1890年是第一阶段，1891—1917年是第二阶段。

1861年的改革，使农民获得了一定的人身自由权，农业经济开始纳入资本主义的轨道，这进一步促进了大工业的发展。以机器化生产为基础的资本主义工厂企业迅猛增长，俄国工业生产的发展速度呈现出前所未有的势头，其增长指数甚至超过了英、德等工业强国。表1.3给出了20世纪90年代以前25年间俄国工厂企业发展的几组数据，从表中可以看出，在此期间百人以上的工厂数增加了48%，其中采用蒸汽发动机的工厂数增加了126%，工人总数增加了100%，总产值增加了192%。1880年，纺织工业中，使用蒸汽机的机床已占2/3。

表1.3　19世纪后5年俄国工业发展情况

年份	工厂数（百人以上）/家	采用蒸汽发动机的工厂数/家	工人总数/人	总产值/千卢布
1866	644	307	231 729	201 066
1879	852	549	390 374	489 905
1890	951	694	464 337	587 965

资料来源：据列宁《俄国资本主义的发展》提供的资料编制，见列宁. 列宁全集. 第3卷. 中共中央马克思恩格斯列宁斯大林著作编译局译. 北京：人民出版社，1984：467.

资本主义的经济改革，在一定程度上也伴随着政治制度的资本主义化，这包括：全体纳税人选举市杜马的制度，标志俄国开始实行有限度的代议制；法庭的公开审判和陪审制，代替了等级裁判，表明资产阶级的司法制度也开始建立起来了。

但是，1861年改革后，沙俄并没有彻底资本主义化。在社会经济的各个领域，仍然存在大量封建残余。到1877年，欧俄部分的49个州中，私有土地的

80%属于贵族。农村中盛行的是一种封建制和资本主义雇佣制混合的工役制。列宁指出，工役经济制和同它有密切联系的宗法式农民经济，按其本质说，是以保守的技术和保持陈旧的生产方法为基础的。在这种经济制度的内部结构中，没有任何引起技术改革的刺激因素；与此相反，经济上的闭关自守和与世隔绝，依附农民的穷苦贫困和逆来顺受，都排斥了进行革新的可能性。[16]因此，统治集团中代表地主阶级利益的阶层对科学技术进步漠不关心的态度，在这一阶层插手的时候，就必然会反映到沙俄的科技政策上来。

当时的沙皇政府作为大地主和资产阶级联盟的政治代表，其政策是专制主义与有限的资产阶级改良主义的混合物。面对 19 世纪 70 年代工人罢工、农民暴动和革命民粹派的反抗，亚历山大二世曾缓和了残酷镇压的暴力政策，实行有限度的改良。他放宽书报检查制度，撤销“第三厅”，并成立若干拟定改革方案的委员会。但是，从根本上说，沙皇政府从来没有放弃对进步势力和进步思想的控制和打压。特别是 1881 年亚历山大二世被刺身亡以后，亚历山大三世继位，开始全面反改革，采取极端高压和恐怖手段对付日益高涨的革命运动。沙皇政府的这种政治意图，也总是被自觉地贯彻到科技政策中去。

克里米亚战争以后，俄国科学界也和其他领域一样，酝酿着强烈的改革要求。当时社会上流行一种普遍的“科学救国”思潮，许多人认为，只有发展科学技术，才能使俄国赶上英法德等列强。那时在彼得堡出版的杂志《雅典娜》中就明确提出“科学是当代要求”的口号[17]。亚历山大二世时期的教育部部长诺罗夫（A. C. Норов）说：“国家利益要求用智慧武装民族”，并且号召“推动科学进步”[17]。他在 1855 年视察一系列大中学校后说：“科学对我们来说，永远是最重要的需求之一，而现在它则是第一需要，如果我们的敌人超过了我们，那他们所靠的唯一的就是教育的力量。”[18]在这种普遍的社会思潮和社会改革呼声的冲击下，亚历山大二世对尼古拉一世时代压制科技进步的政策，做了一些调整。1855 年 7 月 5 日降旨允许派遣年轻学者去国外进修和攻读学位。同年 12 月 7 日，又下令废除省长对教学区的管辖权。

但是，1861 年改革前所做的这些调整，仍然属于个别政策规定上的修修补补。统治集团中反对根本改革现行科技政策的势力仍旧占据主导地位。1857 年，科学院组织专门委员会草拟新的章程，提出了一系列重大的改革措施。这个新章程当即遭到院长布鲁多夫（Д. И. Блудов）的反对（此人是十二月党人调查委员会委员）而未获通过。

1861 年农奴制废除后，资本主义经济的迅猛发展促使国内的科技需求急剧增大，现行科技政策和发展科技生产力的矛盾尖锐化了。同时，1861 年改革后，社会上出现了反对专制主义、要求思想自由的强大思潮，形成了新的文化空气：大学里一批具有新思想的进步教授十分活跃，音乐界的“强力集团”、美术界的“巡回展览派”等资产阶级艺术派别推波助澜，思想解放的浪潮席卷而来。在这样的气氛下面，科学界的保守势力就成了众矢之的，舆论纷纷谴责科学院的工作脱离现实生活，众多学者头脑僵化，颟顸无知。1861 年，《祖国纪事》（*Отечественные записки*）第 87 期载文指出：“科学院恐怕是我国文化界最成问题的地方。”文章说，科学院应当“投身到生活领域中去，造福于社会，造福于文化……要重新研究各种社会问题，研究农民问题、财政问题，研究信贷系统的变化，研究关于彼得大帝的争论，研究西方派和斯拉夫派的论战……而我们的科学院对这一切却不闻不问……科学院成了‘国中之国’。”[19]

在这种形势下，围绕现行科技政策的改革，进步势力与保守势力的斗争计划起来。大学的进步教授成了推动科技政策改革的主力军，而政府的当权派却始终对科技政策改革持保留态度，这是因为沙皇政府在发展经济和维护专制统治之间更关心的是后者，统治者把科学视为自由思想的温床。如果说政府关注科学的发展，那也只是因为他需要有统治才能的官吏，所以彼得堡科学院1864—1865 年的院章草案中指出：“国家需要未来的权力阶层受到教育。”[20] 至于对科学活动，政府最关心的是其方针是否合法和是否合于“维护秩序”的目标。正因如此，1861 年的改革对官方科技政策的影响并不明显。

亚历山大二世明确提出，关于学术机关资助和科学自由发展的观念是政府无法接受的。他说：“我们不承认也不可能承认这样的权利。”[20] 教育部部长戈洛夫宁（А. В. Головнин）有一定自由主义倾向，主张：“‘自由’和‘开放’一词的意思是那种合法的自由，它就是英国、北美、比利时、瑞典为所有居民在国民教育方面所提供的那种自由，它已经给这些国家带来了最有益的结果。因此，与之相关的还有印刷、教学、集会、出版讲义和读物，建立各种教学机构，讲演，创办图书馆、报纸和杂志的自由。而且不言而喻，所有对自由的非法滥用……都应当依法追究。”[20] 但是，亚历山大二世认为这种思想是“叛逆”，是“危害人民精神和物质福利的有害观念”[21]。沙皇政府的宗旨是，使所有的学术机构从组织结构上受政府官员的直接控制。1866 年，教育部以内阁代表加加林（П. П. Гагарин）男爵的名义发布训令，要求所属学术机构严格“以宗教真理的精神”进行活动，应“尊重私有权，遵守社会秩序的根本原则”[22]。

19世纪60年代中叶，随着沙皇政府对革命民主派和波兰起义的镇压，特别是1866年4月4日莫斯科大学生刺杀亚历山大二世未遂，使统治集团进一步走向反动，围绕科技政策改革的斗争也相应地更加激化了。

斗争的一个焦点是学术的地位和管理学术的方针问题。如前所述，公众特别是大学的进步教授，对科学院脱离社会生活实际的学术方针提出了尖锐的批评。但是，在1864年就任科学院院长利特克（Ф. П. Литке）及其常务秘书韦谢洛夫斯基（К. С. Веселовский）的把持下，1865年3月5日拟就的科学院新章程的主导思想，却变本加厉地强调了"纯科学"的方向。与大学里多数进步学者大唱反调，韦谢洛夫斯基公然提出了一个原则：科学院的直接责任是促进科学，丰富科学；至于把科学成就应用于生活，不是科学院的事，关心这一点的应当是社会。这样，在19世纪后半叶俄国资本主义发展所急需解决的重大学术课题，就只能由大学来承担，科学院则进一步与世隔绝，关门办院了。

新章程提倡"纯科学"，本质上反映了沙皇政府畏惧革命民主运动的心理，是为强化思想控制服务的。1864年10月，教育部驳回一些科学团体所提出的召开年会的申请，公然宣称："内阁成员担心年会可能被用来掩盖政治目的"，并说："脱离科学事务和本职工作而进入政治舞台是有害的。"[22]就在这一年，教育部部长取消了科学院不经审查进口国外书刊的特权。科学院笼罩着一片沉重的空气，学术自由被扼杀了。1880年选举院士时，门捷列夫（Д. И. Менделеев）竟因院长利特克个人的反对而落选，同时落选的还有谢切诺夫（И. М. Сеченов）、季米里亚捷夫（К. А. Тимирязев）等著名科学家，理由仅仅是因为他们坚持思想自由的主张。

大学里的进步学者对科学院的特殊地位提出异议，反映了社会上要求打破禁锢学术自由、争取科学自决权的强烈呼声。莫斯科大学学术委员会声明：科学院和其他科学团体一样，都是学术组织，区别仅仅在于院士们得到更高的工资和职称，不应当在学术上有特殊性，享有更大的权威。彼得堡大学学术委员会指出："尽管科学院做出了裁决，但科学却允许学者们继续争论。"哈尔科夫大学抱怨说："我们毁灭了没有学术制职称的年轻的天才。"基辅大学则要求和科学院共同制定科学规划，在课题研究和人才培养方面实行协作。

围绕科学院新章程的大论战集中反映了改革后的俄国在实行什么样的科学政策方面，进步力量和反动势力之间的激烈斗争。在这场斗争中，大学里的进步知识分子起到了先锋作用，因而如何加强对大学的控制，就成为沙皇政府的注意中心。1863年的大学改革，特别是后来先任教育部部长，后任内务部部长和宪兵司令的德米特里·安德烈耶维奇·托尔斯泰（Д. А. Толстой）伯爵，推行所谓教育改革，实质上是强化对教育的控制，疯狂镇压进步势力。他极力提倡所谓古典主义教育，主张中学加强古代语言和人文科学课程的教学，把科学技术教育限制在技工学校和职业学校范围内。历史学家克留切夫斯基（В. О. Ключевский）说："托尔斯泰伯爵建立了完整的警察—学校的古典教育体系，其目的是使青年学生成为套上官方思想制服的木偶。"[23]甚至连保守的科学院院长利特克都大唱反调说："禁止那些主要从事实证科学的青年人进入大学这个理解科学的殿堂，而只允许研究古代的、已死亡的语言的青年人进入其内，这决不能认为是正确的。"[24]他认为俄国缺乏的是实证科学家，而不是语言学者和法学家。但是，亚历山大二世不顾各方的反对，一锤定音，1870年3月27日批准了Д. А. 托尔斯泰的呈文。统治者忧虑的是科学教育的启蒙性质。古典教育的主要鼓吹者、政府辩护士卡特科夫（М. Н. Катков）甚至说："门捷列夫固然是一个优秀的化学家，但他却是古典教育最激烈、最危险的敌人。"[25]1884年10月30日，亚历山大二世批准了新的大学章程，完全取消了大学的学术自由权和自主权，连考试都要由官员主持。民主派活动家斯捷普尼亚克-科拉夫钦斯基（С. М. Степняк-Кравчинский）写道："现在的教育部提出的大学新章程，是政府反对思想和教育的最激烈的手段……政府视知识为罪恶，视教育为寇仇。"[26]

总之，1861年的改革并没有使沙皇政府的科技政策发生实质性的改变。

从19世纪90年代到1917年十月革命，俄国经济曾经出现过两度繁荣。第一个繁荣期是1891—1900年，这次繁荣由于1900—1903年的经济危机而中断了；第二个繁荣期是1910—1914年，这次繁荣则由于第一次世界大战而中断了。

表1.4给出了这期间俄国经济增长的一些有代表性的指标。

表1.4　十月革命前俄国经济的增长

年份	钢/百万吨	石油/万吨	能耗/百万吨煤	铁路/英里	工业潜力/%	城市人口/%	人均工业水平/%
1900	2.2	600	30	31 000	100	100	100
1913	4.8	3 600	54	46 000	194	184	133

资料来源：据P. 肯尼迪. 大国的兴衰. 梁于华，金辅耀，赵祥龄，等译. 北京：世界知识出版社，1990：232-235所列各表及其他资料编制。

注：表中1900年栏中石油产量为1890年数据，工业潜力、城市人口和人均工业水平数据均为百分比增长数。

资本主义经济的高度发展是与科学技术进步同步发生的。列宁指出："只有大机器工业才引起急剧的变化，把手工技术远远抛开，在新的合理的基础上改造生产，有系统地将科学成就应用于生产。当资本主义在俄国尚未组织起大机器工业的时候……我们看到技术差不多完全是停滞的……相反，在工程所支配的工业部门中，我们看到彻底的技术改革和生产方式的极其迅速的进步。"[27] 俄国资本主义经济的迅速发展使社会对科学技术的需求空前增大，生产向科学提出了大量亟待解决的问题，如机械制造、化学工艺、耕作技术、资源普查等，而科学的发展也的确为经济的进步做出了重大贡献。例如，从 19 世纪 70 年代发展起来的石油化学，对解决炼油和石化产品的制取方面的关键技术，曾起到决定性的作用，使俄国成为真正的石油强国。

但是，这一时期俄国科技生产力的发展，受到更加复杂的社会因素的制约。

从 19 世纪 90 年代开始，俄国的资本主义经济迅速地向垄断阶段过渡。到 1914 年时，俄国工业几乎全部为垄断资本所控制。例如，生铁生产的 53%被 9 家冶金工厂所垄断。财政资本也高度集中，12 家大银行掌握了全国银行的 80%，俄国社会发展已经进入了帝国主义阶段，但是，俄国帝国主义是垄断资本主义与封建农奴制残余结合在一起的军事封建帝国主义。农村中的封建势力仍然十分强大，20 世纪初年，俄国 1000 万农户拥有 7300 万俄亩①土地，而 28 000 个地主却占有 6200 万俄亩土地。直到 1917 年，虽然斯托雷平（П. А. Столыпин）推行了新土地政策，但仍有五分之四的农民留在村社内，他们对地主的依附关系并没有发生改变。正如列宁所说："在这种基础上，耕作技术落后得惊人，农业荒废不堪，农民群众愚昧无知，备受压迫，农民徭役制剥削形式纷繁无穷。"[28] 而当时俄国工业虽有所发展，但工业人口仅占总人口的 1.75%。庞大的农业人口构成取之不尽的劳动后备军，反过来使技术革新和技术需求受到抑制。事实上，当时技术先进的企业多半是外资企业。例如，到 1914 年，几乎 100%的石油工业、90%的采矿业、50%的化学工业、40%的冶金工业是外资开办的，而整体上说，俄国的工业化水平不及德国的四分之一。②

同时，沙俄帝国主义统治集团本质上主要是地主土地所有制的政治代表，只是与大资产阶级结成了利益联盟。沙皇政府对富人的课税压到了最低限度，仅占国家收入的 6%。维持这个政权的主要是警察和特务，统治阶级直接诉诸暴力来巩固腐朽的专制制度和推行对外的扩张政策，使阶级矛盾、民族矛盾和国际矛盾交织在一起，成为当时世界帝国主义矛盾的焦点和革命风暴的中心。

---

① 1 俄亩=1.07 公顷。

② 周一良，吴于廑. 世界通史（近代部分下册）. 2 版. 北京：人民出版社，1972：98-99，322.

1905年俄国革命出现了第一个高潮，斗争矛头直指大地主的土地所有制和封建专制制度，目标是完成资产阶级民主革命的任务。但是，在斗争中无产阶级壮大起来，马克思主义广泛传播，并建立了工人阶级的政党。于是，俄国革命向社会主义革命的转变，已经成为历史的必然趋势。在这种形势下，沙皇政府变本加厉地采用血腥的暴力手段镇压革命。在斯托雷平统治时期，仅1909年1月就出动军队13 507次，全年共出动114 108次，1913年被捕的人达10万之众[①]。伟大作家列夫·尼古拉耶维奇·托尔斯泰（Д. Н. Толстой）称斯托雷平对革命群众的绞杀为“斯托雷平的领带”(Столыпинский галстук)。与此同时，在思想领域也采取相应的高压政策，对科研机构，特别是对高等学校和民间学术团体全面进行控制，企图堵塞有可能危及反动统治的理论观点和学术思想的传播渠道。科学技术领域也被看作是产生“危险”思想的一个源泉，沙皇政府之所以始终在科技领域推行严厉的行政控制，原因即在于此。

俄国社会经济的发展要求解放科学生产力，这已成为科学界乃至整个社会的迫切需要，但是沙俄的封建经济基础却扼杀了社会的科技需求，同时专制政府为了镇压革命又在思想文化领域压制学术自由，严重束缚了社会科技意识的发展，窒息了创新精神。在普遍的革命形势下，科技界要求变革的呼声日益高涨，一些人通过思想和行动起来抗争，逐渐与社会反沙皇反动统治的斗争汇合起来，成为整个俄国革命的一个有机组成部分。

从19世纪90年代起，为了适应经济发展的需要，使技术更好地为经济服务，沙皇政府试图加强国内现有科学研究机构的工作力度，主要采取了三项措施：一是加强所谓“学术委员会”的工作，这些委员会是由内阁各部领导的(如地质部学术委员会)；二是扩大高等教育技术网，建立综合技术研究所、电力研究所等技术科学研究机构；三是改善高等技术学校的实验室和研究室的工作条件，强化高等技术教育的基础。

沙皇政府这一时期的科技政策有一个基本出发点，那就是力图使科学活动限制在科研机构内，因为大学和民间科技团体被视为社会运动的堡垒。这样一来，彼得堡科学院就再一次成为俄国科学最大的中心，而国内最有成就的学者也大部被集中到科学院里。

在科学院内部，愈来愈多的科学家意识到，只有彻底改变政府的科技政策，才能使科学事业和社会进步协调起来，为此他们提出了种种改革建议，中

① 周一良，吴于廑. 世界通史（近代部分下册）. 2版. 北京：人民出版社，1972：319.

心思想就是要使科学院改变与世隔绝的封闭状态。这些建议与官方意图南辕北辙，因为沙皇政府的科技政策正是要切断与社会的联系，消除“隐患”，以免内外呼应，使革命火种蔓延开来。

1890 年，院士们接到 1865 年的院章草案，院方要求他们据此对仍在实行的 1836 年的院章提出修改意见。院方很快就收到了 18 份建议书，其中法明岑（А. С. Фаминцын）等的建议特别强调要建立科学院和大学的联系，要求把院士们的科学工作和高等学校的教学结合起来，要使科学院的学术会议公开化，等等。但是，他们的建议无果而终，院务委员会宣称：“科学院的现行章程尽管有个别不完善之处，但总的说来，它为俄罗斯帝国最权威的学术组织的权利义务做出了详尽的规定。”[29] 结果，1836 年的院章竟然一直实行到 1917 年，而该院章关于“消除外界对科学院进行干涉的可能性”的方针，恰恰反映了官方科技政策的内在动机。

由于进步学者的斗争，科学院内部的民主虽有所扩大，如对常务秘书的权限做了较多限制，对院士也做了更新，但是政府对科学界的控制并没有放松，对院士的遴选仍然强调政治立场。1893 年 4 月，科学院主席、沙皇亲属罗曼诺夫（К. К. Романов）亲王否定了物理学的人，真正的原因是他为大学职员的权利申辩，背上了煽动叛乱的罪名。许多院士和学者由于反对沙皇政府镇压进步运动而受到迫害。1901 年，以别克托夫（Н. Н. Бекетов）院士为首的 99 名学者，联名抗议在喀山发生的警察枪杀大学生的暴行。教育部竟然出面严厉弹压，将参加签名的许多教授免职，并要求别克托夫院士等立即退休。但是，随着俄国革命形势的发展，学术界的民主要求越来越强烈，在科学院院士中也出现了“文化自由派”。1902 年 2 月 25 日，科学院选举无产阶级作家高尔基为名誉院士，引起了巨大的社会反响，舆论认为：“高尔基的成功不仅是他个人的成功，而且通过选举他为院士不能不看到时代的旗帜。”[30] 这更加激起沙皇政府的恐慌，尼古拉二世在密告信上批道：“咄咄怪事。”于是，1902 年 3 月 5 日高尔基在自己尚未得知当选时，就被取消了名誉院士的资格。

随着 1905 年革命的爆发，俄国科学界反对沙皇政府的科技政策和文化政策的斗争进入了高潮，成为全国性普遍浪潮的一个部分。头一个重大事件是，教育部下令禁止莫斯科大学开展成立 150 周年的庆祝活动，引起 342 名学者（包括 16 名院士和 125 名教授）联合发表声明表示抗议。声明指责政府压制学术自由和学者的主动精神，指出“学术自由和现行的国家制度是不相容的”，要求“建立不可动摇的法制原则和与之紧密相连的政治自由原则”。科学院院长却认为，该声明的反政府主张是“把政治带到科学中，破坏了忠于君主的责任”。[31]

另一个重大事件是组建“科学协会联合会”，加入联合会的首先是科学院协会，它有1500个会员，在各大城市设有分会。联合会的第一个行动就是支持大学生对1905年1月9日“流血的星期日”的抗议活动，声援总罢课。同年3月底召开的第一次科学院协会会议通过了政治决议，要求政府实行普选，废除等级特权，实现出版、结社和集会自由，实现民族平等和民族文化自决，实行高等学校自治。这反映了科学界围绕改革科技政策所进行的斗争，已经和整个社会的反对封建专制的运动结合起来了。

再一件事是围绕出版自由的斗争。1905年2月内阁专门做出决议，企图迫使科学院参加审查禁书的工作，科学院两次拒绝了这一要求，并且声明：“在任何时候、任何地方和任何情况下，科学院都将捍卫书籍的生存权。”同年3月，科学院会议讨论了拉波-达尼列夫斯基（А. С. Лаппо-Данилевцкий）和沙赫马托夫（А. А. Шахматов）两位院士提出的《关于出版自由》的草案，草案指出：“我们的出版不需要优待，它需要的是明确规定自己的权利及其与法律的关系。而只有对全部检查制度进行审查，并且首先承认最主要的、不可剥夺的权利——自由权，才能实现这一点。”[32]草案还要求取消对书刊的预审，废除对出版问题的行政处罚，改变创办期刊的申请手续等。

由于沙皇政府的血腥镇压，也由于革命的主客观条件尚不成熟，1905年的第一次俄国革命失败了。沙皇政府一方面用军事手段进行镇压，另一方面许诺改良，换取资产阶级的支持。1905年沙皇政府发表10月17日声明，宣布实行民主政治，成立拥有立法权的国家杜马。这诱使资产阶级向沙皇政府妥协了。特别是1907年“六三”政变之后，在斯托雷平反动统治时期，沙皇统治集团加紧使用反革命的两手，试图在恐怖的暴力统治的同时，以某些“新政策”实行局部改良，顺应资本主义的发展，拉拢资产阶级。在这种形势下，革命转入低潮，改良主义思潮泛滥起来。和其他领域一样，科技界一些曾经持激进民主观点的人，开始从原来的立场上倒退，转而鼓吹立宪民主，主张维护“秩序”，甚至呼吁政府采取措施“恢复国内安定和教学活动”。被选进国家杜马的科学院院士奥尔登堡（С. Ф. Ольденбург）为这种妥协立场辩护说：“科学和生活之间始终存在着一定的界线，越过这一界线，无论对科学还是对生活，都将造成危害。”[33]这样一来，科学界提出的改革科技政策的要求更不可能被接受，对所提出的关于出版自由的草案，政府召开了专门会议，宣布此议“毫无意义”，断然予以否决。

1910年后，俄国经济进入新的繁荣期，科学技术领域的工作又得到了较多关注。国家杜马对科研机构做了调查，政府也对科学院的经费编制专门进行审查，1912年确定扩编和增加拨款。不过，虽然科学院的工作有了一点生气，进步人士集中的大学却仍在严格控制之下，毫无起色。1910年底，因莫斯科大学学生骚动而导致警察进驻大学，以维尔纳茨基（В. И. Вернадский）院士为首的一批进步教授辞职以示抗议，结果这所大学的学术核心实际上已经瓦解了。

第一次世界大战对俄国科学的发展造成了极其严重的影响。例如，镭的勘探费从169 500卢布减少为6200卢布，并且停止了地磁普查、扩大气象观测网和购置天文仪器的拨款，塞瓦斯托波尔生物试验站甚至关门大吉。战时俄国政府的科技政策也为了顺应政治和军事的需要而做了重大调整。一项重大措施是，要求从俄国各学术机构和团体中，开除所有敌对国家的成员，内阁于1915年初发布了这项命令，这与帝国主义大战中欧洲普遍流行的沙文主义思潮是一致的。德国化学家奥斯特瓦尔德（W. Ostwald）就在欧洲散发传单反对俄国和俄国科学，而就在1915年竟有347名德国学者签署“教授备忘录”，要“从科学上”论证德国扩张主义的合理性。

沙皇政府战时的另一项重大科学举措是组建“俄国自然生产力研究常设委员会”（КЕПС），该委员会于1915年2月4日正式成立。建立这一机构是因为战争暴露了俄国经济和技术发展的严重滞后，必须尽可能动员一切潜在资源支持战争。委员会组织关于资源统计和开采的专门会议，对军事上所需要的技术问题提供咨询。沙皇政府拨出巨额经费，总预算高达197 700卢布。但是，尽管科学家对委员会的工作有更长远、更深刻的考虑①，但沙皇政府却主要是应付战争的需要，着眼点全在军事上，委员会的总结报告宣称：“鉴于俄国正经历严重的时刻，委员会决定把调动那些在满足前线需要和后勤工业任务的生动迫切而复杂的工作中起作用的科学、技术和社会力量，作为自己的首要课题。”[34]

出于同样的目的，内阁还把罗蒙诺索夫物理—化学研究所改为罗蒙诺索夫临时委员会，主要任务是为军事工业提供技术服务，经费开支为800 000卢布。

第一次世界大战激化了国内阶级矛盾和民族矛盾，加剧了社会危机，起义

---

① 维尔纳茨基写道：“这项工作直接摆在战后所有其他工作的首位，但是现在就必须全力以赴着手去干，而不能等到战后，因为这项工作只有经过长期准备才能进行……如果说创造性的工作对生机勃勃的国家集体始终是必要的，那么在这个危机时代则是刻不容缓的。”（Цит. по кн.: Комков Г Д，Карпинко О М，Левшин Б В，И ДР. Академия наук СССР. М.: Наука，1968：360.）

的烽火遍地燃烧，结果导致1917年的二月革命。二月革命的成果落入资产阶级手中，成立了资产阶级临时政府，沙皇专制制度被推翻了，科学管理体制也随之发生了一定的变化。科学院实现了自治，许多规章也修改了，包括院长和副院长的选举。1917年5月15日科学院历史上首次由院士选出了院长。但是，科学院与社会相隔绝的状况并没有根本改变，临时政府根本不可能制定统一的科学技术发展规划和管理体制，而民间的科学研究却没有得到政府的关注，甚至遭到排挤，备受欺凌。著名物理学家列别捷夫（П. Н. Лебедев）愤激地说：相对于培育我可爱的祖国的科学的努力而言，所有的一切都是一种索然寡趣的和毫无用处的浪费时间，我觉得，作为一个科学家我正在走向毁灭，而不可救药。那包围着我生命的只是一个无限的、使我失去知觉的梦魇，毫无希望的绝望。假如说还有什么关于俄罗斯科学进步的谈话，那可以由一个不愉快的莫斯科教授告诉他们，简直没有这回事——没有进步，没有科学，一无所有而已。后来曾任苏联科学院院长的С. И.瓦维洛夫指出，列别捷夫的这番话，“动人地道出了在革命的时期中，一方面横亘在科学与科学家之间，另一方面，也横亘在科学与国家之间的那条可怕的鸿沟”[35]。

第三节　沙俄科技事业的特点及其语境制约

18世纪以后的二百多年，俄罗斯社会发展的历史表明，资本主义经济的发展是以科学技术的进步为杠杆的，在这一点上，俄国社会的发展是符合现代化的普遍规律的。正因如此，从彼得一世以来，历届沙皇政府，出于促进经济发展、增强国力，进而巩固自己统治的考虑，同时也由于社会生产力日益增长所带来的巨大科技需求的社会压力，统治集团必然在某种程度上注意到科技事业，并（主动地或被迫地）在某些方面提出和实施有利于科技进步的政策。从总体上说，俄国近二百年的现代化进程也是科技事业取得重大进步的过程。[36]下面几组数据可以看出俄国科技事业发展的幅度。

政府支持科学教育事业的经费大体上逐年有所增加。1861年科学教育经费为1800万卢布，占政府预算的3.5%；1897年增加到2690万卢布，比例提高到预算的4%。1863年政府支付的学术经费为328 325卢布，1897年则增加了约一倍，达到656 000卢布。表1.5具体给出了彼得堡科学院180年间科学经费的增长情况。

表 1.5　彼得堡科学院经费增长情况　　　单位：卢布

年份	1732	1747	1769	1803	1830	1835	1863	1893	1912
金额	35 818	53 000	75 000	120 000	206 100	239 400	259 047	535 630	1 007 159

资料来源：据 Комков Г Д.，Карпинко О М.，Левшин Б В.，и др. Академия наук СССР. М.：Наука，1977 和 Соболева Е В.：Организация науки в пореформенной России. Л.：Наука，1983 有关资料编制。

科学队伍也在逐步扩大。科学院成立时只有 11 名院士，在整个 18 世纪这个数据始终变化不大；到了 19 世纪，特别是改革后，正式院士增长了数倍，到 20 世纪初已有 68 名院士，见表 1.6。

表 1.6　俄国彼得堡科学院正式院士人数增长　　　单位：名

年份	1742	1803	1828	1835	1864	1904
人数	11	18	20	21	40	68

资料来源：据 Комков Г Д.，Карпинко О М，Левшин Б В.，и др. Академия наук СССР. М.：Наука，1977 有关资料编制。

俄国的各种科学技术机构也同样在迅速增加。1861 年国民教育部所辖的科学教育协会只有 26 个，到 1894 年增加到 85 个。1861 年全国有各类科研机构 84 所，1900 年增加了 2 倍多，达到 281 所。

表 1.7 分别列出改革后 40 年间俄国各类科学机构增长的具体数据。

表 1.7　改革后 40 年间俄国科学教育机构的增长　　　单位：个

科学机构	1861 年	1900 年
彼得堡科学院	1	1
科学研究所	—	3
高等学校（大学、学院、贵族学校、专科学校）	27	55
学术委员会	1	2
学术联席会	2	6
中央各部、局的实验室	3	5
天文台	1	4
全国性的公共综合图书馆	1	2
全国性的档案中心	9	10
全国性的中心植物园	2	2
农业实验场（站，实验室等）	—	47
工业企业中的实验室	—	15
学会	36	125
专家进修学院	—	2
全国性的应用知识博物馆	1	2

资料来源：Соболева Е В. Организация науки в пореформенной России. Л.：Наука，1983：45.

沙俄在科学技术领域确实取得了引人瞩目的成就，其中许多是世界科学技术史上具有重大意义的发现和发明，有一些还是划时代的。例如罗巴切夫斯基（Лобачевский）创立非欧几何，门捷列夫发现元素周期律，梅契尼科夫（Мечников）关于血清和细胞免疫性质的研究，巴甫洛夫的条件反射学说，П. Н. 列别捷夫的光压实验，等等。其中巴甫洛夫和梅契尼科夫分别获得 1904 年和 1908 年诺贝尔生理学或医学奖。据不完全统计，从 1748 年到 1914 年第一次世界大战前俄国在数学和自然科学领域共获得 36 项重大成果，其中数学 4 项，物理学 6 项，化学 10 项，生物学（生理学）5 项，天文学 2 项，地学 9 项，见表 1.8。但是，如果把沙俄科学技术发展水平和当时西方发达国家做一比较，就会发现，在科技发展的一系列重要指标上，俄国仍然是十分落后的。沙俄用于科学和教育方面的开支在世界列强中是最低的。1870 年，美国的教育开支约合 1.26 亿卢布，而俄国只有 106 万卢布。1897 年，俄国在科学和教育方面的支出仅占政府预算的 4%，而英国为 7.6%，法国为 7%，德国为 8.5%。至于纯粹用于科学事业的开支，更是少得可怜，1897 年的科学经费仅占整个预算的 0.05%，彼得堡科学院的经费比德国科学院少二分之一多。①第一次世界大战前夕，国家杜马委员们承认科学院的情况糟糕到了极点："我们访问过我国皇家科学院的各个部门……从访问中了解到的严重情况实在难以想象。我们科学院保藏了从我们广袤国土的各个角落搜集来的大量科学财富，它使欧洲最好的博物馆也不能不羡慕，然而其中一大部分却无法让人民享用，因为房屋拥挤、保管人员不足、实验手段匮乏，一些博物馆不能开放，因而这些财富也就封存在箱子里，常年无人整理。如果不是亲眼看到，很难相信，在我国首都，在彼得大帝的城市，在涅瓦河畔，对科学及其殿堂——科学院会持这样的态度。我看到我国科学院院士的工作环境，不禁黯然神伤，把它和我十分熟悉乡村教师的工作室做一比较，不能不使我感到：二者的区别微乎其微，院士和乡村教师的工作环境所差无几，甚至很难说哪个更好一些。"[37]

表 1.8　俄国重大科学发现

年份	领域	科学家	成果名称
1748	化　学	M. B. 罗蒙诺索夫	论证化学变化中的物质守恒定律
1777	地　学	П. С. 帕拉斯	提出山脉形成的隆起学说
1791	地　学	B. M. 谢维尔金	提出按矿物的化学成分对矿物进行分类的方法

① Соболева Е В. Организация науки в пореформенной России. Л.: Наука，1983：53.

续表

年份	领域	科学家	成果名称
1821	地　学	Ф. Ф. 别林斯高晋	首次发现南极圈内的陆地
1826	数　学	Н. И. 罗巴切夫斯基	创立非欧几何理论
1837	天文学	В. Я. 司徒卢威	用游丝测微仪为双星精确定位并测定恒星周年视差
1840	化　学	Г. И. 盖斯	制定化学反应热效应守恒定律
1842	化　学	Н. Н. 济宁	从硝基苯还原中制得苯胺随即用作染料
1844	化　学	К. К. 克劳斯	发现化学元素钌
1854	数　学	П. Л. 车贝雪夫	创立逼近函数论
1863	生理学	И. М. 谢切诺夫	提出意识活动的神经反射学说
1869	化　学	Д. И. 门捷列夫	发现化学元素周期定律制定元素周期表
1875	化　学	В. В. 马尔科夫尼柯夫	发现有机化学反应中烯烃和含氢化合物的加成定向法则
1877	地　学	Е. В. 贝汉诺夫	提出第一个大陆漂移说
1877	化　学	А. М. 布特列洛夫	发现互变异构现象
1878	天文学	Ф. А. 勃列吉欣	建立彗星形状理论提出彗星类型学说
1884	生物学	К. А. 季米里亚捷夫	建立绿色植物通过叶绿素进行光合作用的理论
1885	化　学	Е. С. 费奥多洛夫	完成晶体构造的几何理论奠定经典结晶化学基础
1887	地　学	А. П. 卡尔宾斯基	提出俄罗斯地台构造理论
1888	生理学	И. И. 梅契尼科夫	提出吞噬细胞学说
1890	物理学	В. А. 米赫里逊	提出燃烧和爆炸波的理论
1890	生物学	С. Н. 维诺格拉茨基	发现自养性微生物确定硝化作用机理
1890	物理学	А. Г. 斯托列托夫	发明最早的光电装置
1892	数　学	А. М. 李雅普诺夫	提出运动稳定性理论
1894	地　学	В. А. 奥布鲁契夫	提出黄土风成说
1896	物理学	А. С. 波波夫	应用天线首次实现无线电传播
1899	物理学	П. Н. 列别捷夫	发现电磁辐射的压强（光压）
1900	生理学	И. П. 巴甫洛夫	提出条件反射学说
1900	地　学	В. В. 道库恰耶夫	创立发生土壤学提出自然地带学说
1906	物理学	Н. Е. 茹科夫斯基	提出飞机翼举力的空气环流理论
1906	数　学	А. А. 马尔科夫	建立马尔科夫链的数学模型
1906	化　学	М. С. 茨维特	发明色层分析法
1907	地　学	Б. Б. 戈里岑	发明电磁式地震仪
1907	物理学	Б. Л. 罗金	提出用阴极射线接收无线电传像原理
1909	化　学	С. В. 列别捷夫	首次人工合成橡胶
1913	地　学	Л. С. 贝尔格	创立地理景观学说

资料来源：据《自然科学大事年表》编写组. 自然科学大事年表. 上海：上海人民出版社，1975 编制。

俄国科研机构的数量也是最少的，直到19世纪末物理实验室只有3所，而英国则有25所，德国有49所。农业方面的学会俄国只有13个，而英国有142个，奥地利有217个。从科研成果看，虽然俄罗斯科学家所取得成就弥足称道（表1.8），但总体上仍居于下风。据不完全统计，从1748年罗蒙诺索夫发现化学反应中的质量守恒定律开始，到第一次世界大战前，全世界重大科学发现成果835项，按国家计算，获得成果最多的是德国，其次是英国和法国（表1.9）。从成果的水平看，俄国也相对落后。第一次世界大战前，德国在自然科学领域获诺贝尔奖者15人，英国10人，法国8人，俄国仅2人，而且均为生理学或医学奖。①

表1.9　第一次世界大战前列强科学成果数量比较

国别	德国	英国	法国	俄国	其他
成果数/项	257	196	170	36	176
比例/%	31	23	20	4.3	21.7

资料来源：据《自然科学大事年表》编写组. 自然科学大事年表. 上海：上海人民出版社，1975编制。

沙俄在科技进步方面落后于西欧先进国家是社会历史原因造成的。在沙俄带有浓厚农奴制色彩的军事封建帝国主义制度的基础上，形成的是特殊的斯拉夫文化语境，在这样的语境中，科技需求被抑制，科技意识被扭曲，国家不能制定合理的科技政策，科技发展的机制被严重扭曲。

俄国资本主义发展始终走的是自上而下的道路，有人称之为“王权催生的资本主义”[38]，因为沙皇政府始终是依靠贵族的支持，实行的是开明的专制主义，在与封建势力的妥协中，推行资本主义改良。俄国经济制度本质上是二元的，即使1861年改革后，沙俄农村经济结构仍然是一种既有封建徭役制，又有资本主义雇佣制的混合经济——工役制经济。工业中的企业主多半是资产阶级化的地主，大地主中有一半兼营企业。至于工厂的工人，相当一部分是刚刚涌入城市的农奴，和原来的社会背景还有千丝万缕的联系，尚未彻底摆脱羁绊彻底获得人身自由，身上仍然打着农奴的烙印。所以，当时的俄国正如列宁所说，是一个“被资本主义前的关系层层密网缠着”的国家。

市场经济不成熟造成沙俄经济发展的极端不平衡性。从部门上说，冶金工业、采掘工业等重工业部门远较制造业、轻工业发达，产业结构畸形配置。俄国经济垄断化程度竟高于欧美发达国家，沙皇政府给予垄断企业多种优惠，使俄国工业经济呈现出官商结合的特色。同时，产业的地域分布极不均衡，主要集中在

① 哈里特·朱克曼. 科学界的精英. 周叶谦，冯世则译. 北京：商务印书馆，1979：附录二.

欧洲部分，广大的西伯利亚和中亚地区几乎是未开发的蛮荒之地。

尽管俄国历届沙皇中不断有人服膺开明君主制，并试图在一定范围内推动资本主义的经济改革和政治改革，但是以强大的军事力量为支柱、以庞大的官僚机构为依托的沙皇政体，其核心始终是中央王权的独裁专制，而且是自上而下的、一直贯彻到基层的王权。直到19世纪后半叶改革之后，西欧各国已经普遍实行的代议制在俄国也没有产生，相反，君权至上的极权主义统治在俄国始终没有中断。别林斯基曾一针见血地指出，沙俄最得意的格言是，我们一切都属于上帝和沙皇。

在俄国资本主义化的历史进程中，始终存在着斯拉夫主义和西方主义两种思潮的斗争，其典型事件就是1826—1850年西方派和斯拉夫派围绕俄罗斯历史性质问题的大论战。西方派主张全盘接受西方的价值观念，实行彻底的西方化政策，以西欧的模式从根本上改造俄国的经济、政治和文化。斯拉夫派强调俄罗斯特殊论，幻想在农民和贵族、君主政体、东正教会之间维持一种封建宗法关系，鼓吹俄国村社的趋同观念以与西欧资本主义的个人中心论相对抗。尽管后来的民粹派试图在二者之间走一条中间道路，并提出以村社制度为基础，跨越资本主义阶段而直接进入社会主义。这一观点虽然有其合理之处，但并未立足于唯物史观，并未对俄国整个经济基础做出科学的分析，并未得出走向社会主义革命的结论，仍然是乌托邦。①从彼得一世开始，对历届沙皇政府产生重大影响的主要是西方主义和斯拉夫主义这两种文化思潮，统治集团常常在重大决策关头发生分化，政府的决策方向也在这两极之间摇摆。但是，从总体上说，沙皇政府的主导思想还是斯拉夫主义的国粹，这决定了沙皇政府的基本政治倾向。

这样的语境制约，使沙俄的科技政策包含着深刻的内在矛盾，核心就是政府的专制控制和科技进步的自由创造本性之间的冲突。尽管沙皇政府也需要通过科技进步推动经济发展以壮大实力，但又一直对自由思想畏如蛇蝎，而把科技领域视为自由思想滋生的温床。所以，即使为了促进经济发展和迫于社会压力，不得不调整科技政策以求达成某种平衡，但从来未曾从根本上放弃思想控制。列宁把沙俄称为“警察国家”，指出它所实行的“反动警察策略”一面是无

① 乍一看民粹派的这一思想和马克思的观点颇为相似。在《给维·伊·查苏利奇的复信草稿》中，马克思认为，俄国农村公社“符合我们时代历史发展的方向”，提出通过公社跳跃“资本主义的卡夫丁峡谷”。但是，民粹派和马克思不同，他们把村社孤立出来，没有把它放在俄国封建社会经济的整体结构中去考察，没有看到俄国阶级关系的变化：资本主义的兴起使农民变为无产者，公社“被推向灭亡的边缘”，“要挽救俄国公社，就必须有俄国革命”。这一革命当然是指社会主义革命，而这是民粹派无法达到的思想高度。（马克思，恩格斯. 马克思恩格斯全集. 第19卷. 中共中央马克思恩格斯列宁斯大林著作编译局译. 北京：人民出版社，1963：441.）

情的镇压革命运动，一面做一些对专制政权无害的让步。在科技领域沙皇政府最关心的是学术机构“正确的活动方向”和“维持国家秩序”的目标。[39]这在当时的工业国家中是绝无仅有的，然而却正是沙皇制定科技政策的基本出发点。

贯彻这一根本宗旨的首要措施就是把所有科研机构和学术团体牢牢控制在最高当局手里，这包括直接和间接两种形式。

一种形式是政府直接委派行政官员充任科研机构首脑，并建立特定的组织制度保证最高当局的意图能够顺利得到贯彻。彼得堡科学院的管理体制最有典型性。从 1725 年开始，俄国科学院的历届院长几乎都是宫廷亲信或高级官员（表 1.10）。在 12 任院长中，只有 1864 年任院长的利特克是地理学家，但本人同时也是海军上将。直到 1917 年二月革命后，才产生了俄国历史上第一位选举产生的院长也是唯一的一位专业科学家卡尔宾斯基（А. П. Карпинский）。这些院长中，绝大部分是顽固的保守分子和官僚政客，对科学一窍不通，但却秉承政府意志对科学横加干涉。也有个别人在一定时期有民主倾向，如 1855 年任院长的布鲁多夫，就是废除农奴制的拥护者，曾提议修改院章，对行政长官的权力进行某种限制，扩大院士的民主权利。但是，这种进步倾向是有限的，而且当时宫廷也有意推行一些改革。在尼古拉一世时代，布鲁多夫曾是“十二月党人缉查委员会”成员，是顽固的反动分子；亚历山大二世继位后，转而追随新沙皇主张改革，属于见风转舵。还有一些院长，如任院长长达半个世纪之久的拉祖莫夫斯基（К. Г. Разумовский），长期任职却尸位素餐，基本不到任视事。为了加强对科学院的控制，政府往往通过常任秘书，或委派专门的行政委员实行具体管理。例如，1741—1745 年的常任秘书舒马赫尔，1793—1798 年任行政委员的巴库宁，1826—1855 年的常任秘书福斯（П. Н. Фусс）等，他们忠实地执行沙皇的旨意，独断专行地决定行政和财务的重大问题，粗暴地干预科学研究事务（表 1.10）。

表 1.10　俄国科学院历届院长在政府中任职情况

姓名	任职时间	政府职务
Л. Л. 布留门特洛斯特	1725—1733 年	彼得一世的御医
Г. К. 凯泽林	1733—1734 年	利夫兰和埃斯特兰省司法局副局长
И. А. 科尔夫	1734—1740 年	不详
К. 布雷韦恩	1741—1746 年	内阁秘书
К. Г. 拉祖莫夫斯基	1746—1798 年	伯爵，乌克兰统领，元帅

续表

姓名	任职时间	政府职务
Н. Н. 诺沃西利采夫	1798—1810 年	伯爵，枢密院成员，国务会议和大臣会议主席
С. С. 乌瓦罗夫	1818—1855 年	伯爵，国民教育大臣
Д. Н. 布鲁多夫	1855—1864 年	内务大臣，二厅长官，国务会议和大臣会议主席
Ф. П. 利特克	1864—1882 年	海军上将
Д. А. 托尔斯泰	1882—1887 年	伯爵，正教监督，国民教育大臣，宪兵司令，内务大臣
罗曼诺夫亲王	1887—1917 年	大公，沙皇近亲
А. П. 卡尔宾斯基	1917—1936 年	无

资料来源：据 Комков Г Д.，Карпинко О М.，ЛевшинБ В.，и др. Академия наук СССР，М.：Наука，1977 和普罗霍罗夫. 苏联百科词典. 北京：中国大百科全书出版社，1986 资料编制。

另一种形式是通过组织“学术委员会”间接进行控制。19 世纪上半叶，在政府的一些部和有关部门中组建了学术委员会，职能是：审查科学机构、学术团体、高等学校的新规章草案，制定细则，领导相应部门的科学工作。委员会的组成是 3—5 名著名学者，向所在部或主管部门负责，而他们的决策只有在得到所在政府各部或有关部门认可之后方能生效。最早的学术委员会是隶属于内务部的医学委员会和海事委员会。1861 年已建立的委员会还有军事学术委员会、农业学术委员会、国民教育部学术委员会、财政部学术委员会。1861 年改革后又建立了新的学术行政机构——部属技术委员会，如内务部建筑技术委员会（1865 年）、财政部技术委员会（1884 年）、航运部航海技术委员会（1885 年）、邮电部技术委员会（1890 年），等等。技术委员会比学术委员会拥有更大的权力，因为它的成员都是政府各部官员，受部长委托负责对本部有关技术方面的重大问题进行研究并做出决策。例如内务部就委托建筑技术委员会，为该部的那些“技术上特别复杂的，或对某个省或整个帝国具有普遍意义的”建筑制订方案，审核提交上来的“御批城市规划”，检查“民用建筑预算”，并“解决有关民用建筑的一般问题和在建筑方面发生的争议，以及诸如此类的由部里交办的事务”。[40]

由此可见，科学技术事业行政化是沙皇政府科技政策的根本特征。由于对科学技术的行政干预是以维护王权和统治集团的政治利益为根本目标，因此科技事业的发展经常受到种种干扰，使科技工作背离科学发展的客观规律，从而严重阻碍了科学技术的发展。

担心科学家参与社会活动会扩大自由思想的传播和为革命活动推波助澜，沙皇政府在革命形势高涨时期总是采取严厉的手段限制学术自由。除了对院士的遴选要进行严格的政审，还不断颁布书报检查令，限制书刊进口，禁止学者出国考察，等等。尽管在某些时期曾程度不同地放宽政策，但总是不久又重新收紧。1836年院章中曾规定科学院应当“把有益的理论、实验和学术考察的成果用于实践”，但在科学院的发展历史上的多数时间里，其领导者所标榜的始终是“纯科学”的口号。1826年，著名的“官方民族派”、科学院院长乌瓦罗夫在科学院建院百周年庆祝会上就宣称，科学院是“科学圣殿”，在这个殿堂里存在的是与社会需要无关的“自流科学”。如前所述，1857年开始把持科学院实权的常任秘书韦谢洛夫斯基更是积极贯彻“纯科学”的办院方针，认为科学院的直接责任就是改进科学，丰富科学，根本不必去过问科学的社会责任。只要看一下两人的任职时间（乌瓦罗夫是从1818年到1855年，韦谢洛夫斯基是从1857年到1890年），就可以看出，沙皇政府隔绝科学与社会生活的政策是带有主导性的。至于政府向科学界提出的解决某些实际问题的要求，则完全是处于具体的功利目的。例如在第一次世界大战期间，许多科学家就应召去从事军事所需要的技术课题研究，有的甚至直接参加了军事机构的工作，这与政府力图使科学与社会生活相隔绝当然是并行不悖的。

一般说来，沙俄时代科学家的地位并不高，甚至可以说是相当低下的。最典型的例子是对“学者”概念法律定义的确定问题。1852年，当时的内务部遇到没有官阶的子弟是否有权出任公职的问题①，涉及学者的子弟能否享受同样权利，于是牵出学者地位的法律认定呈文。后来问题被移交到内阁办公厅二处研究解决，但却被搁置了十年之久。直到1862年才有了明确说法：“学者称号应当是指那样一些人，他们一般是通过自己的作品而获得知名度，并且具有（在需要的时候）大学、科学院和其他学术团体提供的职称合格证明，或者至少是那些已取得博士、硕士（或副博士）学位，或具有与这些学位相当的官员资格的人士。”[41]明确规定了哪些学者等同于官员的标准，这是典型的“官本位制”。当时的教育大臣戈洛夫宁在论学者劳动的社会意义时，竟把他们和中学舍监及枢密院通信员相提并论。[42]难怪彼得堡大学教授瓦西里耶夫（В. П. Васильев）要说，政府对待科学和学者的活动“极端冷漠”[43]。正是出于这样一种认识，政府常常无视科学发展的需要，把科学家当作政府官员随意指使。沙皇保罗一世竟以缺乏受过教育的官员为由，把院士作为检察官派到其他城市去。1905年的革命中，时任科学院院长的罗曼诺夫亲王对学者们恐吓说：“如果

---

① 按当时帝国法律，官员子弟有权出任国家公职。

学术机构和高等学校的活动家不抛弃那种政治自由的论调，那么他们应当首先拒收他们所责骂的政府所给予的官俸。”显然，在沙皇政府看来，科学家不过是由政府出钱雇佣的、可以由政府随意支配的奴仆而已。

由于政府直接控制的科研机构——科学院中，学术活动的限制最严格，因此自由的学术研究在很大程度上转移到大学和民间学术团体之中，这样，在俄国社会中就出现了两个学术中心：科学院和科学院以外的学术机构。这种二元化的发展，分散了俄国的科研力量，造成了尖锐的矛盾。①

与“官方科学”的僵硬规章和死气沉沉的空气形成鲜明对照，大学和学术团体的科学研究工作却显得生气勃勃。

和科学院不同，1861 年的改革对高等学校产生了重大影响。1863 年 6 月 18 日，大学实行了新的章程，推行相对自主的管理，使委员会掌握了一定的实权，可以制定像学位授予规定细则之类的章程，选举行政负责人，核准校属研究机构的成立申请等。大学可以出版刊物和书籍，发表自己的研究成果；可以召开学者代表大会，建立学术团体；可以根据教学和科研需要聘请编外副教授。这使大学的空气活跃起来，成了国内科学事业真正有活力的中心，至于学术团体则享有比高等学校更大的自由，这主要是因为学术团体的经费基本上来自会员的会费和捐款。1863 年 7 月 2 日，教育部部长戈洛夫宁在国会谈到学术团体时说：“这些机构的大部分开支是由个人提供的，他们的工作是无偿的。”[44] 学术团体的组织原则是自愿原则，由学术委员会领导，委员会推举出主席，新成员的接纳通过选举；出售会刊所得到的进款可以用作学会的财政补贴；学会有权对所研究的课题及所属的部门进行变更和调整。这样，这些学术团体就成了摆脱专制政府的控制和干预、开展独立的学术研究活动最好的场所，而这也是为发展资本主义生产方式而充分利用科学技术成就开辟了一条道路。С. И. 瓦维洛夫指出，在农奴制度废除后，学术团体的活动大大加强了，这反映了资产阶级在科学和技术领域的影响增大了。[45]

大学和学术团体成了优秀科技人才荟萃之地。19 世纪末，俄国有大学 52 所，在那里工作着大批优秀学者，不少人是各学科领域中俄罗斯学派的奠基人，像莫斯科大学的物理学家斯托列托夫、植物学家季米里亚捷夫，彼得堡大学的化学家门捷列夫、生理学家谢切诺夫，喀山大学的化学家布特列洛夫（A.

① 在苏联文献中，反映这种二元化倾向的代表性术语是“高校科学”和“科学院科学”。如：Соболева Е. В. Организация науки в пореформенной России. Л.: Наука，1983：103-104；Беляев Е А.. Формирование и развитие сети научных учреждений СССР. М.: Наука，1971：42-44.

M. Бутлеров），哈尔科夫大学的生理学家梅契尼科夫，都是在大学里做出了享有世界声誉的科学成就，这些高等学校为俄国培养了大批人才，仅 19 世纪后半叶从各大学毕业的各类专家就达 11 277 人①。各学术团体在国家的科学生活中也起到了特殊的作用，它们在某种程度上成为各学科领域的组织中心：组织力量，集中解决科研课题；进行学术交流，推广科研成果；培养人才，扶植新生力量；普及科技知识，提高国民的科技意识。成立于 1866 年的俄国技术协会的章程完美地体现了这类学术团体的独特功能，包括：讲授技术课程，举办技术会议，出版技术教材，通过出版物推广理论和应用知识，普及技术教育，解决技术问题，举办工业产品展览会，研究工厂所需要的材料、产品和工作方式，建立技术图书馆和博物馆，向需求者推荐技术，促进本地产品的销售，向政府推荐对发展俄国技术工作有益的措施。[46] 这些团体在推动俄国科技进步方面的作用的确是巨大的，门捷列夫说："如果说俄国人在国内完成的科学研究开始引起世界各国学者的兴趣，那么我国学术团体的建立和发展对此起到了极大的促进作用。"[47] 值得一提的是，门捷列夫本人关于元素周期律的伟大发现，就是在 1869 年 3 月 18 日举行的俄国化学学会会议上首先宣布的。

在高等学校和学术团体中开展的科研工作，有一个不同于"官方科学"的特点，那就是比较注意社会的实际需要，使学术研究和社会生活密切结合。许多大学教师为了促进俄国工业化做出了重要贡献。例如，彼得堡实用技术学院的教师对国家工业化发展的一系列问题进行了专门研究，1885 年为铁路局技术处起草了《关于石油工业的现状》的报告，提出建设巴库—巴图姆输油管道的建议。道路交通工程学院承担了一些重要工程的实验设计，如基辅大桥的焊接工艺、首都自来水厂过滤池梁的浇铸、外高加索苏拉姆段的建筑材料等。俄国技术协会的章程明确规定，该会的根本宗旨是"促进俄国技术和技术加工业的发展"。该会对国家的重要工程的设计和建设起了巨大作用，其中最有影响的是 1876 年为研究石油问题和 1888 年为促进西伯利亚铁路干线修建而召开的两次专门会议。

但是，沙皇政府出于维护专制王权的政治目的，对大学和学术团体采取了十分严厉的限制政策。官方的观点是，俄国科学事业的中心和最高权威是受到政府直接控制的彼得堡科学院。1836 年科学院院章明确规定："科学院是俄罗斯帝国的最高学术机构。"[48] 科学院对其他学术团体表现出十分蔑视的态度，常常

① Соболева Е. В. Организация науки в пореформенной России. Л.：Наука，1983：109.

做出极不公正的学术结论：它曾经拒绝接受谢切诺夫和门捷列夫为院士，1872年，它还否定了梅契尼科夫获得俄国最高生物奖——贝尔奖的资格，而将其硬授予学术研究远逊的鲁索夫（Э. Русов），不无讽刺的是，梅契尼科夫却获得了1908年诺贝尔生理学或医学奖。政府还对科学院实行优惠政策，如前所述，科学院所享有的出国访问和自由进口书刊的权利，就是高等院校和其他学术团体所不敢梦想的。在经费方面，科学院也占去了为数不多的科研拨款的一大部分。1863年国民教育部的学术拨款是328 325.74卢布，其中拨给彼得堡科学院的是259 047.11卢布，约占总额的79%。1865年，国民教育部所属23个学会中，只有7个得到了国家财政拨款，数额从1500卢布到2857卢布，涓滴之数，不足这些学会年需经费的一半到三分之一。①

沙皇政府从来没有给高等学校和学术团体以真正的学术自由。上面提到，19世纪80年代中期，政府已明令取消了高校的自主权。所以，在沙俄的历史上，高等学校享有自主权的黄金时期，实际上只有农奴制废除后的短短二十年间。面对日益高涨的革命形势，政府通过加大督学的权力严密监视教师和学生的活动，校务委员会形同虚设。没有主管部门的批准，甚至“无权把课程从这个钟点串到另一个钟点”[49]。这给科学研究和学术活动造成了极大困难，梅契尼科夫针对这种情况感慨地说：“在俄国，特别是在大学里，形势变得一天比一天糟。政治已经长驱直入地侵入高等学校之中，而科学事业却每况愈下，困难重重。”[50]至于学术团体，虽在经费自筹方面有较大自由度，但政府对其政治倾向却十分敏感，从未放松警觉。早在废除农奴制之初，就对学会召开大会施加严格限制，以防学术团体的活动超出政府规定的界限，而对各学会涉足社会实际问题的企图更是极端反感。1861年，俄国地理学会打算讨论诸如赎买农民土地、废除农奴制的经济后果，所得税，财政管理公开化，商业危机和工业困境等迫切问题，内务部当即训令学会不得探讨此类问题，要“限制在纯理论内容的题目上”[51]。在19世纪80年代以后，沙皇政府对新学会的建立审查收紧，有的建会申请一拖就是七八年。1899年，当俄国自由经济学会开展关于俄国是否会沿着资本主义道路发展时，沙皇尼古拉二世当即下令对该学会章程重新进行审查，他指示要集中力量“提出和考察”与农业生产有关的纯技术性问题，他还规定不准随便出席学会召开的会议，要审查和批准。[52]

沙皇政府在科技领域实行严格政治控制的另一个消极后果是，科技发展的

① Соболева Е В. Организация науки в пореформенной России. Л.: Наука，1983：56.

严重不平衡性。沙俄政治经济发展的一个重要特点就是，经济发达的欧俄地区与其他落后地区的对立和断裂。同时，在政治上中央集权所采取的思想统治政策，使政府在学术机构的布局上绝不可能实行分散布点的方略，而是把科技资源集中在莫斯科、圣彼得堡等少数政府统治力量最雄厚的中心城市。一直到第一次世界大战前夕，80%的科学机构位于欧洲部分，而其中最重要的主要设置在彼得堡，包括政府各部的中心实验室，国内 2/3 的科研所，唯一的 1 所帝国科学院，工业企业大型实验室的 7/15，以及仅有的 1 个农业实验机构和 2 个专门的农业实验站。直到 1896 年，圣彼得堡的高等学校是 25 所，莫斯科是 8 所，其余 30 余所也都分布在欧洲部分，西伯利亚仅有 1 所，中亚和外高加索连一所也没有。同时，全国实际上名副其实的科学学会大约有 100 个（不包括医学类），在圣彼得堡的就有 70 个，当时的国民教育大臣承认，学会的数量是十分有限的，它们大部分位于首都和波罗的海沿岸省份，而在俄罗斯其他地区几乎完全没有，甚至在某些大学城，像哈尔科夫和喀山，也没有科学学会，到 1880 年在哈尔科夫和喀山也只有国民教育部系统的 2 个学会在活动。

从根本上说，沙皇政府所奉行的科技政策，是与科技发展本身的规律、与现代科学意识格格不入的。王权主义的旗帜上从来只写着一个口号："君主、教会、民族"。沙皇政府的辩护士卡特科夫强调："只有神职人员才能成为国民导师"[53]，他提请政府注意，有必要"让人民养成去教会的习惯"[53]。

总之，在沙皇统治下的俄国，占统治地位的意识形态是专制和信仰，而不是民主和科学。改革派的学者卡维林（И. Д. Каверин）说："除了俄国之外，在哪个国家能看到和听到宗教领袖通过警察去登记禁止带十字花边的围巾，对祈求上帝保护电报和铁路的神父进行斥责，追查地质图……要神父们根据先知所说的地球在鲸背上的预言去反驳伽利略的发现？这种现象只能出现在那样的国家，那里由于科学和世界的隔绝与无知而精神一片荒芜。"[54]

注释

[1] 马克思. 给维・伊・查苏利奇的复信草稿//马克思，恩格斯. 马克思恩格斯全集. 第 19 卷. 中共中央马克思恩格斯列宁斯大林著作编译局译. 北京：人民出版社，1963：435-436.

[2] 列宁. 俄国资本主义的发展//列宁. 列宁全集. 第 3 卷. 中共中央马克思恩格斯列宁斯大林著作编译局译. 北京：人民出版社，1984：341.

[3] 列宁. 俄国资本主义的发展//列宁. 列宁全集. 第 3 卷. 中共中央马克思恩格斯列宁斯大林著作编译局译. 北京：人民出版社，1984：199-200.

[4] Вавилов С И. Академия наук СССР и развитие отечественной наук. Вестник АН

СССР，1949（2）：40-41.

［5］Комков Г Д，Карпинко О М，Левшин Б В и др. Академия наук СССР.М.：Наука，1968：39.

［6］Ломоносов М В.Полн. собр. соч.，т. 10. М.-Л.：Акад. наук СССР，1957：93-132.

［7］Сухомлинов М И. История Российской Академии. СПБ.：Императорской акад. наук，1875：366.

［8］Комков Г Д，Левшин Б В，Семенов Л К. Академия наук СССР.М.：Наука，1977：165-166.

［9］Комков Г Д，Левшин Б В，Семенов Л К. Академия наук СССР.М.：Наука，1977：206.

［10］Зайончковский П А. Правительственный аппарат самодержавнной России в XIX в. М.：Мысль，1978：106.

［11］Пушкин А С. Полн. собр. соч.，т. 10. Л.：Наука，1979：465.

［12］P. 肯尼迪. 大国的兴衰. 梁于华，金辅耀，赵祥龄，等译. 北京：世界知识出版社，1990：208.

［13］列宁. “农民改革”和无产阶级农民革命//列宁. 列宁全集. 第 17 卷. 中共中央马克思恩格斯列宁斯大林著作编译局译. 北京：人民出版社，1959：103.

［14］列宁. 俄国资本主义的发展//列宁. 列宁全集. 第 3 卷. 中共中央马克思恩格斯列宁斯大林著作编译局译. 北京：人民出版社，1984：549.

［15］列宁. 关于自决权问题的争论总结//列宁. 列宁全集. 第 28 卷. 中共中央马克思恩格斯列宁斯大林著作编译局译. 北京：人民出版社，1990：56.

［16］列宁. 俄国资本主义的发展//列宁. 列宁全集. 第 3 卷. 中共中央马克思恩格斯列宁斯大林著作编译局译. 北京：人民出版社，1984：199-200.

［17］Соболева Е В. Организация науки в пореформенной России. Л.：Наука，1983：19.

［18］Тимирязев К А. Наука и демократия，М.：Изд-во социально-экономической литературы，1963：34.

［19］Комков Г Д，Левшин Б В，Семенов Л К. Академия наук СССР.М.：Наука，1977：201.

［20］Соболева Е В. Организация науки в пореформенной России. Л.：Наука，1983：21-22.

［21］Рождественский С В. Исторический обзор деятельности Министерства народного просвещения，СПБ.：М-во нар. просвещения，1902：483.

［22］Соболева Е В. Организация науки в пореформенной России. Л.：Наука，1983：23.

［23］Ключевский В О. Письма，Дневники，Афоризмы и мысли об истории.М.：Наука，1968：298-299.

［24］Соболева Е В. Организация науки в пореформенной России. Л.：Наука，1983：27-28.

[25] Твардовская В А. Идеология по реформенного самодержания，М.：Наука，1978：261.

[26] Щетинина Г И. Университеты в России и устав 1884 года. М.：Наука，1976：117.

[27] 列宁. 俄国资本主义的发展//列宁. 列宁全集. 第 3 卷. 中共中央马克思恩格斯列宁斯大林著作编译局译. 北京：人民出版社，1984：499.

[28] 列宁. 社会民主党在俄国第一次革命中的土地纲领//列宁. 列宁全集. 第 13 卷. 中共中央马克思恩格斯列宁斯大林著作编译局译. 北京：人民出版社，1959：206.

[29] Комков Г Д，Левшин Б В，Семенов Л К. Академия наук СССР. М.：Наука，1977：299.

[30] Князев Г А. Максим Горький и царское правительство.Вестник АН СССР，1932（2）：33.

[31] Комков Г Д，Левшин Б В，Семенов Л К. Академия наук СССР. М.：Наука，1977：315.

[32] Комков Г Д，Левшин Б В，Семенов Л К. Академия наук СССР. М.：Наука，1977：317.

[33] Комков Г Д，Левшин Б В，Семенов Л К. Академия наук СССР. М.：Наука，1977：219.

[34] Комков Г Д，Левшин Б В，Семенов Л К. Академия наук СССР. М.：Наука，1977：361.

[35] 瓦维洛夫 С И. 苏联科学三十年. 周梦麐译. 北京：龙门联合书局，1953：16.

[36] Graham L R. Lonely Ideas：Can Russia Compete？Cambridge：MIT Press，2013：5.

[37] Клюжев И С. Неиспользованные богатства，СПБ.，1909：17.

[38] 冯绍雷. 论近代以来俄国历史发展的结合部文明特征. 新华文摘，1990（11）：60-65.

[39] Зайончковский П. А. Кризис самодержавия на рубеже 1870-1880-х годов，М.：Изд-во Моск. ун-та，1964：489.

[40] Соболева Е В. Организация науки в пореформенной России. Л.：Наука，1983：69.

[41] Соболева Е В. Организация науки в пореформенной России. Л.：Наука，1983：38-39.

[42] Соболева Е В. Организация науки в пореформенной России. Л.：Наука，1983：40.

[43] Соболева Е В. Организация науки в пореформенной России. Л.：Наука，1983：42.

[44] Соболева Е В. Организация науки в пореформенной России. Л.：Наука，1983：142.

[45] Вавилов С И. Академия наук в развитии отечственной наук.// Собр. соч.，т.2. М.：Изд-во Акад. наук СССР，1956：808.

[46] Соболева Е В. Организация науки в пореформенной России. Л.：Наука，1983：144.

［47］Менделеев Д И. Какая же академия нужна в России? Новый мир，1966（12）：182.

［48］Академия наук СССР.Уставы Академии наук СССР. М. ：Наука，1975：92.

［49］Щетинина Г И. Университеты в России и устав 1884 года. М.：Наука，1976：150.

［50］Мечников И И. Страницы воспоминаний，М.：Изд-во Акад. наук СССР，1946：79-80.

［51］Соболева Е В. Организация науки в пореформенной России. Л.：Наука，1983：158.

［52］Орешкин В В. Вольное экономическое общество в России，1765-1917. М.：Изд-во Акад. наук СССР，1963：45-48.

［53］Рождественский С В. Исторический обзор деятельности Министерства народного просвещения，СПБ.：М-во нар. просвещения，1902：481.

［54］Соболева Е В. Организация науки в пореформенной России. Л.：Наука，1983：33-34.

第二章 苏俄建国初期的科技进步思想和科技发展战略①

十月革命使俄国获得了新生，一个社会主义的新纪元开始了。摆在年轻的苏维埃政权面前的任务是双重的：一方面要克服当前经济、政治和军事上面临的重重困难，恢复经济，保卫十月革命的胜利果实；另一方面又要大力开展社会主义建设，创造高于资本主义发达国家的劳动生产率，实现赶超。列宁说："无论如何要使俄罗斯不再是又贫穷又软弱而成为真正又强大又富饶的国家。"[1]他进一步指出："在任何社会主义革命中，当无产阶级夺取政权的任务解决以后，随着剥夺剥夺者及镇压他们反抗的任务大体上和基本上解决，必然要把创造高于资本主义社会的社会经济制度的根本任务，提到首要地位。这个根本任务就是提高劳动生产率。"[2]而实现上述双重目标的基础是现代科学技术，按照列宁的观点，要粉碎国内敌人，只有一个办法，那就是把国民经济……转到现代大生产的技术基础上。[3]因此，列宁领导的布尔什维克党和新生的苏维埃政权，从革命胜利之初就将科技进步推动社会主义经济发展作为基本国策，而列宁关于社会主义条件下发展科学技术的思想和列宁主持制定的科学技术政策，对苏维埃国家的发展产生了深远的影响，同时也是社会主义国家开展科学技术工作的第一个范例。

第一节 苏俄建国初期的特殊形势

十月革命胜利后的苏维埃政权面临着极其严峻的形势和空前繁重的任务。

① 1917年十月革命后俄罗斯苏维埃联邦社会主义共和国成立，简称俄罗斯苏维埃共和国或苏俄。苏维埃社会主义共和国联盟成立于1922年12月30日，简称苏联。

军事战线全面吃紧。从1918年开始，直到1920年底，苏俄一直处在内外敌人的军事威胁之下，红色政权经受了生死存亡的考验。1918年2月，德国军队发动了全面进攻，通过艰苦的军事斗争和外交谈判，签订了布列斯特和约。1918年3月，协约国开始对苏俄进行武装干涉，它们和国内的反革命白卫军相互勾结，连续发动三次进攻：1919年3月，以高尔察克白卫军为主力的进攻；1919年秋，所谓14国武装干涉，由邓尼金的白卫军充当马前卒；1920年春，波兰地主和弗兰格尔白卫军联合发动进攻。直到1920年1月，历时三年的帝国主义武装干涉和国内反革命叛乱才被基本粉碎。

战争浩劫给新生的苏维埃国家带来了难以治愈的创伤。1914—1917年的第一次世界大战已经耗尽了国内资源，燃料危机、粮荒遍地、通货膨胀、外债高达80亿卢布，经济已面临崩溃。三年内战雪上加霜，经济形势进一步恶化。连年战争使国民财富消耗了四分之一，国民收入减少了一半，工业生产率下降了74%，铁路周转量缩减了80%。表2.1反映了1920年苏俄工业生产的恶化情况。

表2.1　十月革命前沙俄和苏俄工业产值指标比较

年份	工业总产值/亿卢布	发电量/10亿千瓦时	石油/百万吨	煤/百万吨	泥炭/百万吨	铁矿石/百万吨	生铁/百万吨	钢/百万吨	纸/千吨
1913	102.51	2.0	10.3	29.2	1.7	9.2	4.2	4.3	269.2
1920	14.1	0.5*	3.9	8.7	1.4	0.16	0.12	0.19	30.0

注：*为1921年数据。

资料来源：据苏联科学院经济研究所. 苏联社会主义经济史. 第2卷. 北京：生活·读书·新知三联书店，1980所提供的资料编制。

帝国主义的武装干涉和国内战争的战火，使得许多重要的工业基地被敌人占领，敌占区生产俄国90%的石煤，85%的铁矿石，75%的钢铁。特别是煤和石油产区多在敌方手中，这使苏俄的燃料供应十分紧张。由于战乱，工人人数大减，到1920年100个工人竟有150个工作岗位。由于军队用粮大幅度增加，兵源不断扩大，到1920年时已达550万人，这使军用粮激增，而大大加剧了农民的负担。生活必需品严重匮乏，1920年时，年人均棉织品不足1米，50人不到1双鞋，200多人不到一盒火柴，食盐减产72%，食糖减产93%。[①]面对严峻的经济形势，列宁建议将现有企业关闭一半到五分之四，在谈到当时经济困境

① 姜长斌. 苏联社会主义制度的变迁. 哈尔滨：黑龙江教育出版社，1988：59-60；姜长斌. 苏联早期体制的形成. 哈尔滨：黑龙江教育出版社，1988：213. 另见列利丘克BC. 苏联的工业化：历史、经验、问题. 闻一译. 北京：商务印书馆，2004：33.

时，他说："既没有车辆，也没有道路，什么也没有，根本没有什么预先使用过的东西！"[4]很明显，新生苏维埃政权在制定各项政策时，首先必须立足于迅速摆脱经济困境，使苏俄的经济生活走入正常的轨道，这是当时压倒一切的生命攸关的任务。

在这样严峻的形势下，军事和政治上的集权是不可避免的体制选项，而且由于经验不足和当时对社会主义的偏颇认识，军事共产主义成为建国初期苏维埃政权的基本体制。最高国民经济委员会的成立是这种体制的一个集中体现，它统一管理和组织国民经济一切领域的活动，其职能是：①制定国民经济总体计划；②统一指挥和协调全国各级经济机构以及工人监督委员会、工厂委员会和工会的活动；③对工商业各部门进行监督和管理，有权实行没收、征用、限制经营等指令性行为；④对生产、财政、分配等问题采取有利于国家的其他措施。

为进一步加强集中领导，1918 年 5 月 3 日最高国民经济委员会又决定按工业部门设立中央管理局，从而形成国有化企业的三级管理体制，即中央管理局—州管理局—企业的垂直隶属关系。同时，企业的领导完全实行委任制。

在战时共产主义时期，中央集权制的经济体制发展到登峰造极的地步。国家的经济、政治、军事权力集中在工农国防委员会的手中，它直接领导最高国民经济委员会，由最高国民经济委员会授权下属的总管理局和各个部门的中央委员会及生产部（1920 年共有 52 个总管理局，13 个生产部）①执行其指令，直接为企业制订生产计划和产品分配计划；企业从上级部门按计划配额得到设备和原料，同时按规定数量和质量向国家缴纳产品。这就是所谓"总局制"。对内和对外贸易也由国家垄断。

军事共产主义是一种特殊的经济模式。它在产权上推行单一的所有制——全盘公有化。在交换和分配上，基本上取消了市场关系，禁止商品自由贸易，国家组织城乡产品的直接交换，经济生活实物化，货币也几乎失去了意义；生活必需品由国家统一配给，而且在分配中贯彻阶级原则，并有明显的平均主义倾向。

应当指出，军事共产主义的实施固然与战争环境和帝国主义的武装干涉有关，但不过是苏维埃政权的一种权宜性的临时应对政策。虽然如此，从当时俄共（布）的主流思潮来说，军事共产主义毕竟已被看作是社会主义的必然形

---

① 姜长斌. 苏联早期体制的形成. 哈尔滨：黑龙江教育出版社，1988：218.

态，这是当时社会政治和整个意识形态发展趋势的反映。

面对新生的苏维埃政权，各种政治势力重新组合，使当时的苏俄社会形势异常复杂。沙皇政权的余孽、各种资产阶级和小资产阶级政治势力与无产阶级所代表的革命势力之间，形成了错综复杂的政治关系。在形形色色的政党中，既有地主保皇派政党的残余势力，又有资产阶级自由派的立宪民主党，也有代表小资产阶级利益的社会革命党和孟什维克（其中从社会革命党中分化出来的左派社会革命党还曾一度和布尔什维克结成政治同盟）。这些党派在十月革命后围绕政权这个核心问题，同布尔什维克党进行了十分尖锐的斗争。例如，就立宪会议立宪民主党伙同社会革命党和孟什维克的复辟活动，资产阶级专家和高级职员的怠工，围绕布列斯特和约的签订和农民政策的制定，左派社会革命党改变布尔什维克路线的阴谋和叛乱，等等。在布尔什维克党内也不断发生激烈的政治斗争，所谓“左派共产主义者”和以托洛茨基为首的反对派，不断从不同角度干扰破坏党的列宁主义路线。

十月革命后的俄国处在如此特殊的历史语境中，而在俄国开始的社会主义革命是全新的历史事业，对俄国社会主义发展道路存在不同的认识，出现各种各样的甚至是完全对立的思潮和理论是不足为奇的。其中，关于俄国向社会主义过渡的根本道路的思想论战，对苏俄各个战线上的工作方针具有决定性的影响。在俄国向社会主义转变的途径这一问题上，布尔什维克党内曾普遍流行一种“左”的思潮，其核心主张就是直接向共产主义过渡的乌托邦。在内战时期，苏维埃政权被迫实行军事共产主义体制，这也在客观上助长了“直接过渡论”思潮的蔓延。

1920年，布哈林（Н. И. Бухарин）的《过渡时期经济学》一书出版，这本书可以说是直接过渡论的代表作①。布哈林在此书中所提出的社会主义经济模式有一个主导思想，那就是认为垄断资本主义时代商品生产已经开始消亡，而在这一基础上产生的社会主义社会将完全实现经济关系的“实物化”。他所说的“实物化”的含义是：在自觉的计划经济调节下，商品逐渐变成“产品”。由于商品生产已经消失，因此价值规律也“最不适用于过渡时期”，与此同时，货币也进入“自我否定时期”，于是，“社会自然经济关系体系”取代商品经济，乃是过渡时期的基本趋势。至于实现这种转变的根本条件，布哈林认为只能是“超经济力”，即超经济强制，那就是由无产阶级专政体现的革命的暴力。[5]

---

① 1921年后，布哈林的立场发生了重大转变，他于1921年8月6日在《真理报》发表的《经济政策的新方针》以及20世纪20年代的一系列经济学著作，都强调社会主义必须包含市场关系，国家计划与市场经济是互相关联和相互补充的。

这种直接过渡的思想，在20世纪20年代的苏共领导层中，曾有着广泛的共识。当时苏维埃政权的主要经济领导人，如最高国民经济委员会主席奥辛斯基（В. В. Осинский）、最高国民经济委员会主席团成员拉林（Ю. Ларин）、农业人民委员斯米尔诺夫（А. Н. Смирнов）、救济人民委员柯伦泰（А. М. Коллонтай）等，都曾撰文鼓吹"直接过渡"的思想。甚至1919年俄共（布）八大的党纲中也明确规定："俄国共产党将竭力实行一系列办法，来扩大非现金结算的范围和准备取消货币。"[6] 1921年，列宁在《十月革命四周年》这篇名文中指出："我们原来打算（或许更确切地说，我们是没有充分根据地假定）直接用无产阶级国家的法令，在一个小农国家里按共产主义原则来调整国家的生产和产品分配。现实生活说明我们犯了错误。"[7] 可见，这种思潮曾经在俄共（布）内部一度是占支配地位的。

1921年，俄共（布）宣布停止战时共产主义而转向实施新经济政策，以托洛茨基为代表的反对派却进一步提出了一整套"左"的经济方针。从所谓"世界革命论"出发，托洛茨基对苏联社会主义建设前景持悲观态度，认为国内资本主义经济成分的增长将埋葬苏维埃制度，因此主张超高速工业化，并提出"工业专政"的口号，鼓吹国营工业在经济综合体中保持垄断地位。他的追随者普列奥布拉任斯基（Е. А. Преображенский）在《社会主义积累的基本规律》一文中，进一步论证超经济强制剥夺农民的所谓"社会主义原始积累"的工业路线，他说："向社会主义生产组织过渡的某一国家在经济上愈落后，小资产阶级性即农民性愈严重，无产阶级在社会革命时能得到充作自己社会主义积累资金的遗产愈小——这个国家的社会主义积累就愈要被迫依赖于对社会主义以前的经济形式的剥削。"[8]

在政治上，苏俄建国初期党内存在一种阶级斗争扩大化的"左"倾思想，混淆敌我界线，无限制地扩大打击面，这首先表现在对待富农的政策上。反对派认为，富农是复辟资本主义的主要危险，是社会主义基础下埋藏的一颗大地雷。在这种思想指导下，当时的农业政策极端偏激，打击了相当一部分农民群众，影响了工农联盟。其次就是所谓"耐普曼"问题，实质上是对待私营工商业的态度问题。耐普曼①本来是指在新经济政策下的一些小商人和利用自由贸易牟利的人，他们基本上是在当时政策允许的范围内从事经济活动的。但"左"

① 耐普曼，НЭПМАН，НЭП是俄语新经济政策（новый экономический план）这一词组的缩写字头，МАН即英语的人（man），直译是"新经济政策的人"。

倾势力无视他们对社会主义经济的积极作用，将其视为与社会主义方向敌对的新资产阶级分子，认为必须予以打击并彻底铲除。

同样地，“左派共产主义者”也把资产阶级专家看作是苏维埃政权的敌人，认为没有他们也照样可以建设社会主义。在这方面，最典型的代表就是“无产阶级文化派”，他们以极左的面目出现，主张科学技术有阶级性，要求摧毁“资产阶级科学”，建立“无产阶级科学”，鼓吹彻底抛开资产阶级专家，立即代之以无产阶级专家。这一派别的代表人物波格丹诺夫（A. A. Богданов）认为，“在科学的各个不同领域占统治地位的科学是资产阶级科学：从事这种科学的主要是资产阶级知识分子的代表，他们为之收集的是资产阶级所能得到的经验材料，他们从这个阶级的观点去理解和阐述这些经验材料，用他们所习惯、所掌握的方式和方法进行组织，结果这种科学从过去直到现在都是资产阶级社会体制的工具……”[9]他甚至认为，工人如果学了这种资产阶级科学也会变成资产阶级：“现代科学能使那些工人阶级中登上科学顶峰的顽强的个人资产阶级化。”[10]另一个代表人物普列特涅夫（В. Ф. Плетнёв）公然说：“建设无产阶级文化的任务只有靠自己的力量，靠无产阶级出身的科学家、艺术家、工程师等才能够加以解决。”[11]无产阶级文化派一度有很大的势力，他们有自己的文化团体、大学和文化宫，有《无产阶级文化》《未来》等二十多种期刊，还有几家出版社，在全俄各地形成组织网络，1920 年他们所把持的无产阶级文化协会已发展到 300 个，参加协会的人数最多时达到 40 万—50 万人，出版杂志多达 23 种①。无产阶级文化派对苏俄初期的科学文化事业是一个严重的干扰。

在俄国这样一个生产力落后，小生产和宗法制在广大地区和社会许多领域仍然占统治地位的国家，要想实现社会主义，的确是一件十分复杂的事情。马克思曾经指出，从自然经济到商品经济再到以“自由人联合体”为基础的“时间经济”，是人类历史发展的三个必然经历的阶段。[12]到了晚年，马克思通过考察俄国社会的历史特征，曾设想俄国可以在村社的基础上跳跃“卡夫丁峡谷”，即不经过资本主义阶段而走向社会主义，但条件是对旧有的公社进行现代化的改造，而不是直接过渡。[13]当然，他没有也不可能具体指出从公社制度转换为社会主义制度的中间环节是什么。

实践是检验真理的标准。军事共产主义的实施虽然帮助苏维埃国家渡过了内战时期的难关，但内战结束后，俄共（布）却并没有立即适应经济建设的新

① 戈尔布诺夫. 列宁和无产阶级文化协会. 申强，王平译. 北京：外国文学出版社，1980：151.

形势，改变方针，反而变本加厉地继续推行军事共产主义，更加热衷于“直接过渡”，对中小企业进一步实行国有化，余粮征集额提高了四倍，中央集权扩大到一切领域，分配制度彻底实物化，甚至开始对食物、日用品和生活设施实行免费供应。这些强制性的极端措施严重挫伤了劳动者和各阶层民众的积极性，破坏了社会生产力，终于导致1921年春天的经济和政治危机。播种面积急剧缩小，谷物产量锐减，仅及革命前的54%。工业情况同样糟糕，燃料恐慌，大批企业（二分之一到五分之四）停产，工人人数锐减，整个工人队伍只剩了革命前的一半，而纺织、水泥、采矿、制铁工人只剩下革命前的14%—16%。到1920年工业品产量仅相当于1913年的七分之一，大工业则相当于八分之一。①雪上加霜的是，已经出现了大规模的社会骚乱。

列宁是一位清醒的无产阶级革命家，他深刻地意识到，这场危机的主要原因是继续实行战时共产主义[14]。所以后来在检讨军事共产主义政策在指导思想上的失误时，列宁说“我们犯了错误”。

关键问题是找到一条符合俄国社会现实的社会主义发展道路。经过深入的思考和研究，列宁认识到，问题的核心在于解决实现向社会主义过渡的经济基础，即“是以市场、商业为基础，还是反对这个基础？”[15]当然，搞市场经济，又不能如孟什维克主张的那样，首先发展资本主义，然后再进行“二次革命”。这样，就必须开辟一条全新的道路，列宁所设想的模式是，把“资本主义纳入国家轨道，建立起一种受国家领导并为国家服务的资本主义”[16]，这就是新经济政策的实质。因此，新经济政策不仅是一种政策，而且本质上是俄国这样的东方式社会走向社会主义的特殊历史道路。

在列宁领导下，1921年3月召开的俄共（布）第十次代表大会通过了《关于以实物税代替余粮收集制》的决议，这标志着新经济政策开始实施，从1921年到20世纪20年代后期，苏俄进入了一个新的历史发展阶段。

新经济政策的灵魂是市场经济。按照新的发展道路，“余粮收集制”改为粮食税，改变了平均主义的分配制度；允许对剩余农产品和其他商品在市场上交换；振兴商业，使之成为发展国民经济的“中心环节”。[17]

随着市场经济的发展，新经济政策对所有制关系做了调整。在工业中，一方面对国有大企业实行经济核算制，引入市场机制；另一方面，将其余企业承租给集体或个人。这些企业在市场活动中，都要按价值规律进行竞争。在农业

---

① 姜长斌. 苏联早期体制的形成. 哈尔滨：黑龙江教育出版社，1988：266.

上，给农民“自由选择土地形式”的权利，允许选择“独家田”或“独家农庄”，允许农民租地和雇工。

新经济政策的实施取得了辉煌的成就。1925—1926年，苏俄的国民经济全面复苏。1925年时，农业生产各项基本指数（播种面积、谷物产量、牲畜头数）均已达到或超过1913年的水平；1925—1926年，轻工业产值也已超过1913年的水平；而到1926年，全部重工业产值已超过1913年的104.4%；社会商品流转额迅猛增加，1926年已达到1913年的水平，对外进出口也大幅上升。①新经济政策是通过建设市场经济，使俄国从传统的东方式小生产和宗法社会走上社会主义现代化道路的伟大尝试。对这一实质，俄共（布）领导层是有一定认识的。俄共（布）十二大的决议明确指出，苏俄实施新经济政策是“转而采取市场的经济形式”。[18]当然，由于历史条件的限制，包括列宁在内的俄共（布）领导人，还没有把建设社会主义市场经济看成是东方国家走向社会主义的历史必由之路，是这些国家走向社会主义的必经阶段。因此，往往把这一战略看成是对资本主义的“让步”和暂时的“退却”，而对发展市场经济的长期性认识不足，这埋下了后来对新经济政策歪曲和阉割的种子。但是，无论如何，新经济政策是对马克思关于东方社会向社会主义转换的独特道路这一设想的直接的、实践的回答，这一尝试旨在解决在小生产基础上，通过发展商品经济过渡到社会主义，同时又避免了资本主义的重大弊端，这是有深远意义的伟大创举。

实行新经济政策，实质上是通过变革生产关系解放生产力。新经济政策的一个轮子是对现有经济关系的改造，另一个轮子则是对落后生产力的技术改造。所以，实现向社会主义的转变所要解决的另一个历史课题，就是如何通过科学技术进步发展生产力。对新生的苏维埃政权来说，解决这一问题同样是创新性的探索，不仅要在小生产和宗法制的中古社会基础上，发展现代科学技术，而且要发挥正在形成的社会主义体制的优越性，消除资本主义的弊端，为科学技术进步注入新的活力。面对复杂的形势，以列宁为首的布尔什维克党，制定和实行了历史上第一个社会主义国家的科学技术政策，在社会主义的历史上留下了宝贵的遗产。

---

① 苏联科学院经济研究所. 苏联社会主义经济史. 第2卷. 北京：生活·读书·新知三联书店，1980：331-352；姜长斌. 苏联早期体制的形成. 哈尔滨：黑龙江教育出版社，1988：313；陆南泉，姜长斌，徐葵，等. 苏联兴亡史论. 北京：人民出版社，2002：248.

第二节　列宁发展社会主义科技事业的指导思想

列宁是世界上第一个社会主义国家的缔造者，也是社会主义国家科技政策的奠基人。列宁依据马克思主义的基本原理，从俄国社会的现实出发，就科学技术进步，特别是在社会主义制度下通过科技进步推动社会发展的问题，进行了深入研究和深刻分析。列宁的科技进步理论是马克思主义思想体系中的瑰宝，是马克思主义的科学社会学和科学技术论的理论基础。

按照马克思的观点，科学技术是生产力，是最高意义上的革命力量。列宁全面发展了马克思的这个重要思想。在评注布哈林的《过渡时期经济学》一书时，列宁批评布哈林对生产力的阐释不确切，但是也注意到布哈林关于生产力"是一个介于技术和经济之间的概念"这一提法，认为这比前面的"生产力就不是经济范畴，而是技术范畴"的论断"要好些"[19]。在列宁看来，生产力不能归结为技术，但是科学技术无疑是生产力的要素，他指出："……人的劳动是无法代替自然力量的……无论在工业或农业中，人只能认识和利用自然力量的作用"，借助机器和工具等减少利用的困难。[20]这里所说的"认识和利用自然力"就是"科学技术"。列宁还指出："用最新技术来开采这些天然富源，就能造成生产力空前发展的基础。"[21]列宁的这些思想同马克思的观点是一脉相承的，马克思说过："大工业把巨大的自然力和自然科学并入生产过程，必然大大提高劳动生产率。"[22]"自然因素的应用……是同科学作为生产过程的独立因素的发展相一致的。"[23]相应地，列宁强调指出，只有通过"完全的技术改革"，才能实现现代的生产力，即"社会劳动生产力的发展，只有在大机器工业时代才会明显地表现出来"。[24]

列宁一方面肯定科技进步对社会物质生产力的提高所起的决定性作用，另一方面又特别强调科技生产力是推动社会经济关系发生革命性转变的巨大力量。他分析了资本主义生产方式兴起的历史动因，指出：正是科学技术进步不断破坏了自然经济的基础，为资本主义生产关系的形成和发展创造了社会前提。资本主义生产关系的统治范围随着下列情况而日益扩大：技术的不断革新提高大企业的经济作用，同时使独立的小生产者受到排挤，一部分变为无产者，其余部分在社会经济生活中的作用日益缩小……[25]同时，在资本主义生产关系下面，科学技术进步极大地促进了生产的社会化，这造成双重后果：一是加速了私人占有制与社会化大生产之间的矛盾，技术加速发展，又使国民经济各部门不相适应的因素、混乱和危机的因素日益增加[26]；二是为社会主义生产关系的产生创造了前提，“技术革新既使生产资料和流通资料集中起来，又使资本主义企业中的劳动过程社会化”，于是日益迅速地造成以共产主义生产关系代替资本主义生产关系进行社会革命的物质可能性。[27]

列宁发展了科学技术是生产力的马克思主义观点。如果说，马克思揭示了科学技术对资本主义社会兴起和发展的决定性作用，那么列宁则是在马克思主义历史上第一次深刻论证了科学技术进步与社会主义事业的关系。在列宁看来，现代科学技术是社会主义的重要基础，为此列宁提出了发展社会主义科技事业的一系列指导原则。

（1）社会主义生产方式是新的、更高的生产方式，它必须以现代科学技术的最新成就为基础，创造出比资本主义更高的劳动生产率。列宁指出：共产主义就是利用先进技术的、自愿自觉的、联合起来的工人所创造出来的较资本主义更高的劳动生产率。[28]

所谓现代最新科学技术成就，首先是指可以成为现代化大工业基本技术手段的先进技术设备和工艺。根据当时科技发展的水平，列宁最重视的是先进的动力技术，即电气化，他说：只有当国家实现了电气化，为工业、农业和运输业打下现代化大工业的技术基础时，我们才能彻底取得胜利。他因此提出了一个著名的公式——共产主义就是苏维埃政权加全国电气化。[29]

列宁进一步指出，为提高社会主义的劳动生产率，不仅需要一般的先进科学技术成就，而且需要科学的先进管理技术。他说：提高劳动者的纪律、工作技能、效率、劳动强度，改善劳动组织，这也是发展经济的条件。[30]他认为，泰罗制作为生产过程中的现代化管理技术，尽管有作为残酷剥削手段的一面，但同时又是“一系列的最丰富的科学成就”，及按科学来分析劳动中的机械动作，省去多余的笨拙动作，制定最精确的工作方法，实行最完善的计算和监督制度等。因此，列宁主张在社会主义条件下研究泰罗制，系统地试行这一制度。

（2）巩固和发展社会主义的经济制度要依靠科学技术进步，反过来，社会主义制度又为科学技术的发展开辟了广阔的天地。

列宁认为，只有通过科学技术进步，建立起现代化大生产，才能彻底“粉碎”小生产，摧毁自然经济。他指出，要改造小农经济，“只有一种办法，那就是把国家经济，包括农业在内，转到新的技术基础上，转到现代大生产的技术基础上”[31]。为了改造小农，必须用现代技术手段代替农业中原有的落后的手工工艺。“只有有了物质基础，只有有了技术，只有在农业中大规模地使用拖拉机和机器，只有大规模地实行电气化，才能解决这个关于小农的问题。”[32] 小农国家是资本主义牢固的经济基础，是苏维埃敌人的社会基础。正是基于这样的认识，列宁把科学技术进步看成是巩固和发展社会主义经济关系的必要途径。

但是，尽管资本主义创造了历史上最先进的科学技术，资本主义私有制关系和资本主义的整个制度却日益成为科技进步的桎梏。列宁深刻地分析了资本主义制度限制科技进步的各种因素。

资本主义社会把推动科技进步作为资本家剥削剩余价值的手段。科学技术沦为资本的奴仆，使劳动人民无法接受科学教育，成为愚昧无知的“会说话的工具”，“由于千百万人的贫困和无知，由于一小撮百万富翁的愚笨贪吝，它又阻碍了技术改良的实现”[33]。同时，由于资本主义维护私有制统治的狭隘政治目的，它必然把自然科学研究限制在单纯为攫取超额利润服务的范围内，只要违背了这一功利主义原则，无论什么样的成果都要遭到摈弃，所以列宁认为，“有一句著名的格言说：‘几何公理要是触犯了人们的利益，那也一定会遭到反驳的’”[34]。

经济上的无政府状态是作为私人占有制的资本主义的固有弊端。在这种状态下，不能从宏观上、全局上、根本上做到有计划地推动科学技术向物质生产力的转化，而这种计划性恰恰是现代科技经济一体化发展的内在要求。列宁在谈到国家电气化计划时指出：“只要存在着资本主义和生产资料私有制……全国和许多国家的电气化不可能迅速地和有计划地实现。”[35]

随着资本主义进入帝国主义阶段，垄断所特有的“停滞和腐朽的趋势”将对技术进步产生严重的遏制作用。在列宁看来，这是因为，垄断价格的形成虽然是暂时的，但一旦造成价格垄断，“技术进步，因而也是其他一切进步的动因，前进的动因，也就在相当程度上消失了”[36]。当然，垄断不能长久地排除世界市场上的竞争，改良技术的爆发有可能降低成本和提高利润率，因此创新需求不会绝对消失。但是正如列宁指出的，垄断的消极作用在一定时期总会在个别工业部门、个别国家占上风。

只有社会主义制度才能为科学技术的发展开辟广阔的道路。

列宁认为，当社会主义公有制和现代最新科学技术结合起来时，才能把科技生产力的全部潜能充分挖掘出来，这首先是因为：“只有社会主义才能使科学摆脱资产阶级的桎梏，摆脱资本的奴役，摆脱做卑污的资本主义私利的奴隶的地位。”[37]

社会主义公有制使科学技术成为人民的财产，这就使人民身上蕴藏的“伟大的革命、复兴和革新的力量苏醒过来”。一方面，在社会主义制度下，人民得到了受教育的机会，这样就激发了“人民‘下层’中的求知热情和首创精神”[38]；另一方面，社会主义制度冲破了私有制特有的狭隘功利主义眼界，以新的世界观培育出成千上万的共产主义新人，他们致力于真正自由的科学创造。一句话，社会主义解放了科学生产力。

（3）科学技术本身没有阶级性，要充分吸收、引进和利用国外的先进科技成就。

十月革命后，列宁同鼓吹科学技术阶级性的“左”倾思潮进行了针锋相对的斗争。列宁对普列特尼奥夫的文章《在意识形态战线上》做了详细批注，指出他关于“进攻资产阶级科学”和“建立无产阶级科学”的说法，是“十足的杜撰”，是“一派胡言”。列宁同时还写了一个便条给主持《真理报》工作的布哈林，质问他：“为什么要把普列特涅夫用各种炫耀博学的时髦字眼来虚张声势的小品文这类昏话登载出来”，并且断言：“作者应该学习的不是‘无产阶级’科学，他应该进行普通的学习。”[39]显然，在列宁看来，这本是历史唯物主义的常识，而无产阶级文化派是“伪造历史唯物主义”“玩弄历史唯物主义”。

列宁也曾使用过“无产阶级科学”一词。但是，列宁这一提法的含义是十分明确的，仅仅是指，科学技术在资本主义社会里完全掌握在资本家手中，“少数有产者，他们拥有资本主义财产，把教育和科学……变成了剥削工具和专利品”[40]。至于科学技术的内容本身，则是建立在实践基础上的人类共同的财富，它既可以为资产阶级服务，也可以为无产阶级服务。正因如此，列宁热烈号召：“无论如何要继续前进并吸收欧美科学中一切真正有价值的东西——这就是我们第一等的首要任务。”[41]按照列宁的意见，要做到这一点，应当有领导、有规划地进行引进西方技术的工作：“必须明确地规定，由谁负责向我们清楚地、及时地、合乎实际需要而不是例行公事地介绍欧美技术。”[42]要利用商品交换关系，向西方发达国家购买先进的技术和装备。列宁甚至提出实行租赁制：“没有租让，我们就得不到完善的现代资本主义技术的帮助。”[43]他具体建议，通过租出格罗兹内或巴库油田的四分之一，来使其余四分之三赶上发达资本主义国家的先进技术，这是一条合理的途径。

（4）正确发挥科技人才的作用，建设社会主义的科技队伍。

十月革命后，列宁立即着手解决建设社会主义的专业人才问题。列宁认为，革命并没有时间从我们党员中培养专家，而旧专家却是资本主义留给新政权的宝贵遗产。因此，怎样吸收旧专家参加工作就成为摆在苏维埃政权面前的一项十分迫切的任务。为了完成这一任务，在没有可能立即培养出一支宏大的无产阶级知识分子队伍之前，必须学会正确对待资产阶级专家。既要尊重专家，尊重知识，充分发挥他们的作用，又要用无产阶级立场、观点改造他们，引导他们走社会主义道路。

列宁指出，正如资产阶级曾利用封建阶级人才一样，无产阶级也要“善于吸收、掌握、利用先前阶级的知识和素养”[44]。“反专家主义”完全是错误的，因为“这些人在无产阶级社会里是会为我们服务的”[45]。在这方面必须同轻视专业人才的“左”的倾向做坚决的斗争。列宁说：要无情地反对貌似激进实则是不学无术的自负，以为劳动者不向资产阶级专家学习，不利用他们，不经过同他们共事的长期锻炼，就能消灭资本主义和资产阶级制度。列宁认为，那些虽然是资产阶级的但是精通业务的科学技术专家，“要比狂妄自大的共产党员宝贵十倍”[46]，因为专家拥有的是专业知识和实际经验，而不是抽象的议论和一般的原则口号。列宁明确指出，为了真正转向经济建设事业，必须让工程师和农艺师多讲话，因为“今后最好的政治就是少谈政治”[47]。

当然，资产阶级专家“大多数是浸透了资产阶级世界观的”[48]，因此必须对他们进行教育和改造，使他们为社会主义服务。但是，怎样使旧知识分子为无产阶级事业工作呢？列宁提出了四项基本原则。

第一，建立自上而下的全民监督和计算制度，造成一种“使资产阶级专家受我们支配的局面”[49]，也就是说，要靠法治，而不能单纯、长期地依靠“付给高额薪金”的赎买政策，更不能用强制的手段，无法靠“棍子强迫整个阶层工作”。[50]

第二，以真诚的态度，认真地全面推进科学文化事业，吸引愈来愈多的群众参加这个事业，并且为知识分子创造比资本主义制度下更好的工作条件，这样就会“在精神上完全折服”他们，“他们就会自然而然地被吸收到我们机构中来，成为它的一部分”。[51]

第三，善于用共产主义世界观教育知识分子。一方面要引导他们端正科学工作的目标，解决服务的问题，“使他们意识到把科学用来使个人发财、使人剥削人是极其卑鄙的，意识到使全体劳动群众了解科学是更崇高的任务”[52]。另一方面，用辩证唯物主义世界观和方法论武装他们的头脑，使他们成为一个“以马克思为代表的唯物主义的自觉拥护者”[53]，同时，还必须大力培养无产阶级自己的专家队伍。但是，列宁特别指出，教育、改造和培养科学技术专家，“要记住，工程师承认共产主义所经历的途径将不同于过去地下宣传员和著作家，他们将通过自己那门科学所达到的成果来承认共产主义”[54]。

同时，列宁认为，苏维埃国家的各级领导必须支持科学技术人员的工作，关心他们的生活。在列宁看来，首先应当信任专家，放手让他们工作，并且认真听取他们的意见。其次是，尽可能给他们创造良好的工作条件，排除所遇到的障碍。列宁曾多次亲自指示各级行政部门，对科学家和科研机构“在改善其工作条件和排除各种障碍方面给予最有效的帮助和支持”[55]。

列宁认为，对专家应当实行物质鼓励。在向完全的共产主义过渡的时代中，必须保留奖励制度。“在完全的共产主义制度下奖金是不需要的，但在从资本主义到共产主义过渡时代，如理论和苏维埃政权一年来的经验所证实的，没有奖金是不行的。”[56]

第四，开展综合技术教育，向青少年一代普及科学技术知识，使青少年从小就具有基本的和必要的科学知识，同时又具有一定的和适用的综合技术知识，使他们成为适应社会主义经济建设需要的劳动后备军。

列宁指出，建设社会主义不但需要专家，而且需要千千万万具有科学知识和专业技能的劳动者。为此，苏维埃国家的首要任务就是对广大青少年开展综合技术教育。苏维埃国家所需要的不是普通的工人和匠师，而是“同时必须具有最基本的普通知识和综合技术知识”的劳动者。按列宁的设想，这里所说的“普通知识”就是“某些科学的 minimum 原理”即“最基本的原理”，而“综合技术知识”则是关于电力、机械工业、化学工业等现代科学技术的基本概念。[57]列宁认为，这种教育方针是“把教学工作和儿童的社会生产劳动紧密结合起来”，使他们“从理论上和实践上熟悉一切主要生产部门”。[58]列宁多次指示有关部门，要把综合技术教育作为不满 16 岁的男女儿童的义务教育纳入国家教育计划，并委派专家、组织人力立即实施。

（5）对科技进步实行计划管理，通过专门的科技管理机构制定科技规划和相应的法规，实现对苏维埃国家科技事业的领导。

由于社会主义是崭新的社会制度，列宁在苏维埃体制建立的初期，对新体制同旧体制的区别给予极大的关注是很自然的。按列宁的观点，社会主义科技进步事业必须实行计划管理，1920 年 3 月 29 日，列宁在俄共（布）第九次代表大会的报告中指出，当前，“注意的中心是……基本经济计划”，并提出“一切都服从于基本经济计划”的口号[59]，为此确定了“用科学方法制定国家整个国民经济计划”的任务，因此，列宁于 1918 年 4 月写作了《科学技术工作计划草稿》，建议最高国民经济委员会委托科学院，“成立一系列有专家组成的委员会，一边尽快制定改造俄国工业和发展俄国经济的计划”。1919 年 12 月 26 日，列宁就苏维埃国家全国电气化计划的编制问题，致信克尔日札诺夫斯基（Г. М. Кржижановский），明确指出，首先应该确定基本任务——“政治或国家的计划”，然后还应制定相应的科技计划。

为了实现对科技进步的计划管理，应当由国家统一筹划实施。必须建立领导科学事业的专门机构，成立协调和统一科技与产业相互关联的各种专门委员会，并制定必要的法规和政策（如奖金政策和专家待遇政策等）。

列宁关于科技进步计划管理的思想有三个特别值得注意的原则。

第一，把科技进步计划看作是国民经济发展计划的基础和核心。列宁认为，必须在“最新技术基础（全部经济电气化）的原则上”改组经济[60]；只有“在现代最新科学成就的基础上”，才能赢得社会主义对资本主义的最后胜利。[61] 列宁的《科学技术工作计划草稿》对科技与经济的设想，一共包含四个要点，即合理的工业布局，建设现代大企业，原料和工业品自给自足，工业、运输和农业的电气化——其核心就是科学技术与经济的协调发展。

第二，把长期的和近期的科技规划结合起来。列宁说：“没有一个长期的旨在取得重大成就的计划，就不能进行工作。”为此就必须加强科学预测工作，“经济学家在技术进步方面始终应当向前看，否则立刻就会落后，因为谁不想向前看，谁就会被历史丢下，没有也不可能停在中间不动”。[62] 同时，列宁认为远景计划又必须从显示的条件出发，考虑到哪些是近期可以实现的，哪些必须放到将来去完成。他要求俄罗斯国家电气化计划（ГОЭРЛО）要“开始制定年度计划，即不仅是一般计划，而且还计算到，从 1921 年到 1930 年止，每年有多少电站可以发电，以及现有的电站可以扩大到何种程度”[63]。

第三，把科技进步规划当作一个科技社会综合发展规划，考虑到科技—经济—文化的系统进步。列宁认为，一个综合的科技进步计划，同时也是一个普遍的社会改造计划和社会进步计划。正是在这个意义上，列宁称俄罗斯国家电气化计划为“第二党纲”[64]。列宁对科技、经济、政治、文化的关联有深刻的认识，他曾提出一个公式："苏维埃政权+普鲁士的铁路秩序+美国的技术和托拉斯组织+美国的国民教育……=社会主义。"[65] 所以，列宁总是把科技进步同经济建设、文化革命、国民教育有机结合起来。

列宁是伟大的无产阶级革命家，又是一位知识渊博的学者。他不仅深刻了解俄国社会的历史和现实，而且对世界形势的发展和变化了如指掌，特别是始终密切关注工业发达国家的社会进步趋势。和马克思一样，他总是把科学技术当作"最高意义上的革命力量"，而且在作为世界上第一个无产阶级专政国家领导人的短暂实践中，一直自觉地探索科技进步与社会主义事业相结合的途径。苏俄首任科学院院长卡尔宾斯基说："从弗拉基米尔·伊里奇所有的决定和命令中，我可以得出一个坚定的信念，这位在世界上最宏伟的革命年代里，出任一个伟大国家政府首脑的人，对科学和文化是特别关心和尊重的。在欧洲和美国未必有多少国务活动家像弗拉基米尔·伊里奇那样敏锐地关注科学问题，并给予科学以如此之高的评价……而对科学始终予以支持，对学者始终给予关怀，这是弗拉基米尔·伊里奇的伟大功勋之一，对此迄今可能尚未给予足够的评价。当然，问题不仅在于保存了一系列学术机构和支持了学术工作者，这些帮助的伟大意义在于，对科学知识力量和科学知识对国家建设所应具有的意义的深刻信念。弗拉基米尔·伊里奇毕生的活动都贯穿着这一信念，他还把这一信念给了我们新生的国家。"[66] 这位科学家真挚的话语，生动地说明了科技进步在列宁为之献身的社会主义事业中的崇高地位。

当然，当列宁对具体科学家的学术思想进行评价的时候，也确有某些失当之处。列宁在指导苏俄科技政策的制定时，尚未认识到科技成果作为知识产品的商品化问题，也未考虑到如何适应新经济政策的发展，在科研体制、科技—经济转化等方面，也未考虑到引进西方的市场经济机制等。对这些问题，不能脱离当时的历史条件去苛求前人，须知列宁在苏俄党和国家领导岗位上仅仅工作了六七年，而且那毕竟是人类历史上第一个社会主义国家。

第三节　苏俄建国初期的科技进步事业及其政策

1917 年十月革命后，苏俄在科技领域的中心任务是，迅速把原有的科学技术工作纳入社会主义的发展轨道，使整个科技活动适应苏维埃国家的总体需要；同时，又必须根据科学技术进步的客观规律，探索在新制度下加速推进科技发展，使之尽快转向为社会主义战略目标服务的道路。

在这方面，摆在首位的问题是如何对待旧有的科研机构，怎样对之进行改造使其适应社会主义的发展目标，同时加速建立社会主义的科学管理体制。

按照列宁的思想，俄共（布）严格地区分了科学机构和政治机构，对彼得堡科学院等沙俄遗留下来的学术组织，采取极其慎重的态度。基本做法是，保留原有的机构设施和人员队伍，保留原有的研究项目和研究方向；国家通过与科学组织协商对其工作进行引导，通过合理调整使整个科技事业逐步实现向新体制的转轨。

十月革命胜利后，原科学院院长卡尔宾斯基致函教育人民委员卢那察尔斯基（A. B. Луначарский），指出科学院一天也不能停止工作。苏维埃政府迅即采取了保护措施，使科学院在革命胜利最初的几个月里一直维持正常运转。列宁指出，像科学院这样的机构不能立即完全实现体制转轨。卢那察尔斯基写道："对待科学院要谨慎、小心，不应破坏它的机构，而只能逐步引导它越来越坚定地和有组织地参加新的共产主义建设。"[67]①

1917 年 1 月，根据苏维埃人民委员会的指令，在国家教育人民委员会下设科学处，负责管理国家的科学工作。该委员会向科学院等机构提出建议，最后决定仍由科学机构自己做出。1918 年 1 月初，教育人民委员会的代表拜访了科学院常务秘书奥尔登堡，向他提出科学院和苏维埃国家合作的问题。1918 年 1 月 24 日，奥尔登堡在院士大会非常会议上报告了这一访问，并提出"关于科学院根据当前国家各种任务开展学术工作可能性"的问题。会议对此采取了肯定的立场，并通过了决议，指出："委托常务秘书全权答复，科学院可以根据问题的性质，按自己的理解，并且根据科学院现有的力量，对每一个别问题做出回答。"[68]

但是，当时党内和领导层中的"左"倾思想也不时在科技工作中反映出来，给新生的苏维埃政权方兴未艾的科技进步事业带来了严重的干扰，这首先表现在对待原有的科学技术机构这个敏感的问题上。

1918 年初，在教育人民委员会科学处的领导层中，产生了改组科学院的设想，主张用科学机构联合会取而代之。这一动议立即遭到科学院的抵制。在由院长卡尔宾斯基签署的公开信中，科学院向人民委员会陈述了反对改组科学院

---

① 卢那察尔斯基后来在谈到对科学院的政策时写道："要谨慎小心地对待科学院，而且只能一步一步来，不要破坏它的机构，要引导它更坚定地和有组织地投入到共产主义新制度中去。"［Луначарский А В. К 200-летнию Всессоюзной Академии наук. Новый мир，1925（10）：110.］

的理由，指出科学院是“学术性的，就其性质说是极其复杂的机构”，因此对这样的机构进行改组必须小心从事，“以便使这种改革不致流于形式，不切实际，不致造成破坏，而能成为建设性的”[69]。信中建议在扩大成员和实行民主选举等方面进行改革。但是，1919 年 7 月 22 日，科学处却断然宣布，科学院的意见“由于不符合时代精神”，因而是不能接受的。[70] 人们认为这是科学处坚持彻底改组科学院的表态。

1919 年 8 月 15 日，科学院常务秘书奥尔登堡致信拉札列夫（П. П. Лазарев）院士。由于拉札列夫院士研究库尔斯克地磁异常问题，因而有机会见到列宁，院方要求他向列宁通报这一情况，并请求列宁阻止改组科学院的做法。信中说：“阿尔捷米耶夫和奥加涅索夫有一套简单的行政手段彻底消灭科学院的方案。当然，哪怕只有一个人活着，无论是谁，无论如何，无论何时都无法消灭科学，但是要把事情搞乱却轻而易举。请同克拉西内谈谈，让他告诉列宁。列宁是英明的，他明白消灭科学院对任何政权来说都是一种耻辱。”[71] 列宁得知这一情况后，立即指示教育人民委员会，要求慎重对待科学院，并多次告诫卢那察尔斯基，别让一些人围着科学院“胡闹”。卢那察尔斯基后来回忆说：“列宁十分不安，拉住我问道：‘您想改组科学院？您那里有写好的这方面的计划吗？……这是一个全国性的大问题，解决这一问题需要谨慎，要掌握分寸，要有更多的知识。’”[72] 根据列宁的指示，科学院和原有的科学机构被完整地保留下来，并且始终没有中断研究工作。①

和对待科学机构紧密相关的另一项政策就是对待科学家和技术专家的问题。当时大部分科技专家是旧知识分子，其中不少人是立宪民主党人或孟什维克。他们赞赏西方民主，在政治上是自由主义者，对十月革命心怀疑虑，甚至抱有敌意。1917 年 12 月，莫斯科的教师甚至举行罢工，而这次罢工得到了资产阶级银行基金的资助。至于站在布尔什维克立场上的科学家，仅有季米里亚捷夫（К. А. Тимирязев）、威廉斯（В. Р. Вильямс）等寥寥数人，可说是凤毛麟角。

毋庸讳言，在苏维埃政权建立初期，由于“左”的路线影响，在知识分子问题上一度出现肃反扩大化，许多科学家和技术专家因莫须有的罪名，或仅因思想立场问题而被逮捕、判刑甚至处决。1921 年因“古米廖夫案件”②而被逮

---

① 美国学者乌尔班（Urban）和莱贝特（Lebet）公正地指出：“布尔什维克党的领导人特别是列宁认识到，在这个领域和国家政治经济生活中所发生的情况不同，有可能不出现激烈的破坏。”（见 Urban P K，Lebet A I. Soviet Science 1917-1970. N. J.：The Scarecrow Press，1971：17.）

② 古米廖夫案件：古米廖夫（Гумилёв），俄国诗人，所谓阿克梅派（俄国诗歌的一个唯美主义流派）的代表人物，1921 年被控参与反革命暴乱而被处决。

捕者达 60 多人，其中就包括不少科学家。在这种情况下，很多人被驱逐出境或逃亡国外，其中有著名的飞机设计师西科尔斯基（И. И. Сикорский）、“老年医学之父”克连谢夫斯基（В. Кренсевский）等。

这当然不是列宁主义的路线。历史事实表明，列宁在十月革命后，反复申明自己对待旧时代专家和有资产阶级思想的知识分子的态度。在列宁领导下，俄共（布）在 1918 年 2 月修改党纲时，已经提出了对待专家的正确政策问题。列宁还亲自出面抵制了“左”的干扰，使许多科学家和学者免遭迫害。例如，1918 年一位著名细胞学家被捕并判死刑，高尔基闻讯直接上诉到列宁那里，使其得以获救，后来成为苏联科学院院士。按列宁的方针，苏维埃政府为吸引大批专家参加社会主义建设，陆续采取了一系列实际措施，取得了明显的成效。

首先必须解决对专家的信任问题。1920 年 6 月 29 日，列宁在致阿・马・尼古拉耶夫（А. М. Николаев）的信中提出，要“拟定明确的书面法令”，“赋予专家一切权利”，让指定的专家参与“所有的机密”。[73] 1922 年 12 月 3 日，列宁在渔业专家克尼波维奇（Н. М. Книпович）报告的批示上指出，这个人虽然曾追随普列汉诺夫（Г. В. Плеханов），但他精通渔业科学，“他所反映的意见是可以而且应该完全相信的”[74]。列宁亲自过问了热力学家拉姆津（Л. К. Рамзин）出国治病问题，当时政治局否定了拉姆津的出国申请，列宁指出这样做“不仅是错误，而且是犯罪”[75]。

苏维埃政权努力为科学研究工作创造较好的环境，提供必要的物质条件，多方面改善科学家的生活。1919 年 12 月 23 日，全俄中央执行委员会通过了《关于改善学术专家地位》的决定。1921 年 11 月 10 日，在高尔基的直接参与下，苏维埃政府成立了“改善科学家生活中央委员会”（ЦЕКУБУ）。1922 年，22 589 名科技工作者得到了每月定额配给的食品。列宁特别指示政府，给学者们的食品补贴金不得削减。1924 年，科学院得到了 50 万卢布的额外拨款。

在国内战争严酷的环境下，苏维埃政府为吸引专家参加社会主义建设已经开始做了许多实际工作，很多细致的安排都是在列宁的亲切关怀甚至是直接参与下进行的。1918 年 11 月 21 日，列宁批评北方区国民经济委员会技术委员会，因为他们没有及时向军事部门中央技术实验室提供实验材料。[76] 1920 年 2 月 5 日，列宁给下新城省执行委员会主席的电报中，要求他关注无线电实验室，“请在改善其工作条件和排除各种障碍方面给予最有效的帮助和支持”[77]。1920 年 5 月，列宁在收到科学院院长请求拨给 300 立方米木柴的电报时，指示人民委员会办公厅主任邦契-布鲁也维奇（М. Д. Банч-Бруевич）复电通知俄罗斯科学院，已责成人民委员会的代表立即着手采取措施，满足学者们的需要。[78] 就细胞学家科斯特切夫（С. П. Костычев）要求供应他实验所需要的切片的请求，写信给有关部门，指出："恳切请求你们，当高尔基同志向你们提出类似问题的所有场合，尽一切可能协助他，如果出现障碍、干扰或异议以及诸如此类问题，请不要忘记通知我这些问题出在什么地方。"[79]

特别具有典型意义的是对巴甫洛夫院士所采取的保护措施。1920 年 6 月 25 日，列宁致信彼得格勒人民委员会执委会，要求它给巴甫洛夫特殊的食品供应定量并尽可能提供舒适的工作环境。1921 年 1 月 14 日，列宁又专门起草了《关于保证伊·彼·巴甫洛夫院士以及同他一起工作人员从事科学工作的条件》，决定成立专门的委员会负责保证为巴甫洛夫及其同事们创造最好的工作环境，出版巴甫洛夫的科学著作，发给相当于两份院士配额的口粮，住宅及实验室安装最好的设备并终生使用。人民委员会秘书戈尔布诺夫（Н. П. Горбунов）后来写道："弗拉基米尔·伊里奇对许许多多学者关怀备至，例如对巴甫洛夫院士就是如此。他多次查问是否给了他帮助，给了什么帮助，有没有什么障碍。而当他发现某种缺陷时，总是十分不满。"[80]

对待现有科学研究机构和科学技术人员的态度，清楚地表明苏维埃政府对维护国家现有科学基础的重视程度。在这方面，作为一个标志是新政权对待科学技术成果和科学设施的态度。早在 1918 年 2 月 5 日，就制定了《科学价值保护法》，授权人民委员会负责采取必要的措施对境内的全部科学成果进行统计、清查和保护，如科学博物馆、科研基地、设备和资料等。1921 年 1 月 27 日，列宁又指定戈尔布诺夫起草了一项法令——《保障苏维埃国家科研成果条例》。

在内战最激烈的年代，为了保护大批珍贵科学手稿，苏维埃政府决定把它们运送到萨拉托夫。在运回这批手稿和资料时遇到了一系列困难。列宁为此签署命令，指示调拨专列，并要求铁路、军队和各地政府给予全力支持，还特别命令萨拉托夫军政府武装押送直到指定地点。列车在每一站都用电报通知下一站，并向列宁报告。1921 年 6 月全部手稿和资料完好无损地运回彼得格勒。苏维埃政权还特别关心科学院图书馆的建设和发展，原来的图书馆局促于一栋很小的建筑里。在列宁的帮助下，科学院图书馆终于迁入被一所军医院占据的新建筑里。人民委员会还为建设数学研究室及普希金馆拨了专款。

为了保存和传播科技成果，还必须做好科技文献的出版工作。科学院印刷厂被列为国家特殊企业，在昼夜用电、分配燃料和其他必要的生产手段方面享有特惠。人民委员会还专门做出决议，扩大学术成果的出版发行范围。1923 年

6月12日，俄罗斯苏维埃联邦社会主义共和国人民委员会下属最高经济委员会的科学技术局和国家出版局达成协议，在苏俄境内出48种学术性杂志，其中27种由彼得堡出版，21种由莫斯科出版。其他各种出版物的数目也急剧增长。1922年，这些出版物的数目比1921年增加了4倍，到1923年增加了8倍。

当然，苏维埃政权并不仅仅限于维护、巩固和加强原有的科学技术基础，而且更着力于创建社会主义条件下的科学技术管理体系规章制度。

1917年12月24日，十月革命胜利不到两个月，苏维埃人民委员会就颁布通告，决定创建科学管理局，下设17个处，局长是卢那察尔斯基。科学管理局隶属于教育人民委员会。1918年8月16日，苏维埃人民委员会的最高国民经济委员会成立了科学技术局，负责科学技术向生产力转化的工作。这样，苏维埃政权从建立起，就有了对科学技术工作直接进行集中管理的专门行政机构。在严酷的内战时期，为了加强对科技事业的领导，排除干扰，苏维埃人民委员会于1922年6月20日还专门设立了非常时期科学委员会。

苏维埃国家科学管理机构的职能是多方面的。1920年11月22日，在政府全体会议上讨论了新政权在科技进步事业上面临的基本任务，确定了国家管理科技事业的主要职权范围是：①规定国家科技发展的方向和目标；②为学术机构提供物资保障并为实验室、博物馆、图书馆的活动建立必要的条件；③培养科学干部；④安排学术著作的出版；⑤组织国际学术交流，提供国外科学成就的信息，进行文献交换。[81]

同时，苏维埃政权根据当代科学技术进步的总体趋势和前沿领域，根据苏维埃国家社会经济和文化发展的迫切需要，逐步建立一系列新的科研机构，努力形成一个完备的现代科学研究体系。在1918年4月4—9日，列宁委派当时的彼得堡苏维埃人民委员会秘书戈尔布洛夫拜访俄罗斯科学院常务秘书奥尔登堡，向他通报了人民委员会关于尽可能扩展科学机构的决定。后来，在1920年3月29日到4月5日召开的俄共（布）第九次代表大会上决定，应当识别各种科学力量，为科学研究和科学发明建立专门的研究所，并全力以赴地给予资助，见表2.2。

表2.2 十月革命以后苏维埃政权建立的科研机构

年 月 日	科研机构名称	隶属机关
1918.5.17	人脑与心理活动研究所	国家教育人民委员会
1918.5	物—化分析研究所，铂金属研究所	科学院
1918.7.31	食品科技研究所	苏维埃人民委员会

续表

年　月　日	科研机构名称	隶属机关
1918.9.4	摄影和摄影技术高级研究所	最高国民经济委员会
1918.12.1	气体动力学和液体动力学研究所	苏维埃人民委员会
1918.12.2	无线电实验室	—
1918.12.15	光学研究所，陶瓷研究所	科学院
1919.1	应用辐射学和 X 光放射线研究所	科学院
1919.2	乌克兰科学院	乌克兰人民委员会
1919.6.18	水利研究所	苏维埃人民委员会
1920.1.12	布科夫斯基天文台计算研究所	—
1920.4.1	天文大地测量学研究所	—
1920.7.30	X 光应用辐射学研究所	乌克兰科学院
1921.1.20	数理研究所	科学院
1921.4.15	拉吉耶夫实验室	—
1921.9.15	土壤改良研究所	科学院
1921.12.6	光学放射学和放射线医学研究所	—
1922.9.18	Л. Я. 卡尔波夫化学研究所	科学院
1923.11.20	将 Н. В. 米丘林实验室升格为国家研究所	苏维埃人民委员会

资料来源：据 Алаторцева А И.，Акексеева Г Д.. 50 лет советсой исторической науки 1917-1967. М.：Наука，1971 编制。

为了发展社会主义科技事业，必须实行开放政策。苏维埃政府在对外科技交流方面，实行统一管理，但所采取的政策是宽松的。为了加强对这项事业的领导，经列宁倡议于 1921 年 3 月成立了外国科技局，以前则是由国家科技管理局统一管理的。外国科技局归人民委员会直接领导，在柏林设有常设办事机构。在 20 世纪 20 年代前期，苏维埃政权在国际科技合作方面的态度是开放的。为了适应对外开放的需要，苏俄还规定，在对外科技交流中，必须照顾到国外的法律和规章。列宁指出，苏维埃国家在引进先进科学技术时所制定的规程，“是同外国的条件、外国的标准相适应的。我们在提出这个标准时，已经考虑到资本家的实际要求”[82]。1924 年，成立了全苏对外文化协会（ВОКС），专门负责对外学术交流，这对苏维埃政权建立初期的对外科技合作起到了十分积极的作用。苏联科学院院士约飞（А. Ф，Йоффе）在 1924 年 7 月 21 日的《真理报》上撰文指出：“苏联的科学工作必须成为总的国际科学长河的一部分。在这条长河里，苏联科学必须处于重要地位，而且能够影响世界科学的总体进展。”[83]

由于执行了正确的政策，苏维埃政权打破了帝国主义国家的封锁，恢复了由于内战和外国武装干涉而遭到破坏的国际科技合作与学术交流。1920年，科学院派往国外进行学术交流活动的学者仅10人，1922年增加到17人，1924年则为25人。通过外国科技局收到的国外科技刊物80余种。1922年9月，科学院成立了国际图书交流处，该处1924年向国外寄出28 000份科学院出版的刊物，而1923—1925年科学院图书馆总共收到国外寄来的图书50 700册。[①]1923年，科学院代表团参加了巴黎过程及自然保护大会和乌特列赫的国际气象大会。1924年，科学院代表团参加了布拉格第一届斯拉夫地理学家及人文学家代表大会、伦敦第一届国际动力学会议、多伦多国际数学大会、哥德堡第21届国际美洲学家大会、布鲁塞尔国际物理学大会、德菲特国际应用力学大会。到1925年，当选为外国科学院名誉院士的苏联学者多达15人（十月革命前仅有6人），国外的通讯院士更是高达165人。

为了使科学技术工作全面纳入社会主义建设的轨道，列宁亲自拟定了人类历史上第一个社会主义国家的科学技术工作规划。这一规划是1924年3月由列宁的秘书和人民委员会办公厅主任戈尔布诺夫发布的，题为《科学技术工作计划草稿》，是列宁在1918年4月18—25日起草的。这个计划实质上是一部科技产业规划，它深刻体现了列宁关于科学技术是重要的生产力这一思想。这篇文献的主旨是：

科学院已经开始对俄国自然生产力进行系统的研究和调查，最高国民经济委员会应当立即委托科学院成立一系列有专家组成的委员会，以便尽快制定改造俄国工业和发展俄国经济的计划。

这个计划应当包括：

合理地分布俄国工业，使工业接近原料产地，尽量减少原料加工、半成品加工一直到产出成品的各个阶段的劳动力的消耗。

从现代化最大规模的工业角度，特别是从托拉斯的角度，把生产合理地合并和集中于少数最大的企业。

最大限度地保证现在的俄罗斯苏维埃共和国（不包括乌克兰和德国人占领的各省）能够在一切最主要的原料和工业品方面自给自足。

特别注意工业及运输业的电气化和电力在农业中的应用。利用次等燃料

---

① Комков Г Д，Левшин Б В，Семенов Л К. Академия наук СССР.М.：Наука，1977. 参见麦德维杰夫. 苏联的科学. 刘祖慰，符家钦，杜友良，等译. 北京：科学出版社，1981：15-16.

（泥炭、劣质煤），以便在开采和运送燃料上以最少耗费而取得电力。

注意水力和风力发动机及其在农业中的运用。[84]

列宁的这一科技进步规划具有鲜明的历史特点。

第一，列宁把科技进步视为社会经济发展的伟大杠杆，事实上已经明确提出经济建设依靠科技进步，科学技术要为经济建设服务的基本方针。这既是时代的要求，也表现了列宁思想的超前性。须知，西方工业国家真正从中央政府制定科技—产业一体化战略发展规划，是 20 世纪 80 年代的事，比列宁的科技进步规划整整晚了六十年。①

第二，列宁的计划不仅是科技—产业一体化的规划，而且是科学—技术—经济—社会（STES）一体化的综合规划。列宁是从生产布局、企业规模、自主能力和产业结构四个方面来设计国家科技经济发展规划的，既追踪世界科技进步的最新趋势，又立足于苏维埃国家经济发展的现实基础，特别强调了工业按原料产地布局，建设现代化大生产，实现经济独立自主，优先发展能源产业（尤其是电力工业），这在当时是完全合理的。列宁这种科技、经济、社会协调发展的综合规划，在当时世界各国中是独一无二的。

第三，列宁的计划作为科技进步与经济发展一体化的事业，由国家科技经济管理部门统一部署、规划、协调和运作。这是适应当代科学技术社会化的发展趋势和大科学（megascience）的兴起而产生的国家战略，同类机构在西方发达国家是在 20 世纪 50 年代末和 20 世纪 60 年代初才建立起来的。②

为贯彻和实施科技经济一体化的战略方针，整个科技工作都自觉地向为社会主义经济建设服务这一主干道转轨。

科学院作为国家的最高学术机构，早在 1918 年 1 月 24 日的全会上，就已明确了“科学院的工作尽可能同国家当前各项任务相联系”的方针。1 月 26 日人民委员会科学管理局向科学院下达了题为《为国家建设需要动员的科学力量计划要点》的方案，提出科学院应当成为国家自然资源的研究中心。1918 年 2 月 20 日，科学院全会通过了著名的决议，确定了自己的原则立场：“科学院认为，自己的主要任务是由生活本身提出的，而科学院也始终准备根据生活和国家建设需要所提出的那些具体课题进行力所能及的学术和理论研究。在这方

---

① 在西方国家，美国 1983 年提出“星球大战计划”（SDI），欧洲 1985 年制订了“尤里卡计划”（Eureka），日本迟至 1986 年才正式通过了整套的《科学技术政策大纲》。

② 法国在 1958 年成立“科学技术研究总务厅”（DGRST）；英国 1959 年组建内阁科学部；德国政府的科学研究部是 1962 年组建的，而美国也是在这一年才建立总统府科技局（OST）。

面，科学院是组织和吸引国内学术力量的中心。”[85]

为此，科学院首先对所属的研究机构和组织进行了调整和扩展。根据克雷洛夫（А. Н. Крылов）院士的建议，决定扩大科学院的技术研究部门，他指出，设立技术学科，“只能给事业和科学带来好处，科学将从技术汲取有生命力的课题，而技术将把前者所获得的成果应用于生活”[86]。

科学院还根据人民委员会的要求，开展了与国民经济发展有密切关系的应用科学研究。

在这方面，占据首要地位的是对俄国矿产资源的调查和研究，其中对库尔斯克地磁异常的研究具有特殊的意义。1918 年 11 月 26 日，研究库尔斯克地磁异常专门委员会开始工作，召开了一系列会议。1919 年 2 月，成立了以 П. П. 拉札列夫院士为首的库尔斯克地磁异常研究部，隶属于科学院自然生产力研究委员会莫斯科分会，著名学者克雷洛夫、斯捷克洛夫（В. А. Стеклов）等均是该研究部的成员。1919 年 2 月 10 日，工农国防委员会首次审议了库尔斯克地磁异常问题。1919 年 6 月中旬向希戈罗夫和吉姆斯基两县派出了专家组，该专家组在极端困难的条件下工作，头一年就对 400 个点进行了测量。

国家各部门都积极参与了库尔斯克地磁异常的研究工作。1920 年，军队特殊供给部拨款 230 000 卢布给自然生产力研究委员会莫斯科分会，资助对库尔斯克地磁异常的研究。1920 年 6 月 14 日，最高国民经济委员会的矿业委员会下建立了以古布金（И. М. Губкин）院士为首、拉札列夫院士为副的库尔斯克地磁异常研究特别委员会，吸引了大批著名学者参加研究工作，其中包括地质学家、地震学家、物理学家和数学家。数学物理研究所研究员尼基弗罗夫（П. М. Никифоров）采用了新重力测定方法，可以测定铁矿的存在及其埋藏深度。数学家斯捷克洛夫院士也发明了确定磁力层范围和深度的新方法。

列宁十分关注并亲自过问这项工作。他曾访问 X 射线研究所，直接听取拉札列夫院士的汇报，询问了许多细节，并对各种请求给予肯定的答复。拉札列夫写道：“我们有充分理由相信，没有列宁就无法着手进行这项如今已取得如此重大意义的大规模综合性研究工作。毫无疑义，列宁在思想上的帮助对这一领域的各种成就的取得起到了巨大作用。”[87]

1923 年 4 月 7 日，库尔斯克地磁异常研究特别委员会从深达 167 米的钻孔中得到了含铁矿的岩芯，揭开了库尔斯克地磁异常的奥秘。①为了表彰其所取得的成绩，列宁提议，1923 年 6 月 9 日授予该委员会劳动红旗勋章。

另一项重要研究工作是对卡拉博加兹湾化学工业原料的普查。还在 1918 年 3 月，列宁就在《苏维埃政权的当前任务》中指出卡拉博加兹湾蕴藏丰富的化工原料，并说："用最新技术来开采这些天然富源，就能造成生产力空前发展的基础。"[88] 1918 年 12 月 27 日，最高国民经济委员会召开会议，会后该委员会科技局局长 Н. П. 戈尔布诺夫写信向列宁报告说："昨天的会议讨论了卡拉博加兹湾，讨论了它以及巴库和整个里海地区作为未来世界化工中心的地位，讨论了那些需要立即着手进行的化学研究工作，以便发现并找到利用在卡拉博加兹湾每年弃置的数以千万普特②的硫酸盐，讨论了必须设计的各种技术过程，以便顺利地把硫酸盐转变为纯碱和硫酸。会后那些专程从圣彼得堡赶来参加这次会议的教授仍然长久地流连在这里，欢欣鼓舞地、兴高采烈地讨论着新的工作和新的计划。他们是如此专注，以致后来回家时不是走在人行道上，而是走到了街心。他们士气高昂，开始被吸引住了，而且鼓励自己那些尚在犹豫的同行。我了解我们的学者，我还从来没有见过这样的事情。"[89] 从这段生动的描述中可以看到当时围绕卡拉博兹湾的开发所引发的热情。这次会议通过了关于开展卡拉博兹湾研究的原则的决议，确定了科学考察的日期和成员，议决由库尔纳科夫（Н. С. Курнаков）院士牵头，成员包括水文、化学、物理学、动物学和植物学以及其他学科的专家。

由于内战，考察直到 1921 年才真正开始。当时派出了 21 人的考察团，直到 1923 年，考察团完成了水文学、气象学、水化学的研究工作，阐明了提取硫酸钠（芒硝）的条件，并提出了硫酸钠的脱水工艺。

还应当特别提到放射性物质的考察和研究。十月革命前，科研用的放射性材料全部依赖进口。1918 年 3 月 29 日，最高国民经济委员会组织生产放射性物质所必需的研究工作，把存放在圣彼得堡准备运往德国的全部放射性材料交由科学院控制起来，并由科学院使用。1918 年 4 月 12 日，自然生产力研究委员会召集学者们对这一问题进行了全面讨论，科学院统一着手研究镭的提取方法，组织实验室并创办提炼镭的工厂。1918 年 5 月 21 日科学院致函人民委员会，指

---

① 该地区的铁矿藏于 1960 年开始进行工业开发。当时预计铁矿石年产量为 8000 万吨，其中露天开采 4500 万吨，地下开采 3500 万吨。而到 1968 年前，苏联铁矿石的年总产量为 1.47 亿吨，可见库尔斯克矿产资源的重要地位。（Мелещенко Ю С.，Шухардин С В.. Ленин и научно-технический прогресс. Л.: Наука，1969: 258.）

② 1 普特=16.38 千克。

出："同意最高国民经济委员会化工局关于着手自己组建提取镭的实验工厂的意见……认为有责任提请人民委员会注意有必要从彼得格勒立即将全部所控制的材料转移出去……它们具有重大的价值，如果经过正确处置进行精炼，将能提供足够的镭化合物，以保证在这一重要知识领域初期的研究工作有可能进行。在运出这批原料之前，为了得以成行必须立即提 10 辆车皮，一般说来，在组建工厂方面这是头一件麻烦事，因为原料还在彼得格勒，而由于德国人对镭所表现的强烈兴趣，这些原料正面临危险。"[90] 人民委员会书记处立即下令运出这批材料，并为此拨款 95 000 卢布。这批材料后来被运到别列兹尼科夫工厂，博格亚夫连斯基（Л. Н. Богоявленский）成了第一个镭生产厂家的首任厂长。1918 年 6 月 30 日，人民委员会为了推进镭的研制工作，又给科学院拨款 418 950 卢布的经费。列宁 1918 年 10 月 28 日致电乌拉尔国民经济委员会，要求他们毫不迟疑地按最高国民经济委员会的指示组建镭工厂。

在极端困难的条件下，苏俄学者创造了自己从工业上生产镭的工艺，终于在 1921 年 12 月得到了第一批高放射性的镭制剂。1922 年初，提取镭的工厂设备开始运作，这成为苏联原子能工业的真正发端。

大规模和广泛的地理资源考察是苏维埃国家建立初期科学活动的一个重要特点，其直接动因之一是为了打破西方国家的资源封锁，同时也和苏联领土的不断扩大有关。从 1919 年到 1925 年，共进行了 150 次不同的考察，涉及地质学、矿物学、地球物理学、古生物学、水文学、土壤学、植物学、动物学、人种学、考古学等学科。其中最有代表性的是 1920 年费尔斯曼（А. И. Ферсман）领导的对科拉半岛的考察，这导致后来在这个半岛建立了磷酸霞石岩矿中心；1922 年开始对唐努乌梁海地区的考察；1923 年开始组织的对北乌拉尔地区持续十年的考察，一直深入鄂毕河和叶尼塞河之间的格达冻土带和同年对马托奇金海峡的考察；还有 1925 年组织的对雅库特的考察和对乌兹别克斯坦、塔吉克斯坦和土库曼斯坦的考察，并深入卡拉库姆沙漠。

俄罗斯国家电气化委员会（ГОЭЛРО）计划（简称俄罗斯国家电气化计划）的编制，是苏维埃政权建立初期最重要的科技产业规划活动，它突出地表现了苏俄科技政策重视科技产业化的特点。

列宁 1919 年 12 月 26 日致信最高国民经济委员会电工技术部主任克尔日札诺夫斯基，同他讨论全国电气化计划的编制问题，不到一个月，1920 年 1 月 23 日就再次写信给他，对制定这一计划的指导思想、基本原则和方法步骤等做了进一步的说明。1920 年 2 月 2—7 日，全俄中央执行委员会通过了关于电气化的决议，规定："责成最高国民经济委员会同农业人民委员会一起制定建立电站网的计划草案。" 1920 年 2 月 21 日，最高国民经济委员会主席团批准在电力工业部下设电气化委员会，后来国防委员会又批准了电气化委员会组织条例，并责成最高国民经济委员会同农业人民委员会协商确定和批准其人选。俄罗斯电气化委员会于 1920 年 3 月 20 日开始工作，4 月 20 日发布了委员会头号《公报》。委员会主任是克尔日札诺夫斯基，成员包括各个领域的学者以及工程师近 200 人，其中有亚历山大洛夫（И. Г. Александров）、维杰涅夫（Б. Е. Виденев）、温切尔（А. В. Винтер）、格鲁什科夫（В. Г. Глушков）等。委员会经过多半年的工作，编制了俄罗斯国家电气化计划，提交给 1920 年 12 月 22—29 日召开的全俄苏维埃第八次代表大会。这次大会通过了这个计划，并通过了由列宁起草的关于电气化报告的决议。[91]

该计划书包括总览和地区工程大纲。总览部分的内容是：电气化和国家电气化、燃料供应、水力、农业、运输业、运输业。地区工程大纲分别为：北部地区、中部工业区、南部地区、伏尔加河沿岸地区、乌拉尔区、高加索区、西伯利亚西部地区、图尔克斯坦区。每个地区都规划了要兴建的第一批电站，并设计了最合理最节约地使用现有电站的计划，即"俄罗斯国家电气化委员会的甲号计划"。

这一计划是以严格的科学方法、遵循科学决策程序而制定出来的。列宁称赞这个计划是"真正科学的计划"，是"卓越的科学著作"。[92] 它具有以下特点。

第一，广泛吸收各方面的专家，通过调查研究掌握大量第一手资料，集思广益，经过充分科学论证，一项一项地做出结论，形成优化方案。例如北方地区的发展规划，就是根据科学院的建议，于 1920 年 9 月 16—24 日在彼得格勒地理学会召开专门会议制定出来的。这次研讨会由科学院院长卡尔宾斯基亲自主持，听取了 75 个报告，讨论了与电气化有关的一系列重要问题，如地质学、地球物理学、水文地理学、北方水文学、水利经济和林业经济、金属工业、运输业、农业、畜牧业、水产等。这些意见和建议后来构成电气化计划北方地区工程规划的科学基础。例如，水文学研究所所长格鲁什科夫的报告《白煤》就成为电气化计划中《电气化和水能》一章的基础。

第二，立足于当时技术进步的总体趋势，考虑到俄国现有的技术水平，对未来较长远的技术—产业发展的前景做出科学的预测，确立了以先进的电力技术为中心，带动金属工业和燃料工业的发展，进而促进整个工业进步的基本方针。这一方针把发展社会生产力放在社会主义建设的首位，把动力和能源工业的发展当作整个工业发展的主导，突出了现代科学技术在经济发展中的决定性作用，这是很有远见的。同时，该计划确定了俄国未来电气化的总体技术，提出建造大功率区域电站，实现各电站的高压输电线联网，贯彻电力集中生产和集中使用的原则，这都是极具前瞻性的决策。

第三，该项计划经过精密测算，建立了科学的定量指标，各个主要部分都运用一系列技术—经济指数和物资财政平衡表的匡算，通过检验而做到整体协调。计划按工业生产比 1913 年翻一番计算，电力生产的增长率为 300%，一次测算需要建成功率 150 千瓦—175 千瓦的大型电站 30 个，并使区域电站的总功率比 1913 年增加 9 倍。表 2.3 和表 2.4 是该计划的物资平衡表和财政平衡表。

表 2.3　俄罗斯国家电气化计划物资平衡表

物资种类	数额
水泥	600 万桶
砖	1.5 亿块
型铁	800 普特
铜（不包括电机和仪器）	250 普特
各类绝缘器材	200 万件
涡轮发电机（功率）	110 万千瓦
水力涡轮机和发电机（功率）	60 万千瓦
蒸汽锅炉（受热面）	45 万平方米
电站和变电站建筑物	156 万平方米
工人（按总的工作日）	3.7 亿工作日

资料来源：План электрификации РСФСР. М.：Политиздат，1955：212.

表 2.4　俄罗斯国家电气化财政收支平衡表

投资方向	金额/亿卢布
电气化（150 万千瓦）	约 120 000
扩展加工工业 80%（与战前水平相比）	50
扩展采掘工业 80—100%	30
恢复、改善和扩展运输业	80
总计	约 170

资料来源：План электрификации РСФСР. М.：Политиздат，1955：183.

俄罗斯国家电气化计划主要是一个远景科技—经济规划。由于投资概算为 170 亿金卢布（1 金卢布=7.74234 克纯金），计划以外贸顺差为依据，靠出超提供 110 亿，其余 60 亿卢布通过租让和信贷解决。在随之而来的内战和帝国主义武装干涉的形势下，这显然是不切实际的，结果导致这项计划无法全面实施。

尽管如此，俄罗斯国家电气化计划在现代科技发展史上仍然具有重要的历史意义，理由如下。

第一，俄罗斯国家电气化计划集中体现了社会主义革命胜利后，必须把发展生产放在首要地位这一正确方针。

第二，电气化计划表明社会主义经济的发展必须依靠科学技术生产力，只有在现代科学技术基础上，建立整个产业体系，社会主义事业才能最终取得胜利。苏俄全国电气化计划是 20 世纪第一部由中央政府主持制定的全国性科技—产业计划，从其指导思想和整体布局说，具有鲜明的超前性。

第三，电气化计划本身也包含“政治的或国家的”方面[93]。列宁把这个计划看成伟大的社会改造计划，把它和整个社会的政治、经济变革、文化教育进步、人民生活提高紧密联系起来。因此，列宁把它称作“第二个党纲”[94]。可以说，这个计划包含着科技、经济、文化协调发展的深刻思想。

为了促进科技成果向生产的转化，苏维埃政权还特别重视发挥自然生产力研究常设委员会的作用。该委员会成立于 1915 年，十月革命后，根据经济建设的需要，委员会下属研究部扩大到 20 个。1918 年，成立了列温松-莱辛（Ф. Ю. Левинсон-Лесинг）领导的石材部和费尔斯曼领导的非金属矿物部，同时还组建了以维尔纳茨基为首的稀有元素和放射性物质部。此外，还设立了矿泉部、天然气部。1919 年 5 月，建立了陶瓷材料部，同年还建立了畜牧部、土壤部和有科学院院长卡尔宾斯基亲自领导的北方研究部。自然生产力研究委员会受国家委托，动员和组织科学力量，直接为科技成果的产业化服务，它是政府领导下的科技—经济一体化的特殊组织形式。①

毋庸讳言，在苏俄社会主义制度草创初成的时期，不可能提出一个完备的科技政策体系。从现代科技政策系统的要求说，早期苏俄的科技政策在科技规划、科技管理体制、科技成果评价与转让、科技投资制度与方法、科技立法与条例等方面，都还没有建立起确定的规范。

还要指出的是，由于十月革命后苏维埃政权在经济战线的严峻形势，不得不专注于以行政手段动员科学力量为稳定经济服务。从传统上说，俄国科学的发展与社会生活实际的脱离是历史的痼疾。捷尔任斯基曾尖锐地指出：“如果你们熟悉我们俄国科学领域的状况，那么你就会对我国在这一领域的成就而感到震惊。但遗憾的是，谁在读我国学者的著作呢？不是我们；谁在出版这些著作

① 《自然生产力研究委员会 1918 年开支明细》中，明确规定自己的任务是探查有益的资源研究农业生产，开发建筑材料等。

呢？也不是我们。而英国人、德国人、法国人却在出版它们，利用它们。他们在掌握和利用我们不善于运用的科学……。因此，支持全面地促进科学的应用，是我们一项最基本的任务。”[95] 为了适应社会主义建设的需要，克服科学与社会生产相互隔绝的弊端，按照当时俄共（布）决策者的认识，必须依靠政权首先是中央政府的行政手段。这一要求和当时已经存在的“总局制”体制相结合，就使苏维埃政权初期的科技管理模式带有明显的中央集权制的色彩。举凡科研机构的设立、科技管理体制、科技人员的待遇、科研资金的投放等，都由科学技术局、最高国民经济委员会乃至人民委员会直接控制。

一个现代化的国家的各方面政策，总是与整个国家的战略目标，与国家的总体对内对外政策布局紧密相关的，问题在于如何处理科技进步为国家政治目标服务和科学技术固有发展规律之间的关系。总的说来，在苏维埃政权建立的初期，尽管由于当时国内外严峻形势的限制和经济发展的迫切需要，国家对科技事业实行直接的行政管理，没有也不可能采取对知识生产进行市场调节的政策。但是，当时政府遵照列宁的指示，仍然基本上坚持了尊重科学、按科学规律办事的原则。列宁一再要求“应当学会尊重科学”“完全不要发号施令”，不要“玩弄行政手段”。[96] 事实上，即使对于与经济发展直接相关的重大科技产业化项目，政府也是根据科学技术专家的意见进行决策的。至于科学家的具体科学工作，党和政府从不横加干预。从意识形态角度说，当时还没有出现用政治代替科学的做法，对于“无产阶级文化派”的极左思潮，中央政府和俄共（布）中央领导集体是抵制和反对的。在 1919 年出版的《科学与民主》一书中，著名科学家季米里亚捷夫写道：“只要科学和民主、知识和劳动，在共同的红色旗帜下，在相互理解的基础上组成自由的紧密联盟……那就无往而不胜，就会为了全人类的幸福而重建整个世界。”[97]

在列宁亲自制定的科技进步方针的指引下，20 世纪 20 年代前期成为苏联历史上科技进步事业健康发展的黄金时期。①

西方一些研究苏联科学技术问题的专家也注意到这一点。例如所罗门（Solomon）对 20 世纪 20 年代苏联科技领域的形势评述说：“现在，学者们已开始根据革命后那种洋溢着的热情来考察苏维埃最初时期的科学生活。这种热情

---

① 持不同政见的苏联学者麦德维杰夫（З. А. Медведев）在《苏联的科学》一书中说，20 世纪 20 年代前期，“苏联科学有了一个非常良好的开端”，“整个国家都准备开启一个技术文化发展的新阶段。几乎在一切知识生活的领域里，进行新的实验的势头已越来越明显”。（麦德维杰夫. 苏联的科学. 刘祖慰，符家钦，杜友良，等译. 北京：科学出版社，1981：16,19-20.）他的这部著作第二章特别用了这样一个标题：“苏联科学的黄金时期（1922—1928）”。

不仅来自部分科学家，而且受到科学政策的保护。革命后的初期是对科学的潜力和对科学需要合理的政策怀有自由信念的时代。"[98] 苏联科学技术哲学和科学史的权威研究者格雷厄姆也指出，1917—1927 年这段时期，苏联的一些科学建制反映了某些崭新的观念。[99]

注释

[1] 列宁. 当前的主要任务//列宁. 列宁选集. 第 3 卷. 中共中央马克思恩格斯列宁斯大林著作编译局译. 北京：人民出版社，1972：489.

[2] 列宁. 苏维埃政权的当前任务//列宁. 列宁选集. 第 3 卷. 中共中央马克思恩格斯列宁斯大林著作编译局译. 北京：人民出版社，1972：509.

[3] 列宁. 全俄苏维埃第八次代表大会//列宁. 列宁全集. 第 31 卷. 中共中央马克思恩格斯列宁斯大林著作编译局译. 北京：人民出版社，1958：468.

[4] 列宁. 政治家的短评//列宁. 列宁选集. 第 4 卷. 中共中央马克思恩格斯列宁斯大林著作编译局译. 北京：人民出版社，1972：595.

[5] 布哈林. 过渡时期经济学. 余大章，郑异凡译. 北京：生活・读书・新知三联书店，1981：115-117.

[6] 苏联共产党代表大会、代表会议和中央全会决议汇编. 第 1 分册. 中共中央马克思恩格斯列宁斯大林著作编译局译. 北京：人民出版社，1964：574.

[7] 列宁. 十月革命四周年//列宁. 列宁选集. 第 4 卷. 中共中央马克思恩格斯列宁斯大林著作编译局译. 北京：人民出版社，1972：571.

[8] 格鲁比. 布哈林与"新党的建设"//革命与改革中的布哈林. 任延黎译. 哈尔滨：黑龙江教育出版社，1988：128.

[9] 波格丹诺夫. 科学和无产阶级//龚育之，柳树滋. 历史的足迹——苏联自然科学领域哲学争论的历史资料. 哈尔滨：黑龙江人民出版社，1990：23.

[10] 波格丹诺夫. 科学和无产阶级//龚育之，柳树滋. 历史的足迹——苏联自然科学领域哲学争论的历史资料. 哈尔滨：黑龙江人民出版社，1990：19.

[11] 普列特尼奥夫. 在意识形态战线上//龚育之，柳树滋. 历史的足迹——苏联自然科学领域哲学争论的历史资料. 哈尔滨：黑龙江人民出版社，1990：41.

[12] 马克思. 经济学手稿（1857—1858 年）//马克思，恩格斯. 马克思恩格斯全集. 第 30 卷. 中共中央马克思恩格斯列宁斯大林著作编译局译. 北京：人民出版社，1995：123.

[13] 马克思. 给维・伊・查苏利奇的复信草稿//马克思，恩格斯. 马克思恩格斯全集. 第 19 卷. 中共中央马克思恩格斯列宁斯大林著作编译局译. 北京：人民出版社，1963：437.

[14] 列宁. 新经济政策和政治教育局的任务//列宁. 列宁全集. 第 33 卷. 中共中央马克思恩格斯列宁斯大林著作编译局译. 北京：人民出版社，1957：45.

[15] 列宁. 论新经济政策//列宁. 列宁全集. 第 33 卷. 中共中央马克思恩格斯列宁斯大林著作编译局译. 北京：人民出版社，1957：66.

[16] 列宁. 新经济政策和政治教育局的任务//列宁. 列宁全集. 第33卷. 中共中央马克思恩格斯列宁斯大林著作编译局译. 北京：人民出版社，1972：47.

[17] 列宁. 论黄金在目前和在社会主义完全胜利后的作用//列宁. 列宁全集. 第33卷. 中共中央马克思恩格斯列宁斯大林著作编译局译. 北京：人民出版社，1957：90.

[18] 苏联共产党代表大会、代表会议和中央全会决议汇编. 第2分册. 中共中央马克思恩格斯列宁斯大林著作编译局译. 北京：人民出版社，1964：260.

[19] 列宁. 对布哈林《过渡时期的经济》一书的评论. 中共中央马克思恩格斯列宁斯大林著作编译局译. 北京：人民出版社，1976：28.

[20] 列宁. 土地问题和“马克思的批评家”//列宁. 列宁全集. 第5卷. 中共中央马克思恩格斯列宁斯大林著作编译局译. 北京：人民出版社，1959：89.

[21] 列宁. 苏维埃政权的当前任务//列宁. 列宁选集. 第3卷. 中共中央马克思恩格斯列宁斯大林著作编译局译. 北京：人民出版社，1972：510.

[22] 马克思. 资本论. 第1卷//马克思，恩格斯. 马克思恩格斯全集. 第23卷. 中共中央马克思恩格斯列宁斯大林著作编译局译. 北京：人民出版社，1972：424.

[23] 马克思. 机器。自然力和科学的应用. 自然科学史研究所译. 北京：人民出版社，1978：206.

[24] 列宁. 俄国资本主义的发展//列宁. 列宁全集. 第3卷. 中共中央马克思恩格斯列宁斯大林著作编译局译. 北京：人民出版社，1984：549.

[25] 列宁. 俄共（布）党纲草案//列宁. 列宁选集. 第3卷. 中共中央马克思恩格斯列宁斯大林著作编译局译. 北京：人民出版社，1972：754.

[26] 列宁. 帝国主义是资本主义的最高阶段//列宁. 列宁选集. 第2卷. 中共中央马克思恩格斯列宁斯大林著作编译局译. 北京：人民出版社，1972：751.

[27] 列宁. 俄共（布）党纲草案//列宁. 列宁选集. 第3卷. 中共中央马克思恩格斯列宁斯大林著作编译局译. 北京：人民出版社，1972：754.

[28] 列宁. 伟大的创举//列宁. 列宁选集. 第4卷. 中共中央马克思恩格斯列宁斯大林著作编译局译. 北京：人民出版社，1972：16.

[29] 列宁. 全俄苏维埃第八次代表大会//列宁. 列宁全集. 第31卷. 中共中央马克思恩格斯列宁斯大林著作编译局译. 北京：人民出版社，1958：468.

[30] 列宁. 苏维埃政权的当前任务//列宁. 列宁选集. 第3卷. 中共中央马克思恩格斯列宁斯大林著作编译局译. 北京：人民出版社，1972：510.

[31] 列宁. 全俄苏维埃第八次代表大会//列宁. 列宁全集. 第31卷. 中共中央马克思恩格斯列宁斯大林著作编译局译. 北京：人民出版社，1958：468.

[32] 列宁. 俄共（布）第十次代表大会//列宁. 列宁全集. 第32卷. 中共中央马克思恩格斯列宁斯大林著作编译局译. 北京：人民出版社，1958：205.

[33] 列宁. 文明的野蛮//列宁. 列宁全集. 第19卷. 中共中央马克思恩格斯列宁斯大林著作编译局译. 北京：人民出版社，1959：389.

［34］列宁. 马克思主义和修正主义//列宁. 列宁选集. 第 2 卷. 中共中央马克思恩格斯列宁斯大林著作编译局译. 北京：人民出版社，1972：1.

［35］列宁. 论法国共产党的土地问题提纲//列宁. 列宁全集. 第 33 卷. 中共中央马克思恩格斯列宁斯大林著作编译局译. 北京：人民出版社，1957：113.

［36］列宁. 帝国主义是资本主义的最高阶段//列宁. 列宁选集. 第 2 卷. 中共中央马克思恩格斯列宁斯大林著作编译局译. 北京：人民出版社，1972：818.

［37］列宁. 在国民经济委员会第一次代表大会上的演说//列宁. 列宁选集. 第 3 卷. 中共中央马克思恩格斯列宁斯大林著作编译局译. 北京：人民出版社，1972：571.

［38］列宁. 苏维埃政权的当前任务//列宁. 列宁选集. 第 3 卷. 中共中央马克思恩格斯列宁斯大林著作编译局译. 北京：人民出版社，1972：510.

［39］列宁. 给布哈林的便条//列宁. 列宁全集. 第 35 卷. 中共中央马克思恩格斯列宁斯大林著作编译局译. 北京：人民出版社，1959：557.

［40］列宁. 在全俄工会第二次代表大会上的报告//列宁. 列宁全集. 第 28 卷. 中共中央马克思恩格斯列宁斯大林著作编译局译. 北京：人民出版社，1956：398.

［41］列宁. 白璧微瑕//列宁. 列宁全集. 第 33 卷. 中共中央马克思恩格斯列宁斯大林著作编译局译. 北京：人民出版社，1957：330.

［42］列宁. 给尼•彼•哥尔布诺夫//列宁. 列宁全集. 第 36 卷.中共中央马克思恩格斯列宁斯大林著作编译局译. 北京：人民出版社，1959：572.

［43］列宁. 俄共（布）第十次代表大会//列宁. 列宁全集. 第 32 卷. 中共中央马克思恩格斯列宁斯大林著作编译局译. 北京：人民出版社，1958：251.

［44］列宁. 俄共（布）中央委员会的报告//列宁. 列宁选集. 第 4 卷. 中共中央马克思恩格斯列宁斯大林著作编译局译. 北京：人民出版社，1972：170.

［45］列宁. 关于党纲的报告//列宁. 列宁选集. 第 3 卷. 中共中央马克思恩格斯列宁斯大林著作编译局译. 北京：人民出版社，1972：786.

［46］列宁. 论统一的经济计划//列宁. 列宁选集. 第 4 卷. 中共中央马克思恩格斯列宁斯大林著作编译局译. 北京：人民出版社，1972：476.

［47］列宁. 关于人民委员会工作的报告//列宁. 列宁选集. 第 3 卷. 中共中央马克思恩格斯列宁斯大林著作编译局译. 北京：人民出版社，1972：397.

［48］列宁. 关于党纲的报告//列宁. 列宁选集. 第 3 卷. 中共中央马克思恩格斯列宁斯大林著作编译局译. 北京：人民出版社，1972：785.

［49］列宁. 苏维埃政权当前的任务//列宁. 列宁选集. 第 3 卷. 中共中央马克思恩格斯列宁斯大林著作编译局译. 北京：人民出版社，1972：502.

［50］列宁. 关于党纲的报告//列宁. 列宁选集. 第 3 卷. 中共中央马克思恩格斯列宁斯大林著作编译局译. 北京：人民出版社，1972：785.

［51］列宁. 关于党纲的报告//列宁. 列宁选集. 第 3 卷. 中共中央马克思恩格斯列宁斯大林著作编译局译. 北京：人民出版社，1972：786.

［52］列宁. 俄共（布）党纲草案//列宁. 列宁选集. 第 3 卷. 中共中央马克思恩格斯列宁斯大林著作编译局译. 北京：人民出版社，1972：748-749.

［53］列宁. 论战斗唯物主义的意义//列宁. 列宁选集. 第 4 卷. 中共中央马克思恩格斯列宁斯大林著作编译局译. 北京：人民出版社，1972：609.

［54］列宁. 论统一的经济计划//列宁. 列宁全集. 第 32 卷. 中共中央马克思恩格斯列宁斯大林著作编译局译. 北京：人民出版社，1958：133.

［55］列宁. 给下新城省执行委员会主席的电报//列宁. 列宁文稿. 第 8 卷. 中共中央马克思恩格斯列宁斯大林著作编译局译. 北京：人民出版社，1980：33

［56］列宁. 俄共（布）党纲草案//列宁. 列宁全集. 第 29 卷. 中共中央马克思恩格斯列宁斯大林著作编译局译. 北京：人民出版社，1956：90-91.

［57］列宁. 论综合技术教育//列宁. 列宁全集. 第 36 卷. 中共中央马克思恩格斯列宁斯大林著作编译局译. 北京：人民出版社，1959：557-560.

［58］列宁. 俄共（布）党纲草案//列宁. 列宁全集. 第 29 卷. 中共中央马克思恩格斯列宁斯大林著作编译局译. 北京：人民出版社，1956：107.

［59］列宁. 俄共（布）第九次代表大会//列宁. 列宁选集. 第 4 卷. 中共中央马克思恩格斯列宁斯大林著作编译局译. 北京：人民出版社，1972：174.

［60］列宁. 土地问题提纲初稿//列宁. 列宁选集. 第 4 卷. 中共中央马克思恩格斯列宁斯大林著作编译局译. 北京：人民出版社，1972：285.

［61］列宁. 青年团的任务//列宁. 列宁选集. 第 4 卷. 中共中央马克思恩格斯列宁斯大林著作编译局译. 北京：人民出版社，1972：350.

［62］列宁. 全俄苏维埃第八次代表大会//列宁. 列宁全集. 第 31 卷. 中共中央马克思恩格斯列宁斯大林著作编译局译. 北京：人民出版社，1972：463-464.

［63］列宁. 论统一的经济计划//列宁. 列宁选集. 第 4 卷. 中共中央马克思恩格斯列宁斯大林著作编译局译. 北京：人民出版社，1972：471.

［64］列宁. 关于人民委员会工作的报告//列宁. 列宁选集. 第 4 卷. 中共中央马克思恩格斯列宁斯大林著作编译局译. 北京：人民出版社，1972：397.

［65］列宁.《苏维埃政权的当前任务》一文的几个提纲//列宁. 列宁全集. 第 34 卷. 中共中央马克思恩格斯列宁斯大林著作编译局译. 北京：人民出版社，1985：520.

［66］AAH CCCP，ф. 2，оп. 1，1928 г.，д. 25，л. 51-52.

［67］Луначарский A B. O 200-летнию Всессоюзной Академии наук，Новый мир，1925（10）：110.

［68］AAH CCCP，Протоколы OC PAH，1918 г.，§22.

［69］AAH CCCP，ф. 132，оп. 1，д. 8，л. 17.

［70］AAH CCCP，Протоклы OC PAH，Ⅶ ЭОС，1919 г.，§174.

［71］AAH CCCP，ф. 459，оп. 4，д. 86，л. 3.

［72］Луначарский A B. O 200-летнию Всессоюзной Академии наук，Новый мир，1925

（10）：110.

［73］列宁. 致阿・马・尼古拉也夫的信//列宁. 列宁文稿. 第 8 卷. 中共中央马克思恩格斯列宁斯大林著作编译局译. 北京：人民出版社，1980：165.

［74］列宁. 对尼・米・克尼波维奇报告的批示//列宁. 列宁文稿. 第 8 卷. 中共中央马克思恩格斯列宁斯大林著作编译局译. 北京：人民出版社，1980：295.

［75］列宁. 给莫洛托夫的信//列宁. 列宁文稿. 第 4 卷. 中共中央马克思恩格斯列宁斯大林著作编译局译. 北京：人民出版社，1980：228.

［76］列宁. 给北方区国民经济委员会技术委员会的电报//列宁. 列宁全集. 第 48 卷. 中共中央马克思恩格斯列宁斯大林著作编译局译. 北京：人民出版社，1987：402-403.

［77］列宁. 给下新城省执行委员会主席的电报//列宁. 列宁文稿. 第 8 卷. 中共中央马克思恩格斯列宁斯大林著作编译局译. 北京：人民出版社，1980：33.

［78］ААН СССР，ф. 1，оп. 2，1920г.，№ 8，§142.

［79］В. И. Ленин и А. М. Горький，М.：Наука，1969：256.

［80］Горбунов Н П. Векикие планы развития науки и техники.//В.И.Ленин во главе великого строительства，М.：Госполитиздат，1960：180.

［81］Комков Г Д，Левшин Б В，Семенов Л К. Академия наук СССР. М.：Наука，1977：20.

［82］列宁. 在全俄工会中央理事会共产党团会议上关于租让问题的报告//列宁. 列宁全集. 第 32 卷. 中共中央马克思恩格斯列宁斯大林著作编译局译. 北京：人民出版社，1958：297.

［83］Йоффе А Ф. Русская наука за граници，Правда，1924-06-21.

［84］列宁. 科学技术工作计划草稿//列宁. 列宁全集. 第 27 卷. 中共中央马克思恩格斯列宁斯大林著作编译局译. 北京：人民出版社，1959：296-297.

［85］ААН СССР，Протоколы ОС РАН，1918 г.，§22.

［86］ААН СССР，V ЭОС，§ 47.

［87］ААН СССР，ф. 459，оп. 1，д. 71，л. 5.

［88］列宁. 苏维埃政权的当前任务//列宁. 列宁选集. 第 3 卷. 中共中央马克思恩格斯列宁斯大林著作编译局译. 北京：人民出版社，1972：510.

［89］ЦГАНХ СССР，ф. 429，оп. 60，д. 41，л. 22.

［90］ЦГАНХ СССР，ф. 429，оп. 60，д. 41，л. 22.

［91］列宁. 苏维埃第八次代表大会关于电气化报告的决议草案//列宁. 列宁全集. 第 31 卷. 中共中央马克思恩格斯列宁斯大林著作编译局译. 北京：人民出版社，1958：482.

［92］列宁. 论统一的经济计划//列宁. 列宁选集. 第 4 卷. 中共中央马克思恩格斯列宁斯大林著作编译局译. 北京：人民出版社，1972：470.

［93］列宁. 给格・马・克尔日札诺夫斯基//列宁. 列宁全集. 第 35 卷. 中共中央马克思恩格斯列宁斯大林著作编译局译. 北京：人民出版社，1959：433-434.

［94］列宁. 关于人民委员会的工作报告//列宁. 列宁选集. 第 4 卷. 中共中央马克思恩格斯

斯列宁斯大林著作编译局译. 北京：人民出版社，1972：397-398.

[95] Дзерженцкий Ф Э. Избр. статьи и речи. М.：Госиздат，1947：226.

[96] 列宁. 论统一的经济计划//列宁. 列宁选集. 第 4 卷. 中共中央马克思恩格斯列宁斯大林著作编译局译. 北京：人民出版社，1972：475.

[97] Власов М Г. Рождение советской интеллигенции，М.：Политиздат，1968：10.

[98] Solomon S G. Reflections on western studies of Soviet science//Lubrano L，Solomon S G. The Social Context of Soviet Science. Boulder：Western Press，1980：16-17.

[99] Graham L R. The formation of Soviet research institution. Soviet Studies of Science，1975（5）：303-329.

第三章 俄（苏）科学技术哲学的首要问题——自然本体论研究

1891年，普列汉诺夫发表“黑格尔逝世六十周年”的专论，受到了恩格斯的称赞。在文章中，普列汉诺夫阐释了黑格尔的论断：“辩证法是……科学研究工作的灵魂”，认为辩证法是“认识一切存在物的强大工具”，并根据辩证法原则肯定了自然界中存在飞跃。这些论述当然属于科学技术哲学的范畴，自那以后，普列汉诺夫在许多论著中，对科学技术哲学的一系列重大问题做过深入的研究，包括自然界的辩证法、实证科学中的哲学问题、科学方法论、科学技术与社会，同时也注意到辩证法对科学的指导意义。当然，普列汉诺夫的科学技术哲学研究主要是用实证科学成果来说明自然辩证法，列宁曾批评他把辩证法当作“实例的总和”，但无论如何普列汉诺夫毕竟是俄（苏）马克思主义科学技术哲学当之无愧的先驱。列宁继承了恩格斯的工作，把自然辩证法的研究推进到一个新的阶段，特别是在《哲学笔记》中，列宁开拓了辩证唯物主义的科学认识论和科学逻辑的全新领域。①总之，在俄（苏）马克思主义科学技术哲学的开拓者那里，研究主题是全域的，并没有本体论的偏颇。

但是，纵观俄（苏）科学技术哲学的发展史，有一个具有代表性的特征，那就是从20世纪20年代到20世纪60年代，在半个世纪左右的时间里，始终以自然界和各门实证科学本身的哲学问题作为科学技术哲学研究的中心。恩格斯曾指出：“所谓的客观辩证法是在整个自然界中起支配作用的，而所谓的主观辩证法，即辩证的思维。”[1]如果说，马克思主义的科学技术哲学主题就是自然辩证法，那么，俄（苏）科学技术哲学研究在其大部分时间里，是把自然界的客观辩证法即自然本体论研究作为研究的中心和首要问题。由于这种哲学导向

① 笔者对普列汉诺夫和列宁的科学技术哲学思想曾做过系统的论述，参见孙慕天. 跋涉的理性. 北京：科学出版社，2006：17-41.

把科学哲学的对象视为自然界的物质存在本身，即自然本体，所以凯德洛夫（Б. М. Кедров）说："这样一种立场后来被称为本体论主义（онтологизм）。"[2]

第一节 自然本体论研究初创阶段的理论论争

半个世纪以来，苏联以自然本体论为主要导向的科学技术哲学研究，大致经历了三个发展阶段。

20世纪的第三个十年，是俄（苏）科学技术哲学自然本体论研究的初创时期，其间贯彻始终的是与各种偏激的意识形态倾向的斗争。

随着马克思主义成为苏俄国家的统治思想，泛意识形态的思潮开始入侵自然科学领域。一种有代表性的观点认为，既然无产阶级掌控社会历史的前景，也应当主宰自然界的发展。无产阶级文化派（пролеткультовец）是当时影响最大的极左思潮的代表。20世纪20年代初，卡里宁（Ф. И. Калинин）、波格丹诺夫和普列特涅夫等建立独立于苏维埃政权的无产阶级文化协会，到1922年该协会已经组织了近50万人；宣传其观点的各种杂志也遍地开花，盛极一时。早在1918年2月，无产阶级文化派的领军人物波格丹诺夫就在无产阶级文化协会代表大会上做了题为《科学和工人阶级》的主旨报告。按波格丹诺夫的观点，科学不是反映客观物理客体及其规律的知识，而是"组织社会劳动的工具"。同年9月他又在无产阶级文化教育组织第一次全俄代表会议上的报告《科学和无产阶级》中，进一步鼓吹用阶级论诠释自然本体论，反对把科学看成是关于客观物质对象的知识体系，认为科学是不同阶级出于自身的特殊利益以不同方式组织社会劳动的工具。他声称，物理学不是关于"物质变化的科学"，而是关于"人们集体劳动所遇到的阻力"的科学；天文学是"关于在空间和时间中确立劳动的作用力的学说"；生理学研究的是机体能量消耗和恢复的过程，因此是一门"关于劳动力的学说"。[3] 普列特涅夫1922年9月27日在《真理报》上发表《在意识形态战线上》一文，这是无产阶级文化派的宣言书。他声言："无产阶级对于外在的自然界有着非常鲜明的态度"，不是"靠天吃饭"，而是征服和驾驭自然。[4] 无产阶级文化派认为，既然无产阶级已经决定了社会历史的走向，那就理所当然地能够掌控自然界的发展趋势。1997年俄罗斯出版的《国内科学哲学的初步总结》一书，在评论无产阶级文化派干将费多罗夫（Н. Ф. Федоров）复活宇宙哲学的企图时，说："他以神秘的通灵术态度对待科学，以之作为战胜死亡、人定胜天和调度宇宙的力。”[5]

在无产阶级文化派看来，在阶级社会科学始终有着鲜明的阶级性在无产阶级夺取政权以后仍是如此。波格丹诺夫断言：“如果说旧科学是作为统治工具为上层阶级服务的，那么，显而易见，无产阶级必须以自己的、足够强大的、作为组织革命斗争力量武器的科学与之对抗。”[6] 1919 年召开的第一届全俄无产阶级文化派大会的决议就宣称：“无产阶级应该在以我们的观点进行审查的基础上，显示出完全有能力掌控科学经验。”决议提出，要对数学、物理学、化学导论、天文学、地质学、生物学、生理学和生理心理学等学科进行无产阶级的改造。[7] 当时十分活跃的无产阶级文化派干将斯密特（М. Н. Фалькнер-Смит）就强调必须“建立无产阶级的几何学”。他认为作为理论数学部门的几何学应该消亡了，其方法可以运用到未来的统一的无产阶级科学中去。

总之，无产阶级文化派的自然本体论哲学思想有一个突出的特点，即所谓“人的自然观”——自然的命运由人来把握，人不仅可以改变自然的外在面貌和表观形态，而且可以决定自然的运行规律和发展方向。从这样的观点出发，科学应当反映人对自然进行改造和重组的实践，资产阶级对自然的征服是为牟利，因此总是个人的行为的反映；相反，无产阶级代表最先进的生产力，为大多数人谋福利，是集体的活动，“无产阶级的活动转化为那种普遍的人类事业的建构，而其意识形态就是转化为普遍事业的哲学”[8]。在这种哲学指导下，反映无产阶级正确实践的科学，也就是最先进的科学。所以无产阶级文化派理论家马里宁（К. Малинин）说，必须“通过科学的改造尽快从资产阶级的影响下摆脱出来，丢弃资产阶级的思维方式，在科学中引进作为社会劳动结果的无产阶级观点和无产阶级的科学观”[9]。

列宁坚决反对无产阶级文化派的自然观、科学观和文化观。他专门批注了普列特涅夫的《在意识形态战线上》一书，并就此文的发表特别致信《真理报》，明确指出，该文“伪造历史唯物主义！玩弄历史唯物主义！”[10] 1922 年 10 月 8 日，列宁夫人克鲁普斯卡娅（Крупская）在《真理报》发表专论《无产阶级意识形态和无产阶级文化协会》，阐明了自然科学真理的客观性，说明了人类利用自然力的超阶级性。稍后，10 月 24 日苏联工农检查人民委员部副人民委员雅科夫列夫（Я. А. Яковлев）在《真理报》上发表《论无产阶级文化和无产阶级文化派》，全面批判了无产阶级文化派提出的错误理论，驳斥了“消灭资产阶级科学”“科学革命化”的主张，指出科学面对的是客观的自然界，是以实验为基础的，科学的发展直接取决于社会生产力。[11] 到 20 世纪 20 年代后期，无产阶级文化派日渐式微，慢慢销声匿迹了。

无产阶级文化派的出现，是工人阶级全面掌握国家政权的初期在理论上不成熟的表现。马克思主义第一次成为一个民族国家统治的意识形态，胜利者的心态在部分人中膨胀起来，列宁曾严厉抨击了这种“共产党员的狂妄自大”：以为自己既然是“完成了世界上最伟大的革命的革命者”，是“四十座金字塔”，因此无所不能，但其实对具体的行业却一窍不通，“他不仅不懂这一行，甚至还不知道自己不懂这一行”[12]。这种狂妄自大反映到哲学上，就是夸大主观能动性，认为无产阶级不仅掌握了社会历史的命运，而且也能按自己的意愿改变自然界的面貌，甚至应当根据阶级的意志安排自然秩序，相应地也必须从无产阶级的需要出发重新改造自然科学。这是一种特殊的政治幼稚病。

与无产阶级文化派相反，机械论派的自然本体论观点走向了另一个极端。在 20 世纪 20 年代，所谓机械论和辩证论的争论成为早期俄（苏）学术思想领域中的重大历史事件，对后来俄（苏）科学技术哲学的发展产生了深远的影响。

苏联犹太裔哲学家，后来移居以色列的亚霍特（О. О. Яхот），1991 年发表了长文《苏联的哲学镇压（二十年代——三十年代）》，全面综述了围绕机械论的这场大论战的进程和争论的理论主题。[13]

论战的第一阶段是争论的肇始。事情发端于荷兰社会主义者戈特（Goter）出版于 1924 年的《历史唯物主义》一书。当时在国家出版局任职（后为《消息报》和《真理报》编辑）的斯克沃尔佐夫-斯捷潘诺夫（Скворцов-Степанов）为此撰写了一篇跋言，把马克思主义自然观和机械论等同起来。斯捷潘诺夫写道：“马克思主义者应该直截了当地说，他接受这个所谓自然界的机械论观点，即对它的机械论的理解。”[14] 德波林（А. М. Деборин）派的斯滕（Я. Э. Стэн），当时是《在马克思主义旗帜下》的编辑，后任俄共（布）中央宣传鼓动部副部长，首先注意到斯捷潘诺夫的这篇跋言，并随即在 1924 年第 11 期《布尔什维克》上发表《戈特和斯捷潘诺夫同志的错误》，指责斯捷潘诺夫把唯物辩证法说成是现代自然科学的“最普遍的和最后的结论”，贬低了马克思主义哲学，并且向陈旧的机械自然观倒退。[15] 斯捷潘诺夫则在《布尔什维克》第 14 期上发表《论斯滕同志所“发现和纠正”的我的错误》，反对将自己的观点和 18 世纪的老机械论混为一谈，并援引植物学家季米里亚捷夫的论述来支持自己的观点，指出现代科学关于生命本质的研究是依赖在物理学和化学规律的基础上才取得的。斯滕的学生，当时在共产国际执委会工作的 M.列文支持自己的老师，批评斯捷潘诺夫把质归结为量，混淆了高级运动形式和低级运动形式的质的差别。而季米里亚捷夫植物生理学研究所的科学家们就机械论问题展开了激烈的争论，一致支持斯捷潘诺夫为机械论正名的主张，并把讨论的速记稿整理成文，编辑出版了《机械论的自然科学和辩证唯物主义论集》。《布尔什维克》编辑部面对争论日益扩大的态势，建议双方将论辩文章转到专门的理论刊物《在马克思主义旗帜下》发表，这就使这场争论成了年轻的苏维埃国家意识形态斗争的焦点。

1925 年恩格斯的《自然辩证法》俄文版出版。由于恩格斯在该书中有大量批判机械论自然观的论述，特别是对高级运动形式和低级运动形式关系的辩证分析，这为争论双方的立论提供了新的支点。以德波林为首的辩证论派认为，《自然辩证法》给了机械论者毁灭性的打击，德波林断然指出："毫不夸张地说，恩格斯的整个哲学工作的宗旨就是，从唯物辩证法的观点批判机械唯物主义。"[16] 但是机械论派却有不同的理解。当时在《真理报》工作的哲学家萨拉比扬诺夫（В. Н. Сарабьянов），反对把机械力学和辩证法对立起来，"辩证世界观应当包括机械的东西"，连感觉都是"有机体特殊的力学性质"。[17] 喀山大学教授萨莫依洛夫（А. В. Самойлов）也参加了辩论，他是著名生理学家谢切诺夫的学生，是颇负盛名的实证科学家。在萨莫依洛夫看来，在自然科学的根本问题上，机械力学揭示了非止一个秘密，所解决的都是重大的根本问题，所以，机械论和辩证论并不矛盾，只不过一个既是马克思主义者又是自然科学家的人，应当证明，"运用辩证思维、辩证方法能够走得更远，能比另一条道路花费更少的劳动"[18]。

1926 年春，在俄罗斯社会科学学术研究所联合会（РАНИОН）进行了马拉松式的辩论，把机械论派和辩证论派的争论推向了高潮。事情是从如何评价一个研究生关于柏格森的论文引发的，涉及对哲学史，特别是斯宾诺莎和黑格尔的认识。恰在此时，《真理报》发表了《革命和科学》杂志编辑萨波日尼科夫（П. Ф. Сапожников）对季米里亚捷夫研究所编辑的《自然界的辩证法文集》第 1 卷的评论，该评论对文集提出了尖锐的批评。在这样的气氛下面，从 3 月到 5 月，在联合会的哲学研究所举行了每天四个小时的争论，直到 1926 年 5 月 18 日德波林发表总结讲话，整整持续了两个月之久。争论的一方是机械论派，参加者有：波格丹诺夫、季米里亚捷夫、瓦利亚什（А. И. Варьяш）、阿克雪里罗得（Л. И. Аксельрод）、谢廖日里科夫（В. К. Серёжриков）、奇斯基（А. А. Чиский）等；争论的另一方是辩证论派，参加者有：斯滕、萨波日尼科夫、特罗依茨基

（А. Я. Троицкий）、卢波尔（И. К. Луппол）、卡列夫（Н. А. Карев）、巴梅尔（Г. К. Баммель）等，他们都是德波林的追随者，因此统称德波林派。虽然机械论者极力申辩自己的主张不仅反映了现代自然科学发展的根本趋势，而且和唯物辩证法的本质是完全一致的。但是，德波林派却坚持认为，机械论派其实是反马克思主义的哲学派别，并指斥在这场斗争中，马赫主义者、弗洛伊德主义者和机械唯物论者沆瀣一气，结成了统一战线。1926 年 5 月 18 日德波林做了总结发言，给机械论派下了结论："以阿克雪里罗得和季米里亚捷夫同志为首的一伙的确带有修正主义的性质。"[19] 值得注意的是，德波林的这个总结发言很快就在当年第 2 期《马克思主义年鉴》上发表了，而机械论者的答辩却迟迟未能公之于众。阿克雪里罗得的答辩直到一年后才在《红色荒地》3 月号上发表，而她在 1926 年春季讨论会上的发言，则以《答德波林"我们的分歧"》为题发在该杂志的 5 月号上。另一位机械论者季米里亚捷夫 1926 年 4 月 27 日的发言迟至 1928 年才发表在自己研究所编辑的《自然界的辩证法文集》上。事实上，德波林派早已动用了官方资源。德波林把持了"战斗唯物主义者协会"（ОВМ），1927 年 1 月 7 日该协会通过决议，宣称为了与机械论进行斗争，"ОВМ 认为自己近一段时间的任务主要转向关注唯物辩证法遭到修正的斗争，为此按照列宁的嘱托，协会将自己视为'黑格尔辩证法之友协会'"[20]。

1927 年 12 月 19 日机械论派在莫斯科梅耶霍德大剧院召开"辩证唯物主义基本问题"讨论会，辩证论派虽也接到邀请，但却声言："不屑于和机械论者一道满城张贴广告，不要说这种向所有的人包括资产者及其思想家开放的辩论，马克思主义基本问题根本就不是这种辩论的主题。"[21] 此时，官方的倾向性已经明朗化了，对阿克雪里罗得在会上的主旨报告，党的理论刊物《在马克思主义旗帜下》只是发了一个简短的摘要，机械论派的干将季米里亚捷夫、萨拉比扬诺夫、瓦利亚什等的发言更是只用几行字敷衍过去。相反，德波林派如卡列夫、列维特（С. Г. Левит）、德米特里耶夫（Г. Ф. Дмитриев）等的发言却都是全文照登。自此以后，官方对机械论派的打压变本加厉，而德波林派则成了官方意图在哲学领域的代表。1928 年，机械论派退出战斗唯物主义者协会，德波林组织了一个新的"战斗辩证唯物主义者协会"（ОВМД），发起人是清一色的德波林派。1929 年 4 月 8—13 日，共产主义学院召开了第二次全苏马克思列宁主义学术机关会议，会议的两个主旨报告是德波林的《马克思主义哲学的现代问题》和施米特（О. Ю. Шмидт）的《自然科学领域中马克思主义者的任务》。1930 年 12 月 23 日到 1931 年 1 月 6 日，共产主义学院主席团召开有共产主义学院和红色教授学院自然科学部参加的扩大会议，通过了《关于自然科学战线状况》的决议，并认定“机械论是最活跃的哲学修正主义派别”，并要求科学家在这场斗争面前不能保持中立，也不能漠然置之，强调指出：“在苏联国内和国外尖锐的阶级斗争条件下，在理论领域中为党的路线纯洁性而斗争，具有特别重要的意义。在这方面最大的危险，是脱离辩证唯物主义哲学的机械论偏向，它客观上是敌视无产阶级思想体系影响的表现。”[22] 在这样的高压形势下，尽管仍有一些人始终坚持自己的观点，但作为一个学术派别，机械论已经土崩瓦解了。

苏联官方理论对 20 世纪 20 年代的机械论的评价，始终是否定的，几十年来，所持的基本论点大同小异。1974 年第三版《苏联大百科全书》中由苏沃洛夫（Л. С. Суворов）执笔的“机械论者”条目[23]，比较有代表性。作者认为，20 年代机械论者的主要论点是：①否定哲学作为科学；②断言现代的辩证自然观恰恰具体化为机械自然观；③将高级的复杂的运动形式归结为简单的运动形式，归结为机械运动；④把对立统一规律歪曲为均衡论；⑤否定偶然性的客观性。

应当说，上述概括在某种程度上确实抓住了 20 世纪 20 年代苏联机械论者的代表性言说，但对有些说法仍然需要进行具体分析，不能停留在字面上，而是要根据当时的语境，结合他们的全部推理，去把握话语背后的真正寓意。

20 世纪 20 年代苏俄机械论的标牌式的理论是“还原论”，即主张把高级的复杂的运动形式归结为低级的简单的运动形式。斯滕指出：“还原问题是我们同机械论者全部争论的中心点。”[24] 反对者指责机械论者试图用力学原则解释一切，并把辩证法歪曲为机械论。当然，有些机械论者确实说过辩证法就是现代机械论这样的话，但是，多数机械论的代表人物实际上并不把辩证法和机械论对立起来。一方面，他们认为辩证法是一般的法则，机械论方法——从分子、原子水平上进行的物理和化学分析的方法——正是现代自然科学行之有效的具体研究方法，所以斯捷潘诺夫说：“应该可以进一步说，现在科学发现了新的地平线——允许化学和生物学归结为分子—原子—电子的力学。”[25] 另一方面，机械论者是在维护自然科学实证的研究，肯定每个特定的运动形式，每个特殊的自然现象都有适合自己的具体研究方法，他们从来没有把力学看作是唯一的普遍的原则到处套用。一位机械论者声明说：“德波林派声称，机械论的自然科学想‘用力学解释一切’。这是天大的笑话。如果我断言，所有现象都是实在的运动，那这根本不是意图‘用力学解释一切’。一切过程都是物质运动，但这些运动的复杂性是不能用单一的力学去研究的。现在没有谁认为力学方程是破解所有门户密码的钥匙。热学用自己的热力学方法和特殊的方式去研究现象，胶体化学有自己的方法论，有机化学也有自己的方法论。有谁用牛顿方程去研究生物化学过程呢？没有人，除了德波林及其学派与之战斗的那些想‘用力学解释一切’的神秘的机械论者。”[26]

其实，机械论者更深层次的动机并不是自然哲学问题，而是对科学独立性的诉求。与无产阶级文化派截然相反，他们看到政治和意识形态干预科学的危险性，所以特别强调机械论是具体的科学方法论，辩证法虽然是一般的指导原则，却不能代替实际的科学研究方法论。为了迎合官方的主流思想，所以才故意提出机械论和辩证法一致性的命题。阿克雪里罗得特别强调，机械论和德波林派的分歧不在于是否承认哲学辩证法的问题，关键问题是“哲学化”（философствование）。所谓哲学化，就是用抽象的思辨代替自然科学的实证研究，把一般哲学原则强加于科学的结论。她说：“德波林派捍卫的不是哲学，而是试图束缚自然科学的哲学化。”又说：“我相信，在德波林的反对者那里，所否定的不是哲学，如果不把那些不懂自然科学的人所描述的，使自然科学家晕头转向的东西当作哲学的话。”[27]难怪机械论的主张得到许多自然科学家的力挺，物理学家蔡特林（З. А. Цейтлин）抨击官方哲学试图“制定某种一般的原则，而后总是形式化地将其带入自然科学”，他把这种哲学叫作“亚里士多德主义”，他质问说：“为什么恰恰是马克思主义的自然科学家同德波林为首的阵营冲突？为什么苏联唯一的从辩证唯物主义出发研究和宣传自然科学的研究所——季米里亚捷夫研究所——和安静的斯克沃尔佐夫-斯捷潘诺夫站在一起反对德波林派？答案是：‘我们争论的根本点在于，德波林及其学生们宣传的那种辩证法，无论在什么地方和以任何方式都不能应用于自然科学，特别是物理学。’”[28]

第二节 自然本体论研究分化阶段的正统和异端

自 20 世纪 30 年代起，直到 20 世纪 50 年代初，是俄（苏）科学技术哲学自然本体论发展的分化阶段。

虽然 20 世纪 20 年代意识形态左右科学的思潮已经在主流化，但是当时仍然限于理论领域的争论，尽管官方舆论明确反对科学的独立性，但倡导科学自由的科学家和哲学家并未失去话语权。特别是科学家们，几乎是本能地感觉到正在到来的威胁，他们当然要守住科学的客观真理的本性这道最后防线。可惜的是，他们操弄的武器却是陈旧过时的武器——机械论，这一理论是无法抵挡正统意识形态的进攻的。到了 30 年代，随着新一代官方哲学家米丁（М. Б. Митин）、尤金（П. Ф. Юдин）等的崛起，政治决定一切成为新的最高纲领，如机械论者所追求的那种科学独立，已经没有任何公开表达的空间，只能作为私人信念，通过科学家的理论和实验工作体现出来，成为苏联思想生活中的一种潜流。这种情况是苏联科学史上一个漫长阶段的时代特征，差不多持续了一个世纪的三分之一。

德波林推崇黑格尔的自然哲学，认为用辩证法对自然科学的综合和分类是自然哲学最本质的东西，实际上是把辩证法本体论化，不懂得辩证法是认识论，是认识的方法，相反却是从原则出发，用思辨和逻辑推论去代替具体的科学研究。现代研究者杰洛卡罗夫（К. Х. Делокаров）正确地指出，德波林派"在已有的黑格尔辩证哲学原理之内来探索解决现实问题的方法，对于这个派别来说，黑格尔哲学中已经预先给出来现实世界一切基本关系。而研究实际的事物至多只能提供对于先验性断语的补充验证"[29]。德波林确实是这样做的，他曾断言，间断和连续的辩证法预见了波粒二象性这个"最新物理学的结果"[30]。

其实，德波林派对哲学为苏维埃国家的革命现实服务是有很强的自觉性的，1930 年 4 月 20 日德波林在哲学研究所和战斗唯物主义者协会部分会员的联席会议上所做的报告《哲学战线上的工作总结和任务》中，就曾指出："我们正面临着必须在整个理论思想领域，尤其是哲学领域内进行转折和重大转变的时期。"在这个"阶级斗争尖锐化"的时期，理论战线的任务是什么呢？他明确回答说："必须动员一切科学为社会主义服务。"但是，对于哲学怎样完成自己的任务，他提供的答案却是"制定唯物辩证法"[31]。他和他的追随者虽然在批判机械论方面十分坚决，为贯彻马克思主义意识形态必须指导一切的纲领不遗余力，但却没有与斯大林对大转变时期国内主要矛盾的判断接轨，没有意识到党的最高决策者最关心的现实是摧毁党内的反对派，建立和强化推行新路线的集权主义体制。以米丁为代表的一批新一代官方哲学家嗅到了这一政治气候，率先提出了"坚决把哲学问题政治化、现实化"的口号，咄咄逼人地声言：每个哲学错误都直接导致在政治上背离党的总路线。[31] 德波林也许真诚地希望成为党在哲学上的喉舌，但他太学究气了，他那些迂腐的黑格尔式的思辨，已经成为贯彻党在大转变时期政治路线的绊脚石。

对德波林派的批判可以分为两个阶段，第一个阶段从 1929 年 12 月 27 日斯大林在马克思主义者土地专家代表会议上发表讲话开始，斯大林指责理论工作脱离实际时，一些年轻的理论工作者嗅到了新的政治风向，他们从反德波林派的形式主义切入，把问题提到哲学党性的高度。米丁、拉里采维奇（В. Н. Ральцевич）、П. Ф. 尤金在《真理报》上联合撰文《论马克思列宁主义哲学的新任务》，明确指出："如果这个哲学不和党为真正的布尔什维克党性所做的斗争步调一致，就没有也不可能有现在哲学的党性。"[32] 第二个阶段从斯大林与红色教授学院哲学和自然科学研究所党支部的谈话开始，在这次谈话中，斯大林提出了"清理马厩"的口号，认为哲学领域被德波林派搞得七零八落，秩序大乱，"明确指出在哲学战线上清理唯心主义废料的任务，在哲学领域两条战线上进行战斗的任务和深入研究列宁哲学遗产的任务。这些指示有重大的历史意义，打开了新一页，在新的高度思考哲学争论的进程，这应该为哲学领域所有进一步的理论工作奠定了基础"[33]。批判德波林成了大转变时期意识形态导向的历史转捩点，从此舆论一律统一到哲学必须党性化这一正统观念上来。斯大林的小册子《辩证唯物主义和历史唯物主义》作为《联共（布）党史简明教程》的四章二节，成为官方权威话语，是判断哲学是非的唯一准绳。

自然科学领域被视为阶级斗争的重要战线，共产主义学院主席团专门做出了《关于自然科学战线的决议》，给自然科学的领导做了政治定性："自然科学领导的反马克思主义和反列宁主义错误的整个体系，是反对马克思列宁主义斗争在自然科学战线上的表现形式"，断定"自然科学战线是理论战线上最落后的"，必须"加强无产阶级的党性，为党的总路线进行经常的不调和的斗争"[34]。当时，所谓"自然科学领导"，首先是指德波林的追随者列文（М. Л. Левин）、列维特、格森（Б. М. Гессен）等，当时列文是红色教授学院自然科学和精密科学部数学处（后来是生物学处）的负责人，又是生物学马克思主义者协会的领导。列维特先是医学生物学研究所人的遗传性和体质办公室主任，后来该室扩大为遗传医学部，他出任主任，同时也是共产主义科学院医学唯物主义者协会的学术秘书。格森则是莫斯科大学物理科学研究所所长。

从 20 世纪 30 年代开始的三十年间，在苏联的哲学领域和自然科学领域流行的思潮是对西方的最新科学理论抱有严重的哲学偏见，统统斥之为资产阶级思想垃圾。官方的指导方针是，自然科学也是实现政治目标的手段，其内容和理论都必须服从阶级斗争的需要，强调"哲学、自然科学和数学科学也像经济科学和历史科学一样是有党性的"[35]。资产阶级的科学理论基础是哲学唯心主义，而唯心主义正是资产阶级意识形态的基础，和唯心主义的斗争就是无产阶级的战斗任务。现代西方科学的最新理论都是唯心主义货色。例如当代俄罗斯科学史家伊德里斯（Г. М. Идлис）就指出：在 20 世纪 30 年代那些官方理论家的眼里，“相对论和量子力学是物理学的‘最后一言’，却强有力地促进了唯心主义的繁荣。相对论提出了时空实在性和物质性的问题，基于波动力学产生了物质的实在性问题、时空尺度问题、各种现象的因果联系问题”[36]。

上面所说的几个人，虽说是自然科学机构的领导，从哲学立场说又都是德波林派，但本身都是科班出身、成就斐然的自然科学家。在具体科学问题上，他们坚持实验证实了的结论，对西方最新自然科学理论并不持盲目排斥的态度，而是认为这些理论反映了自然界的客观规律，应当努力探究其中所蕴含的辩证本质。例如，德波林派的物理学家格森认为，相对论揭示了时间和空间与物质紧密相连，闵可夫斯基（Minkowski）四维时空连续体是物质存在的形式，而物质则是其内容，“运动着的物质是四维的连续体，是四维的过程”[37]。格森断言：“在物理学领域中，相对论对于时间和空间的观点，基本上同辩证唯物主义对空间、时间及其相互关系的观点一致。”[38] 他对科学和哲学之间的划界有明确的认识，指出自然科学的任务是双重的：“我们面对的是制定自然科学原理，我们面对的是各个具体科学的辩证方法”，前者是实证科学本身的任务，后者是哲学与科学共同承担的任务。另一位自然科学的领导 M. 列文，既是德波林派的骨干，又是生物学家，他反对把遗传学同辩证唯物主义等同起来，对把辩证法运用于具体科学持慎重态度，特别注意到“制定生物学和遗传学方法论问题的困难，在这方面缺乏经验和传统”[39]。

大部分科学家并没有参与德波林派和机械论派的争论，当然其中有些人对争论涉及的哲学问题十分关心，有的也参与其中发表了倾向性的意见。这部分人的共同点是，认同唯物辩证法的自然观和方法论，甚至努力将其运用到自己的研究中去，但不是教条地生搬硬套，也不是屈从于官方压力做表面文章，而是将辩证方法论作为启发思维的创新生长点，并且确实取得了重大的成就。这类人是当时自然科学家中的第一类人，它们构成 20 世纪 30—50 年代苏联自然科学界一道独特的景观。当然这类人不限于这几个德波林派的自然科学家。

施米特是数学家、天文学家、地球物理学家，他的科学成就举世闻名，特别是星体起源假说更是蜚声国际。施米特在 20 世纪 20 年代曾悉心研读马克思主义哲学，苏联科学院档案保存了他认真研读恩格斯著作的手稿。据说，在北极科考越冬时，他曾组织讨论辩证唯物主义，以帮助考察队员克服焦虑。1929 年 4 月 8—13 日在第二次全苏马克思列宁主义学术机关大会上，他作为共产主义科学院自然科学和精密科学学部的负责人，实际上是全苏自然科学领域的领导，做了题为《马克思主义者在自然科学领域的任务》的主旨报告。这篇报告虽然基调并没有也不可能超出自然科学为无产阶级的斗争服务的主题，但其中专门论述了正确对待西方科学的问题，观点明确，言辞犀利，显示了一个科学家坚持真理的可贵理论勇气。施米特说："西方科学并不是清一色的。不分青红皂白给西方科学贴上'资产阶级'或'唯心主义'的标签，是极端错误的。列宁认为当时的大部分实验科学家归属于'自发唯物主义者'，把他们和唯心主义者、马赫主义者等区分开来……。另外，自发地、不自觉地走向辩证法的倾向在增长……。西方还没有自觉的辩证唯物主义者，但在为数众多的科学思想家那里存在着辩证法的因素，通常是在唯心主义和折中主义的外壳下面，而我们的任务是找出这些内核，把它们清理出来，并利用它们。"[40]他在自己以后的科学研究实践中，出色地遵循了这一科学哲学方针。20 世纪 40 年代他专心研究行星起源问题，从康德-拉普拉斯假说与观测事实的诸多矛盾出发，梳理了 1900 年以来西方试图解释这些矛盾的流行理论——潮汐说，主要是张伯伦（Chamberlain）和莫尔顿（Moulton）为一派，金斯（Jeans）和杰弗里斯（Jeffreys）为另一派的两类假说。施米特具体分析了这类以碰撞的力学机制为动因的星体形成理论的困难，并从哲学上阐明了物质内在矛盾和外在偶然机遇性在事物发展过程中所起的不同作用，进而提出行星起源的宇宙尘云凝聚假说。美国学者格雷厄姆在谈到施米特行星起源理论优于当时西方的同类假说的原因时，指出："至于说到哲学思考，优势在于施米特要求对于行星形成的历史——至少在其初期——是具有大概率结果的可靠的事件。"[41]

还有一位服膺唯物辩证法的著名科学家，他就是苏联遗传学的重要奠基人谢列布罗夫斯基（A. C. Серебровский）。他并不是德波林派，但在反对机械论的斗争中，由于坚决反对拉马克主义的机械论，努力以辩证唯物主义观点并结合进化论解释遗传学，所以和德波林派的科学家 M. 列文、阿哥尔、列维特等站在了一条战线上。他坚持生物进化的辩证法，毕生和拉马克主义不懈地进行斗争。他认为科学的基础是事实，而遗传学所发现的遗传物质是反映了有机体实在物质结构的真理，不容否认。他大声疾呼："说染色体理论是胡诌八扯，孟德尔主义是胡诌八扯，根本不是'科学的革命成果'，这是不会从事实中得出结论，是对事实全然无知。"[42]他根据科学实证基础和客观逻辑去认识自然发展的固有规律，从中领悟辩证法，而不是倒过来把辩证法当作先验的思辨原则，妄图通过概念推演引申出具体的科学原理。他曾从遗传学角度对恩格斯《劳动在从猿转变到人的过程中的作用》的一个观点提出疑问，被抨击为修正马克思主义。他在答辩中说："我不反对恩格斯劳动在进化过程中的作用的命题，反对的是，恩格斯表述的当时科学尚未明确的遗传机制。恩格斯谈到猿的前肢要求逐步进化为劳动器官——手，从而‘使猿转化为人’，这实质上是拉马克主义。谁给您的权利把所有不同意拉马克主义的人打成修正主义？”[43]显示了可贵的科学精神和理论勇气。他从这样的立场出发，认为李森科主义遗传学的基础就是拉马克主义，并始终旗帜鲜明地站在反对李森科的最前线。他大义凛然地宣称：“真理不允许在前沿阵地上断裂，哪怕裂开一道小缝都不行。真理不能不胜利，特别是我们国家是在科学社会主义旗帜下生活和建设的世界上最先进的国家。”[44]谢列布罗夫斯基把辩证法作为科学方法论的哲学根据，从整体和部分的辩证统一的观点思考基因，提出并通过实验证明了基因可分性的思想，并据此给出基因线性结构示意图和测定其大小的方法。弗罗洛夫（И. Т. Фролов）高度评价谢布罗夫斯基在这方面的贡献，指出：“时下正在全力研究基因的精细结构，而这一思想还是谢列布罗夫斯基奠定的基础。”[45]

与上述这些真诚而卓有成效地运用唯物辩证法研究自然科学的学者成鲜明对照的是一批学术骗子，他们是披着马克思主义外衣的学术掮客。

在科学队伍中孳生出利用意识形态营私牟利的科学败类，他们是按照特定的政治需要培育出来的怪胎。以超高速发展为目标的社会经济战略、高度集权的政治经济体制和绝对的思想垄断，使20世纪30—50年代苏联社会的思想生活严重扭曲，这正是伪科学大肆泛滥的土壤。以李森科遗传学为代表的伪科学及围绕它发生的种种事件，成为俄（苏）科学史上最耻辱的一页，是使马克思主义自然辩证法蒙羞的科学丑剧。笔者要说的是，这是有苏联特色的伪科学，它有两个共同的特征：迎合党的政治需要，做到政治“正确”，特别是讨取最高领袖的欢心；为伪科学理论编造哲学根据，附会辩证唯物主义的某一原理，给对立理论带上资产阶级哲学的帽子。李森科（Т. Д. Лысенко）是苏联伪科学的头号代表，他瞄准斯大林摧毁政治反对派和尽速摆脱农业困境的需要，在哲学上以外在环境决定遗传性冒充唯物主义，而把主张有机体内在基因决定遗传性的孟德尔-摩尔根学派打成唯心主义，从而一跃成为苏联遗传学乃至整个科学技术领域的霸主。关于李森科事件的始末和历史反思本书附有专门的案例分析，此处不再赘述。生理学领域的勒柏辛斯卡娅（О. Б. Лепешинская）、医学领域的波希扬（Г. М. Бошиан），则是在第二次世界大战后苏联反世界主义的背景下，抱有投合苏联领导人在冷战中与西方争霸，急切抢占国际科技前沿的心理，刻意炮制革命性的“科学发现”。勒柏辛斯卡娅声称发现了前细胞的“生活物质”，其哲学依据是恩格斯关于细胞起源于非细胞的观点，是对微耳和（R.

Virchow）“细胞起源于细胞”的“形而上学”的颠覆；波希扬则宣称发现了病毒和细菌的相互转化，实现了“晶体蛋白转化为细菌”的历史性突破，这是证明了生命起源于无生命物质的“自然辩证法”。至于切林采夫（Челинцев）则是利用1947年苏联最高当局借讨论亚历山大洛夫（Г. Ф. Алексадров）《西欧哲学史》发动的意识形态攻势，在日丹诺夫（А. А. Жданов）代表中央委员会（其实是斯大林的权威发言人）所做的政治报告之后，按照“资产阶级科学总危机”的调门，在化学领域拿鲍林（Pauling）的共振论开刀，其论据是鲍林的理论用虚拟的共振结构代替实在结构，是马赫主义的伪科学赝品。

当然，更多的科学家是纯粹的自然探索者，他们属于第三种类型，专心致志埋头于实验和理论研究，与官方意识形态是疏离的。他们从科学研究自身的需要出发寻求合适的本体论出发点和方法论原则，一切服从于科学研究的实践。他们从不排斥和否定西方科学理论，因为作为纯粹的科学家自然而然地服膺科学评价的双标尺——内在的完备和外在的证实，从科学本身的固有根据出发选择合理的方法论。

科利佐夫（Н. К. Кольцов）是这类科学家的代表。他是苏联实验生物学的奠基人，是实验遗传学莫斯科学派的创始人、苏联实验生物学研究所首任所长，他最先提出染色体分子结构和样板复制（遗传分子）的假说，是真正有原创性的世界级科学大师。他最富创造性的科学工作正值李森科伪遗传学猖獗的时期，意识形态的高压钳制了科学自由。但是他却没有背叛自己的科学信念，而是坚持按科学研究的客观逻辑，结合具体的科学实践探寻有效的实证科学方法。

1935年，科利佐夫提出基因线（俄文：генонема，英文：genonema）的概念，认为它是“所有种和个体复杂的蛋白质和其他组合所特有的预定模板，在种的漫长进化过程的某一时刻模板得以形成，而没有预定模板的化学综合的每一次重复都是不可思议的”[46]。这个观点是极具超前性的，事实上基因复制概念和基因精细结构的研究是20世纪50年代才真正开始的。从方法论上说，科利佐夫做出这样的科学结论是对假说方法的自觉应用。他明确指出：“我有点不安的是，我提出的……假说中的很多观点似乎颇为冒险，将来可能遭到反驳……当对需要证明和反驳什么还一无所知的时候，利用可能被反驳的坏假说工作也要比没有任何假说好得多……在现在的假说之后还要提出新的反命题，但这已经是科学发展的新阶段了。”[47]这段话与现代科学哲学的科学发现方法论完全一致，也符合辩证法的科学认识论，但是他却不是套用抽象的哲学原理，而是从自己科学研究的实际出发去选择合适的科学方法。

纵观现代遗传学的历史，尤其是以摩尔根（Morgan）为代表的西方遗传学，其方法论具有明显的分析倾向，侧重于对要素的探求。苏联科学哲学家普遍从分析和综合的辩证法对此提出异议，斥之为形而上学。科利佐夫却没有随声附和，像大家一样从辩证法的理论原理出发进行抽象的理论辨析，而是根据遗传学发展的必然趋势，指出分析方法的必要性，为分析进行辩护。他解释说："对生命现象的全部分析都伴随着问题的简化，因为为了分析我们总是应该把历史上形成的、处在不断变化中的有机生命系统划分为部分；而且我们不与整体联系，同时力图将其分解为越来越简单和我们所理解的物理化学成分。"[48]

也有些科学家始终与主流意识形态的观点相区隔，对受到批判的西方现代科学理论做出正面的评价。例如兰德斯贝格（Г. С. Ландсберг）、塔姆（И. Е. Тамм）之于相对论，布洛欣采夫（Д. И. Блохинцев）、福克（В. А. Фок）之于量子力学，瓦维洛夫（Н. И. Вавилов）之于摩尔根遗传学，都是充分肯定的，他们根据自身科学研究的亲身体验，接受了西方主流的科学哲学观点。值得一提的是，兰德斯贝格和塔姆两个人的老师曼德尔施塔姆（Л. И. Модельштамм）。他受教育于法国斯特拉斯堡大学，熟谙维也纳学派的分析哲学，始终认为科学研究中必须预设一个概念结构，这个理论的逻辑结构和经验之间的联系是中性的。他在莫斯科大学给学生讲课时，始终倡导这样的科学哲学观点，在讲授相对论时说："物理学家必须有一个体系，这样来解释长度是什么，他必须表明他没有发现那个体系，而是定义了那个体系。"[49]这就是现代西方科学哲学公认的"经验荷载理论"的著名命题，而汉森（Hanson）在《发现的模式》中提出这一观点已经是1958年了，比曼德尔施塔姆晚了十多年。

第三节　自然本体论研究转型阶段的创造性探索

自20世纪50年代到20世纪60年代的十年，是俄（苏）科学技术哲学自然本体论研究的转型阶段。

1953年，斯大林逝世，苏联高度集中的计划经济体制的内在矛盾全面激化，1956年2月苏共二十大后，种种政治和经济改革的尝试逐步展开，自然科学领域当然也立即感受到这种"解冻"（оттепель）的早春天气。在科学领域最早发出转折信号的是苏联科学院院长涅斯米扬诺夫（А. Н. Несмеянов），他在1956年5月7日《从苏联共产党第二十次代表大会决议看苏联科学院的任务》的讲话中，公开喊出"科学自由"的口号："科学要求的是研究的自由和思想的自由，而不是对科学原理的任何正式的批准，这种批准仅仅只会束缚并且阻止科学的发展。"[50]

从1956年起，官方舆论全面检讨长期以来在自然科学领域的错误路线。《哲学问题》连续发表社论，阐述党对自然科学工作的新方针和自然科学哲学研究的指导思想，包括1957年第三期社论《关于自然科学哲学研究》、1959年第三期社论《加强自然科学和哲学的联盟》。与此同时，在自然科学一些领域，特别是那些受政治严重干扰的"重灾区"，连续召开会议对历史问题进行清算，仅1962年一年就有三次重要会议：5月的"全苏高级神经活动生理学与心理学哲学问题会议"、6月的"控制论哲学问题理论会议"、12月的"基本粒子与场的物理学哲学问题会议"。这十年苏联的科学技术哲学研究集中于具体科学的哲学问题上，所讨论的主要是自然本体论问题，诸如自然界的物质实在性、物质的结构层次、物质和运动、质量和能量、空间和时间、有限和无限、必然性和偶然性、因果决定论、发展的不可逆性、生命的本质、遗传和变异、身心问题，等等。笔者对1956—1963年苏联《哲学问题》《哲学科学》《共产党人》《自然》《苏联科学院通报》等与哲学有关的刊物做了一个不完全统计，所发表的数学哲学问题论文17篇，物理学哲学问题论文99篇，化学哲学问题论文17篇，生物学哲学问题论文89篇，生理学和心理学哲学问题论文29篇，共251篇。这是一个庞大的数据，在科学哲学历史上从来没有一个国家在短时间内如此集中地对实证科学哲学问题做这样深入的研究，即使在俄（苏）科学技术哲学的历史上也是空前绝后的。

苏联自然本体论研究的高峰无疑是1958年11月21—25日召开的"全苏自然科学哲学问题会议"。这次会议规格极高，是由苏联科学院主席团和苏联高教部联合召开的。参加会议的代表包括科学家、哲学家和东欧国家的代表共500多人，其中有院士20人，通讯院士30人。这次会议是苏联科学技术哲学发展路线转变的一个枢纽点，具有象征性的意义。著名哲学家斯焦宾（В. С. Стёпин）评价说："苏共二十大所确定的价值取向变革促进了科学技术哲学专业领域的新一代苏联哲学家和对自然科学哲学基础的专业讨论感兴趣的自然科学家之间的紧密合作。1959年全苏自然科学哲学问题会议是各种研究力量团结的重要阶段。会上明确宣告摒弃辩证唯物主义哲学过去实际上束缚科学的思辨公式，表明哲学的目的是思考和总结自然科学的成就，同时有力地促进哲学本身的发展。"[51]①

这次会议的主题仍然定位在自然本体论领域，特别是专业科学家在会上的发言，集中阐释了各个实证科学领域的哲学问题。苏联科学院主席团现代自然科学哲学问题委员会主任费多谢耶夫（П. Н. Федосеев）在会议闭幕词中指出："在听这次会议上的报告和发言的时候，我问自己：现在在我们面前摆着哪些主要哲学问题，哪些关键性的理论问题呢？思之再三，我得出一个结论就是：现在，在科学特别是许多新的知识领域大大发展的情况下，辩证法有一个基本要求具有决定性的意义，这个要求就是：具体地对待所研究的对象，了解具体真理，把一般的规律性和具体条件结合起来，估计到特殊的、独特的东西。这可以说是现在我们所讨论的大多数哲学问题的焦点。"[52]这就是说，揭示辩证法在自然界各种运动形式及其相应的实证科学领域的特殊表现，被规定为自然科学哲学研究的根本任务。大会决议指出，现代物理学证实了物质无穷尽性、物质统一性、物质和运动不可分性；现代天文学证实了世界在时间和空间上的无限性；生物科学和生理心理学中，同样是"唯物主义和辩证法得到了许多新的科学证明"[53]。

但是和前两个阶段相比，1958年以前的十年间，正值苏共二十大召开的历史转折时期，哲学领域的思想导向正在激烈调整，相应地，自然本体论和各门实证科学的哲学问题研究也发生了质的变化。概括起来，主要特点是：①改变以政治为纲的原则，否定自然科学的阶级性，坚持自然界发展的辩证规律和具体科学规律一样是客观的；②从各门科学的实际材料出发，从个别到一般进行哲学概括，特别注意跟踪现代自然科学的前沿进展，反思自然科学新发现和新理论的哲学意义；③尊重国外科学的研究成果，不再轻易以意识形态对西方科学理论划界，注意区分西方科学家的具体科学理论和他们对这些理论的哲学解释；④对同一科学主题可以有不同的甚至对立的哲学解释，各个学派平等争鸣，淡化行政对学术问题的干预。

在这方面，物理学的两个前沿领域的哲学讨论特别具有典型意义。

第一个主题是相对论的哲学问题。

自1948年官方掀起猛烈的反世界主义狂潮之后，苏联出现了一股"反爱因斯坦主义"的逆流。马克西莫夫（А. А. Максимов）做出"相对论明显是反科学的"结论[54]。库兹涅佐夫（И. В. Кузнецов）甚至鼓动说："揭露物理学领域中

---

① 斯焦宾这里将全苏第一届自然科学哲学问题会议的召开时间记作1959年显系笔误。——笔者注

反动的爱因斯坦学说，是苏联物理学和哲学最迫切的任务之一。"[55] 20 世纪 50 年代中叶，苏联物理学界和哲学界对相对论的看法发生了根本的转变。1955 年《哲学问题》编辑部发表了《相对论讨论的总结》，检讨多年来苏联物理学家和哲学家围绕相对论旷日持久的争论。这篇带有官方色彩的文件，完全改变了传统上"反爱因斯坦主义"的主流思潮，一是肯定相对论在科学上的崇高地位，称之为"现代物理学最重要的理论之一"，是"现代物理学的时空理论"；二是区分相对论的科学内容和爱因斯坦对它所做的哲学解释，物理学研究的科学内容往往和人们对它的哲学解释不相一致；三是客观介绍了围绕相对论不同的学术观点之间的争鸣，如福克的广义相对论是引力理论不是相对性原理在非惯性场的推广，纳安（Г. И. Наан）关于相对论的对象不是时空及其关系的而是"物理相对性"。[56]

在第一届全苏自然科学哲学问题会议上，国际知名的数学家亚历山大洛夫（А. Д. Александров）的学术报告《相对论的哲学内容意义》，是这一时期专业科学家研究实证科学哲学问题的代表作。他在报告中总括性地详尽阐述了相对论所蕴含的辩证哲学本质，认为这一物理学理论反映了辩证唯物主义哲学的四大原理和四大范畴：时间空间是物质存在基本形式的原理、物质和运动不可分的原理、现象相互联系和辩证统一的原理、世界物质统一性的原理；内容和形式、具体和抽象、相对和绝对、属性和关系。他认为应当遵循时空与物质不可分割的原则和绝对寓于相对之中的辩证原理，进一步完善相对论理论，提出空—时结构取决于质量的分布和运动，广义相对性中也应存在优先参考系。[57]

第二个主题是量子力学。

20 世纪第二个和第三个十年，是物理学发展的激动人心的年代，是量子力学的狂飙突进时期。但是，随着量子力学基本原则的确立，特别是所谓测不准原理——对于量子状态不能同时准确测量坐标和动量（$\Delta X \cdot \Delta P_x \geqslant h/2$）——的提出，围绕其哲学解释却出现了重大的争议，主要是两大对立派别：一个是以玻尔（Bohr）为首的哥本哈根学派，一个是以爱因斯坦为首的。前者认为经典决定论在微观领域失效，后者则认为这种失效源于量子力学的不完备。而 20 世纪 50 年代中叶以前，苏联物理学界和哲学界虽然也有一些学者支持或倾向于哥本哈根解释，但主流观点是认定这一西方的正统解释是物理学唯心主义。A. 日丹诺夫在《亚历山大洛夫〈西欧哲学史〉一书讨论会上的讲话》中，对西方的量子力学哲学全盘否定："资产阶级原子物理学的康德主义扭曲，使之得出电子'自由意志'的结论，试图将物质描述为波的综合和其他奇谈怪论。"[58]

有一个另类就是物理学家马尔科夫（M. A. Марков）。他在1947年《哲学问题》第二期上发表了《论物理知识的本性》一文，公然为哥本哈根解释辩护，认为量子力学的基本原则符合唯物辩证法。他提出了两个主要哲学解释。第一，量子力学和经典物理学的差别在于它们的研究域属于不同的物质运动层次，量子力学的对象是微观客体，经典物理的对象则是宏观客体。他说："重要的是要指出，而这是显而易见的，我们在量子理论中看到种种稀奇古怪的特性，都是用经典概念、宏观表象去对待微观世界的结果。"[59]第二，微观世界的研究要借助于仪器，我们是通过仪器的中介观察粒子行为的，因此对微观世界的研究主体已经与对象连接在一起，这使纯粹静观的中立研究成为不可能，"不能静观地理解微观世界、微观现象，需要预先将其从宏观世界中剔取出来。为此认识主体的能动性活动是必不可少的"[60]。马尔科夫的文章发表后四个月，A. 日丹诺夫的讲话公之于世，他的异端观念引起轩然大波，遭到主流思想家的围剿。

到了20世纪50年代中期，苏联社会中思想解放的浪潮席卷而来，量子力学的哲学反思日益理性化，其标志同样是全苏自然科学哲学问题会议上科学家们的发言。虽然科学家们已经不再惧怕被带上唯心主义的帽子，但是仍然自觉地坚持唯物主义的哲学立场，不过在如何对量子力学的理论结论做出唯物主义解释方面，观点并不一致，大体可以分成三种导向。

一是量子状态的实在论解释，以福克和亚历山大洛夫为代表。基本观点是认为，量子描述是客观的，不受主体的左右；仪器的读数不能作为研究的对象本身，只是用来分析微观客体的资料；承认因果律，否认微观过程不可控。福克这一时期关于这一问题的代表作是《论量子力学的解释》[61]。

二是量子系综论的解释，以布洛欣采夫为代表。早在1944年布洛欣采夫就提出了系综（ансемболь）的概念，在这一时期他又相继发表了《基本粒子问题》（1964年）、《量子力学根本问题》（1966年），进一步阐述了自己的系综观，认为在量子力学中谈论一个粒子的波函数，实际上是谈论大量的此类粒子和系统，用于单个粒子的测不准原理，其实是对属于一个系综的粒子进行测量的结果。[62]

三是量子因果论解释，以捷尔列茨基（Я. П. Терлецкий）为代表。捷尔列茨基早在1950年就提出"统计因果性"的概念，1956年与古雪夫（A. A. Гусев）合作编辑出版了《量子力学中的因果性问题译文集》。他认为："'因果性'和'决定论'借助于'统计因果性'和'不严格的决定论'之类的术语转换而保存下来。”[63]

20 世纪 60 年代中叶，苏联科学技术哲学研究发生了历史性的转折。1964 年《哲学问题》杂志从第四期到第六期连续刊载关于自然辩证法学科地位的争论文章，科学技术哲学的认识论派崛起。适应苏联社会强烈的改革要求，凯德洛夫、伊里因科夫（Э. В. Ильенков）、科普宁（П. В. Конин）以辩证法、认识论和逻辑学三者一致的命题为纲领，坚决反对把自然辩证法本体论化。这就是苏联哲学史上有名的“六十年代人”发动的哲学改革运动，从此苏联的科学技术哲学研究重心发生了转移，科学哲学兴起。1970 年 12 月 1—4 日召开的第二届全苏自然科学哲学问题会议体现了这种转变，会上科普宁的主题报告是《马克思列宁主义认识论与现代科学》，凯德洛夫的主题报告是《列宁论自然科学的辩证发展》。有人抱怨会议对自然本体论的研究重视不够，但大势所趋，此后虽然自然本体论的研究仍然在继续，但科学认识论、科学方法论的研究已经成为主流话语，苏联科学技术哲学开始书写自己新的历史。[64] 本书将辟专章对这一主题做出详细论述。

自然科学家和哲学家的联盟是所谓列宁的哲学遗嘱，对此评价不一，但是辩证唯物主义哲学对苏联实证科学家的重大影响是毋庸置疑的。问题是，这种影响是正面的还是负面的？西方苏联学（Sovietology）研究者的观点几乎一边倒，认定马克思主义哲学是苏联科学家头上的紧箍咒，是苏联科学发展的绊脚石。这种看法主要是出于意识形态的偏见，但在一定程度上也是由于缺乏深入研究，没有具体分析和深入了解苏联科学家的全部工作。美国科学史家格雷厄姆则与众不同，特别注意挖掘辩证唯物主义对苏联科学家的积极影响。他对苏联的科学和哲学有全面深入的研究，1961—1962 年他是美苏学术交流计划派出的第一批赴苏的访问学者，此后一些年他每年都要到苏联考察和研究，是真正的知苏派。他的《苏联的自然科学、哲学和人的行为》一书，是关于苏联科学技术哲学的经典著作，已经译成德、法、意、俄、日等九种文字。格雷厄姆非常慎重地对待马克思主义哲学促进具体科学探索这一主题，从不同角度考察了各类科学家对辩证唯物主义的不同态度，明确提出这一哲学导向对苏联科学的发展起到了显著的推动作用。他通过具体分析指出：“甚至有这样一类苏联哲学家和科学家，他们对待辩证唯物主义是如此认真，以致拒绝接受共产党对这一主题的官方说法；他们用技巧高明的论文作为掩护来对付检察官，竭尽全力发展自己的辩证唯物主义自然观。而这些作者倒是认为自己才是完整意义上的辩证唯物主义者。……我确信，辩证唯物主义一直在影响着一些苏联科学家的工作，而且在某些情况下，这种影响有助于他们实现在国外同行中获得国际承认的目标。”[65]

这一结论颇有见地，他也用一些实证科学家的案例具体论证了自己的独到见解。可惜格雷厄姆论述的重点在于这些科学家的哲学观点，对他们如何具体运用唯物辩证法指导实证科学研究，并取得了创造性的成果，却语焉不详。本书最关注的恰恰是后者，这一问题饶有兴味，是苏联科学技术哲学研究中相对空白的领域，值得深入探讨。这里试以三位杰出科学家的工作和两个实证科学论题为例，对这一重大问题做一点初步探讨。

一、А. Д. 亚历山大洛夫

亚历山大・达尼洛维奇・亚历山大洛夫是苏联（俄罗斯）科学院院士、意大利科学院院士，是极富原创性的数学家。他开创了椭圆微分几何的新方向，提出了解决封闭曲面极值理论问题的方法，建立了凸面体混合相交体的基本定理，证明了表面一般等周不等式（Aleksandrov-Fenchel 不等式），创立了时间几何学（chronogeometry）。在 20 世纪三四十年代，黎曼几何几乎完全是局域理论，而现代黎曼几何成为整体理论是由于嘉当（Cardan）、А. Д. 亚历山大洛夫、劳赫（Rauch）和克林贝尔格（Klingberg）的工作。美国的《数学评论》（*Mathematical Review*）和德国的《数学文摘》（*Zentrablatt für Mathematik*）两种国际权威数学刊物的联合编委，在评价近现代世界著名几何学家时，所列举的首位俄罗斯几何学家竟然不是罗巴切夫斯基，而是 А. Д. 亚历山大洛夫。[66]

亚历山大洛夫正是那种并非屈服于政治压力，而是出于科学研究的实际需要和理性的深刻领悟而服膺辩证唯物主义的科学家。他对哲学和科学的关系有着清醒的认识，从自己的科学研究实践中，他意识到辩证唯物主义哲学对科学的作用是启发性的和解释性的：“辩证唯物主义并不提供解决科学中具体问题的方法，但它为探索科学真理指明了真正的参考，并为解释科学概念的真正含义和内容提供了方法。”[67] 辩证法作为自己数学研究的立足点和思想出发点，主要是三个维度：本体论维度、认识论维度和科学观维度。

他坚持认为世界是物质性的客观实在，数学的抽象反映的是客观世界的量的侧面，而数学形式后面则是物质世界的质。他给算数下的定义是：“算数是关于现实的量的关系的科学，但是这种关系是抽象的，也就是说是在纯粹形式上加以研究的。”他给几何学下的定义是：“几何以舍弃了所有其他性质，及采取

'纯粹形式'的现实物体的空间形式和关系作为自己的对象。"他在自己的几何学研究中，始终特别注意"抽象空间对现实空间性质的关系的重要而又困难的问题"[68]，在意识到现代黎曼几何的封闭性和局域性（闭曲面二维流形黎曼几何）后，他突破特定规范条件的预设前提，以泛函分析、度量理论、数学物理方程、数学晶体学的研究手段，完成了从平直封闭几何向整体无限可分性的几何的转化，建立起非正规表面的内蕴几何。

亚历山大洛夫有一句名言"跟在欧几里得后面"，这句话的意思就是强调数学要不忘实践这个根本。他多次强调几何学是从古埃及人的土地测量实践中产生出来的，几何一词的本义就是测地术。他特别重视马克思《关于费尔巴哈的提纲》中的论断："人应该在实践中证明自己思维的真理性"，几何学产生于人类的实践活动，是人类为了组织和改善自己的生活而发展起来的，人类实践活动是认识的创造者、出发点和目的。亚历山大洛夫说："归根到底，数学的生命力的源泉在于它的纲领和结论尽管极为抽象，但却如我们所坚信的那样，它们是从现实中来的，并且在其他科学中，在技术中，在全部生活实践中都有广泛的应用，这一点对于了解数学是最主要的。"[69]所以他特别注意几何学与实践的关联。正是从这样的认识论前提出发，他始终关注空间的可度量性问题，建立了曲面上单侧边界空间度量理论，制定了可直观的切割和黏合方法，解决了凸面体混合相交体面积的测量问题。

与20世纪上半叶苏联正统科学观不同，亚历山大洛夫坚信科学的基础是其客观真理性，科学没有阶级性。他借用使徒保罗的话来说明几何学的价值中立性，断言："在此不分希利尼人，犹太人"（《圣经·歌罗西书》，3：11）。在所谓"反爱因斯坦主义"甚嚣尘上的时候，他挺身而出，1953年发表《评相对论的理论基础》一文，关键时刻为爱因斯坦辩护，肯定相对论是反映物质世界客观规律的真理。但是，作为科学家他对爱因斯坦的相对论解释同样持分析的态度，认为马赫的实证主义哲学确实对之产生了某些影响，这妨碍了爱因斯坦认识相对论的"深层本质"。亚历山大洛夫从自己理解的辩证唯物主义原理出发，提出物质和时间—空间有着"间接的因果关系"，参考系的物质基础是客观的，时间—空间有先于约定假设的固有性质，就此而论时空连续体具有绝对性。亚历山大洛夫非常欣赏闵可夫斯基提出的"绝对世界"的概念："四维时空的世界只是在现象中给予我们的，但是这个世界在时空上的投影却以某种任意性被把握，我觉得这个论断宁可被称为'绝对世界'假设（或简称为世界假设）。"[70]既然由于物质世界的客观性决定了时空连续体的绝对性，因此相对性的客观逻辑就反过来了：不是从相对性推出绝对性，而是从绝对性推出相对性，相对性只是“绝对时空流形的一个方面”。他认为时间一致性标准的物质基础是普遍的客观的辐射背景——光，因此提出建立光几何学，即时间几何学。

二、B. A. 福克

弗拉基米尔·亚历山大罗维奇·福克是苏联科学院院士，是真正大师级的物理学家，他的研究涵盖量子力学、量子电动力学、量子场论、多电子系统理论、统计物理、放射物理、相对论、引力论、数学物理、应用物理诸多领域。他在理论物理学上取得的成就是世界性的，许多成果是经典性的：

——1928 年，提出玻恩-福克（Born-Fok）定理，即量子力学的绝热临界定理；

——1929 年，将哈特里（Hartree）多电子体系波函数方法完善化，成为哈特里-福克（Hartree-Fok）方程；

——1932 年，创立狄拉克-福克-波多尔斯基（Dirac-Fok-Podolsky）多时理论；

——1932 年，定义福克空间，即由单一粒子希尔伯特空间构成的代数结构，用以描述变化的、未知的粒子的非定度规空间；

——1937 年，制定福克-施魏格尔（Fok-Schwieger）本征时方法；

——1942 年，建立福克-克雷洛夫（Фок-Крылов）定理，确定准静态的崩解完全取决于初始态的能量谱。

福克的卓越成就使他获得了辉煌的国际声誉，他是挪威、丹麦皇家学会的会员，获得美国、德国、印度等多国大学名誉博士的称号，是黑尔姆霍兹奖得主，是国际分子量子理论科学院的院士。

福克是哲人科学家，他毕生潜心于哲学思考，在实证科学研究的同时，撰写了大量物理学哲学论文，如《论物理学的争论》（1938 年）、《辩证唯物主义视域上的物理学基本定律》（1949 年）、《论所谓量子力学中的系综》（1952 年）、《反对对现代物理学理论无知的批判》（1953 年）、《时间、空间理论中的均匀性、协变性和相对性》（1955 年）、《论量子力学解释》（1959 年）、《论爱因斯坦引力理论中相对性原则和等价性原则的作用》（1961 年）等。可以说，哲学思考伴随着他毕生的科学生活。

福克是自觉的服膺辩证唯物主义的科学家。在《空间、时间和引力的理论》一书引论中，他声明："辩证唯物主义指导我们批判地对待爱因斯坦对自己理论的观点以及重新理解这些理论。辩证唯物主义也帮助我们正确地理解与阐明我们的新成果。"[71] 他对爱因斯坦的理论和相对论的态度是如此，他对玻尔和量子力学的态度也是如此。纵观他的全部科学理论探索，可以清楚地看出两个基本的哲学出发点，这深刻地影响了他的具体科学研究和科学理论的建构。

第一，唯物主义的自然本体论。微观量子客体及其相互关系是客观的物质实在。他认为波函数本质上是对微观客体"实在状态"的描述[72]，量子力学定律的概率性质也是客观的，是作为"关于自然定律的存在特别是与时间和空间的普遍属性相联系的那些定律的存在的一种陈述"。[73] 他一直支持哥本哈根解释，但却不同意某些人在量子力学解释上的实证主义倾向。他批评玻尔说："玻尔在哲学上的错误在于他甚至避免提到实验中需要研究的客体；他之所以这样做，是为了把这个客体仅仅看作是为协调仪器上的读数所必需的辅助的逻辑结构。"[74] 但是，通过与玻尔的亲密交往，他认为玻尔有一种自发的自然科学唯物主义倾向，他在《我生活中的玻尔：科学与人》的回忆录中记述他与玻尔的谈话："玻尔一开始就说，他不是实证论者，而是努力直接按自然之所是那样来考察自然。……我们的观点不断接近，尤其是，玻尔显然完全承认原子及其属性的客观性。"[75] 这样的自然本体论是他始终不渝的哲学信念，他为玻尔的哲学告白欣喜不已。这样的唯物主义立场也贯穿于他的相对论和引力论研究，并成为他的时空理论重要的前提预设。

第二，辩证法的认识论和方法论。福克的量子力学解释有一个基本哲学出发点——宏观层次和微观层次的性质有质的区别，宏观客体服从经典力学的规律，而量子力学则是支配微观客体的法则。德布罗意（de Broglie）和薛定谔（Schrödinger）曾试图对波函数做出经典解释，认为它是类似于电磁场在空间中的传播，德布罗意甚至提出"导波"（Ψ波）的概念，"粒子被看成是能量在U①奇异性区域中的凝聚，它基本上保持了粒子的经典性质"[76]。于是，波粒二象性被归结为一种波—粒综合：构成物理实在的，不是波或粒子，而是波和粒子。此外如玻姆（Bohm）的隐参量理论，仍然试图保留轨道的概念。福克认为这些回归经典解释的尝试，都源于不懂微观客体的本性。他从两个方面阐述了量子域的特殊性质。首先，微观世界的因果决定性与拉普拉斯决定论迥然不同，这是一种可以用于单个粒子的概率因果关系，他说："要把决定论形式的定律强加

① 位势为U的静力场。——笔者注

于自然界，要不顾一切证据而放弃这些定律采取更普遍的概率形式的可能性——这意味着从某种教条出发而不是从自然界本身出发。”[77] 其次，关于量子客体的知识是主体借助仪器进行观察的产物，他说：“虽然这些操作①的结果，不能改变体系的‘客观状态’，但却能改变‘关于状态的知识’。”因此波函数不是纯粹客观的，“它描述的是‘量子的状态’或‘通过某种最精确的实验而得到的关于状态的知识’”。[78] 所以，福克摒弃了机械论的立场，肯定了在关于微观世界的认知中观察者主体的能动作用。

值得注意的是，福克深入研究辩证唯物主义，不仅仅是用来对已有的科学理论做出哲学的解释，他没有把唯物辩证法当作推理的先验原则，而是作为开启智慧之门的钥匙和创造性思维的生长点。

福克认为微观客体的波粒二象性是其固有的矛盾性质，他和布洛欣采夫的分歧在于后者认为波函数所表征的是微观粒子系综的基本特征，而福克则认为是对单个量子本质特性的描述：“量子力学的结果是属于单个体系的。”[79] 但是，福克很清楚，由单个元素构成的系统有新的质，这个信念在福克的量子力学研究中是一个重要的前提性知识，对许多重要的理论研究起到了定向性的作用。在多电子体系薛定谔方程的近似求解问题上，哈特里在描述多电子系统的性质时，把体系的多电子波函数表示为单电子波函数的简单乘积：

$$\Psi=\Psi_1(1)\Psi_2(2)$$

哈特里把原子波函数解释为在其不同状态上定位的单个微观粒子波函数的总和。但是，在福克改进的方法中，虽然多电子系统的波函数也是由 $\Psi_i(j)$ 型的函数构成的，同时这些函数结合的特殊次序却要求考虑到多电子系统的整体属性。哈特里没有考虑单电子的反对称要求，福克考虑到电子自旋遵从泡利原理，进而完善了用变分法计算多电子体系波函数的方法。这里，对单电子的描述也发生了质的改变，原子中电子的波函数现在被表示为

$$\Psi(j)=C_i\Psi_i(j)$$

这表明原子是一个整体，其中的单电子是非定域化的。[80]

1930年，福克研究分子轨道的近似描述和计算方法，基础仍然是单电子近似值：每个单电子都是准相关粒子，由自己的波函数来描述，这种单电子近似值是原子轨道的线性组合。

哲学作为前提性知识的启发性还在于，面对不同的甚至对立的科学假说，

① 指对微观客体的测量。——笔者注

在没有充分的实验根据时，可以帮助研究者进行选择。1935 年爱因斯坦、波多尔斯基、罗森（Rosen）在《能认为量子力学对物理实在的描述是完备的吗？》的著名论文中，提出 EPR 悖论，挑战量子力学的完备性。对量子力学的这一质疑却使人发现了一个重大的量子效应。按爱因斯坦等设计的理想实验，两个相互关联的粒子波函数为

$$\Psi=\delta(X_1-X_2-L)\,\delta(P_1+P_2)。$$

当观察 A 粒子时波包坍缩，测得坐标为 X_1^0，当即可以得知 B 粒子的坐标为 $L-X_1^0$；相应地，测得 A 粒子的动量为 P_1^0，则可知道 B 粒子的动量为 $-P_1^0$。1951 年，玻姆以粒子自旋重新设计了这一思想实验，被称为 EPRB。设自旋为 0 的中性 π 介子，$t=0$ 时裂变为两个自旋为±1/2 的粒子对 A、B 两个粒子分离到不再发生相互作用的距离，其自旋处于±1/2 的叠加态，此时观察 A 粒子的自旋，波包坍缩，相应地也就得到了 B 粒子的自旋。这一悖论提示了量子客体的一个特殊效应：两个曾经发生但早已不再发生相互作用的体系，通过触动一个体系可以影响另一个体系。对于这样的奇异效应，爱因斯坦表示难以置信，称之为“鬼魅般的超距作用”。这引发了长期的激烈争论。后来，1964 年贝尔（J. Bell）提出贝尔不等式，导致从实验上证明了量子力学预言的有效性。现在，量子纠缠（quantum entanglement）效应已经获得物理学界的共识，并正在转化为实用技术。在爱因斯坦、波多尔斯基和罗森那篇著名的论文发表的第二年，即 1936 年，福克就将其译成了俄文，并做了评注，显然他对这一科学公案是十分关心的，而且对爱因斯坦等的质疑有自己的看法。还在贝尔不等式提出之前八年，他就从微观世界与宏观世界存在质的差别的观点出发，认识到量子系统具有潜在的不可分的整体性质，而与宏观物体的集合不同，指出在量子领域中存在着“非力的相互作用”。他认为爱因斯坦把所有的相互作用都归结为力的作用是不正确的：“（他）除了力的相互作用以外，把任何相互作用都加以否定（说成是心灵感应术）。”在宏观领域相互作用或是通过接触，或是通过场，但在微观世界则存在另外的作用方式：“在我们最重要的领域——量子力学领域中，由泡利原理表示的相互作用就是非力的相互作用。量子力学另一种非力的相互作用是具有同一个波函数的两个粒子间的相互作用（爱因斯坦研究过的情况）。因此，非力的相互作用的存在是不容置疑的。”[81] 笔者和乌克兰哈尔科夫大学采赫米斯特罗（И. З. Цехмистро）教授在合著的《新整体论》中，曾详细评述了福克的有关论述，指出他认为量子间存在的这种非力关联具有“潜在的、客观—逻辑的性质”[82]。现在，量子纠缠效应正在不断获得实验的证实，量子保密通信技术也正

在取得重大进展，量子的“非力相互作用”成为伟大的科学预见，这是福克的历史性成就，也是他所坚持的辩证法自然观的胜利。

福克的相对论研究，更是独树一帜，他坚持对爱因斯坦时空理论的基础进行哲学审视，并与唯物辩证法原则相对照，努力探索一条新的研究思路。

福克坚持的第一条前提性出发点是，时空是物质存在的基本形式，而不是时空与物质及其运动无关。这一条原则其实西方学者也意识到了，只是表达的话语有所不同。美国物理学家惠勒（Wheeler）就提出过几何学和物理学哪个更具有根本性的问题：量子原理是“在创世‘第一天’产生的”，“而来自量子原理的几何和粒子都是‘第二天’建立的”，他明确指出“三维几何不可能赋予物理学以正确说明”[83]。同样，在福克看来，具有决定性的不是时空度规的几何性质，而是作为几何形式基础的引力场。他认为爱因斯坦在引力论建立之前，还没有产生物理过程影响时空度规的思想，时空度规被假定为刚性的。基于这样的认识，福克认为爱因斯坦引力论的关键不在于把相对性原理推广到加速运动上去，而在于允许物理过程影响时空度规，承认时空度规和引力场的统一性。广义相对性原理的数学表达式是所有参考系中物理方程的协变性，其关键就是惯性质量和引力质量的相等。但根据引力场的物理性质，福克指出：“这个基本原理中所犯的错误是忽视了引力场与加速场的等效性具有严格局部的性质，和这一点关联着的是下面的事实：在物理上要定义一个非局域的加速运动参考系是不可能的……物理的‘广义相对性原理’在任何计算系中都存在对应过程的意义上说来一般是不成立的。”[84]从这样的思想出发，1964年，他在意大利佛罗伦萨举行的广义相对论会议上做了题为《伽利略的力学原则和爱因斯坦的理论》的报告，提出所谓“双短语”（two short phrases）：物理相对性不是广义的；广义相对论不是物理的。由于引力论中所使用的黎曼几何是描述空间的局部性质，但在引力研究中引力场方程是偏微分方程，它的解依赖于边界条件，所以要引进关于空间整体性质的假定，其中之一是假定无限远处的空间是伽利略性的，以使度规张量满足一个精确到洛伦兹变换的条件，如此确定的坐标系福克称之为“谐和坐标”，在这一坐标系中相对性原理是成立的。[85]福克对广义相对论的批评和修正引起了广泛的反响，科学界认为他的论证是严谨的，许多著名的物理学家如英国的邦迪（Bondi）、法国的里奇涅罗维奇（Lichnerowicz）、美国的德塞尔（Deser）和惠勒都支持他的理论观点。[86]

三、А. И. 奥巴林

亚历山大·伊万诺维奇·奥巴林，是国际知名的生物学家和生物化学家，苏联科学院院士，国际生命起源研究会主席，是现代生命起源理论的奠基人。美国设立以奥巴林命名的金奖每三年一次授予对生命起源研究做出重大贡献的学者。

奥巴林在1924年的《生命的起源》一书中，首次提出自己的生命起源于无机物质的假说。这一假说是不断完善的。1936年，作者把《生命的起源》这本小册子扩展为269页的著作，以《地球上生命的发生》为题出版。1941年出第二版，1957年推出第三版，篇幅增加到458页。

1924年假说的中心是论述生命产生的环境条件，指出原始地球的温度、压力和能源的特点，断定那时生命发生的独特环境是以后不可重复的历史条件。另一个具有原创性的观点是"凝胶体沉聚"，或所谓"团聚体"（coacervate，коацерват）理论，这是从无机物向有机体转化的中间环节，也是从物理—化学运动形式转化为生命运动的关键阶段，他说这是"凝胶体沉聚的关头或原始粘胶体形成的关头"，指出："通过某些补充说明，我们甚至可以认为这个在地球上最初产生的有机凝胶小块就是原始有机体。事实上，它应当具有很多那些今天视为生命标志的特性。"[87]

1936年的新著特别着力阐述的恰恰是这个关键环节——生命产生的胶体阶段，提出了生命产生的两个决定性机制。第一个机制是水溶胶体的分层机制。胶体分为相互平衡的两个层：一个是由凝胶实体构成的层，一个是与胶体相对脱离的层。问题发生在两个层的界面上，向另一层开放的不同实体会被胶体所吸收，这样在团聚体和其他层之间就发生了代谢过程，团块能够增大，会分化为各个部分，并发生化学变化，这正是生命存在的必要条件。第二个机制是自然选择和生存竞争。这里发生的是"增长速度的竞争"向"为生存而斗争"的转化。奥巴林认为，这是有机物资源的匮乏造成的，因而发生了异养生物和自养生物的分化，他指出："有机物进一步增长，溶解在地球水圈中的自由有机物越来越少，而'自然选择'的倾向就变得越发盛行了。直接的生存斗争和生长速度的竞争也越来越激烈。于是严格的生物学因素就开始发生作用了。"[88]

奥巴林的生命起源理论，包含五个基本假定。

（1）物质进化论。生命有机体和无生命物质之间没有不可逾越的鸿沟，生物特有的表征和属性必定来自物质进化过程，生命是物质自身发展的产物。

（2）原始环境论。地球上的生命是在地球形成后的特定原始环境下发生的，初期地球被富含甲烷、氨、氢和水蒸气的还原性大气所环绕，原始地球的多种物质材料是生命发生的不可复制的特殊物质前提。

（3）始元物质论。生命始于简单的有机团聚体或凝胶体，它们的行为受其组成原子的属性和排列而形成的分子结构支配，这些始元物质逐渐生长为具有新属性的分子复合体，发展出新陈代谢的生命特征。

（4）自然选择论。从始元物质进化为生物细胞的机制，是生命所需资源之匮乏所诱发的生存竞争，是生长速度的竞争，其过程就是自然选择。

（5）开放系统论。生命系统是开放的，必须从外界吸收能量和物质，因此这一系统不受热力学第二定律的制约。

奥巴林的生命起源假说既是科学假说，同时又荷载了深刻的哲学思想。奥巴林在年轻时代就在老一代生物化学家同时也是老革命家巴赫（А. Н. Бах）的指导下学习，同时接受了马克思主义。他在1924年提出最早的生命起源假说的时候，就已经自觉地接受了辩证思维方式，他把生命比作不断变化的流："有机体好比瀑布，尽管它的成分随着时间改变，穿过它的水滴在不断更新，但瀑布的一般形态却保持不变。"[89]他把自己关于生命的辩证思考直接上溯到古希腊哲人赫拉克利特："我们的身体像江河一样流动着，其中的物质材料就像溪流中的水一样更新。这正是古希腊伟大辩证法家赫拉克利特所教导的。"[90]到1936年写作《地球上生命的发生》时，他已经熟读恩格斯的《自然辩证法》和《反杜林论》，深刻领悟了辩证唯物主义自然观，在生命发生这一问题上，他特别注意到恩格斯对生命自生论和生命永恒论的致命批判："生命不是自生的，也不是永恒存在的。生命是由于物质的长期进化而产生的，而且生命的发生只是物质历史发展的特定阶段。"[91]这一哲学结论，成为贯穿奥巴林生物学和生物化学研究的前提性指针。

1950年，勒柏辛斯卡娅撰文宣布从非细胞的生活物质中得到了细胞，声称所谓"活质"是一切生命系统的基本结构要素，受到官方和意识形态专家的大肆吹捧。从一开始奥巴林对此就持怀疑态度，认为这是重复了自生论的错误。后来迫于官方的政治压力，1951年他曾违心地同意这样的过程"现在也在"发生，虽然这背弃了自己一直坚持的观点。不过，从1953年起，他开始公开发文批判勒柏辛斯卡雅的错误，明确指出，勒柏辛斯卡娅的著作《细胞从生活物质中产生》是企图为普歇（Pouchet）①招魂，从而复活自生论，不过普歇的自生论结果是微生物，而勒柏辛斯卡娅的自生论结果不是已形成的有机体，而是单个的细胞，但是二者都是“命中注定（a priori）一无所获”[92]。

1963年10月奥巴林参加了在美国佛罗里达的沃库拉·斯普林格举行的“前生物系统的发生”学术讨论会。会上美国生物学家莫拉（Mora）向奥巴林发难，质疑物理学和生物学之间的鸿沟太大，无法架设跨越二者的桥梁。他认为自然选择的机制不适用于前生物系统：“我确信，用‘选择’来阐明在前生物系统层面上第一批自我复制单元的出现，是这个词义的不可允许的扩展，达尔文完全是在另一种意义上使用这个词的。不要忘记，达尔文通过自然选择得出进化论是通过实验的途径，观察了整个生物物种的谱系。”[93]莫拉的发言引起了激烈的争论，而奥巴林当场并没有进行答辩，只是在会议召开三年后，在《生命的发生和初期的发展》这部新著中做了系统的回复。奥巴林在答复中对实体和规律在生命起源过程中的辩证关系，对不同运动形式的规律之间的区别和联系都做了深入的辨析，观点鲜明，理论彻底，值得详尽引述：

“现在在科学文献中陈述了一系列关于‘自然选择’这一术语仅适用于生物体的观点。按照生物学者中流行的意见，自然选择是专门的生物学规律，不能推广到非生命体上去，特别是我们的前生物体。

但是下述想法是错误的：开始先产生生物体，然后才产生生物学规律，或者相反，开始先形成生物学规律，然后才是生物体……

辩证法促使我们在不可分割的统一中考察生物体的形成和生物学规律的建立。因此完全可以认为，原生体——生命发生的初始系统——的进化，不仅自身的物理和化学规律在起作用，同时正在生成的生物学规律，其中包括前生物学的自然选择也在起作用。”[94]

在生物学中，生命起源理论的经典假说被称作奥巴林-霍尔丹假说。英国学者霍尔丹（J. B. S. Haldane）关于生命起源的论文是1929年在《理性主义者》杂志上发表的，比奥巴林晚了五年。他承认：“我不怀疑，和我的工作相比，奥巴林教授的工作拥有优先权。”[95]奥巴林的工作是真正原创性的，正如英国著名科学史家贝尔纳（Bernal）所评价的那样，他所制定的是研究生命起源问题的全新的纲领，所提出的问题“是如此重要和充满前景，以致推动了为解答这些问题而进行的大量研究和探索……奥巴林著作的意义在于，尽管它还有某些缺

① 普歇（1800—1872），法国生物学家、自生论者，曾就生命起源问题与巴斯德激烈论战。

陷，但其他人追随它，能够而且也确实改进了它”[96]。奥巴林假说是生命起源研究的生长点，正是在这一理论的启发下，1953 年米勒（Miller）和尤里（Urey）在芝加哥大学进行了模拟原始地球条件下生命起源的实验，通过甲烷、氢、氨和水蒸气的混合物在放电的情况下制得简单的氨基酸。1964 年，迈阿密大学的福克斯（Fox）和哈拉达（Harada）改进了实验，从无机物制成了氨基酸。1974 年，在奥巴林关于生命起源的经典论著发表五十周年的时候，福克斯、G. A. 德波林（Deborin）、多斯（Dose）和帕甫洛夫斯卡娅（Pavlovskaya）编辑了一部论文集，题为《生命的起源和进化的生物化学》，编者们还合作为这本文集写作了一篇专论——《奥巴林和生命的起源》，肯定了奥巴林在这一领域的奠基性地位，明确指出："半个世纪前，他第一个写出了一部生命起源的论著，多年来这一领域的探索者热切地准备用一卷书来赞扬他那些先驱思想，在本书中作者们将一起来颂扬奥巴林作为先锋的贡献。"[97]

必须指出，奥巴林取得的世界级科学成就，确实与他坚持辩证唯物主义自然观分不开。他的前提性知识是系统的唯物主义和辩证法的自然观和方法论。一是肯定生命的起源研究的基础是自然物质世界，是物质自身的发展；二是把握从低级运动形式向高级运动形式转化的辩证法；三是探求进化过程的内在矛盾作为生命产生和发展的动力机制。奥巴林是苏联实证科学家自觉地把辩证唯物主义哲学作为启迪智慧之源，并取得重大成就的典型。当然，不能说体制的意识形态压力对他没有影响，如前所述，在勒柏辛斯卡雅的伪科学问题上，他就曾一度丧失原则。但是，瑕不掩瑜，正如格雷厄姆所说："奥巴林在自己的著作中如此频繁地谈论辩证唯物主义对生物学发展的意义，以致他那规模庞大的论著几乎全部包含此类言说。不言而喻，当然存在那样一种可能性，这些表述是政治压力的结果；但是，如果按照系年通读奥巴林在苏联社会政治气氛已经大大改变的年代里的那些著述，那么如我们所看到的，将不可避免地得出结论，奥巴林本身的事业受到来自辩证唯物主义的、极为本质的、与时俱增的影响。"[98]

恩格斯说："自然界是检验辩证法的试金石"，这句话常常被人引用，但是，他接下去的话也非常重要："而且我们必须说，现代自然科学为这种检验提供了极其丰富的、与日俱增的材料，并从而证明了，自然界的一切归根结底是辩证的而不是形而上学地发生的。"[99] 我们不妨把这一论断称作"恩格斯命题"，这当然是马克思主义的一个基本原理，但在马克思主义历史上曾遭到严重质疑，今天在科学技术哲学界虽未遭到公开反对，但因特定的历史原因，却有一种奇怪的讳莫如深的态度。如上所述，当年在苏联，学界一直将恩格斯命题当作科学技术哲学研究的首要问题，亦即集中研究自然界的辩证发展和各门实证科学的辩证法，那么，应当怎样看待这段历史？它留给我们哪些教益？

自然界是否存在辩证法？或者换个提法，究竟有没有自然辩证法？这对恩格斯当然不是问题，他曾专门撰写了整整一部名为《自然辩证法》的著作来论证这一主题。他明确指出：所谓的客观辩证法是在整个自然界中起支配作用的，而所谓的主观辩证法，即辩证的思维，不过是在自然界中到处显示出来的、对立中的运动的反映①。[100]对恩格斯这一论断最先提出挑战的是西方马克思主义的开路者卢卡奇（Lukacs）。他的代表作《历史和阶级意识》的副标题就是"马克思主义辩证法研究"，首次提出恩格斯创立自然辩证法是对辩证法的误读，是把本来属于社会历史领域的认识方法推广到自然界，既是向黑格尔的倒退，也是对马克思的背叛。收入该书的第一篇论文《什么是正统马克思主义》写于1919年3月，就已公开指责恩格斯："头等重要的是要认识到，辩证法在此仅限于历史社会领域。从恩格斯对辩证法的阐述中产生误解，主要在于这样一个事实，即恩格斯追随黑格尔的错误引导，把这种方法扩展并运用于自然界。"[101]他认为，恩格斯这个错误的根源在于，没有理解辩证法的本质是主体和客体的相互作用，而完全把辩证法客体化了。

卢卡奇的观点在西方产生了深远的影响，俨然成为一种主流话语。1979年，梅法姆（Mepham）和鲁本（Ruben）主编了一套丛书"马克思主义哲学问题"，该书序言把自然辩证法定义为"非批判的实证主义本体论"，而恩格斯则被说成是"非批判的实证主义承包商"。鲁本的论文《马克思主义和辩证法》收入丛书的第1卷，文中论证说，马克思所提供的是"生产阶段的科学"，而自然辩证法却是"从外面输入必然性和发展的哲学"[102]。

这里有两个重大理论问题不可不辩。

从理论本身说，马克思主义奠基人是否把辩证法仅仅定位于社会历史的领域？自然辩证法是不是恩格斯对马克思主义哲学的歪曲？这里关键是要弄清马

---

① "不过是在自然界中到处显示出来的、对立中的运动的反映"一语中的"到处显示出来的"，在人民出版社1955年、1971年和1984年的三个版本中，都译作"到处盛行的"。2014年《马克思恩格斯全集》第26卷收入的新版《自然辩证法》改译为"到处发生作用的"。按这段话的德文原文为Die Dialektik，die sog. objective，herrscht in der ganzen Natur，und die sog. subjektive Dialektik，das dialektische Denken，ist nur Reflex der in der Natue sich überall geltend machenden Bewegung in Gegegsätzen，此处sich geltend machen这一德文短语是"显示出来"的意思，是说在自然界中对立运动的辩证本性到处都在显露出来。作者据此对中译文做了修订。

克思对辩证法的看法：对于马克思来说，辩证法规律是自然和社会普遍的共有的，还是仅仅限于人类社会？马克思曾明确断言："辩证法在黑格尔手中神秘化了，但这决不妨碍他第一个全面地有意识地叙述了辩证法的一般运动形式。"马克思特别强调黑格尔提出的是"辩证法的一般运动形式"，意思是在黑格尔那里辩证法适用于所有的领域，包括自然界。马克思只是说："在他那里，辩证法是倒立着的。必须把它倒过来，以便发现神秘外壳中的合理内核。"[103]马克思从不否认自然界存在着普遍的本质和一般的规律，他说过"存在着植物和星辰的一般性质"[104]，而万有最一般的性质是什么呢？早在1853年，马克思就借用黑格尔的话指出，"两极相联的规律"是"自然界基本奥秘之一"，它是"伟大而不可移易的适用于生活的一切方面的真理，是哲学家所离不开的定理，就像天文学家离不开开普勒的定律或牛顿的伟大发现一样"。[105]在《资本论》第1卷第九章，马克思特别谈到辩证法的量变到质变是自然和社会的普遍规律，在说明价值额达到一定的最低限量才能转化为资本时，他断言："在这里，也象（像）在自然科学上一样，证明了黑格尔在他的《逻辑学》中所发现的下列规律的正确性，即单纯的量的变化到一定点时就转化为质的区别。"[106]

从理论的根据说，如果确如上所述，自然辩证法是马克思主义奠基人的共识，是马克思主义哲学的有机组成部分，剩下的问题就是，自然界是否真的存在着辩证的规律，或者如恩格斯所说的到处都"显示出"客观的辩证法？在这方面，从马克思、恩格斯开始，历代辩证唯物主义者都曾做过重大的努力，以各门自然科学的研究成果为依据，对自然界各种物质运动形式的辩证联系和辩证发展进行了深入研究，无论整体还是局部，无论宏观还是微观，自然界的辩证图景是清晰的。在这方面，苏联的科学家和哲学家做了大量扎实的工作，所取得的成绩是毋庸置疑的。格雷厄姆说："在其最富才能的倡导者手中，辩证唯物主义无疑是理解和说明自然的一种真诚的和合理的尝试。凭借普适性和发展程度，辩证唯物主义的自然解释在现代思想体系中无可匹敌。"[107]

其实，苏联的自然科学家和科学哲学家中的有识之士对此早有明确认识，虽然他们的论述使用的是另一种话语系统。福克从伟大科学理论创立的历史和自己科学实践的亲身体会中，得出结论："我们现在知道，从逻辑的观点看来，想从力学退到麦克斯韦方程是不可能的。但伟大的以及不仅是伟大的发现都不是按逻辑的法则发现的，而都是由猜测得来，换句话说，大都是凭着创造性的直觉得来的。"[108]这种"创造性的直觉"，首先是一种信念，对科学家来说首先是对自然界所持的一种总体的看法，即自然观。以麦克斯韦方程的发现而论，就是他对超距论的质疑，而从“直觉”上选择了波斯科维奇（Boscovich）的近域论（力点说）。上文已经对福克等三位科学家的实证研究与辩证唯物主义哲学的关系做了实证分析，下面我们选择两个重大的自然科学课题，进一步考察一下苏联学者对辩证唯物主义的自觉运用。

一个最全面而极具说服力的研究是凯德洛夫从哲学视域上对门捷列夫发现元素周期律所做的案例分析。1970 年，为纪念元素周期律发现 100 周年，凯德洛夫推出他的精心杰作《伟大发现的微观解剖》，深刻透析了发现这个伟大自然定律的创造性思维过程，令人信服地指出，辩证法在揭示自然奥秘、认识客观必然性方面的启发作用。凯德洛夫选择一个不知辩证法为何物的 19 世纪实证科学家说明辩证思维的意义，是大有深意的。他说：“我们指出，无论何时何地，门捷列夫都不是辩证法的自觉拥护者，他从来也没有把辩证法作为本人赞同的一种研究方法来使用。在他的著作中，辩证法是自发地表现出来的。”[109] 凯德洛夫用大量实际材料分析了门捷列夫如何领悟到化学元素之间存在的辩证关系，通过对化学史的纵览，追踪了认识元素周期律这一自然规律的观念演进的辩证逻辑，从而令人信服地论证了辩证法是自然科学研究不可缺少的思维方式，正如恩格斯所说：“自然过程的辩证性质以不可抗拒的力量迫使人们承认它。”[110] 主观辩证法是客观辩证法的反映，在自然科学的研究中不自觉地、不由自主地使用辩证的思维方法，这是研究对象固有的客观的本性所决定的。恩格斯在《自然辩证法》中，通过《热》《潮汐摩擦》《运动的量度——功》等文从反面说明了蔑视辩证法是不能不受惩罚的；凯德洛夫则通过元素周期律的发现从正面说明了辩证法是自然科学研究必然要遵循的思维方式，无论是自发还是自觉，都不得不如此：“情况之所以这样，那只是因为对于所研究的对象本身来说（具体指对周期律来说）辩证法是固有的。”[111]

凯德洛夫对元素周期律发现的哲学反思，是基于个体发现和系统进步的双重辩证分析。

凯德洛夫指出，认识的全部过程归根结底是受所研究的客体中的固有的规律所制约的。元素之间的关系是对立中存在统一，差别中有着同一，量与质紧密相关。近代化学已经发现了化学元素分为若干个组：一些元素性质相近，如钾、锂、钠等构成碱金属族；氟、氯、溴则构成卤族。二者虽然都是活泼的，但一个是金属元素，一个是非金属元素，化学性质是截然对立的。门捷列夫在笔记中，将钾（K）和氯（Cl）两个元素符号放在一起，一上一下进行对比，思考这两个对立的（金属和非金属）的元素是否有什么共同之点。凯德洛夫问道：

“根据什么特征才能使那些对立的化学元素接近起来呢？对，原子量！”，原子量是导向统一的一个唯一的共同点，这“成为全部发现的出发点”。门捷列夫自己说，他思考的问题是两个：一是这个物质有多少，二是它是什么样的。前一个是质量问题，即原子量；后一个问题是性质问题，即化学性。因而得到了一个至关重要的灵感：“我很自然地产生了一个想法：在各种元素的质量和化学特性之间必然存在某种联系；因为物质的质量尽管不是绝对的而是相对的，但它最后还是以原子的形式反映出来。那么就应该能够找到元素的特性和它的原子量之间的一种函数关系。”[112]

元素周期律的发现当然不是门捷列夫凭空做出的，他是在近代化学长期历史发展的基础上取得的认识突破。凯德洛夫不仅分析了门捷列夫揭示伟大自然律的认知过程所表现的主观辩证法和客观辩证法的统一，还深入考察了近代科学对元素相互关系的认识所经历的辩证过程，进一步说明了科学认识所遵循的辩证规律，从而揭示了元素体系固有的本质联系。正如凯德洛夫所指出的，科学发现的背景要素有三：除了具体社会语境和科学家个人的心理要素等个性特点之外，“第一组因素是属于科学发现的总过程，属于它的内部逻辑。它包括了全部共同的因素，包括具有全人类特征的所有科学。它是不以其外部存在和主观意志为转移的，是人类对所研究的整个客观对象的认识结果和表现”[113]。凯德洛夫认为，就元素周期律的发现来说，这个认知的过程逻辑第一步是对单一元素的发现，认识每一元素的性质；第二步是化学性质相似的各个元素的族的共同属性；第三步则是从整体上把握元素的一般关系，找出联结整个元素谱系的共同纽带。这个过程是从个别到特殊再上升到普遍的辩证过程，而这个曲折的认识过程正好反映了元素这个客观对象的固有辩证法：每个单独的化学元素各有其量和质的规定，这是个别；利用新的物理或化学的方法研究元素的性质，发现性质相似的化学元素组成元素的族，呈现出群体分立的特殊性质；从元素的族进一步探寻全部元素的整体联系，揭示其共同的普遍规律。凯德洛夫特别引用门捷列夫日记中的话：“在元素中有共同的东西……但是把太多的东西认定是特殊的了……把这些特殊性的共同思想联系起来——我的自然系统的目的。”[114] 任何事物，包括整个自然界的各个物质运动形式在内，都是个别性、特殊性和普遍性的统一，个别性包含特殊性和普遍性，反之亦然，正如黑格尔所说：“在普遍性里同时复包含有特殊的和个体的东西在内。”[115] 所以，门捷列夫发现元素周期律的过程，是进入了近代化学元素理论认识的高级阶段——普遍认识的阶段，是通过元素的现象进入其初级本质，并进达于高级本质的阶段。这就是恩格斯所说的："思维规律和自然规律，只要它们被正确地认识，必然是互相一致的。"[116]

对科学进步来说，辩证法还有一个重要的功能，那就是解释。在一定意义上说，科学事业是理性的事业，经验只是对现象的描述，理论才揭示客观世界的本质和规律，在偶然性中把握必然性。而科学理论是概念的体系，概念本身就是反映事物本质属性的思维形式，具有普遍性和概括性，只能在概念的体系和它的运动发展中去认识其外延和内涵，这就是概念的辩证法，即辩证逻辑。列宁在研究黑格尔关于概念辩证法的论述时写道："每一概念都处在和其余一切概念的一定关系中、一定联系中。"[117]而这种概念之间的联系正是客观世界普遍联系的反映，是我们认识这一普遍联系的过程中的一个个阶段，所以列宁又说："在人们面前是自然现象之网……范畴是区分过程中的小阶段，即认识世界的一些小阶段，是帮助我们认识和掌握自然现象之网的网上纽结。"[118]这就是说，辩证法和辩证逻辑是我们正确认识概念的规定及概念之间的关系的重要指针。现代自然科学最重要的发展趋势就是从经验走向理论，而现代科学理论是由不同的科学概念构成的，其中，描述不同对象的各种概念，新概念和旧概念，不同领域、不同学科概念之间，会出现十分复杂的交叉关系，甚至出现矛盾和对立，以致引发逻辑悖论，如坐标和动量、质量和能量、时间和空间、集合性和整体性、波动性和粒子性、决定性和概率性、还原性和突现性等，都因种种不同的诠释，引出旷日持久的争论，相应地也极大地促进了相关学科的进步。

在以自然本体论为中心的苏联科学技术哲学研究中，对自然科学概念的哲学分析占据了十分重要的地位，不仅哲学家对这一问题给予极大的关注，各门学科的专业科学家也以高度的兴趣参与了讨论。哲学视域上的时间和空间问题的研究就是一个典型例证。从 20 世纪 30 年代开始，时空问题的讨论一直是苏联自然科学哲学研究经久不衰的主题。还在 1932 年，苏联科学大师维尔纳茨基就写了《现代科学中的时间和空间问题》，同时他的《自然主义者的沉思》一书的第 1 卷就是《生物界和无生物界的时间和空间》。20 世纪 50 年代以后，这一主题的研究愈加深化和细化，除了斯维捷尔斯基（В. И. Свидерский）1958 年出版的《空间与时间》这样系统化的专著之外，还有许多专门的论文，从不同角度探讨时空的物理和哲学本质，主要有：乌耶莫夫（А. И. Уемов）的《时空连续体能够与物质相互作用吗？》（1954 年）、诺维克（И. В. Новик）的《空间、时间与物质的相互联系》（1955 年）、斯皮尔金（А. Г. Спиркин）的《论空间范畴的起源》（1956 年）、威林谢基（М. Б. Вильнщекий）的《关于空间和时间的绝对性和相对性问题》（1959 年）、德什列维（П. И. Дышлевый）的《时空问题和现代世界图景》（1963 年）、安德烈耶夫（Э. Н. Андреев）的《关于微观世界的空间问题》（1963 年）。苏联有关时空问题的哲学论著，在世界科学哲学文献中堪称卷帙最浩繁，主题开掘最深。在苏联甚至出现了一位以专门研究空间和时间哲学问题闻名于世的科学哲学大家——莫斯捷帕年科（А. М. Мостепаненко），他对时空概念的哲学分析，他所构建的空间和时间的哲学理论，可谓博大精深，迄今似乎少有人能望其项背。这里，只要历数一下他这一主题的著作就可见一斑了：1965 年，《时间尺度问题》；1966 年，《四维空间和时间》；1969 年，《年代测度和时间的因果性问题》、《时空关系簇问题》和《空间和时间基本性质的普遍性问题》；1974 年，《微观、宏观和宇观的空间和时间问题》；1975 年，《时空和物理认识》。

恩格斯曾经对长达三百年的运动量度之争做过辩证分析的示范。恩格斯从力学科学的实证研究出发，具体分析了 mv 和 $1/2mv^2$ 两种量度各自的适用范围，得出动量 mv 是运动形式持续的量度，而 $1/2mv^2$ 则是运动形式转化的量度。在运动形式没有发生质变的时候，线性的公式 mv 在持续运动中动量守恒定律的适用域成立；在运动形式发生质变的时候，非线性的平方幂公式 $1/2mv^2$ 在转化运动中能量守恒定律的适用域成立。笛卡儿派和莱布尼兹派围绕这两个量度横跨三个世纪的争论，只有通过对运动形态的辩证分析才能解决。所以恩格斯说："在问题涉及到概念时，辩证思维至少可以像数学计算那样管用。"[119]

苏联的科学哲学家和自然科学家也曾努力运用辩证法解决科学概念问题，力求运用辩证法澄清混乱，准确把握概念所反映的物理对象的本质。在这方面关于质量和能量的讨论很有代表性。质量和能量是最基本的物理学基础概念，但深入研究发现，对这两个普通概念的理解，无论从物理学本身，还是从哲学反思上，都充满歧义。1952 年开始，苏联学者围绕这两个概念展开了激烈的争论，有奥夫钦尼科夫、库兹涅佐夫这样的科学哲学专家，也有福克、弗里施（С. Э. Фриш）这样的物理学巨擘。

质量和能量问题的讨论有几个焦点。这一问题还是从意识形态斗争发轫的。列宁在《唯物主义和经验批判主义》一书中批判了德国科学家奥斯特瓦尔德的唯能论，这一批判的所指其实不在于如何从科学上论述能量和它的载体——物质的关系，而是离开物质思考运动是否认世界的客观实在性，用列宁的话说，"唯心主义者也不想否认世界是运动，就是说，是我的思想、表象、感觉在运动。至于什么在运动，唯心主义拒绝回答……在我之外什么也没有。'在运动着'——这就够了"[120]。维斯洛波可夫（А. Д. Вислобоков）的专题论文《反对"物理学的"唯心主义变种——现代"唯能论"》（1952 年）是一篇早期的代表作，文章抓住科学界和哲学界在质量和能量关系问题上出现的种种观点，批判把能量混同为物质，反对质量和能量相互转化的种种主张，认为这些主张是现代唯能论，属于物理学唯心主义的变种。当然，对于唯能论，参加讨论的人全部遵循列宁的经典论述，大部分研究者主要是从哲学上和科学上对质量、能量及其相互关系的准确含义进行辨析。大致可以分为如下几种导向。

（1）实证的定义。一些科学家仍然沿用物理学上通用的定义，认为质量是物体在相同作用下得到的与加速度成反比的物理量，或动量对速度的微商，即惯性质量。或者是物体建立引力场和经受引力场的能力，即引力质量。这样，在数学表达式中质量就是一个系数。能量则是物质系统状态的单值函数，是各种物理系统状态的共同量度。这样的定义，在实证研究中当然是正确的，也是必要的，但并没有揭示质量和能量真正的物理意义，如果用这样的定义取代这两个概念所反映的客观本质联系，就会陷入操作主义或实证主义。

（2）实体的定义。把质量定义为物质的量，实际上是把质量看成物质本身。1954 年，莫罗佐夫（А. И. Морозов）发表《质量是物质的量的量度》，认为质量就是物质的量，理由是物质的一切基本属性都通过质量表现出来，而且在一切变化中守恒。对这一观点的质疑是认为，这是退回到牛顿的陈旧观念。只有物质的各种具体的性质才具有可度量性，一般的物质的量是相当于"更多或更少的客观实在"这样的毫无内容的说法。反过来，有人认为能量也是实体，克拉维茨（Т. П. Кравец）的著名论文《能量学说的进化》力主此论，他论证说："能量作为一种在各方面都类似有重量的实体而出现的，并且具有各种使人不得不将其视为有重实体的那些性质：不可消灭和不可创造；可被限制于空间之中；运动着和传递着；有惯性质量；可以量度；可分解为粒子；已建立了能量和实物等价的精确定律。可以断言，能量和实物同样都是我们所说的物质。"[121] 这是把客观本体二元化，在科学上是混淆了能量和场，而场也是物质的一种形态。

（3）性质的定义。质量是物质的重要属性，而不是物质本身，它决定物理客体的这样一种普遍属性：惯性的和引力的相互作用，与电荷和自旋结合起来决定微观客体运动规律的基本形式和微观粒子内部的稳定性。能量是从量的方面表现的物质运动，是物质状态的单值函数，物质系统从一种状态向另一种状态的转移始终表现为严格确定的能量改变。福克指出："无庸置辩，与质量和能量相对应的物质特性的表现是不同的。”[122]但是，质量和能量作为物质的两种属性又是紧密联系在一起的，质能关系式 $E=mc^2$ 就是这种联系的集中表现，这公式不是说质量转化为能量或者相反能量转化为质量，而是说“系统质量的一定的改变，永远是相应于系统能量的完全一定的改变”[123]。

第三种意见似乎占据上风，在苏联科学院哲学研究所辩证唯物主义室学术委员会在讨论库兹涅佐夫的报告《反对质量能量概念上的唯心主义歪曲》时，奥夫钦尼科夫所做的发言，基本上表达了上述立场。从这一专题讨论可以看出，虽然其中有很多部分是意识形态的空洞议论，但也有相当多的探讨属于认真的学术研究，而且是努力以唯物辩证法为方法论具体分析科学概念，在比较和选择中找出答案。

※ ※ ※

我们曾提到“恩格斯命题”，究竟“自然界是检验辩证法的试金石”这一命题还成立不成立?

苏联的哲学家，尤其是科学家用自己半个世纪的实践去验证这句话，他们的努力应当说在一定程度上得出了肯定的答案，当然，对此人们的评价并不一致。有一点是肯定的，由于苏联官方意识形态的严重干扰，在辩证唯物主义哲学与自然科学研究的关系方面，出现了病态的扭曲。这里有两个语境因素：一个是在斯大林建立和强化自己中央集权体制的初期，为了实现经济、政治和思想上的高度统一，而将阶级斗争扩大到自然科学领域。另一个是苏联面对西方的包围打压，急于加速实现工业化和实现经济赶超，希望凭借科技进步创造奇迹，意识形态的参与则是贯彻这一意图的手段。这样的背景所造成的后果有二：一是在高压之下，科学家不得不违心地照搬马列主义的教条，从原则出发，使科学结论符合意识形态的结论；二是一批利欲熏心的投机分子，根据领导意图，挥舞意识形态大棒，打压科学界的异己，同时迎合执政者急功近利的需要，炮制伪科学。20 世纪 30—50 年代，苏联科学技术哲学以自然本体论和各门科学中的哲学问题为重心，与上述历史环境有直接的关系。当然，也正因如此，外界对苏联科学技术哲学的印象基本上是负面的，美国学者亚当斯（Adams）把意识形态对苏联科学的影响分为三类：“第一，可以起到纯粹守法者的作用，亦即可以想象意识形态对科学研究本身的性质没有直接的影响，而只是用于评价用新方式所进行的工作；第二，可以起到选择的作用，亦即某种研究、实验技术、理论或研究域由于其意识形态含义而被选择为有利的（正面选项）或不利的（负面选项），极端情况下则是压制或取缔；第三，可以想象为起到一种塑形器的作用，实际上是一种促进、激发或帮助创造研究、实验技术，理论或研究域的新路线，这种新路线无意间与意识形态相关的考虑有关或遵循了它。”[124]

但是，正如本书具体论述的那样，对苏联科学与哲学的关系不能一概而论。我们的研究表明，确实有一批苏联的实证科学家，不是迫于官方压力而是自觉地认同辩证唯物主义的思维方式，努力把这种世界观和方法论运用于自己的科学研究实践。当然，在这方面也有高下优劣之分，有人运用起来得心应手，也有人比较拙劣，这里首先应当是所研究领域的行家里手，原则不是研究的出发点，哲学只是一种引导性启发性的手段。就像苏联著名物理学家、诺贝尔奖获得者卡皮查（Л. П. Капица）说的那样：“在自然科学领域运用辩证法，要求极其深刻地了解实验事实及其理论总结。没有这些，辩证法本身是不能解决问题的。辩证法就像斯特拉迪瓦利乌斯的小提琴，它本身是最完美的小提琴，但是为了用它来演奏，却必须是音乐家和懂得音乐，否则它也和普通小提琴一样蹩脚。”[125]

当自然科学处于经验研究阶段的时候，科学认识停留在观察和搜集、整理事实材料的认识层次上，哲学思维还没有提到日程上来。19 世纪后半叶，自然科学迅速走向理论化，这时哲学作为前提性知识的必要性日渐显露出来，正如恩格斯所说：经验的自然研究已经积累了庞大数量的实证的知识材料，因而迫切需要在每一研究领域中系统地和依据其内在联系来整理这些材料，同样也迫切需要在各个知识领域之间确立正确的关系。于是，自然科学便进入理论领域，而在这里经验的方法不中用了，在这里只有理论思维才管用。但是理论思维无非是才能方面的一种生来就有的素质。这种才能需要发展和培养，而为了进行这种培养，除了学习以往的哲学，直到现在还没有别的办法。[126] 恩格斯的这一思想是十分超前的，20 世纪中叶以后，西方科学哲学最重要的科学认识论结论就是经验荷载理论，在对逻辑实证主义的清算中，出现了向形而上学和本体论回归的普遍趋势。科学发现需要前提性知识，这是实证知识以外的要素，如研究的动机、心理的素质、哲学的信念、方法的选择等，都是科学以外的要素。这种前提性知识的核心恰恰是形而上学和本体论。波普尔（Popper）说：“假如没有对纯思辨的有时甚至相当模糊的思想的信仰，科学发现是不可能的。这种信仰，从科学观点看，是完全没有根据的，因而在这个限度内是‘形而上学的’。”他特地指出：“与阻碍科学前进的形而上学思想一起，也曾有过帮助科学进步的形而上学思想”，如原子论[127]。形而上学的本体论和哲学方法论对科学发展的启发和引导作用，是波普尔以后的西方科学哲学家一个普遍认同的结论。库恩（Kuhn）把常规科学的进步说成是范式指导下的解难题活动，革命科学则是范式的转换，而范式的核心是形而上学的信念和承诺，是世界观。拉卡托斯（Lakatos）认为研究纲领的功能是助发现的（heuristic），即一种启发法，而研究纲领的硬核是一组约定的假定，当然首先是本体论的假定。按另一位科学哲学家劳丹（Laudan）的观点，科学的进步就是解决问题，解决问题是在研究传统指导下进行的，而研究传统则是一套本体论和方法论的指针。所以，重视哲学对自然科学的启发引导作用，并不仅仅是马克思主义的观点，而是现代东西方科学哲学的共识。

当然，这里的问题是选用什么哲学作为科学研究的前提性知识，马克思主义当然认为唯物辩证法是最优越的哲学思维方式。苏联科学和科学技术哲学的发展有着漫长的历史和大量理论的和经验的探索。过去对苏联自然科学哲学的研究基本着眼点是反面的经验教训，问题是众多科学家和哲学家自觉地、认真地运用辩证唯物主义指导科学研究实践，是否一无是处，没有任何成功的经验？它们的成果是否证明了恩格斯命题是真理？本书是一个初步的尝试，试图从正面挖掘苏联科学利用辩证唯物主义哲学推动科学研究的成功经验。一般地说，在科学史上，哲学在重大科学发现中起着至关重要的引导作用的案例，比比皆是，麦克斯韦（Maxwell）发现电磁场方程的过程就是一个突出的例证[128]。而苏联科学则有大量运用唯物辩证法取得成功的案例，只是已经淹没在历史中，很少有人问津罢了。格雷厄姆是对苏联科学和哲学，特别是科学技术哲学有深入研究的西方学者，他的结论是公正的："充分发展的唯物主义面对批判和争论是开放的，其中辩证唯物主义有朝一日可能成为真理的形式，是一种对科学家有所裨益的哲学观点。当科学家的研究进路超出知识的界限时，在思辨必须发挥重大作用的领域——通往宇宙的、无限的或者存在形式的起源或本质的那些领域——辩证唯物主义对科学家就是非常有价值的了。"[129]

注释

［1］恩格斯. 自然辩证法//马克思，恩格斯. 马克思恩格斯全集. 第 26 卷. 中共中央马克思恩格斯列宁斯大林著作编译局译. 北京：人民出版社，2014：541.

［2］Кедров Б М. Марксистская философия：её предмет и роль в интеграции современных наук. Вопросы философии，1982（1）：60.

［3］波格丹诺夫. 科学和无产阶级//龚育之，柳树滋. 历史的足迹——苏联自然科学领域哲学

争论的历史资料. 哈尔滨：黑龙江人民出版社，1990：27-28.

［4］普列特尼奥夫. 在意识形态战线上//龚育之，柳树滋. 历史的足迹——苏联自然科学领域哲学争论的历史资料. 哈尔滨：黑龙江人民出版社，1990：38.

［5］Мамчур Е А，Овчинников Н Ф，Огурцов А П. Отечественная философия науки: предварительные итоги. М.：РОССПЭН，1997：67.

［6］Мамчур Е А，Овчинников Н Ф，Огурцов А П. Отечественная философия науки: предварительные итоги. М.：РОССПЭН，1997：61.

［7］Лапина И А. Пролеткульт и проект《социализации науки》. Общество-Среда-Развитие，2011（2）：44.

［8］Мамчур Е А，Овчинников Н Ф，Огурцов А П. Отечественная философия науки: предварительные итоги. М.：РОССПЭН，1997：67.

［9］Мамчур Е А，Овчинников Н Ф，Огурцов А П. Отечественная философия науки: предварительные итоги. М.：РОССПЭН，1997：63.

［10］龚育之，柳树滋. 历史的足迹——苏联自然科学领域哲学争论的历史资料. 哈尔滨：黑龙江人民出版社，1990：32.

［11］Яковлев Я А. О пролетарской культуре и Пролеткульте. Правда，1922-10-24.

［12］列宁. 俄共（布）中央委员会的政治报告//列宁. 列宁选集. 第4卷. 中共中央马克思恩格斯列宁斯大林著作编译局译. 北京：人民出版社，1972：624-625.

［13］Яхот О О. Подавление философии в СССР（20-е—30-е годы）. Вопросы философии，1991（9-11）：44-68，72-138，72-115.

［14］Гортер Г. Исторический материализм. М.：Красная новь，1924：166.

［15］Стэн Я. Об ошибках Готера и тов. Степонова. Большвик，1924（11）：85.

［16］Деборин А. Энгельс и диалектический понимание природы. Под знаменем марксизма，1925（10-11）：6.

［17］Сарабьянов В Н. О некоторые спорные проблемах диалектики. Под знаменем марксизма，1925（12）：195.

［18］Самойлов А В. Диалектика природы и естествознание. Под знаменем марксизма，1926（4-5）：81.

［19］Деборин А М. Наши разногласия. Летописи Марксизма，1926（2）：4.

［20］Резолюция Общества Воинствующих Материалистов о текущих задачах Общества. Под знаменем марксизма，1926（12）：236.

［21］Яхот О О. Подавление философии в СССР（20-е—30-е годы）. Вопросы философии，1991（10）：72-138.

［22］Коммунистическая академия. За поворот на фронте естествознания. М.，Л.：гос. соц. эконом.，1931：88.

［23］Суворов З А. Механисты. //Большая советская энциклопедия. М.：Советская энциклопедия，1974：190.

［24］Деборин А М. Современные проблемы философии марксизма. М.：Ком. акад.，1929：177.

［25］Скворцов-Степонов И И. Энгельс и механическое понимание природы. Под знамением марксизма，1925（8-9）：53-54.

［26］Иовчук М Т.，Ойзерман Т И.，Щипанов И Я. Краткий очерк истории философии. М.：Мысль，1960：699.

［27］Аксельрод Л И. Этюды и воспоминания. Л.：Госиздат，1925：31.

［28］Деборин А М. Современные проблемы философии марксизма. М.：Ком. акад.，1929：157.

［29］龚育之，柳树滋. 历史的足迹——苏联自然科学领域哲学争论的历史资料. 哈尔滨：黑龙江人民出版社，1990：89.

［30］Деборин А М. Ленин и кризис новейшей физики. Л.：Изд-во Акад. наук СССР，1930：19.

［31］徐荣庆. 关于批判德波林. 现代外国哲学（第 8 辑）. 北京：人民出版社，1986：49.

［32］Митин М Б，Ральцевич В Н， Юдин П Ф. О новых задачах марксистско-ленинской философии. Правда，1930-06-07.

［33］Постановление ЦК ВКП（б）о журнале “Под Знаменем Марксизма”. Под знаменем маркизма，1930（10-12）：17.

［34］龚育之，柳树滋. 历史的足迹——苏联自然科学领域哲学争论的历史资料. 哈尔滨：黑龙江人民出版社，1990：113.

［35］За партийности философии и естествознания. Естествознание и марксизм，1930（1）：III.

［36］Идлис Г М. Исследование по истории физики и механики. М.：Физико-математическая литература，2010：127.

［37］Коммунистическая академия. За поворот на фронте естествознания. Л.：Гос. Соц. эконом. изд.，1931：78.

［38］Гессен Б М. Основные идеи теории относительности. М.-Л.：Московский рабочий，1928：127.

［39］Фролов И Т. Философии и история геретики. М.：Наука，1988：77-78.

［40］Шмидт О Ю. Задачи марксистов в области естествознания. М.：Ком. акад.，1929：89-90.

［41］Graham L R. Science，Philosophy and Human Behavior in the Soviet Union. New York：Columbia University Press，1987：389.

［42］Таргульян О М. Спорные вопросы генетики и селекции. М-Л.：Изд-во Всес. акад. с.-х. наук им. В. И. Ленина，1937：73.

［43］Серебровский А С. Ответ Ф.Дучиннскому. Под знамением марксизма，1930（2-3）：220.

［44］Таргульян О М. Спорные вопросы генетики и селекции. М-Л.：Изд-во Всес. акад. с.-х. наук им. В. И. Ленина，1937：113.

［45］Фролов И Т. Философии и история геретики. М.：Наука，1988：141.

［46］Кольцов Н К. Структура хромосом и обмен веществ в них. Биологический журнал，1938，7（1）：5.

［47］Кольцов Н К. Организация клетки. М. -Л.：Гос. изд-во биол. и мед. литературы，1936：648.

［48］Кольцов Н К. Организация клетки. М. -Л.：Гос. изд-во биол. и мед. литературы，1936：5.

［49］Мандельштам Л И. Полное собрание трудов，т. 5. М：Изд-во Акад. наук СССР，1950：178.

［50］涅斯米扬诺夫. 从苏联共产党第二十次代表大会决议看苏联科学院的任务//《哲学研究》编辑部. 外国自然科学哲学资料选辑. 第一辑（上册）. 上海：上海人民出版社，1966：129.

［51］Стёпин В С. Анализ исторического развития филоофии науки в СССР.// Грэхэм Л Р. Естествознание，философия и науки о человеческого поведении в Советском Союзе. М.：Политиздат，1991：432.

［52］费多谢耶夫. 全苏现代自然科学哲学问题会议结束语//《哲学研究》编辑部. 外国自然科学哲学资料选辑. 第一辑（上册）. 上海：上海人民出版社，1966：265.

［53］费多谢耶夫. 全苏现代自然科学哲学问题会议决议//《哲学研究》编辑部. 外国自然科学哲学资料选辑. 第一辑（上册）. 上海：上海人民出版社，1966：269-270.

［54］Максимов А А. Борьба за материализма в современной физике. Вопросы философии，1953（1）：194.

［55］Кузнецов И В. Советскя физика и диалектический материализм.//Философские вопросы современной физики. М.：Изд-во Акад. наук СССР，1952：47.

［56］《哲学问题》编辑部. 相对论讨论的总结//《哲学研究》编辑部. 外国自然科学哲学资料选辑. 第一辑（上册）. 上海：上海人民出版社，1966：28-34.

［57］Овчнников Н Ф. Обсуждение философских вопросов теории относительности. Вопносы философии，1959（2）：77-82.

［58］Жданов А А. Выступление на дискуссии по книге Г. Ф. Александрова « История западноевропейской философии»，24 июня 1947 г.. М.：Госполитиздат，1947：43.

［59］Марков М А. О природе физического знания.//Размышляя о физикии...М.：Наука，1988：26.

［60］Марков М А. О природе физического знания.//Размышляя о физикии...М.：Наука，

1988：67.

［61］Фок В А. Об интепретации кватовой механике.//Федосеев П Н. и др. Философские проблемы современнго естествознания，М.：Изд-во Акад. наук СССР，1959.

［62］Блохинцев Д И. Проблемы структуры элементарных частиц.//Кузнецов И В，Омельяновский М Э，Философские проблемы элементарных частиц. М.：Изд-во Акад. наук СССР，1964；Блохинцев Д И. Принципиальные вопросы квантовой механики. М.：Наука，1966.

［63］Терлецкий Я П，Гусев А А. Вопросы причинности в квантовой механике. М.：Изд-во иностр. лит.，1956：5.

［64］孙慕天. 科学哲学在苏联的兴起. 自然辩证法通讯. 1987（1）：8-13.

［65］Graham L R. Science，Philosophy，and Human Behavior in the Soviet Union. New York：Columbia University Press，1987：3.

［66］Кутателадзе С С，Новиков С П，Решетняк Ю Г. Александр Данилович Александров（к 100-летию со дня рождения）. Успехи математических наук，2012，67（5）：180-185.

［67］Graham L R. Science，Philosophy，and Human Behavior in the Soviet Union. New York：Columbia University Press，1987：364.

［68］亚历山大洛夫，等. 数学——它的内容、方法和意义. 孙小礼，赵孟养，裘光明，等译. 北京：科学出版社，1984：10，21，181.

［69］亚历山大洛夫，等. 数学——它的内容、方法和意义. 孙小礼，赵孟养，裘光明，等译. 北京：科学出版社，1984：3.

［70］Minkowski H. Gesammelte Abhandlungen. Leipzig und Berlin：B. G. Teubner，1911：437.

［71］福克 B A. 空间、时间和引力的理论. 周培源，朱家珍，蔡树棠，等译. 北京：科学出版社，1965：9.

［72］Фок В А. О так называемых ансамблях в квантовой механике. Вопросы философии，1952（4）：170-174.

［73］雅默 M. 量子力学的哲学. 秦克诚译. 北京：商务印书馆，1989：339.

［74］Фок В. А. Об интепретации квантовой механике.//Федосеев П Н. И др. Философские проблемы современнго естествознания，М.：Изд-во Акад. наук СССР，1959：76.

［75］Фок В А：Нильс Бор в моей жизни//Наука и человечество，М.：Знание，1963：518-519.

［76］雅默 M. 量子力学的哲学. 秦克诚译. 北京：商务印书馆，1989：61.

［77］Фок В А. Об интерпретации квантовой механики. Успехи физических наук，1957，62（4）：461-474.

［78］Фок В А. Можно ли считать，что квантово-механическое описание физической реальности является полным？Успехи физических наук，1936，16（4）：437-438.

［79］萨契柯夫. 论量子力学的唯物主义解释. 李宝恒译. 上海：上海人民出版社，

1961：95.

［80］孙慕天，采赫米斯特罗 И З. 新整体论. 哈尔滨：黑龙江教育出版社，1996：132-133.

［81］Фок В. А. Замечания к творческой автобиографии Альберта Эйнштейна. Успехи физических наук，1956，59（1）：116.

［82］孙慕天，采赫米斯特罗 И З. 新整体论. 哈尔滨：黑龙江教育出版社，1996：53-54.

［83］Wheeler J. A，Patton C. M. Is Physics Legislated by Cosmology？//Isham C J，Penrose R，Sciama D. W. Quantum Gravity. Oxford：Clarendon Press，1975：538-605.

［84］福克 B A. 空间、时间和引力的理论. 周培源，朱家珍，蔡树棠，等译. 北京：科学出版社，1965：492.

［85］Фок В А. Принципы механики Галилея и теория Эйнштейна. Успехи физических наук，1964，83（8）：577-582.

［86］洛伦・R. 格雷厄姆. 俄罗斯和苏联科学简史. 叶式辉，黄一勤译. 上海：复旦大学出版社，2000：130.

［87］Опарин А И. Происхождение жизни. М.：Изд-во Акад. наук СССР，1924：229.

［88］Опарин А И. Возникновение жизни на земле. М.-Л.：Изд-во Акад. наук СССР，1936：194-195.

［89］Опарин А И. Происхождение жизни. М.：Изд-во Акад. наук СССР，1924：211.

［90］Опарин А И. Жизни，ее природа，происсхождение и развитие. М.：Изд-во Акад. наук СССР，1960：12.

［91］Опарин А И. Возникновение жизни на земле. М.-Л.：Изд-во Акад. наук СССР，1936：24

［92］Опарин А И. Возникновение жизни на земле. М.：Изд-во Акад. наук СССР，1957：47-48.

［93］Mora P T. The Folly of Probability//Fox S W. The Origins of Prebiological Systems and of Their Molecular Matrices. New York and London：Acadenmic Press，1965：48.

［94］Опарин А. И. Возникновение и начальное развитие. М：Изд-во Акад. наук СССР.，1966：132-133.

［95］Graham L R. Science，Philosophy，and Human Behavior in the Soviet Union. New York：Columbia University Press，1987：69.

［96］孙慕天. 跋涉的理性. 北京：科学出版社，2006：252.

［97］Fox S W，Deborin G A，Dose K. A. I. Oparin and the Origin of Life//Dose K，Fox S W，Deborin G A，et al. The Origin of Life and Evolutionary Biochemistry，New York：Plenumn Press，1974：3.

［98］Graham LR. Science，Philosophy and Human Behavior in the Soviet Union. New York：Columbia University Press，1987：71.

［99］恩格斯.《反杜林论》材料//马克思，恩格斯. 马克思恩格斯全集. 第 26 卷. 中共中

央马克思恩格斯列宁斯大林著作编译局译. 北京：人民出版社，2014：441.

［100］恩格斯. 自然辩证法//马克思，恩格斯. 马克思恩格斯全集. 第26卷. 中共中央马克思恩格斯列宁斯大林著作编译局译. 北京：人民出版社，2014：541.

［101］Lukacs G. History and Class Consciousness. Cambridge：MIT Press，1972：24.

［102］Ruben D-H. Marxism and Dialectics//Mepham J，Ruben D-H. Issues in Marxist Philosophy. Vol 1. Brighton：Harvester Press，1979：51.

［103］马克思. 资本论. 第1卷//马克思，恩格斯. 马克思恩格斯全集. 第23卷. 中共中央马克思恩格斯列宁斯大林著作编译局译. 北京：人民出版社，1972：24.

［104］马克思.《科隆日报》第179号的社论//马克思，恩格斯. 马克思恩格斯全集. 第1卷. 中共中央马克思恩格斯列宁斯大林著作编译局译. 北京：人民出版社，1995：215.

［105］马克思. 中国革命和欧洲革命//马克思，恩格斯. 马克思恩格斯全集. 第9卷. 中共中央马克思恩格斯列宁斯大林著作编译局译. 北京：人民出版社，1961：109.

［106］马克思：资本论，第1卷//马克思，恩格斯. 马克思恩格斯全集. 第23卷. 中共中央马克思恩格斯列宁斯大林著作编译局译. 北京：人民出版社，1972：342-343.

［107］Graham L R. Science，Philosophy and Human Behavior in the Soviet Union. New York：Columbia University Press，1987：429.

［108］福克 B A. 空间、时间和引力的理论. 周培源，朱家珍，蔡树棠，等译. 北京：科学出版社，1965：491.

［109］鲍·米·凯德洛夫. 科学发现揭秘——以门捷列夫周期律为例. 胡孚琛，王友玉译. 北京：社会科学文献出版社，2002：109.

［110］恩格斯. 自然辩证法//马克思，恩格斯. 马克思恩格斯全集. 第26卷. 中共中央马克思恩格斯列宁斯大林著作编译局译. 北京：人民出版社，2014：500.

［111］鲍·米·凯德洛夫. 科学发现揭秘——以门捷列夫周期律为例. 胡孚琛，王友玉译. 北京：社会科学文献出版社，2002：109.

［112］鲍·米·凯德洛夫. 科学发现揭秘——以门捷列夫周期律为例. 胡孚琛，王友玉译. 北京：社会科学文献出版社，2002：111-113.

［113］鲍·米·凯德洛夫. 科学发现揭秘——以门捷列夫周期律为例. 胡孚琛，王友玉译. 北京：社会科学文献出版社，2002：53.

［114］鲍·米·凯德洛夫. 科学发现揭秘——以门捷列夫周期律为例. 胡孚琛，王友玉译. 北京：社会科学文献出版社，2002：54.

［115］黑格尔. 小逻辑. 贺麟译. 北京：商务印书馆，1980：334.

［116］恩格斯. 自然辩证法//马克思，恩格斯. 马克思恩格斯全集. 第26卷. 中共中央马克思恩格斯列宁斯大林著作编译局译. 北京：人民出版社，2014：562.

［117］列宁. 黑格尔“逻辑学”一书摘要//列宁. 列宁全集. 第38卷. 中共中央马克思恩格斯列宁斯大林著作编译局译. 北京：人民出版社，1959：210.

［118］列宁. 黑格尔“逻辑学”一书摘要//列宁. 列宁全集. 第38卷. 中共中央马克思恩

格斯列宁斯大林著作编译局译. 北京：人民出版社，1959：90.

［119］恩格斯. 自然辩证法//马克思，恩格斯. 马克思恩格斯全集. 第 26 卷. 中共中央马克思恩格斯列宁斯大林著作编译局译. 北京：人民出版社，2014：618.

［120］列宁. 唯物主义和经验批判主义.中共中央马克思恩格斯列宁斯大林著作编译局译. 北京：人民出版社，1960：267.

［121］Кравец Т П. Эволюция учения об энергии（1847-1947）. Успехи физических наук，1948，36（3）：357.

［122］Фок В А. Масса и энергия. Успехи физических наук，1952，48（2）：162.

［123］Кузнецов И В. Против идеалических извращений понятий массы и энергии. Успехи физических наук，1952，48（2）：260.

［124］Adams M B. Science，Ideology，and Structure//Lubrano L L，Solomon S G. The Social Context of Soviet Science. Colorado：Westview Press，1980：174-175.

［125］Капица П Л. Эксперимент，теория，практика. М.：Наука，1987：182.

［126］恩格斯. 自然辩证法//马克思，恩格斯. 马克思恩格斯全集. 第 26 卷. 中共中央马克思恩格斯列宁斯大林著作编译局译. 北京：人民出版社，2014：498-499.

［127］波珀. 科学发现的逻辑. 查汝强，邱仁宗译. 北京：科学出版社，1986：12-13.

［128］孙慕天. 麦克斯韦建立经典电磁场理论//邱仁宗. 成功之路——科学发现的模式. 北京：人民出版社，1987：246-277.

［129］Graham L R. Science，Philosophy，and Human Behavior in the Soviet Union. New York：Columbia University Press，1987：439.

第四章 俄（苏）科学技术哲学发展的两个导向——本体论主义和认识论主义

俄（苏）科学技术哲学研究虽然可以上溯到普列汉诺夫，但对基本理论导向的形成起决定作用的却是列宁，这不仅因为列宁是苏维埃国家的奠基人，而且因为他把马克思主义推向了列宁主义阶段。列宁主义一直是苏联的指导思想，列宁的《唯物主义和经验批判主义》发表已经100多年，可以说，这部著作是俄（苏）科学技术哲学研究的原点。但是，纵观20世纪俄（苏）科学技术哲学的发展可以发现，贯穿其间的一条主线却是本体论和认识论两个相互对立的导向，这是一个值得深入思考的重大问题，而这又肇源于列宁的另一部巨著《哲学笔记》。可以说，从列宁开始的两大研究导向成为俄（苏）科学技术哲学的一个突出的历史特点。

第一节　列宁科学技术哲学思想的发展及两大主题

还在19世纪末，列宁在自己革命活动的初期，就已经开始研究马克思主义哲学了，当时他关注的中心是历史唯物主义。1894年在与米哈伊洛夫斯基（Н. К. Михайловский）论战的时候，他就深刻论述了社会基本矛盾和社会形态发展的客观规律等历史唯物主义基本原理。1908年是列宁哲学思想发展的一个重要节点，从写作《唯物主义和经验批判主义》开始，列宁把科学哲学作为自己哲学研究的重要主题，这部著作的第五章是“最近的自然科学革命和哲学唯心主义”，集中讨论了围绕自然科学最新发现而涌现出的各种哲学思潮。但是，这时列宁关注的中心是坚持唯物主义反映论。这部著作的核心思想是强调哲学的党性，认为“马克思和恩格斯在哲学上自始至终都是有党性的”，坚决把唯物主义和唯心主义的斗争进行到底，断言“马克思的全部哲学言论，都是以说明这两条路线的根本对立为中心的”。[1] 当然，列宁在这里也谈到自然界的辩证法和认识的辩证过程，但目的是说明不懂或背弃辩证法必然陷入唯心主义和信仰主义的泥淖，所以他在谈到知识的相对性时说：“产生‘物理学’唯心主义的另一个原因，是相对主义的原理，即我们知识的相对性原理。这个原理在旧理论急剧崩溃的时期以特殊力量强使物理学家接受，在不懂得辩证法的情况下，这个原理必然导致唯心主义。”[2]

但是，1914 年第一次世界大战爆发，俄国和整个世界各种矛盾集中爆发出来，面对错综复杂的形势，列宁开始特别注意研究辩证法。直接诱因是为格拉纳特百科全书撰写《卡尔·马克思》条目，他从哲学思想——哲学唯物主义和辩证法——开始阐述马克思主义的整个理论体系。列宁夫人克鲁普斯卡娅在《列宁回忆录》中说：“伊里奇在此重读了黑格尔及其他哲学家的著作，并且完成关于马克思的这篇论文之后，也没有放弃这一工作。他研究哲学是为了掌握怎样把哲学变为具体的行动指南的方法。伊里奇 1921 年在工会问题上同托洛茨基、布哈林争辩时提出那些关于辩证地对待一切现象的简要意见，最好地表明了他的哲学研究工作在这方面对他有多大帮助。”[3] 我们看到，列宁《哲学笔记》中最主要的三部著作《黑格尔〈逻辑学〉一书摘要》写于 1914 年 9—12 月，而《黑格尔〈哲学史讲演录〉一书摘要》和《谈谈辩证法问题》则写于 1915 年，正值第一次世界大战刚刚爆发，列宁在瑞士伯尔尼流亡的时候。

应当指出，研究者对列宁哲学思想的这一重大发展长期缺乏了解。正如美国的苏联科学技术哲学研究专家格雷厄姆所指出的：“苏联以外对列宁哲学观点的研究多数都依据《唯物主义和经验批判主义》。由摘要、片断和编注构成的《哲学笔记》出版于 20 世纪 20 年代末，而英文版直到 1961 年尚未问世。于是竟被英美的列宁主义研究者置诸脑后了。”[4]

不过，仍然还是有西方作者注意到列宁思想这一重大发展。1963 年，《马克思主义哲学读本》编者塞尔萨姆（Selsam）和马特尔（Martel）就曾对《哲学笔记》评论说：“他主要关心的是在彻底的唯物主义的基础上重构黑格尔的辩证法……虽然列宁与唯心主义始终是势不两立的，但是他反对随便摈弃这种类型的哲学。针对庸俗的唯物主义，他主张哲学唯心主义在认识过程本身中有其根源。他的结论是，‘聪明的唯心主义比愚蠢的唯物主义更接近于聪明的唯物主义’。因此，这些哲学笔记是对列宁早期哲学著作和言论的必要补充。它们确实构成了对一种更丰富的和充分发展的辩证唯物主义的辩护。”[5] 作者已经注意到列宁的哲学研究转向辩证法和认识论，从哲学上揭示唯心主义的根源。著名科学哲学家费耶阿本德（Feyerabend）特别注意到列宁出色地把辩证唯物主义哲学和现代科学的最新进展紧密结合在一起，给予极高的评价："今天没有多少作者像列宁熟知他那个时代的科学那样，通晓这一领域的现代科学。"他补充说："我这里主要思考的是列宁对黑格尔逻辑学和哲学史的评述，而《唯物主义和经验批判主义》则另当别论了。"[6]

列宁哲学思想中的这两个不同的导向成为以后俄（苏）科学技术哲学发展的二元生长极，虽然说对列宁本人来说这二者并不是截然对立的。历史地看，苏联社会特定的历史时期，《唯物主义和经验批判主义》由于强调哲学的党性，把哲学上的两军对战视为哲学理论的主线，这与斯大林时代通过政治斗争强行推进制度模式的意图高度契合，如上一章所述，在相当长的时间里唯物主义自然本体论成为俄（苏）科学技术哲学的主流导向。20世纪中叶以后，随着斯大林的逝世，苏联社会孕育着强烈的改革要求，突破思想禁区、呼吁思想解放，成为不可阻挡的社会思潮。于是，《哲学笔记》对实践的、批判的辩证理性的深刻论述就成为反对教条主义和反对把马克思主义经院化的有力武器，首先受到具有改革思想的科学哲学家的青睐。

格雷厄姆敏锐地看出了一些端倪，他在谈到《哲学笔记》时说："它总是深得辩证唯物主义先锋学人的青睐，这部分是由于它的片断的和非体系的性质，而更重要的无疑是由于一种重要的认知，这就是列宁在《哲学笔记》中所展示的认识论的可能性。"[7]当然，尽管苏联以外的研究者看到了列宁哲学思想的内在张力，但是他们却并没有真正理解列宁后期哲学思想的创新本质，更没有做出深入的挖掘和系统的反思，因此也无法厘清列宁哲学思想和俄（苏）科学技术哲学认识论派的历史渊源关系。

列宁认为，马克思主义中有决定意义的东西即马克思主义的革命辩证法[8]，他在《哲学笔记》中集中研究辩证法，是因为他特别需要用辩证法的认识方法和思想武器指导现实斗争。他说：马克思恩格斯说过，我们的理论不是教条，而是行动的指南[9]，而可怕的是，辩证法本身也被当作了教条，他指出：辩证逻辑教导说，没有抽象的真理，真理总是具体的[10]，他的纲领式的经典名言是：马克思主义的最本质的东西、马克思主义的活的灵魂：具体地分析具体的情况。[11]正是在革命实践中，列宁深入地研究黑格尔的辩证法，提出了辩证法也就是马克思主义的认识论这一深刻的哲学命题，制定了辩证法、认识论和逻辑学三者一致的学说，把马克思主义哲学提高到列宁主义的新阶段。

马克思主义奠基人创立了辩证唯物主义的实践论。马克思说：人应该在实践中证明自己思维的真理性[12]，这是马克思主义哲学的核心观念。辩证法的原则虽然既是客观的规律也是主观的规律（即恩格斯所说的客观辩证法和主观辩证法），但它却不是先验的原理和抽象的共性，人对世界的正确认识只能从实践中来。原则不是研究的出发点也不是证明的工具，不能从辩证法的原则中演绎和推导出具体的结论，也不能以辩证法规律为标准判定理论的真伪，从本质上说，辩证法只是通向真理性认识的指南，是从已知进达于未知的钥匙，如恩格斯所说，唯物辩证法“多年来已成为我们最好的劳动工具和最锐利的武器”[13]。关于辩证法的认识论本性，恩格斯曾做过非常深刻的说明，在谈到否定之否定规律的认知功能时，恩格斯指出：“正如人们可以把形式逻辑或初等数学狭隘地理解为单纯证明的工具一样，杜林先生把辩证法也看成这样的工具，这是对辩证法的本性根本不了解。甚至形式逻辑也首先是探寻新结果的方法，由已知进到未知的方法；辩证法也是这样，不过它高超得多；而且因为辩证法突破了形式逻辑的狭隘界限，所以它包含着更广泛的世界观的萌芽。”[14]这是一段关于辩证法本性的经典论述，可惜注意到的人不多。辩证法不是推理的大前提或研究的出发点，也不是证明的工具或辨别真伪的标准，但它却是引领认识进步和深化，通向客观真理的指路明灯。这里要指出的是，“萌芽”一词是这一论述中的关键词，德文原文是 der Keim，英文译作 germ，既有萌芽的意思，也有胚胎、胚种的意思。俄文版译作 зародыш，是选取了原文中萌芽的含义，中文版《反杜林论》最初的几个译本都是从俄文版转译的，这个词一直译作萌芽，直到 2014 年版《马克思恩格斯全集》仍延续旧译，未加改动。笔者意此处应译为“包含着更广泛的世界观的胚种”，意思是辩证法是寻求新知的生长点，它是世界观和方法论的统一，引导认识不断走向更广阔的新域，进达更深刻的本质，攀向更高的峰顶。

在《哲学笔记》中，列宁抓住马克思主义哲学的这一灵魂做了深入的开掘，可以说这是列宁把辩证唯物主义推向新的历史高度的里程碑。

列宁提出“辩证法也就是马克思主义认识论”这一重大命题，不是纯粹的理论推演，首先是出于强烈的现实关怀。列宁在进行这一哲学思考的时候，有一个直接的参照对象，他就是普列汉诺夫。列宁对普列汉诺夫阐释和传播马克思主义的功绩给予极高的评价，甚至说：“不研究——正是研究——普列汉诺夫的全部哲学著作，就不能成为一个觉悟的、真正的共产主义者，因为这是整个国际马克思主义文献中的优秀著作。”[15]但就是这个普列汉诺夫，面对 1905 年的群众性革命运动时却大喊“本来就用不着拿起武器”，成了取消派；而面对1914年帝国主义战争时，又跟着资产阶级一起高喊爱国主义口号，成了社会沙文主义者。普列汉诺夫确实是列宁所说的“曾经是马克思主义者”“前马克思主义者”，问题是他为什么会堕落成“臭名昭彰的俄国马克思主义叛徒”[16]。列宁不仅尖锐地批判了普列汉诺夫在政治上投降国际和国内资产阶级，而且深刻揭露了他堕落的认识论根源。列宁尖锐地指出，普列汉诺夫理论脱离实际，仅仅在口头上玩弄辩证法的词句，却从根本上丢弃了马克思主义的精神实质：马克思从来没有像普列汉诺夫和考茨基等那样，把革命的辩证法看作是一种时髦的空谈或动听的辞藻。[17]普列汉诺夫不去分析革命的实际经验，歪曲俄国社会各种矛盾的真相，用抽象的阶级斗争概念掩盖帝国主义战争的实质。列宁一针见血地指出，“马克思辩证法要求对每一特殊的历史情况进行具体的分析”[18]，而普列汉诺夫却用诡辩术偷换辩证法：“在用诡辩术偷换辩证法这一崇高事业中，普列汉诺夫创造了新纪录”，他抓住“论据”中的一个，抓住“一句话”，而对“辩证法要求从发展中去全面研究某个社会现象”置之不理，从而“‘唯独’抛弃马克思主义活的灵魂”[19]。

在《哲学笔记》中，列宁揭露了普列汉诺夫失足的深刻哲学根源，认为普列汉诺夫是从根本上误读了马克思主义的辩证法。列宁指出：“普列汉诺夫关于哲学（辩证法）大约写了近一千页的东西（别尔托夫+反对波格丹诺夫+基本问题等)。其中关于大逻辑，关于它，它的思想（即作为哲学科学的辩证法本身）却一字不提！！”[20]这里说的“辩证法本身”指的正是辩证法的革命的、批判的、实践的本性，是批评普列汉诺夫一直学究式地、庸俗地对待辩证法。在《谈谈辩证法问题》中，列宁揭示了问题的实质：“辩证法也就是（黑格尔和）马克思主义的认识论：正是问题的这一‘方面’（这不是问题的一个‘方面’，而是问题的实质）普列汉诺夫没有注意到，至于其他马克思主义者就更不用说了。”[21]列宁认为这是问题的“实质”，因为是否认识到辩证法是认识论关系到对待辩证法的根本态度，即应用辩证法于实践而不是将它当作教条，这涉及对恩格斯所说的辩证法的“本性”的理解问题，是真假马克思主义的分水岭。

辩证法就是马克思主义的认识论的命题是马克思主义活的灵魂——具体问题具体分析的哲学基础，和哲学的党性问题是《唯物主义和经验批判主义》的一条红线一样，这个问题则是贯穿列宁《哲学笔记》的一条红线。列宁肯定对立统一规律在辩证法中的决定性地位，但他对这一论断的表述是：统一物之分为两个部分以及对它的矛盾着的部分的认识，是辩证法的实质[22]。也就是说，只有同时把这一规律当作认识规律来把握，它才是辩证法的实质与核心，否则只是一个教条。列宁总结了真理性认识的公式：“人从主观的观念，经过‘实践’（和技术），走向客观真理。”[23]所以，离开人的认识和实践，纯客观地、本体论地谈论辩证法，等于是实际上抛弃了辩证法。

关于辩证法，列宁有一个完备的大提纲，那就是著名的“辩证法十六要素”。但是，研究者大都忽略了在十六要素前面列宁首先列出了三要素，而这是更基本的辩证法纲领：①从概念自身而来的概念的规定（应当从事物的关系和它的发展去观察事物本身）；②事物本身中的矛盾性（自己的他者），一切现象中的矛盾的力量和倾向；③分析和综合的结合。[24]

问题很清楚，第一要素是揭示辩证法的基础是唯物论，马克思主义辩证法是唯物辩证法；第二要素是指明唯物辩证法的实质与和核心是对立统一规律。这是显而易见的，但第三要素却颇为费解，这里提出的分析和综合这一辩证逻辑问题，所提示的是辩证法本身的何种重大性质呢？从人的认识过程和本性说，对事物的认知是个性和共性的统一。认识从个别开始，将对象分析为各个要素，然后探寻要素之间的联系，揭示其普遍本质即共性，这就是综合。所以分析和综合的结合体现了个性和共性的辩证统一。毛泽东在论述矛盾特殊性和矛盾普遍性的辩证统一时指出：“这一共性个性、绝对相对的道理，是关于事物矛盾的问题的精髓，不懂得它，就等于抛弃了辩证法。”[25]所以，第三要素揭示的是唯物辩证法的精髓，是把辩证法当作认识论的关键，是使辩证法成为“最好的劳动工具和最锐利的武器”的根本途径，也是马克思主义的灵魂——具体问题具体分析的集中体现。[26]在提出这一重大问题之后，列宁提出了辩证法、认识论和逻辑学三者一致的命题：“逻辑、辩证法和唯物主义认识论（不必要三个词：它们是同一个东西）”[27]，这样就把本体论和认识论，世界观和方法论统一起来了。

列宁的这一理论也是他后期科学哲学的指导思想。

根据三者一致的原则，列宁认为科学哲学研究的基础是自然界固有的辩证法和科学认识的过程及其结果的辩证性之间的一致性。他一方面强调：“事物本身、自然界本身、事件进程本身的辩证法”，如果撇开自然界，不适应自然界那就是“虚妄”；另一方面又指出，自然界独特地和辩证地反映在人的概念中[28]，所以不能离开人的科学认识、离开具体的自然科学认识成果，去纯本体论地把握自然界。哲学并不是直接面对自然，而是通过作为科学认识成果——“自然界在人的认识中的反映形式，这种形式就是概念、规律、范畴等等”[29]，去反思自然，否则就是向旧自然哲学的倒退。

列宁坚决反对实证主义，他认为感性经验只能停留在现象域，只有理性的抽象才能透过现象把握规律和本质。“当思维从具体的东西上升到抽象的东西时，它不是离开——如果它是正确的——真理，而是接近真理。物质的抽象、自然规律的抽象、价值的抽象等，一句话，那一切科学的（正确的、郑重的、不是荒唐的）抽象，都更深刻、更正确、更完全地反映着自然。”[30] 在这个意义上，自然科学从经验观察走向理论思维是科学进步的必然趋势。孔德主义、马赫主义、逻辑经验主义三代实证主义倡导可证实性原则，认为理论还原为经验（或用逻辑实证主义的说法，理论语句完全还原为观察语句）是评判理论的唯一标准，这是完全违背认识发展规律的，也是与现代科学发展的总体趋势背道而驰的。所以列宁结论说：“自然科学家们应当知道，自然科学的成果是概念。”[31]

列宁认为真理是个过程，“思想和客体的一致是一个过程。思想（=人）不应当认为真理是僵死的静止”[32]。任何具体认识都是走向客观本质的一个阶段、一个环节，而这个过程是从现象到本质、从个别到一般、从片面到整体、从相对到绝对的过程。个体认识是如此，系统的认识也是如此，他描述这个过程说：“人的思想由现象到本质，由所谓初级的本质到二级的本质，这样不断深化下去，以至于无穷。”[33]

《哲学笔记》直到 1929—1930 年才首次收入俄文版《列宁文集》第二版第 9 卷和第 12 卷中，1933 年后才以单行本在苏联印行。如前所述，从 20 世纪 30—50 年代，在苏联社会的特殊语境下，由于苏联哲学和科学发展的许多特定因素的作用，在长达三十多年的岁月中，苏联科学技术哲学的研究重心是自然本体论问题，相应地在对经典的研究方面也主要放在《唯物主义和经验批判主义》一书上。但随着苏联社会的历史发展，到了 20 世纪 60 年代，列宁在《哲学笔记》中对马克思主义哲学本质的诠释成为改革派的思想武器，这对苏联科学技术哲学的发展乃至对整个社会思潮的走向，都产生了巨大的影响。这证明了马克思的论断：哲学家都是自己的时代，自己的人民的产物[34]。

第二节　20 世纪中叶苏联的改革思潮与科学哲学的兴起

列宁逝世以后，经历了五年左右激烈的党内斗争，斯大林战胜了各个反对派，形成了稳定的政治核心，为推行自己的社会主义模式扫清了道路。1929年，斯大林宣布结束新经济政策，宣布新经济政策的“退却”已经结束，这一年的12月27日，他发表题为《论苏联土地政策的几个问题》的演说，明确提出：“我们所以采取新经济政策，就是因为它为社会主义事业服务，当它不再为社会主义事业服务的时候，我们就把它抛开，列宁说过，新经济政策的实行是认真而长期的，但他从来没有说过，新经济政策的实行是永久的。”[35] 自此以后，被称作“斯大林模式”的苏联式发展方案全面地推行开来。这一模式的重心是高速工业化，灵魂是实现赶超。从1929—1940年，增长速度为16.8%，而1929—1932年工业化高潮时期竟达19.2%，西方国家工业化高潮时期的增长速度却相形见绌，西欧是3.7%，美国是8.5%，日本最高也只有8.6%。这样的高速发展自然要付出高昂的代价。代价之一是高积累。资本主义经济发展的积累率一般为7%—10%，而斯大林时期的积累率竟达26%—29%。代价之二是剪刀差。通过义务交售制、实物报酬制，从农民手中拿走的粮食占收获量的40%，而收购价远低于粮食成本价。代价之三是低消费。通过高额赋税、发行公债来抑制消费，仅此二项即占全国预算五分之一左右。①

为了推行这样的政策模式，必须有特殊的制度保证。当时苏联采取的措施是两个“全盘”——工业上的全盘国有化和农业上的全盘集体化，这样的经济体制为严格的计划经济扫除了一切障碍。但是，这样的畸形发展虽然赢得了速度，却造成了整个经济和社会结构的错位和断裂，潜伏聚集了尖锐的矛盾。为了顺利推进农业的全盘集体化以便为高速工业化积累资金，斯大林选择了一个捷径，即与俄罗斯传统村社制度的“嫁接”，美其名曰“农业合作化的初级形式”，这虽然有利于迅速建立起自上而下的动员体制，但也为真正的现代化留下了隐患。斯大林当时提出过一个口号：“速度决定一切！”这个口号其实就等于说“为了速度不顾一切”。英国的苏联学专家莫舍·卢因（Lowin）认为，苏联制订计划的上层集团是“选择了极端的目的论思想”，根本无视客观经济规律。苏联著名经济学家斯特鲁米林（С. Г. Струмилин）甚至宣称，苏联经济中也许根本不存在客观规律，计划本身就是规律[36]。结果一味追求跨越式发展，盲目制定高指标，结果几乎所有的计划目标都没有按预期完成，不仅因为高积累使人民收入提高缓慢，消费能力受到抑制，而且虽然苏联的工业，特别是重工业和军事工业迅速发展起来，但农轻重比例失调，国民经济发展缺乏可持续

① 此处各项数据均引自陆南泉，姜长斌，徐葵，等. 苏联兴亡史论. 北京：人民出版社，2002：406-408.

性。[37] 到斯大林逝世后，这些弊端充分暴露出来。

为了推行这样的顶层设计，需要得到上层建筑的有力支撑，于是高度集中的威权体制、意识形态和舆论宣传领域的思想垄断就成了这一模式不可缺少的支柱。从 1934 年到 1938 年，苏联发动了两次大清洗，从上到下，遍及苏联社会的各个领域，一切被视为有敌对倾向的团体和个人，都受到毁灭性的打击。在 1928 年 7 月 9 日的联共（布）中央全会上，斯大林提出："随着我们的进展，资本主义分子的反抗将加强起来，阶级斗争将更加尖锐。"[38] 此后，"阶级斗争日益尖锐化"就成为整个斯大林时代苏联主流意识形态的总纲。1929 年 12 月 9 日，斯大林接见苏联哲学和自然科学红色教授学院党支部委员会时，发表了秘密讲话，提出了他在意识形态领域的指导方针，归结起来，只有一个基本指向，即指向政治斗争，要求把整个学术领域的一切活动都和阶级斗争的任务联系起来，声称"即使在最抽象的理论问题上的背离"，都具有政治意义。因此，思想战线上的任务就是向敌对势力发动全面的进攻，而且特别强调了自然科学领域问题的严重性，鼓动说："他们在哲学、自然科学和一些敏感的政治问题上占据着统治地位。应当善于理解这一点，鬼知道他们在自然科学方面做些什么，写些关于魏斯曼主义等等，把这一切冒充为马克思主义。应当把哲学和自然科学方面积攒起来的粪便全部翻腾和挖掘出来。"他号召全面出击："向各个方面展开攻击，在没有攻击过的地方展开攻击。"[39] 于是，从 20 世纪 30 年代开始，自然科学各个领域卷入了批判德波林派，反布哈林、托洛茨基反对派，反世界主义等大规模的清洗运动，不仅大批科学家个人遭到逮捕、监禁、流放、枪杀，而且许多研究领域、科学理论和学术成果也遭到封杀。

总之，到 20 世纪 50 年代中期，苏联社会的各种矛盾经过长期积累已经堆积如山，一触即发，如果不能自上而下实行改革，就会爆发重大的事变。事实上，当时苏联的上层集团中变革的力量已经在聚集，山雨欲来风满楼，改革的信号不断释放出来。在经济领域，马林科夫（Г. М. Маленков）提出强化农业和轻工业，实现均衡发展的经济转型战略虽然受到批判，但赫鲁晓夫在 1953 年苏共中央 9 月全会的报告中，也承认："社会主义农业发展速度明显落后于工业发展和居民对消费品需求增长的速度。"认为："居民迅速增长的需要和生产的水平，在最近几年来是明显地不相称的。许多重要的农业部门落后，延缓了轻工业和食品工业的进一步发展，阻碍了集体农庄和集体农民的收入的增加。"[40] 1954 年，《哲学问题》杂志发表《社会主义再生产的几个理论问题》，尖锐地指出："社会主义生产的目的是满足人的需要，生产是为了消费。因此，优先发展生产资料生产，优先发展重工业，不能成为社会主义生产方式的规律。”[41] 这是直接向斯大林模式叫板。在政治领域，1954 年震惊全国的“列宁格勒（今译圣彼得堡）案件”得到平反；1955 年底，赫鲁晓夫向中央委员会提议成立审查 1937—1938 年被无辜枪杀者的案件委员会。与此同时，批判个人崇拜的呼声也日益强烈起来。1953 年党中央机关刊物《共产党人》第 8 期社论《人民是历史的创造者》就已提出：“个人崇拜破坏了社会主义民主制、党内民主和集体领导等原则。”文学艺术界以爱伦堡的中篇小说《解冻》为标志，一时间俄语 оттепель（解冻）一词不胫而走，一系列突破禁区，揭露社会黑暗面和呼吁思想解放的作品如雨后春笋一般破土而出。在这样的形势下，苏共二十大的召开确实是顺应了苏联社会发展的趋势。苏共二十大打开了改革的闸门，公众开始从盲目听从顶层的决策和指令的精神麻痹中警醒起来，思想界的精英则自觉地对长期主宰苏联意识形态的整个体系进行全面的反思。

从苏共二十大算起，苏联自上而下的改革是一波三折：20 世纪 50 年代中叶到 20 世纪 60 年代中叶的赫鲁晓夫改革，20 世纪 60 年代中叶到 20 世纪 70 年代中叶的勃列日涅夫-柯西金改革，20 世纪 80 年代中叶的戈尔巴乔夫改革。这些改革尽管指导思想和着力点各不相同，但有一点却是共同的，那就是前文所说的强烈的目的论色彩，改革的推行者根本无视社会现实和经济发展的客观规律，强行贯彻自己的主观意图，结果不断碰壁。尽管反对个人崇拜，倡导社会主义民主，但是仍然要保持统一意志，要确立政治正确的标准，指明主流思想导向。后斯大林时期苏联领导集团在统治意识上的这种自我矛盾，造成了社会意识的分化，这也正是 20 世纪 60 年代苏联科学哲学领域两大导向长期对峙的社会政治背景。

前文曾指出，列宁在《唯物主义和经验批判主义》中，特别重视哲学上的党性原则，强调了哲学上两军对战的主题，目的是回击取消派和召回派利用马赫主义对马克思主义哲学的歪曲，捍卫布尔什维克党的理论基础，维护革命政党在思想上的纯洁性和统一性。在布尔什维克党作为革命党的时期，哲学上的党性原则是与内外反动派斗争的思想武器；而在党成为执政党以后，当然这一原则也理所当然地用来从思想上维护无产阶级政权，但是反过来也会成为论证集权统治的合法性和领导意图的合理性的思想手段。20 世纪 30 年代初到 20 世纪 50 年代初的二十年间，苏联哲学的主流话语一直把党性原则作为哲学理论的主题，在科学哲学上也以这一标准对自然科学理论和派别划界，而唯物主义和唯心主义的两军对战也就成为学者们政治上进步和反动的分野。这一切都成了集权统治控制科学技术队伍的正统意识形态准则。苏共二十大以后的一段时间里，赫鲁晓夫把唯意志论的统治模式推向极端，在否定斯大林的同时，并没有清算斯大林主义哲学基础——主观主义的先验论。

斯大林在《论辩证唯物主义和历史唯物主义》这本权威哲学著作——该书曾作为《联共（布）党史简明教程》四章二节，从而成为法定的理论纲领——中，提出了著名的“理论—方法”二元论，认为辩证唯物主义的理论是唯物的，方法是辩证的。这样，一方面把理论置于方法之上，实际上强调了唯物主义立场具有决定性；另一方面，唯物主义脱离了辩证的解释就成为单纯的反映论，失去了与实践、与人的社会存在的活生生的联系，成了先验的教条。这正是20世纪30年代成长起来的那批官方哲学家的基本理论倾向。

苏共二十大后，苏联科学技术哲学开始对20世纪30年代以来的理论导向进行反思，直到20世纪60年代初，这一反思的焦点主要放在科学与政治的关系上面。经过激烈的争论，在自然科学所面对的是自然界的客观规律这一点上，科学界基本达成了共识，各门学科逐一清算了本学科在历次政治斗争中受到的干扰，正本清源，恢复了学科的本来面目。1958年召开的“全苏现代自然科学哲学问题会议”的决议指出：“实践是理论的正确性和科学真理的可靠性的最高准则。科学上的争论归根到底是靠实验、技术和生产来解决的。”[42]这实际上是肯定了自然科学的价值中立性，是苏联科学技术哲学的一个重大的进步。

但是，无论是赫鲁晓夫的第一波改革，还是后来勃列日涅夫-柯西金的第二波改革，都没有触及中央计划经济和集权体制的核心，在经济上没有实行向社会主义市场经济的转型，在政治上没有建立社会主义民主制度，仍然是少数决策者的主观意志决定发展改革的目标和方向，并要求整个国家和社会按照这样的意图运转。这样一来，就必须确立一种单一的思想标准，用以排除异己，确保执政者的权威不受挑战。形势的发展无法再重复政治干预科学的传统套路，但对科学的意识形态干预是不能放弃的底线。这不仅有政治上的目的，还有功利主义的打算。赫鲁晓夫和勃列日涅夫都提出雄心勃勃的赶超目标，要与美国一争高低。而在科学技术革命时代，所能倚仗的主要是科学技术，而在苏联的政治体制下面，科学技术必须服从于最高决策集团的政治目标，这就是英国学者哈钦森（Hutchinson）所说的公式：政治+技术（politics-cum-technology）[43]。所以，对自然科学研究官方必须保留一定的话语权。一个最典型的例子是，本来李森科遗传学对农业增产的效用已经被证明完全是作伪，但赫鲁晓夫出于对农业大跃进的渴求而寄望于李森科，后者吹嘘可以提供秘方，这使陷入绝境的李森科一度东山再起。所以，直到

20世纪60年代，曾经把持话语权的官方哲学家米丁之流，仍然在自然科学上抓住党性原则不放。米丁说，一些自然科学家“想要从他们所认为的‘压制’他们的马克思主义哲学的影响下解放出来”[44]，这是西方实证主义哲学的表现。他响应赫鲁晓夫的论断，呼吁保卫米丘林主义，警惕孟德尔主义，要求科学家和哲学家“联合起来反对一切不良的倾向，为科学中的辩证唯物主义而斗争”[45]。官方意识形态控制始终是苏联最高领导的不能放弃的施政方针，在勃列日涅夫时代甚至有变本加厉的趋势。20世纪70年代末到20世纪80年代初，《哲学问题》杂志编委会竟开辟专栏，刊登来信和来稿，揭露“马赫主义和实证主义”对科学方法论研究的影响，批判自然科学中的实证主义。而在高等学校的讲坛上，甚至鼓动搞一场声讨实证主义的运动。

但是，苏共二十大以后的苏联社会已经发生了深刻的变化，公众中强烈的改革要求不可遏制，而哲学领域，特别是科学哲学领域竟以抽象的哲学语言发出了鼓吹变革的先声，这就是六十年代的新哲学运动，或所谓“六十年代人”的登场。斯焦宾说：“第一个方向可能对于这个时期是具有决定性的，这与试图消除对辩证唯物主义哲学的歪曲有关，即转向辩证唯物主义的本根和起源，恢复经典马克思主义哲学著作中所包含的思想的权威。在此基础上开展了对辩证唯物主义问题群的新的引人入胜的研究。在这方面科普宁、凯德洛夫、伊里因科夫等的研究起到了特殊的作用。”[46]他所说的“辩证唯物主义的本根和起源”，主要是指正确理解唯物辩证法的本性，即列宁命题——辩证法也就是马克思主义的认识论。

这是一场两种对立导向的哲学论争，一方面是坚持唯物辩证法的对象是整个世界的存在本身，具有本体论的职能，必须首先说明作为客观存在的物质及其变化和发展的规律性；另一方面则认为辩证法也就是马克思主义的认识论，不能离开人在实践中对客观规律的反映过程去寻求辩证法。对这场争论，官方的立场是明确的，总体上是站在本体论派一方，对认识论派批判和打压。本来，这一问题是作为学术问题提出来的。1961年1月，科普宁在基辅大学举办的“辩证唯物主义和历史唯物主义是现代科学的哲学基础”讨论会上，做了题为《世界观和认识方法》的报告，对世界观是关于“整个世界”的观念这一传统看法提出疑问，认为“任何人任何时候都没有研究过整个世界”[47]，随后又在《辩证法是逻辑》一书中，明确宣告了自己的基本哲学立场：“马克思主义哲学中没有单独存在的本体论。”这是明确楬橥了认识论主义的理论纲领。1963年，普拉东诺夫（Г. В. Платонов）和鲁特凯维奇（М. Н. Руткевич）在《哲学问题》第3期上发表《论自然辩证法是一门哲学学科》的著名论文，认为辩证唯物主义的结构是“一总三分”：马克思主义哲学是总体，自然辩证法（关于自然）、历史唯物主义（关于社会）和辩证逻辑（关于思维）是整个马克思主义哲学下面三个独立的分支部门。而自然辩证法之所以作为独立的哲学部门是因为它承担“建立作为联系整体的自然界一般图景”的任务，是自然界客观规律和属性的一般观念。[48] 此文成为两大哲学导向激烈争论的导火线，仅这一年《哲学问题》上参加这一问题讨论的文章就达 12 篇之多。从 1970 年起，官方开始介入，而且不断发声，支持本体论派。

1970 年 2 月，党中央机关刊物《共产党人》发表编辑部文章《共产党的党性是马克思列宁主义哲学极其重要的原则》，批评关于哲学对象的讨论中出现了“不良倾向”，指责说：“有些哲学家毫无根据地怀疑对马克思列宁主义哲学（关于自然、社会和思维发展的最一般规律的学说）的对象的理解。他们这样那样地缩小哲学研究的任务，实际上把哲学的对象归结为逻辑和认识论（对后者的解释也是片面的）。”[49] 这是代表官方立场对认识论派做出了裁判，完全否定了这一派的理论导向。同年 3 月，苏联科学院哲学法学部举行专题讨论会，名义上是评论科普宁出版于 1969 年的著作《列宁的哲学思想和逻辑》，其实是对科普宁的认识论主义进行围攻。米丁代表学部发言，本体论主义者普拉东诺夫与米丁一唱一和，把矛头主要指向科普宁著作的认识论主义倾向。他们指责科普宁的著作把马克思主义哲学只归结为逻辑和认识论，归结为方法论和人的认识活动规律，从而漠视马克思主义哲学的世界观职能。普拉东诺夫甚至又挥舞大棒，说这部著作是“把从资产阶级哲学家或修正主义者那里抄袭来的思想和观点偷运到我国哲学著作中来”[50]。会议的基调和《共产党人》编辑部文章是一致的，明显地透露出高层政治领导的意图。当然，此时苏联的政治形势已经迥非斯大林时代，与会者尽管观点不同，但多数人还是秉持学术研究的态度，而凯德洛夫等更明确表示反对用指责和恶毒攻击代替严肃的科学讨论。

面对来自官方和各方面的批判和攻击，认识论派始终没有放弃自己的哲学立场，以无畏的理论勇气，顽强地抗争，并在争论中使苏联的科学哲学推进到一个新的历史高度——世界性的高度。列克托尔斯基说：“从六十年代赫鲁晓夫‘解冻’时代开始，出现了整整一代哲学家（那时还是年轻人），他们对马克思的一系列思想认真地进行科学的和人道主义的解释。在他们看来，在当时条件下，要改变他们所不满意的社会现实，唯一可能的和唯一可靠的手段就是依靠科学知识。他们把哲学理解为认识论，更确切地说，是科学认识论。”[51] 这是世界科学哲学史上的一个独特现象，苏联“新哲学运动”代表人物所坚持的思想导向，是具有普遍的哲学—历史意义的，值得深入反思。下面对“六十年代人”及其后继者在科学哲学上的创造性研究逐一进行评述。

第三节　改革派科学哲学家的原创性探索

改革派科学哲学家是苏联20世纪中叶得风气之先的前驱者，他们以科学哲学为舆论平台，透过所谓认识论主义的晦涩哲学话语向教条主义的官方权威提出了尖锐的挑战，这让人想起恩格斯当年谈到德国古典哲学所蕴含的革命精神时说过的话：在他们的迂腐晦涩的言辞后面，在他们的笨拙枯燥的语句里面竟能隐藏着革命吗？虽然一般人缺乏这样的敏感性，但恩格斯指出：“至少有一个人在1833年已经看到了，这个人就是亨利希·海涅。”[52]恩格斯指的是海涅（Heine）的著作《论德国宗教和哲学的历史》，在这部著作中海涅揭示了隐藏在康德、费希特、谢林和黑格尔哲学中的革命精神，他总结说：思想走在行动之前，就像闪电走在雷鸣之前一样。当然德国的雷鸣也像德国人一样，并不太迅速，而且来势有点缓慢；然而它一定会到来，并且当你们一旦听到迄今为止世界史中从未有过的爆裂声，那么你们应当知道德国的雷公终于达到了它的目的。[53]他说的“德国的雷公”就是德国的古典哲学家。历史惊人地相似，苏联的改革派科学哲学家也是这样的“雷公”，只不过由于历史的原因，形格势禁，和他们的德国前辈相比，他们迎来的改革却以悲剧告终，这当然是另外的话题了。

凯德洛夫、伊里因科夫和科普宁是20世纪中叶苏联改革派科学哲学家的领军人物，是所谓“六十年代人”的代表，被称作老“三驾马车”。

一、Б. М. 凯德洛夫

1960年，博尼法季·米哈伊洛维奇·凯德洛夫已经57岁了。他1918年就加入了苏联共产党，1947—1949年就已是《哲学问题》的首任主编，1962—1974年出任苏联科学院科学史研究所所长，1960年成为苏联科学院通讯院士，1966年升任院士。这时他早已著作等身，代表作《恩格斯和自然科学》、《门捷列夫周期律的发现》、《科学分类》、《列宁和20世纪自然科学革命》、三大部《原子论三论》均已问世。所以，严格说来，他当然不是赫鲁晓夫“解冻”时代成长起来的哲学家。

但是，凯德洛夫却是在20世纪60年代初系统阐明自己的认识论主义的。他作为“六十年代人”公认的领军人物，不仅因为地位、资历和名望，而且也是因为他始终一贯的坚定的认识论主义立场，思想彻底，理论深刻。凯德洛夫是所谓“红二代”，父亲米哈伊尔·凯德洛夫是老布尔什维克，参加过1905年革命和十月革命，曾任全俄肃反委员会特别局局长，以后出任苏维埃国家许多重要部门的领导人，却在1941年被镇压。凯德洛夫在斯大林权力的巅峰时期，当李森科受到最高领导庇护炙手可热的时候，公然在自己主编的《哲学问题》上，支持发表反李森科的论文。反过来，他敢于违背职掌意识形态大权的苏共中央书记A.日丹诺夫的指示，扣押滥施政治迫害的稿件。他的这种反主流的立场当然为决策集团所不容，受到中央书记处的严厉批评和警告，被免去主编职务，并成为反世界主义运动的主要对象，受到舆论围攻。①他不同意赫鲁晓夫关于斯大林的错误是“个人悲剧”的说法，认为这是“党的悲剧和人民的悲剧”。苏共二十大后，他曾对媒体公开批评赫鲁晓夫反个人崇拜“浮皮潦草”，没有触动个人崇拜的深刻社会根源。1973年，他参与萨哈罗夫（А. Д. Сахаров）向党中央致公开信的活动，批评苏联体制的弊端，被指为“玷污了苏联学者的荣誉和尊严”。但是，凯德洛夫是真诚的马克思主义者，他的全部科学活动都是要探寻和维护马克思主义哲学的真正本质，掌握理论的精髓，进达于真理之境。弗罗洛夫在评价凯德洛夫时说：他是唯物辩证法的拥护者，同斯大林主义，同歪曲辩证法和把辩证法庸俗化（特别是《联共（布）党史简明教程》四章二节）做了不懈的斗争，把辩证法看成是哲学思想真正伟大的遗产，并根据列宁关于辩证法的一些原理和论述，克服当时盛行一时的对辩证法的狭隘和陈腐的解释。[54]

凯德洛夫出身化学专业，1935年以《论吉布斯悖论》为题通过答辩，获化学副博士学位。1938—1939年曾作为化工专家在雅罗斯拉夫轮胎厂工作，所以他的本色是一位学有专长的实证科学家，对科学研究的认识过程及其成果和性质有着深刻的体会。1948年，他写出《从门捷列夫到当代元素概念的发展》和《道尔顿的原子论》，从科学史上进一步反思科学定律发现过程的辩证认识论，正如后来他在《伟大发现的微观分析——纪念门捷列夫周期律100周年》一书

---

① 关于凯德洛夫任《哲学问题》主编时的遭遇和在反世界主义运动中所受的批判，参见孙慕天. 跋涉的理性. 第四章. 北京：科学出版社，2006：88-90。

中所说："辩证法的各个规律在认识领域中的表现和在自然界本身中的表现比较起来是不一样的：要知道对于认识过程来说，本身存在着特殊性，客观的反映永远不会与被反映的客体本身完全一致。"[55]

一切科学定律归根结底是在人的认识和科学实践中被揭示出来的，是认识过程的阶段性产物，不可能从先验的普遍原则中推论出来。凯德洛夫的认识论主义最初是从批判旧自然哲学出发的。早在1962年，他就在《自然科学的对象和相互联系》一书中，根据普遍和特殊的辩证法，研究了辩证哲学和具体科学的关系。他指出："自然哲学错误地处理了普遍和特殊的关系，并将之运用于哲学和自然科学：它实质上是把特殊纳入普遍中去，断定似乎不研究具体知识，仅通过一些抽象的议论就能从某个一般的原理或原则中'抽引出'任何具体的原理（例如有机体生命活动的原理）。"[56]

凯德洛夫关于认识论主义的系统论著《辩证法、逻辑和认识论的统一》发表于1963年，这可说是认识论派的代表作。该书引人注目地引用列宁的两段话作为卷头语。一段是写于1918年的《卡尔·马克思》中的话："而辩证法，按照马克思的理解，同样也根据黑格尔的看法，其本身包含现时所谓认识论"[57]；一段是写于1915年的《黑格尔辩证法（逻辑学）的纲要》中的一段话：在《资本论》中，逻辑、辩证法和唯物主义的认识论（不必要三个词：它们是同一个东西）。这里，凯德洛夫紧紧抓住了列宁后期哲学思想的精华——辩证法也就是马克思主义的认识论，进行了系统的、全面的阐发。凯德洛夫认为这个命题是贯穿整个马克思主义哲学的一条红线，强调指出："辩证法、认识论和逻辑学的统一，意味着在马克思主义哲学中，任何问题，从哲学基本问题开始，直到一些特别具体的问题——方法论，认识论和逻辑问题，都应该本着同时根据辩证法、唯物论和逻辑去进行阐释，不允许在任何时候仅仅限于所提到的统一的马克思主义理论的三个方面（或环节）之中的一个。"他特别点出传统上被列为"本体论"的那些哲学问题，如"世界统一性，物质及其存在形式，自然规律"等，都和哲学范畴（偶然和必然、本质和现象、形式和内容）以及科学研究的手段和方式（分析和综合、归纳和演绎）一样，如果在单一的框架内不仅无法解决问题，甚至都不能正确地提出问题。这就是说，没有什么单纯的本体论问题，所有的哲学问题都具有认识论的性质。[58]

这本书分为三个部分。导言是论辩证法、逻辑和认识论统一理论的历史，阐述了列宁三者一致思想的理论来源和哲学含义及其在马克思主义哲学中的地位，用专章批判了斯大林以《论辩证唯物主义和历史唯物主义》小册子为代表的错误哲学导向，指出其要害正是抹杀了三者一致这一列宁哲学思想的精髓。正文第一部分是《辩证法作为唯物主义认识论》，集中讨论存在规律和思维规律在内容上的统一。作者首先重新定位了哲学基本问题。按斯大林的观点，辩证法只是研究自然界的方法，而唯物主义则是外于认识论的关于世界物质性的学说，这样一来，就曲解了哲学基本问题，把哲学基本问题的第一方面看成是本体论的方面，而把第二方面看成是认识论方面。凯德洛夫认为，哲学基本问题是思维和存在的关系问题，其两个方面都是认识论问题。作者对客观辩证法和主观辩证法的关系做了深刻说明，指出客观辩证法不能抽象地单独存在，它是在人的实践中历史地存在的。第二部分是《辩证法的规律和范畴的认识论方面》，系统论述存在规律和思维规律形式上的区别，这一部分实际上是按照"辩证法也就是马克思主义认识论"的精神重构了辩证唯物主义。第三部分则是根据三者一致的原则，对辩证法各个具体命题的进一步阐释。

可以说，《辩证法、逻辑和认识论的统一》这部著作是苏联认识论派的扛鼎之作，实际上提出了所谓"六十年代新哲学运动"的纲领。

在和"本体论派"的争论中，凯德洛夫还有一个重要观点，那就是反对把哲学的对象定义为"整个世界"。这个命题是本体论主义的立论基点，因为既然哲学的对象是整个世界，那就必然像实证科学一样直接面对存在本身。1979年，凯德洛夫的论文《论马克思主义哲学的对象是"整个世界"的说法》对此做了深入的辨析。在凯德洛夫看来，哲学是世界观，所研究的是思维和存在、意识和物质、精神和自然、主体和客体、心与身的关系问题，这正是哲学的基本问题。而"整个世界"的提法指的就是自然和社会，是存在本身，这是地地道道的本体论。这一定义阉割了马克思主义哲学的世界观本性。辩证唯物主义当然要从存在出发，但是它的存在研究不是纯本体论式的："这里强调辩证唯物主义的存在论（有条件地说是辩证唯物主义的'本体论'）的中心是正确的，这种存在论聚焦于主体—客体关系上，聚焦于客观地表现在自然史'梯级'上属于主观性的物质载体的地位上，聚焦于主体—客体对占据首位的不可分割的形式——对自然界的反映形式的自然史发展（直到如此复杂的作为社会人的自觉活动的反映过程）上。"很明显，凯德洛夫不是不谈存在，也不是不谈客体，而是认为哲学仅仅是从主体—客体的关系上研究客观本体，离开人，离开人的主观性，离开人对存在的反映来讨论纯粹的客观存在，那不是哲学的任务，而是各门实证科学的对象。所以，凯德洛夫说："恰恰因此，马克思主义的世界观理论，它的哲学理论部分，不可逆地高出于旧的形而上学本体论之上。旧本体论没有抓住主客体结构的基本的和决定性的意义，而是‘沉没’在自然科学材料中，不善于把这些材料建构起来，制定独立的、有别于自然科学的图景和原则。”[59]

凯德洛夫把自己的观点贯彻到底，不仅从世界观问题上批判本体论主义，而且进一步转向方法论领域，批判在运用辩证法作为研究方法和叙述方法的误区。1977 年 9 月，全苏第二届唯物辩证法学术讨论会在阿拉木图召开，主题是“唯物辩证法是现代科学认识的逻辑和方法论”，凯德洛夫在会上做了《论辩证法的叙述方法》的学术报告。两年后，他在《哲学问题》1979 年第 10 期发表《辩证法的叙述方法——从抽象上升到具体》一文，即是以这篇发言为底本。在这些著述中，凯德洛夫提出了一个新观点——辩证法的从抽象上升到具体的叙述方法也是辩证法的一般方法。马克思在《政治经济学批判导言》中提出从抽象上升到具体的方法：在第一条道路上，完整的表象蒸发为抽象的规定；在第二条道路上，抽象的规定在思维行程中导致具体的再现。[60] 凯德洛夫认为，马克思通过对资本主义社会历史发展的认识，将这一方法用于《资本论》的研究，留下了《资本论》的逻辑，实际上是给出了辩证法的第一个猜想。这个辩证的叙述和研究的方法，也就是辩证法本身的方法，认识世界和改造世界的方法，是实践活动的方法，是和流行的“原理+例子”式的方法根本对立的。因为辩证法也就是马克思主义的认识论。马克思不仅在《资本论》中按从抽象上升到具体的方法，叙述资本主义的经济体系的要素结构及其动力学机制，揭示了资本主义生产方式生成和演变的逻辑，而且这一叙述方法也正是对资本主义社会最科学最完备的认识方法。马克思在从资本主义最基本的细胞“商品”开始，追踪这一经济形态内在的矛盾发展，直到它发展的成熟阶段和高级形态，从感性的直观，通过要素分析进行抽象，最后通过综合把握概念的具体。凯德洛夫指出：“这里所说的从抽象上升到具体就是相应的科学领域（即科学认识）的实际历史发展过程在思想上的再现，重复地说：是以概括的形式和纯逻辑的形式在思想上的再现。”这样的辩证认识方法显然具有普遍的认识论意义，它是一切科学认识普遍的、共有的规律和逻辑，体现了作为认识论的马克思主义辩证法的精神实质。[61]

1983 年他又和奥古尔佐夫（А. П. Огурцов）合作出版了专著《论辩证法的叙述方法：三个伟大的设想》。特别值得注意的是他关于列宁对于辩证法叙述的四种设想的论述，集中阐发了辩证法作为马克思主义认识论的命题。他认为列宁关于辩证法叙述的四个设想分别出现于《哲学笔记》的四个地方：①“辩证法的要素"；②"黑格尔辩证法纲要"；③"作为认识论和辩证法的知识领域"（凯德洛夫称之为"作为认识论的辩证法的源泉"）；④"谈谈辩证法问题"。凯德洛夫认为，列宁关于辩证叙述方法的设想遵循的是两条道路：第一条道路是从全部人类思维史和科学技术史出发推论出辩证法；第二条道路是从世界、自然界、物质的统一原则出发，推论出辩证法。这种推论不是直接面对客观存在，而是说，"在前一种情况下，指的是对人类思维、科学和技术的真实历史（真实的发展）的逻辑加工整理，而在后一种情况下，指的是关于作为一门科学的辩证法本身内容的逻辑发展（展开）"。[62] 显然，凯德洛夫把辩证法看成是通过对人类认识成果和认识历史进行逻辑加工而得到的。

凯德洛夫特别注意历史的和逻辑的统一。辩证法不仅是认识论而且是认识史，思维的辩证法虽然是外部世界辩证法的反映，"但是这个反映，并不是前者和后者的偶然的巧合，而是一个通过一系列的抽象概念使主观逐渐地接近客观的过程。"[63] 这个辩证过程恰恰就是科学史，通过科学认识的历史研究、理解和发展辩证法，是马克思主义辩证法研究的重要方面。凯德洛夫是苏联科学史的领军人物，长期担任苏联科学院科学和技术史研究所所长，后又出任科学史和逻辑部主任。但他与通常的科学编史学不同，他的科学史研究是与作为认识论的辩证法研究紧密结合在一起的。他对门捷列夫周期律发现史的研究就是这种结合的典范，我们在前文中已经做过评述，仅这一主题他还曾写过《周期表的现代问题》（1974 年）、《门捷列夫对原子论的预见》（1977 年）。1946 年，他的博士论文是《道尔顿原子论及其哲学意义》，正是科学史和科学哲学相结合的代表作。23 年后，他竟就这一主题连续发表了三部论道尔顿原子论的专著，而且恰恰都是从辩证认识论和辩证逻辑角度解析科学认识的，这个饶有兴味的科学史三部曲是：《原子论的三个角度：逻辑角度》《原子论的三个角度：历史角度》《原子论的三个角度：历史—逻辑角度》。

凯德洛夫最后的愿望是编写一部系统的辩证法理论专著，他特别强调这部著作既要符合从分化走向整合的外在要求，又能体现马克思主义哲学内在的整体化，贯彻辩证法、逻辑学和认识论三者一致的理念。他再一次强调："到辩证唯物主义中去寻求所提出的哲学问题的答案，而不是臆造什么脱离辩证唯物主义的自然哲学。"[64] 已透露出来的写作计划是，以辩证法、认识论和逻辑三者一致为主线，中心内容是对立统一规律，形成统一的一元化论述。遗憾的是原拟参加编写的库尔萨诺夫（А. Д. Курсанов）和伊里因科夫相继去世，计划中辍，而不久（1985 年）凯德洛夫也赍志而殁，留下了永久的遗憾。

二、Э. В. 伊里因科夫

爱瓦尔德·瓦西里耶维奇·伊里因科夫出生在一个知识分子家庭，父亲瓦西里·伊里因科夫是著名作家、斯大林奖获得者，母亲是教师。他 1941 年入以车尔尼雪夫斯基命名的莫斯科文史研究所哲学系，后并入莫斯科大学。1942 年应征入伍，参加卫国战争，直至攻克柏林。战后他作为研究生在莫斯科大学师从著名哲学家奥伊则尔曼（Т. И. Ойзерман），获副博士学位，旋入苏联科学院哲学研究所任助理研究员，并毕生工作在这里。伊里因科夫思想新锐，特立独行，具有大无畏的理论勇气。1953 年他通过副博士论文答辩，论文题目是《马克思著作〈政治经济学批判〉中的若干辩证法问题》，显然这时他已经开始思考辩证认识的方法论问题，而这成了他一生学术工作的出发点。同年他参加莫斯科大学哲学系"《资本论》的逻辑"专题讨论班，进一步触发了他对这一问题的思考。1954 年，在莫斯科大学他与科罗维柯夫（В. И. Коровиков）合作，写了一篇题为《在哲学和自然科学历史发展过程中的相互联系》的论文，初露锋芒。论文指出，哲学不能解决具体科学问题，所能解决的只是认识论问题，哲学是关于科学思维、思维的规律和形式的科学，哲学是在人类思想中找到理想的表现这个意义上研究现实世界的，哲学是反思的思维，所表达的是自身活动的逻辑。在这里，他实际上已经提出了此后始终不渝一直坚守的基本哲学信念。但是，此文却使他一生第一次以言贾祸。1955 年 2 月，苏共中央科学文化部委员会对莫斯科大学的"社会科学和思想教育工作"进行评估，在委员会的工作报告中，伊里因科夫的这篇论文被指责为"党早已评议过的孟什维克唯心主义"[65]，脱离党的政治路线，企图脱离实践而遁入"纯科学"和"纯思维"的领域，结果伊里因科夫和他的合作者双双被褫夺在莫斯科大学任教的资格。[66] 刚刚而立之年的伊里因科夫，一踏入学术之门就挑战了官方哲学路线，并受到警告和惩戒，但他对自己的主张却充满自信，生死以之，终于成为苏联哲学天空中的一颗耀眼的巨星。

伊里因科夫从攻读研究生时代，就对马克思研究资本主义经济时所使用的辩证方法产生了浓厚的兴趣，也许 20 世纪 50 年代初他在莫斯科大学"《资本论》的逻辑"研讨班上，就已开始了对马克思《资本论》中的辩证叙述方法的研究。1956 年，伊里因科夫写出《科学理论思维中抽象和具体的辩证法》，而凯德洛夫是很久以后才关注这一问题的，他的同一主题的文章是 23 年以后才发表的，所以关于从抽象上升到具体这一辩证认识方法的重大哲学意义，是伊里因科夫最先揭示出来的。但是，这部书稿只是过了四年，直到1960年才在科学院出版社问世，题目改为《马克思〈资本论〉中抽象和具体的辩证法》，编辑对书稿做了很多改动，而且删掉了原稿三分之一的篇幅。

伊里因科夫对辩证法的叙述方法的研究与凯德洛夫的哲学导向是一致的，他是认识论主义的坚定拥护者。他认为从抽象上升到具体的方法是理解辩证法作为科学认识方法的关键。后来在阿拉木图的全苏第二届唯物辩证法学术讨论会上，他又对这一观点作了发挥，指出这就是列宁所说的大写字母的逻辑，即辩证逻辑，也就是关于客观的、必然的、普遍的规律的学说，但是思维的规律从根本上和趋势上却是和这一存在的规律一致的，思维规律或人的认识及其发展的规律，逻辑的规律，恰恰是被反映的、被认识的和经过长期实践检验的显示自身的发展规律，所以辩证法的规律不是什么单独的存在自身的规律，而是“反映在思维中的规律”。这正是他坚决反对本体论主义的立论根据，他认为，如果这样理解逻辑和认识论，也就是立足于列宁所说的辩证法、逻辑学和认识论三者一致的原则，既不否定唯物辩证法是世界观，也没有否定客观存在及其规律。他认为，按照三者一致的观点，辩证法也就是关于在人的思维中反映外部世界（自然界和历史）的过程的科学。这样一来，辩证法就是社会的人从理论上、实践上以及二者的结合上认识世界和改造世界的科学，同时也是在思维中把握世界的大写的逻辑。还在1967年，他就曾写道：“哲学就是关于思维的科学”，这一命题看似极端，但伊里因科夫是在上述思维和存在同一性的意义上说的，他是有充分根据的。不妨重读一下恩格斯的著名论断：“思维和存在的关系问题还有另一个方面：我们关于我们周围世界的思想对这个世界本身的关系是怎样的？我们的思维能不能认识现实世界？我们能不能在我们关于显示世界的标箱和概念中正确地反映现实？用哲学的语言来说，这个问题叫作思维和存在同一性问题。”[67]伊里因科夫认为辩证法只能是认识的规律，因为作为规律的表现形式只能通过人的思维来把握，也就是恩格斯所说的是“这个世界的思想内容”，这本来是马克思主义哲学的基本原理。

不过，伊里因科夫对这个主题的理解有独特的视角。

他的论证特点是认识论与逻辑学的结合。把辩证法和认识论统一起来，核心问题是解决经验认识和理性认识的关系问题，而这一问题和从抽象上升到具体的方法紧密相关，这是理解辩证法作为认识方法的关键。问题在于如何理解具体，认识起始的具体是感性的具体，认识的只是现象，通过不完全的、片面的抽象，达到“关于对象的概念——上升到更加完全的关于对象的整体知识”，这样的具体是多样性的统一，“具体，具体性——首先是现实对象所有方面的客观的相互联系，是人的直观印象中的内在的必然的相互制约性的同义词。因此，‘统一’的意义是不同形式的客体存在的总体，它们不可重复的结合只是这唯一的一个，而不是任何对象所固有的”[68]。这就是说，只有进入概念的总体才能真正进达于对象的本质。从辩证认识的过程看，起点是找到（或生成）概念“细胞”：从认识论上说，它超出了经验认识的界限；从逻辑学上说，它则超出了形式逻辑的界限。在思维中，不是进行对象的类比，而是历史形成的普遍形式的相互作用，是在自为的思维运动中建立“普遍性具体”的过程，“在其理论规定中蕴含丰富的特殊性”。马克思发现商品是资本主义经济的最基本的细胞，正是这种辩证思维的典范。追踪理论思维的辩证过程，就是抓住其中所固有的辩证逻辑。从最简单的东西的抽象形式开始，最终建立起最发展的普遍性具体的概念结果，这个历史进展过程始终受特殊的矛盾支配。这些矛盾植根于对象客体，寻求其动因，在固有的矛盾冲突点上，产生出来的全部新的形式作为解决矛盾的手段。真理不识别的，就是通过这样的辩证认识方法把握矛盾。

伊里因科夫的研究有一个重要特点，那就是他将辩证法作为认识论的哲学命题放在近代哲学史的宏阔背景上去考察。他认为，近代哲学史的一条重要线索就是经验主义和理性主义的二元对立，而从康德开始的德国古典哲学为解决这一问题开辟了道路：“在康德身上完成了200多年的研究周期，哲学进入了解决自己独有问题的崭新阶段。”[69]康德提出了认识的条件或可能性的问题，从而为经验认识与理性认识的区别与联系提供了前提。伊里因科夫支持德国古典哲学对经验主义和理性主义的批判性审视，认为其中贯穿着个别和一般关系的辩证法，这既适用于哲学，也适用于自然科学。他赞扬说：“就精神成熟的速度说，在康德、费希特、谢林和黑格尔的名下是令人惊异的。”[70]

肯定理性在认识中的主导作用，是伊里因科夫认识论的重要立论基点。他尖锐地批判了经验主义的哲学导向，认为单纯的经验和归纳在通向本质性认识方面是无成效的，在所有特殊的场合寻求表达一般的抽象，不是归纳，而是对一个特定情况的深入分析，是在纯粹形式中的探求过程，是对普遍本质的揭示——哲学的道路到处和时时都是如此，这样在其时和其地进达于客观的发现。伊里因科夫在对经验主义的批判中，强调了理论思维认识对象中的主导作用，而且深刻认识到认识必须以先在的概念框架为前提条件。他说：“人从来不曾直接从‘原初’，从‘事实’开始思考，也就是说从爪哇猿人的出发点上开始思考，而是使用现成的概念和范畴，在自身对经验事实的知觉中通过思维进行思考，问题只是在于怎么样、在哪里和从哪里掌握它们（指概念和范畴——作者）。”[70] 伊里因科夫对经验主义和归纳的批判性反思是从1954—1956年开始的，他关于理论思维在认识中其主导和引领作用的观点贯穿在从那时起他的一系列著作中。应当说，这一思想是十分超前的。众所周知，观察荷载理论的命题是美国学者汉森在《发现的模式》一书中首次提出来的，正是在20世纪五六十年代之交，西方科学哲学开始了后现代主义时代，集中批判以维也纳学派为代表的逻辑实证主义，中心论点正是向形而上学和理性主义的复归。学生列克托尔斯基认为伊里因科夫的理性主义和拉卡托斯的研究纲领方法论有相通之处。

伊里因科夫的辩证认识论研究还有一个极富原创性的主题——观念物研究。观念物，原文是идельное，这个词词根是идеал，意为理想，所以有人译作理想的。但这个词也派生出идеализм，即唯心主义，旧译观念主义，可见该词也含有思想、观念的意思。从词源上说，应该来自希腊文，英文即idea。идеальное是идеалный的形容词名词化，意思是观念或思想中所包含的东西，可译作观念的东西，笔者意不如译为观念物。伊里因科夫认为，这个问题是知识客观性（真理性）的一个重要方面，认识的目的或结果体现在观念物中，因此不能不对之进行哲学反思。1962年，他在第一篇论文即《哲学中的观念物问题》（《哲学问题》，1962年，第10期）中首次提出这一论题。1963年，他发表第二篇论文即《哲学中的观念物问题》（《哲学问题》，1963年，第2期）。1979年逝世那一年又发表了第三篇论文《观念物问题》（《哲学问题》，1979年，第6期）。他从1976年开始写《观念物的辩证法》，但是生前一直没有发表，死后才出版。2009年，迈丹斯基（B. A. Майданский）主编的《逻各斯》（哲学文化杂志）全文发表了伊里因科夫的这部遗著。该文卷首用列宁的话作题词：观念的东西转化为实在的东西，这个思想是深刻的：对于历史是很重要的。并且从个人生活中也可以看到，那里有许多真理。[71] 伊里因科夫看到观念物是思维与存在的同一性，主观辩证法与客观辩证法的同一性，辩证法与认识论的同一性的一个会聚点。文章全面阐释了观念物的本质属性及其与物质世界的关系，指出观念物不是主观臆想的产物："观念不是天真无邪的中学生们幼稚想象的怪影，实际上空无一物，观念论是对客观的思想形式的思辨解释，也就是人类文化空间中不依赖于个体意志和意识的存在的事实。”所以，要深刻理解我们整个的思想体系，包括哲学理论，就必须懂得观念物的本性，它是“客观实在的主观形象，亦即外在世界在人类活动形式、在他的意识和意志中的反映”。[72]用马克思的话说，观念无非是思想置于人类头脑中的、被他改造过的物质的东西。

伊里因科夫揭示了观念物的本质规定。

首要的规定是，观念物不是单独的自我规定，而是在联系中被定义的。观念物是通过至少两个不同实物之间的关系被规定的，一个事物成为另一个事物的表征——事物似乎把自己的“灵魂”交到另一个事物手里，而成为它的符码——而通过符码人才能对观念物认识和把握。例如，货币作为等价物就是商品价值的符码，价值以货币符号为中介而有了意义规定，被人所理解。语词则是不同文化中各种事物的共同符码，是理解观念物的基本工具。这里，伊里因科夫揭示了观念的一个本质，它是交往性的，是在社会历史中形成的。观念是在他物并通过他物被规定的，是社会性生产的一部分。伊里因科夫特别指出心理主义和技术主义在解释观念物时的误区。他批评心理主义把观念物看成心理现象的汇集，指出这是从洛克、贝克莱、休谟以来的经验主义错误导向。观念物不受个人变幻无常的心理状态的制约，是超出个人心理之上的东西。把观念物归结为高级神经系统的物质性作用，完全用人体生理解剖学的机能分析，或大脑皮层的功能定位来解释，根本无法认识观念物丰富的不断更新的内容。技术主义试图用新技术革命的成果来解释观念物：“用控制论、信息论和其他数学—物理学科的术语来解释观念物，将其描述为各种形式的符码，说成是‘编码化’或‘符码重组’，是一种‘信号’改变为另一种‘信号’等。自然，在如此理解的框架中，观念物一下子就落入电子技术装置的机械和构件中那些无穷无尽的纯物质的事件中，归根结底，所有这些纯粹的物理现象都是以各种方式把一个物质系统作用于另一个物质系统，这些事实联系起来就是在这两个系统上引起某种纯粹的物质变化。”观念物的存在形态是人类的知识，表现为语言、文化、社会行为的法律、伦理、美学规范，思维的原则等，属于历史形成的社会集体意识。一句话，观念物反映了人类社会活动的本质。[72]

伊里因科夫可说是苏联最有国际影响的哲学家。虽然他的学术研究始终坚持马克思列宁主义的传统，但他对辩证唯物主义哲学的解释却彻底摆脱了教科书马克思主义的藩篱，接续了人类哲学思想发展的优秀传统，用马克思主义的话语解读了当代哲学的重大问题。剑桥大学出版社出版了贝库斯特（Bakhurst）研究伊里因科夫哲学的专著，称他的意识论研究是苏联哲学的革命，书的标题就是《意识和苏联哲学的革命——从布尔什维克到伊里因科夫》（*Consciousness and Revolution in Soviet Philosophy*: *from the Bolsheviks to Evald Ilyenkov*）。国际两部著名的哲学工具书《20世纪哲学家传记词典》（*Biographical Dictionary of Twentieth-Century Philosophers*）和《劳特利奇简明哲学百科全书》（*Concise Routledge Encyclopedia of Philosophy*）都收入了伊里因科夫的条目，评价说："伊里因科夫是马克思观念的坚定拥护者，但他力求赋予马克思主义创造性和现代性的精神。"1979年，据说是在周而复始的压力伴随严重的抑郁症中，割脉自杀身亡。作为哲人，伊里因科夫对生死有着十分超脱的看法，在《精神宇宙学》一书中，他曾说过，思维着的精神的死亡成为新宇宙诞生的创造性活动。作为卓越的思想者，他肯定是想给自己的生与死都赋予创造性的意义。

三、П. В. 科普宁

巴维尔·瓦西里耶维奇·科普宁出身于一个铁路工人家庭，1939—1941年就读于莫斯科文史哲研究所，后转入莫斯科大学哲学系。毕业后入伍参加卫国战争，战后在莫斯科国立师范学院攻读研究生，后到托木斯克大学任副教授、教研室主任。1947年起任职于苏共中央社会科学院，后到苏联科学院哲学教研室工作。1958年到乌克兰先后出任基辅工学院和基辅大学哲学教研室主任，1962年出任乌克兰科学院哲学研究所所长，1969年调到苏联科学院哲学研究所任所长，兼任莫斯科大学哲学系教授。科普宁在不到半个世纪的短短生涯中，勤奋工作，著作等身，在20世纪60年代的十年间，他接连推出《作为逻辑的辩证法》（1961年）、《假说和认识论》（1962年）、《观念作为思维形式》（1963年）、《马克思主义认识论导论》（1966年）、《科学的逻辑基础》（1968年）、《列宁的哲学思想和逻辑》（1969年），这还不包括他去世后1973年出版的《作为认识论和逻辑的辩证法》和《辩证法、逻辑、科学》以及1984年出版的《科学的认识论和逻辑基础》。他的研究领域十分集中。早年的副博士论文的主题是论判断的本质，而博士论文的题目是《思维形式及其认识作用》，而他毕生的学术研究始终是围绕科学认识论、方法论和逻辑这一主题。

科普宁始终坚守马克思主义的思想导向，但他却与教条主义格格不入，勇于突破官方哲学的思想桎梏，对马克思主义哲学做出创造性探索，不断拓展研究的空间，提出一个又一个新的理论命题。他认为哲学必须与时俱进，紧跟科学进步的脚步，不断修正和丰富自己的理论。他认为由于重大的划时代的科学发现，哲学范畴和最新科学成果之间会产生矛盾，这时哲学就必然发生变革。他说："既然哲学是科学而不是信仰的对象，那么，显而易见，它的范畴的发展就服从其本身相对于科学概念的发展而建立起来的辩证规律，这些规律既包括以前内容的改变和精确化，也包括新概念的产生和旧概念的消亡。”[73]当然，马克思主义哲学的历史命运也同样如此。在这个意义上，他认为不要回避对马克思主义进行修正：“恩格斯对唯物主义‘形式’的修正，对其自然哲学原则的修正，不仅没有任何‘修正主义的’（在这个词已经确定了的意义上）的东西，相反倒是马克思主义必定要做的。”[74]

无论在哪里，在什么岗位上，科普宁的风格始终与笼罩当时苏联学术界的僵化保守、唯唯诺诺的风气大相径庭，而是旗帜鲜明、思想独立、学术民主，从不屈从于来自上下四方的压力。他主张“个性化的认识”，波波维奇（M. B. Попович）评论说：“科普宁在基辅很快就改变了这座城市的哲学气氛。他的行为所特有的独立和民主，在时代的风尚中是颇不寻常的。个性化认识的观念在那个时代是崭新的，一大批反对者冒了出来，他们混迹于社交圈子从不讲什么个人立场，因为根本不知个人立场为何物。”他很快就成了乌克兰社会中的一个中心人物，他出任乌克兰哲学研究所所长不久，勃列日涅夫上台执政，斯大林主义僵尸复活，而他却在自己的工作中努力推行进步的政策。波波维奇对科普宁的历史地位评价说：“没有第二个科普宁”，科普宁是苏联社会深刻进步的证明。[75]

科普宁是认识论派的一员主将，在基本哲学路线上，他始终坚持马克思主义哲学的中心就是辩证唯物主义的认识论，而把研究人类思维的逻辑和认识的规律放在哲学研究的首位。

把整个世界作为哲学研究的对象，是本体论主义立论的基础。科普宁认为，“整个世界论”是一个历史的范畴。当近代科学尚未形成的时候，科学没有分化为不同的部门，只有一门称为哲学的科学，把自己的任务视为提供关于整个世界的知识。但是，世界这个概念具有不确定性，而描绘作为整体的无限的世界，只能通过无限发展着的全部知识的总和才能实现，所以，当各门科学已经分化出来，这种把哲学当作世界全部知识总和的看法就是一种时代的错误。同时，科普宁还特别指出，“整个世界论”还有一个认识论的误区，那就是混淆了整体—部分和普遍—个别两对不同的范畴。哲学作为世界观确实要求反映世界发展的普遍规律，但是普遍寓于个别之中，科学总是通过个别、特殊去揭示普遍，试图把握宇宙万事万物的总体，再现整个宇宙，那只是全部知识总和的任务。

反对本体论主义的另一个关键就是存在论题，本体论派特别强调唯物主义哲学必须以存在作为研究的对象。科普宁深入辨析了存在本身的概念，指出哲学不能脱离思维和存在的关系单独提出存在本身的概念，“哲学想避开存在对思维的关系问题去创立关于存在的学说，这种企图不会导致任何对科学的发展和改造现实的实践活动有积极意义的结果”[76]。

科普宁认为本体论主义在哲学同科学关系问题上，是向旧自然哲学的倒退。科普宁从认识论主义的立场出发，批判了用自然哲学态度扭曲唯物辩证法的本体论主义。他指出，唯物辩证法“完全不是自然哲学所提供的那幅有关整个自然界的总图景”，它只是科学理论思维的方法，是调节通向真理认识的思维运动。而且也不是可以从中演绎出自然界各种现象和各种规律的先验图式。他评论说：“以自然哲学态度对待辩证法，同这样一种想法有关：按照这种想法，辩证法的规律和范畴乃是一只内中装有整个世界的特殊匣子，而且只要善于遵循一定的逻辑方法，就能从这只匣子中引出客观实在的全部丰富性。”[77] 所以，哲学家不能替代自然科学家直接去解决各门科学所提出的实证问题：“哲学家本身探索物质结构、有机体进化等奥秘的一切尝试，只能复活早已被科学远远抛在后面的自然哲学观点。”[78]

所以，科普宁和凯德洛夫、伊里因科夫一样，坚决反对把本体论作为马克思主义哲学的独立组成部分，更不要说当作辩证唯物主义的基础了。他的主张是：“在辩证唯物主义中既没有本体论本身（离开存在对意识关系的存在学说），也没有认识论（离开对存在形式关系的认识学说），思维对存在关系乃是同时履行着本体论和认识论双重职能的辩证唯物主义全部哲学范畴的出发点。”[79] 存在的规律和思维的规律之间的区别仅仅在于二者的存在形式的不同，前者存在于外部世界中，后者存在于实践活动和人的意识中。但是不能把这种区别绝对化，而且必须看到，“存在只有通过思维的形式才能被人理解”，所以离开认识论辩证法也就无从谈起，科普宁因此重申列宁主义哲学的伟大命题——辩证法也就是马克思主义的认识论。

科普宁是个独创性的哲学家，他研究科学认识论和科学逻辑有许多引人注目的突破。

一个最有前瞻性的论题是“人是理解自然界的钥匙”。马克思主义与旧哲学的一个重大区别在于，它是从自然界那些正在成为人的活动、人的实践和认识的普遍原则的角度来研究自然界的。哲学作为世界观的研究对象不是单纯的存在，而是人和他周围世界的关系，“它力图在人同周围自然界的关系中，在同理解自然界运动的普遍规律的密切联系中解决人的问题”[80]。哲学作为世界观不是解决别的什么问题，它只是从人和客观实在诸多方面相互关系的角度关注周围自然界，关注自然界的普遍规律，哲学要解决的是人的问题。这个提法振聋发聩。科普宁是在20世纪60年代中期说这番话的，而20世纪80年代后期苏联科学哲学研究再一次发生人—社会历史转向，可以看到科普宁的思想具有何等惊人的超前性。

科普宁对认识过程和认识结构的辩证法做了深入的研究。他认为正确处理认识中感性和理性、经验和理论的辩证关系具有重要的意义。历史上，经验主义和理性主义的对立贯穿了近代哲学史，厘清这一问题上的混乱是解决认识论问题的前提。科普宁肯定理性主义的进步性，把理性主义分为狭义和广义两种：第一种理性主义指的是对知识源泉问题的特定解决，是与另一种与之对立的解决——感觉主义对立的；第二种理性主义是这样一种学说，它与对存在和人的本质及其在存在中的地位的普遍理解有关。在这种情况下，这就不是狭义的认识论了，而是广义的哲学理论，那个时代的多数感觉主义拥护者也赞同广义理性主义的观点。在这里，理性的思维是与感觉（经验）对立的，而理性则是与生活中的非理性原则对立的。这里有两个不同的划界：一个是认识论内部的划界，是感觉主义和理性主义的对立，前者主张认识的唯一源泉是感觉，后者主张理性是知识的主要来源，只有理性引申出来的必然的和自明的真理才是真实的。另一个是整个哲学甚至思想文化领域的划界，是理性主义和非理性主义的划界，广义的理性主义主张通过经验和理性认识世界，而非理性主义则强调其他的精神要素如意志、情感、直觉和下意识等在认识和人的行为中的主导作用。[81]

这是个重要的划界，马克思主义哲学属于广义的理性主义。但从认识论上说，辩证唯物主义既不是感觉主义，也与狭义的理性主义有原则的区别。辩证认识论主张感性和理性的辩证统一，但是具体如何认识和理解这种统一，科普宁却有自己的独到见解。他认为列宁关于“从生动的直观到抽象的思维，并从抽象的思维到实践”[82]的命题一直被误读了，因为感性、理性和实践并不是认识的三个阶段。无论感性还是理性都不是认识的不同阶段，而是认识的组成要素，它们在整个认识过程的各个阶段上，都同时存在，共同发生作用。生动的直观固然同感觉有关，但并不归结为感觉，其间抽象思维也在发生作用；而抽象思维就其起源和存在形式说，始终表现为感性上可直觉的符号系统。所以，科普宁说，“人的认识就其各种表现形式来说，它始终是感性认识和理性认识的统一，缺了其中一个要素，也就没有人的认识”[83]。认识是一个过程，当然有阶段性，科普宁认为，认识是由经验阶段和理论阶段构成的，经验知识是从客体易于为生动直观所把握的外部联系和表现方面反映客体的，是现象而不是本质；理论知识则是从对象的内部联系和运动的规律性反映客体的，具有真正的普遍性。

实践也是认识的要素，但却是决定性的要素，它是整个认识的基础和检验标准。在科学哲学上，科普宁特别重视实验在科学认识中的作用，尽管经验荷载理论，但对科学发展来说，实验仍然是基础。他强调说："某些资产阶级哲学家贬低实验在认识中的作用，断言实验本身没有任何启发作用，没有用新的成果丰富科学。他们推断说，实验倒是被当作对某种现成思想的检验，或是证实它，或是推翻它。实验能够给出的仿佛仅仅是事先置入其中的东西，但是科学的事实颠覆了这些推断。"[84]具体的实验虽然是有局限性的和相对的，但是实验不断提供新的事实，突破旧的理论框架，"随着实验技术的完善，实验的证明力在增长，科学能够从中得出更精确的结论"[85]。

科普宁对当代科学的发展十分敏感，他认为必须根据最新科学进展及其发展趋势，对科学哲学的论题和领域做出相应的调整。1970 年 12 月，为纪念列宁 100 周年诞辰召开了第二届全苏自然科学哲学会议，会上科普宁做了题为《马克思列宁主义认识论和现代科学》的学术报告，强调了科学哲学必须密切跟踪现代科学的进步，全方位地做出调整，对此他提出了原则性的思路："哲学为了能够实现科学方法论的任务，应该更新和拓展自己的概念体系，把握其间的相互联系，依靠具体科学的发展成果，探寻那些有时超出单个学科关注范围以外的现象之间的普遍联系，在现代水平上制定那样的概念系统，所根据的应该不仅是分析自然科学，而且分析社会现象，因为这是有整体认识意义的。"[86]在报告中，科普宁具体总结了最新科学技术进步引起的当代科学认识的八个方面的变化：①直观映像在科学认识中的价值和作用概念发生变化，人工语言系统发展起来；②理论在向新结果的运动中的作用增强，成为生成新观念的有利因素；③知识的数学化和形式化的趋势加强，同时直觉因素又成为冲破逻辑演绎框架、提出新观点、新概念的重要手段，研究知识发展逻辑形式和直觉形式的联系成为重要课题；④以研究知识本身的发展规律为对象的元理论和元科学研究兴起；⑤科学整体化、综合化的趋势强化，横断不同现象域的方法论概念（如信息、结构、反馈等）得到广泛应用；⑥同常识背离的"悖论"性知识日益渗入科学认识；⑦以系统方法把对象分解为最简单的结构和关系；⑧概率概念在理解客观世界和理论体系方面的作用不断增大。[87]

1970年到现在，半个世纪过去了，重温科普宁的这个科学认识论主题变化的纲要，仍然有强烈的现实感，其中谈到的发展趋势，在今天的语境下，不但没有改变，反而更加强化了。一位科学哲学家对科学的最新进展了然于胸，而且以深邃的哲学洞见准确地揭示它们对科学认识的影响，提出对科学哲学发展的纲领性建议，表现出科普宁在哲学思维上达到的无与伦比的高度。1971年科普宁就与世长辞了，这篇讲话留在了科学哲学的历史上，成为这位不世出的学者留在科学哲学史上的永久纪念。

1971年6月27日，在苏联科学院的档案室科普宁摔倒在地，没能走到写字台前，从此永远结束了他为寻求真理辛勤劳作的一生，享年仅仅49岁。朋友回忆说，他常常微笑着说："我死后发表这些著作不成问题，因为我写的东西就是这些，立即就会印出来。"著作就是他的生命，那些著述熠熠生辉，他是不朽的。

第四节　"六十年代人"的后继者及其理论创新

20世纪70年代后期到20世纪80年代中期是苏联社会发展的一个特殊时期。赫鲁晓夫的改革给苏联传统体制撕开了一个大大的缺口，但并没有从根本上改变中央集权的计划经济模式。不过，他毕竟把改革的意识带进了苏联社会和公众的思想意识中，而这是不可逆转的。勃列日涅夫执政是以扭转赫鲁晓夫的乱政来建立自己政权的合法性的，所以一开始不能不以改革相标榜，着手修补、调整和修缮被赫鲁晓夫搞乱了的秩序。所谓"新经济体制"体现了勃列日涅夫-柯西金的经济手段和行政手段相结合，国家计划和企业利益相结合的改革方针。

但是，由于没有引进市场经济机制，所有这些改革只是放松了中央集权的控制，强化物质刺激的力度，对原有体制并没有根本触动。新闻工作者鲍文（А. Е. Бовин）形象地说："我们用一只手给了企业，却又用另一只手收了回来。我们通过了新的法律，可是旧的指令还照样保留。"[88]开始时，一些调整措施曾经初见成效，1966—1970年国民收入的增长率曾高达7.4%；可是接下来的两个五年计划（1971—1975年，1975—1980年）增长率却直线下滑，到1982年勃列日涅夫去世时竟降为2.6%。实践证明，勃列日涅夫的改革已经走进了死胡同，于是他改弦更张，不再推进体制改革，而把希望寄托在科学技术进步上。美国学者科宁厄姆（Conyngham）看出了端倪，1982 年他在《苏联工业管理的现代化》一书中，明确指出："从 1965 年到 1969 年，各项经济改革都优先考虑改变结构关系及触动因素，在试图大幅度地提高工业组织的效率遭到明显的失败以后，重点开始转移。勃列日涅夫在 1969 年 2 月中央委员会全体会议上宣布，合理化的过程转向采取科学技术战略。"糟糕的是，科学技术生产力也被中央集权的僵化的计划经济体制禁锢了，求助于科技进步这尊"正神"（勃列日涅夫语）同样是缘木求鱼，科宁厄姆结论说："直到 20 世纪 70 年代中期，技术推动力一直保持统治地位，此时，它也陷入了希望过高又急速幻灭这一人们熟知的循环。"[89]

1970 年以后苏联社会的整体语境是错综复杂的。

一方面，改革是朝野共识，求变是社会心理不可阻挡的趋势，在意识形态领域维持思想垄断和政治高压，已经不得人心，斯大林时代推行的意识形态政策很难原封不动地推行下去了。同时，当局对科学技术革命所寄托的希望，又促使他们对待科学技术专家持更加宽容的态度。格雷厄姆很清楚地看到了勃列日涅夫时代这种气氛对科学技术界以及科学技术哲学的影响，他指出："六十年代中叶以后，许多技术部门在很大程度上恢复了它们在第二次世界大战前所享有的自主权。科学比文学和艺术有了更多的自由。只要苏联科学家明确坚持他们在诸如人权、国际关系和改革苏联体制等方面的政见，就可以指望在他们的专业领域少受干扰。除了出国访问的权利之外，一种相当正常的思想生活已经盛行于自然科学界，而在很多专门领域中，这种正常化已经扩展到科学哲学上。"他因此认为，"从 1968 年到 1977 年是苏联科学哲学的健康发展时期"。[90]

然而，另一方面，勃列日涅夫的后一段时期不仅是改革挫败、经济停滞时期，而且是所谓"悄悄地重新斯大林化"时期。勃列日涅夫的倒退原因是复杂的，从根本上说是因为勃列日涅夫集团所代表的既得利益阶层不想也不能触动自己的权力、地位，而苏联社会根深蒂固的深层结构性矛盾，只有通过彻底的革命性变革才能走向新生，而这是已经腐败透顶即将崩解的苏共上层集团根本无法承担的任务。所以，愈是到执政的后期，勃列日涅夫集团愈是强化控制，思想文化领域大有"回潮"的趋势。对此斯焦宾评论说："特别复杂的是，20 世纪 60 年代末到 20 世纪 70 年代，勃列日涅夫思想家企图实现斯大林主义在社会科学中的畸形复兴。跟踪追捕、禁止出版、解除职务，虽说这些镇压行为尚未达到斯大林时代的规模。"[91]

相应地，在哲学领域又有人挑动本已淡化的认识论派和本体论派之争。赫鲁晓夫时代任苏共中央书记的伊利切夫（Л. Ф. Ильчёв）本已沉寂数年，1976 年复出任苏共中央检查委员会委员，并连续发表哲学论著，猛烈抨击认识论派。1975 年 9 月 15 日，苏共二十五大前夕，苏共中央机关报《真理报》发表编辑部文章《苏联哲学家的崇高职责》，矛头所向十分明确："过去一个时期，哲学家更多地把辩证法问题当作逻辑和认识论的问题来研究，很少研究客观现实各个领域的辩证法"，这是指责认识论派否定哲学要面对客观存在的辩证规律，是不点名地批评凯德洛夫等。而伊利切夫似乎正是配合高层决策者的意图，在 1976 年第 4 期《哲学问题》上，推出重磅论文《论哲学问题和方法论问题的相互关系》，尖锐地指斥苏联哲学界存在阴暗面，而他所说的阴暗面不是别的，恰恰是："许多哲学著作中存在着片面的逻辑认识论态度，贬低客观辩证法和发展论，企图把马克思列宁主义哲学的多种多样的问题归结为对主观辩证法的研究。"[92] 1977 年他又发表了专著《哲学和科学进步》，进一步论证了自己的本体论立场。他认为苏联哲学界在研究方法论方面存在"消极方面"，那就是："某些哲学研究著作片面地以逻辑认识论问题为目标，轻视有时甚至否定辩证唯物主义的本体论问题、客观的辩证法、发展理论；有些哲学家想要把马克思列宁主义哲学多种多样的内容归结为逻辑认识论问题，换句话说，归结为研究恩格斯称之为主观辩证法的东西。"[93] 他特别强调辩证唯物主义哲学要研究"整个世界"，不能把它的权限仅限于研究"认识着的思维"。

当然，历史总是进步的，尽管在改革举步维艰的苏联，这样的进步仍然是不可阻挡的。就科学技术哲学领域说，"六十年代人"所开启的新哲学运动已经沛然莫之能御，到了 20 世纪 80 年代，科学认识论成为整个哲学领域最有生气、成果最丰硕的部门，以致可以说，苏联科学技术哲学实现了认识论的转向。1981 年 4 月 22—24 日召开的全苏第三届现代自然科学哲学问题会议的主题，完全转向了科学认识论和科学方法论问题。会上苏联科学院院长亚历山大洛夫（А. П. Александров）在开幕词中，给自然科学哲学下定义说："事实上，现代自然科学哲学问题，这是科学探索同认识的方法论基础交叉的一个中心，这是对自然界以及对人类自身在自然界中的位置的一种更广阔的看法。"[94] 这已经明确把自然科学哲学规定为认识论和方法论研究了。这次会议的文集《辩证世界观和现代自然科学方法论》收入会议论文 49 篇，分为三大部分——思维方式和世界图景、自然科学发展的规律性、科学革命的辩证法问题，几乎全部都是有关科学认识论和科学方法论的问题。另一个标志性的事件是，苏联科学院哲学研究所建立"逻辑和认识论研究室"，用以取代"辩证唯物主义研究室”。

还有一个值得注意的动向：在科学技术哲学研究中的社会历史和人的维度渐渐成为新的关注重心。对过去的政治迫害和历史冤案的清算，引发了对人的权利、生命的意义和价值的反思。1979年，苏共中央机关刊物《共产党人》发表编辑部文章《苏联哲学研究的现状和趋势》，发出号召：“研究科学人道主义理论是哲学研究的重要任务。无疑，在研究世界观问题中，自然科学哲学问题的作用是非常大的，没有这一点，简直不能说是科学世界观。但研究这些问题，无论何时都不可忘了人，不可忘了人的需要、期待、目的、理想，不可忘了自然界和人的世界的联系。”[95]这预示苏联科学技术哲学的研究正在孕育着一个新的转向——人文主义的转向，20世纪70年代到20世纪80年代中期是苏联社会各种矛盾聚集、激化和即将爆发的时代，但是这一时期的科学哲学却走向了苏联时代的高峰，如前引述的弗罗洛夫的评价所说：“我们可以说，现在我国对科学哲学的研究已经达到很高的水平，达到世界水平。”[96]这是一个独特的现象，笔者曾称之为“苏联科学哲学现象”，值得放到当代世界哲学文化的大背景上去进行反思。继“六十年代人”之后，在苏联科学技术哲学领域出现了新一代改革派的哲学家，他们是与前面介绍的三位代表人物差堪比肩的后继者，可称为“新三驾马车”。

一、И. Т. 弗罗洛夫

伊万·季摩菲耶维奇·弗罗洛夫是苏联后期科学技术哲学的带头人。他早年就读于莫斯科大学哲学系，同时又在该校生物系旁听遗传学的课，并参加课堂讨论，这为他后来的专业研究奠定了基础。弗罗洛夫一生横跨学术—媒体—政界，常常游走于这三个领域，而且在这三个领域都跻身顶层，对苏联社会的思想生活产生了重大影响。作为一个公众人物，对他的是非功过很难简单地做出评价。从1952年起，他先后出任《哲学问题》、《和平和社会主义问题》、苏联科学院出版局的编辑。1966—1977年任《哲学问题》主编。1965—1968年，他一踏入政界就成为苏共中央书记的助理。此后到20世纪80年代中叶的近20年间，他离开政界，主要投身学术研究。但到20世纪80年代末，在戈尔巴乔夫改革的后期，他却突然受到重用，从执掌党报党刊，转而进入决策层。1986—1987年调任《共产党人》主编，1989—1991年出任《真理报》主编，成了苏联党中央的舆论喉舌一报一刊的主管。1987—1989年任苏共中央总书记的意识形态助理，1990 年进入苏共中央政治局，成为戈尔巴乔夫智囊团的核心人物。研究苏联解体问题的学者，普遍认为戈尔巴乔夫的改革理论受到弗罗洛夫的重大影响，甚至在这方面负有罪责。齐普克（А. С. Ципко）在其论戈尔巴乔夫改革的专著《作为俄罗斯方案的改革》中说："从 1988 年起，戈尔巴乔夫的意识形态助理是弗罗洛夫。在他的影响下，戈尔巴乔夫赞同很多六十年代人对早期马克思人道主义的信仰，我想，在改革的后期，弗罗洛夫对戈尔巴乔夫的影响是强有力的，这是他的罪过。"[97] 这一问题已经越出了本书主题的范围，弗罗洛夫是苏联哲学家中对国家命运产生过重大历史作用的人，其功过是非应当由这方面的专家深入进行研究，作者的讨论仅限于他的科学技术哲学思想，这是需要声明的。

弗罗洛夫的学术研究涉及科学技术哲学十分广阔的视域，有些主题甚至越出了科学技术哲学的范围，他是高产作家，一生发表的论著有 450 多种。就科学技术哲学说，他的研究域主要包括以下几个方面。

（1）生物学哲学和生物学史，特别是遗传学哲学和遗传学史。他对生物学和遗传学辩证法和方法论、遗传学史和现代遗传学问题、孟德尔主义等都有精深的研究；他对苏联遗传学发展历史的分析和总结，是科学史和科学哲学研究的力作。他这方面的代表作《遗传学和辩证法》（1968 年），产生了重大的学术影响，受到生物学家，以及包括诺贝尔奖得主谢苗诺夫（Н. Н. Семёнов）和卡皮查（П. Л. Капица）在内的知名科学家的高度赞誉。

（2）科学伦理学，包括生物伦理学、生命伦理学、医学伦理学。他对其中一些特殊的专题如生命的意义，生、死与不朽，环境与生态等问题，都做过深入而系统的思考，提出了很多独创性的见解。他和尤金（Б. Г. Юдин）合写的《科学伦理学》一书，出版于 1986 年，是马克思主义科学伦理学的开山之作。

（3）人的研究。他在这一领域的研究是与他对人道主义的追求直接相关的，于逝世前两年还写出专著《新人道主义》（1997 年）。他的人的研究有两个维度：一个维度是科学技术和科学技术革命的维度，他力求把人—科学技术—人道主义统一起来；另一个是全球性的维度，他把人的研究置于全球化的语境下面，从环境、能源、经济、政治、文化、社会的全球化研究人的现代地位和未来前景，出版于 1982 年的《全球问题和人的未来》被译成英、芬兰、印地等语言，产生了广泛的国际影响。他倡导对人的综合研究，1983 年创办了杂志《人》并任编委会主任，1992 年在俄罗斯科学院组建了"人研究所"并自任所长。

公平地说，弗罗洛夫是一位思想深刻、眼光超前、治学刻苦、勇于探求的哲学家，对苏联科学技术哲学的发展怀有强烈的责任感。他1980年出任苏联科学院主席团“科学技术的哲学和社会问题综合委员会”主席，为组织和推动这一学术领域的工作付出了艰辛的劳动。格雷厄姆评价弗罗洛夫在《哲学问题》杂志的工作时说：“弗罗洛夫接任主编，通过和其他科学团体建立紧密联系，着手复兴苏联的科学哲学。由于他是一位以抵制意识形态对科学的干扰而声名卓著的哲学家，他能够安排哲学家和顶级自然科学家聚会，以往这些自然科学家和辩证唯物主义者是不相过从的。这些聚会的报道，以题为‘圆桌会议’的固定专栏刊登在杂志上，以引人注目的形式改变了苏联哲学的风气。”[98]

弗罗洛夫是直接接续“六十年代人”的新一代哲学家，他的成名作《遗传学和辩证法》出版于1968年，那时“老三驾马车”凯德洛夫、伊里因科夫、科普宁发动的六十年代新哲学运动已经与保守势力进行多次交锋。弗罗洛夫追随他的前辈，始终是坚定的认识论主义者。直到苏联解体前两年才出版的《哲学导论》是弗罗洛夫主编的，全面体现了他对哲学的认识。由他牵头和另外三位作者一起撰文谈这部书的写作意图：“使哲学重新履行其固有的世界观和方法论功能，因为正如人们正确指出的那样，哲学始终是‘通过思维把握时代的’。”[99]弗罗洛夫彻底摈弃了本体论主义的哲学观，《哲学导论》认为，哲学是关于世界观的学问，而什么是世界观呢？“世界观是人类意识、认识的必要的组成部分”，而“与所有其他形式和类型的世界观不同，各种观点的哲学体系追求的是关于现实的总体知识的内容，获取它们的方式，以及为规定人类活动的目的、手段和性质提供论证”[100]。

在对认识论主义哲学主张的阐释和宣传方面，弗罗洛夫有着自己的特点。他除了作为作者之一参加过《唯物辩证法简论》的写作之外，从未撰写过辩证法或认识论方面的专著。他受过生物学的专业教育，在这一领域有深厚的功底，像化学专业出身的凯德洛夫写过多种有关化学哲学的著作一样，弗罗洛夫也致力于生物学哲学研究。他的认识论主义观点，都是通过这些专题科学论著阐发出来的。这些著作有些是生物学史或遗传学史，如《孟德尔主义和现代遗传学哲学问题》（1976年）、《遗传学的哲学和历史：探索和争论》（原名《遗传学和辩证法》，1968年初版，1988年再版改称此名），有的则是纯粹的生物学认识论和方法论著作，如《现代生物学的方法论原理》（1973年）。立足一门实证科学，全面研究其认识论和方法论与唯物辩证法的关系，这是论证辩证法也就是马克思主义认识论的绝佳视角，是马克思写作《资本论》的思路，不能不说弗罗洛夫别具只眼，这也使他在苏联的认识论派中独树一帜。

苏联围绕遗传学的斗争史，既是特定历史条件下科学与政治关系的一个缩影，又是马克思主义科学技术哲学发展史上的重大历史事件。弗罗洛夫认为，反思李森科伪遗传学的产生和发展的历史，不在于李森科及其门徒不懂或错误地说明了生物界的客观辩证法，关键在于他们歪曲了辩证法的本性，没有把辩证法当作探索和把握遗传现象本质的认识方法，而是当作先验的教条，甚至是政治斗争的工具。弗罗洛夫为《遗传学和辩证法》一书新版所写的前言《二十年后致读者》，开门见山提出了一连串的问题，直接陈述了此书写作的目的。他说："辩证唯物主义方法论为遗传学提供了什么？它怎样才会被扭曲，又是如何被扭曲的？"他给自己提出的任务是："要从哲学上揭露李森科主义对辩证唯物主义所怀抱的觊觎之心，指出它不仅在科学上，而且在哲学方面也是站不住脚的，与此同时要捍卫辩证法，证明它对现代遗传学来说是必不可少的。"[101] 弗罗洛夫抓住了李森科伪科学理论的要害，即获得性可以遗传的拉马克主义，其理论纲领就是"外在环境对遗传具有决定意义"。弗罗洛夫从辩证认识论出发，以有机体内在结构和外界环境条件相互作用的辩证方法论为指导，依靠现代遗传学大量无可辩驳的实验成果，揭示了 DNA 作为遗传物质载体与外在环境相互关系的机制，说明了遗传和变异的客观本质。他指出通过分子水平的研究，已经发现变异是 DNA"复制错误"或"植入错误"的结果，其间蕴涵着辩证的认识机理："保证变异过程的适应方向，生命系统在同外界因素相互作用中的选择能力，以及在有机体内部环境和外界因素相互作用的'转型'过程中发生的复杂的相关性重组——分析所有这些机制，才能从根本上扩展变异性的概念。"[102] 不是偶然的，该书共四章，除第四章分析遗传学的社会伦理学问题之外，前三章分别是"遗传学方法论基础的发展""辩证唯物主义方法论和对遗传和变异本质的认识""辩证法视域上的遗传学方法"。所以，我们说弗罗洛夫是通过生物遗传学史的研究，令人信服地阐明了辩证法和认识论的统一。

他的另一部生物学哲学著作《生物学研究的方法论概论（生物学方法体系）》虽然主题是具体科学的特殊方法，但作者的目的除了建构生物学研究方法的完整体系之外，还要在深入分析各种具体研究方法的基础上，进一步阐明辩证法是贯穿在这些方法之中的一条主线，是它们的方法论基础。该书的简介指出："本书探讨了科学研究的方法论和逻辑问题，论述了自然科学中发生的方法论变化怎样反映在辩证认识上，研究和解释了传统的和新的具体方法的认识论意义是什么。"[103] 弗罗洛夫具体讨论的生物学方法包括：观察、描述和事实的系统化，比较方法，历史方法，实验，模型化，以及归纳和演绎、分析和综合、假说、公理化等逻辑方法。但是，对这些方法的论述却处处立足于辩证认识论。他特别注意各种方法的相互联系和统一，揭示其中一般和特殊的关系，分析整体结构和组成要素之间的关联，注意每种方法的优越性和局限性。所以这本关于部门科学方法的著作，同样是在实证研究基础上，说明辩证法是认识自然对象的普遍方法这一原理。列宁说过："黑格尔的辩证法是思想史的概括。从各门科学的历史上更具体地更详尽地研究这点，会是一个极有裨益的任务。"[104] 应当说，弗罗洛夫做到了这一点。

除了生物学哲学研究之外，弗罗洛夫最重要的学术研究领域是科学伦理学。1986 年他和 Б. Г. 尤金合作出版了《科学伦理学》，成为苏联科学伦理学的奠基性著作。该书作者认为，科学伦理学作为最重要的哲学研究域凸现出来，是科学自身发展和现代社会发展历史趋势的必然结果。一方面，出现了一个显著的迹象，科学是特殊活动形式，而对这一活动的主体——人也应当重新认识，在现代条件下，科学哲学及其相关学科理所当然地对作为科学活动主体的人表现出越来越大的兴趣。人性和人的需求的"人的维度"，不仅在"归根结底"的意义上，而且在直接的意义上成为科学的关怀和目标。另一方面，现代科学社会化和人文化的趋势表现为民族化、区域化和全球化之间的矛盾，这不仅涉及社会、国家和国际对科学发展的管理和调控，而且与社会伦理和人道主义原则的调节作用密切相关。当然，这也反映在科学内部的变化上，"这种新形势首先同科学领域内的一系列变化联系在一起（尤其是对方法论的摒弃使科学的能力贫乏的实证主义方针），也表现为重新理解科学在现代文化系统中的地位和作用"[105]。弗罗洛夫的著作建构了科学伦理学的理论体系。弗罗洛夫视域中的科学伦理学，应立足于科学认识功能中的社会文化潜力。作为哲学前提首先要解决认识和价值的关系问题，这个问题的核心是人作为价值主体和科学作为客体之间的关系，从而提出人文主义的维度和社会伦理原则的调节作用的问题。科学伦理学的内在矛盾是科学与伦理的二择一问题，必须批判唯科学主义和技治主义立场。当然，作为一个正在建设中的学科，弗罗洛夫给它提出的任务是很现实的，他说："科学伦理学的基本任务与其说是解决，不如说是表达和明确提出在科学活动中产生的伦理学问题和矛盾，与其说是给学者们指出这样那样的标准，不如说是批判地分析和论证实际指导学者们的那些伦理规范。"[106]

不过，在这一学科部门中，弗罗洛夫更关注的是生物伦理学问题。早在

1978年他就发表了《辩证法和生物伦理学》一书，此书很快被译成法文出版。在1986年的《科学伦理学》一书的八章中，有三章是专门用来讨论生物伦理学和遗传伦理学问题的。就在这一年，他还和Б. Г. 尤金合作出版了《生物学的伦理学方面》的专著。

早在1750年，卢梭就曾指出："科学的创造神是一个与人类安宁为敌的神。"[107] 弗罗洛夫对生物伦理学给予极大的关注不是偶然的，作为一个生物学家他对生物技术的飞跃发展所带来的双重——正面的和负面的——后果，有着清醒的认识。他指出："在科学知识领域，围绕学者的社会责任及其活动的伦理—道德评价问题的争论特别尖锐和激烈，其中基因工程、生物技术、生物医学和人的遗传所有这些彼此密切相关的研究占据特别重要的地位。正是基因工程的发展导致科学史上的一个重大的事件。1975年，世界著名学者自愿中止了一系列研究，这些研究不仅对人类，而且对我们星球上的其他生命形式都有潜在的危险。"[108] 他说，在解决当代已经威胁人类生存的那些问题时，必须全人类联合起来，共同努力。[109] 弗罗洛夫认为，最新科技革命使人类进入了以"生物世纪"为标志的时代，但是技术改进造成了一系列全球性的困境，造成了对人类健康和生存环境的威胁。在这方面，生物学认识决不能局限于研究其认识论、方法论和逻辑根据，要看到这一认识是主体和客体相互作用的深刻过程，已经制定出的复杂的社会伦理学原则，为科学知识的建构和科学共同体内部的交往提供了基础。

弗罗洛夫注意到科学技术发展造成的一种"剪刀差"：一方面是科学本身和社会对提高科学技术进步的水平和速度的无止境的要求，另一方面是那些掌握现代科学成就的人的道德责任水平能够极大地降低这些成就对人类的正面效应。例如，由于基因工程涉及人类基因调控过程极其隐秘的机制，分子生物学家就走到了实验科学的一个危险的边缘，就像人类制造了核武器一样，基因工程也同样可怕，它威胁到人的不可重复的个体性。他的结论是，人不仅要拥有知识，而且要拥有智慧。科学伦理学要通过解决科学技术的伦理—人道主义问题，克服唯科学主义和技治主义，使科学知识不对人造成危害。在这方面他制定了一系列研究主题：基因、智能和伦理学问题；社会生物主义、精英主义和种族主义；人类遗传学的伦理问题；基因工程的无限可能性及其限制；有关基因工程研究的自由和学者的社会—伦理责任；人的遗传学和遗传控制的争论；等等。

弗罗洛夫的科学技术哲学研究最后落脚到人的研究。最早在1979年他就与扎格拉金（В. В. Загладин）合作出版了《人的未来：问题的提出、争论总结综述》；1982年又独立发表《全球问题和人的未来》和《人—科学—人道主义》；1986年《人—科学—人道主义：新的综合》问世，旋即译成英、德、法三种文字，此书是他这方面的代表作。直到去世那一年的1999年，还最后推出《人的潜力：综合方式的尝试》，成为他的绝笔，可见他对这一问题的钟情，不愧是俄（苏）人学研究者的奠基者和开路人。

弗罗洛夫的人学著作是一个多学科的综合探索，本书仅就弗罗洛夫在科学技术哲学视域上的人学研究做一些概要的考察。他把人的研究视为科学哲学的根本论题："作为爱智慧、爱人类的体现的科学技术哲学，它在现代科学中发挥着自己的综合的、批判的（方法论的）以及价值论的功能，它首先研究人的本质、人的形成和发展的一般规律性，人的目的和理想，以及实现这种理想的途径。因此，科学哲学乃是对有关人的知识的某种独特的'综合'知识。"[110]这其实已经把科学哲学也定义为人学的一个部门了。

人的问题在历史上只是一些哲学流派的中心问题，但今天却已经成为所有哲学学说的主要研究对象，这是时代发展的结果，弗罗洛夫说："今天没有哪一种社会—哲学和政治学说不把人的问题当作关键的、决定性的问题。这首先是因为，世界事件的发展、生产和文化的增长，对人的活动、对他的意识和自我意识以及意愿和道义的性质，提出了新的要求。生命活动的新的因素和新的条件（劳动的强化、日常生活紧张度的增大、人类生存环境中化学和其他物质的聚集）导致遗传缺陷，给有关人类未来问题的答案涂上了消极的，有时是悲观的，甚至是末世论的色彩。"[111]

弗罗洛夫认为，当代世界人的问题最关键的背景是最新科学技术革命，而在这样的背景下，必然要重新提出人与自然、人与社会、人与人的相关性问题。

在自然的相关方面，弗罗洛夫认为现在已经是地球演化的"智慧圈"阶段，人已经用新技术创造的劳动工具武装起来：一方面，改变了人类受"种内选择"这种自然选择生物性法则支配的历史，进入了组织进化和文化进化的高级阶段；另一方面，人与自然环境不再是"消费型关系"，即仅仅把自然当作生活资料索取的对象，而是进入了"协同演化"的新历史阶段。人开始保证自然有目的地、合理地发展，同时人也与自然和谐相处，共同进步。

在社会的相关方面，新技术革命，特别是微电子革命带来效率空前提高的同时，也会相应地引发许多负面效应，如失业人群激增、官僚主义加剧、对舆论和思想全面控制等。技治主义在新技术革命浪潮中成为流行的思潮，导致一种技术乌托邦，阻碍了对社会问题的正确认识和批判。

在人的相关方面，新技术革命突现了人的创造性本质力量完整协调发展的必要性。人的创造力不仅是智能的，而且是文化的，应当被纳入人文主义的范畴，归属于与生命的意义相关的新价值系统。人—机关系出现了质的变化，技术发展出现了各种与人相关的新的趋势和可能性，人作为创造性的存在物如何防止退化而不断进步，正在成为时代的主题。

弗罗洛夫提出通过研究作为统一体的生物圈的全球性质，根据人类社会有机体的整个聚合的共同利益，制定“全球战略”的设想。他认为必须进行一次对“人类自身发展原则的改造”。姑不论他在苏联最后一轮改革中的政治态度和历史功过，作为一个科学哲学家，他是有宏大历史眼光和强烈现实关怀的。

他主编的《哲学导论》的结束语概括当代哲学的新的发展趋势：“也许最主要的趋势是，哲学为形成综合的人的研究，开始更广泛地寻找理论—方法论的道路，在这条道路上，自然科学、科学技术和人文科学各学科结合起来了，而真正哲学性的广大的世界观根据会起到巨大的作用。”[112]这是他的哲学信念，他致力于实现这一信念，直到生命的最后一息，这种真诚是值得尊敬的。

二、B. C. 施维廖夫

弗拉基米尔·谢尔盖耶维奇·施维廖夫生于1934年，1956年毕业于莫斯科大学哲学系，随即在苏联科学院哲学研究所攻读副博士学位。1966年通过副博士论文答辩，论文题目是《新实证主义和科学的经验论证问题》。1977年获博士学位，博士论文题目是《理论和经验作为科学的方法论分析问题》。除了1964—1969年在莫斯科大学哲学系任教五年，副博士研究生毕业后，一直在苏联科学院哲学研究所工作，并终老于此，毕生未曾他就。

莫斯科大学哲学系的学习生活，铸就了施维廖夫一生的哲学事业，他终生哲学思考的中心是科学认识论和科学方法论问题，十分专注，而这一切都是在大学时期打下基础的。他入学后，正值苏联社会激烈转型阶段，是摆脱斯大林体制的艰难时期。他回忆说，本来他入哲学系的初衷是研究可以称为自然哲学的世界结构问题，因为少不更事，其实并不了解这一问题的价值。但是，他说自己命运的转折始于20世纪50年代中期，在思想氛围相对自由的时期，遇到了莫斯科大学哲学系的一批异见者，他们是一些年轻的、天才的、受打压的哲学家。这批人分为两个圈子：一个圈子以伊里因科夫为首，思想导向是恢复在官方教条中被抛弃的哲学文化，途径是转向哲学史，首先是黑格尔和马克思；另一个以谢德洛维茨基（Г. П. Щедровицкий）为首的圈子，思想导向是研究现实的科学思维，不仅是马克思《资本论》的辩证逻辑，还有自然科学的材料。施维廖夫加入了第一个圈子，这被称作认识论派。他回忆说："我始终尊重和关注伊里因科夫的思想。记得我曾带着报告来到他的讨论班上，后来和他建立了相当亲密的私人关系，特别是在哲学所，尽管我并不总是赞同他的理论立场。"

这段思想生活，从两个方面重塑了施维廖夫。首先是使他重新认识了哲学，"发现哲学的任务不是像官方的教条所设定的那样，建立存在的普遍规律，而首先是研究理论思维的规律和机制，相应地，从马克思主义辩证法的传统说，首先是把'从抽象上升到具体'作为这种理论思维的基本方法实现出来"[113]。同时，更重要的是让他确立了自由的精神，这是研究哲学的第一要义。大学四年级时他为参加学术讨论准备了一篇研究因果性的报告。他认为因果性只是普遍联系的一种，不能用单一的因果性掩盖联系的多样性，这是向官方哲学教条的挑战，结果受到了批判，被指责为反对决定论。但批判反而更加坚定了他独立思考的决心，不但从不屈从于官方哲学，即使对自己尊敬的老师，像伊里因科夫，他也同样抱着"吾爱吾师吾尤爱真理"的态度，对他的"思维存在同一性"和"抽象上升到具体"的理论提出异议。

施维廖夫哲学思想的发展可分为两个阶段：前一个阶段是20世纪60年代到20世纪70年代，是延续"六十年代人"的方向，他称之为"认识论—方法论"时代；而20世纪80年代后，他发现哲学虽然是"理性反思意识"，但必须放在更广阔的文化空间中去考察，他认为这后一个导向就是马克思所说的对世界的"实践精神的掌握"。[114]

其实，就整个世界科学哲学的发展说，从20世纪中叶开始，西方科学哲学也在批判反思逻辑实证主义的正统解释。施维廖夫对此有高度的理论敏感，所以早在研究生时期就开始了对新实证主义（逻辑实证主义）的系统研究。他最早的著作几乎与西方对逻辑实证主义的批判同步。就在库恩《科学革命的结构》发表的1962年，施维廖夫发表了《新实证主义的经验知识概念和科学知识的逻辑分析》一文（收入《现代形式逻辑哲学问题》一书）；1966年出版专著《新实证主义和科学的经验论证问题》。他看到逻辑实证主义的所谓"公认观点"在面对巨大困难的时候，不得不放弃其核心命题——可证实性原则，理论还原为经验被证明是不可能的。但是施维廖夫并不是仅仅综述和概括逻辑实证主义的学说，而是把重点放在批判分析上，指出这一学说的内在矛盾、弊端和弱点，以及不得不放弃初始纲领的理论困境。从这样的哲学审视出发，施维廖夫进一步推进了自己对科学哲学理论的原创性研究，阐明了论证的认识论上下文和发现的上下文二分法的不正确性，转而解释理论的结构问题，指出经验可检验性的错误本质，以及逻辑实证主义对分析判断和综合判断的区分的不合理性，颠覆了逻辑实证主义所提出的科学的划界标准。[115]

20 世纪 70 年代后期，特别是到了 20 世纪 80 年代，施维廖夫的兴趣转向对哲学的性质和功能，哲学同科学的关系及其在文化系统中的地位等问题上。他认为，这一问题带有根本的重要性，要害在于彻底破除哲学作为“科学的科学”这一根深蒂固的教条。他说：“在这个定义的基础上，无论如何都不能令人满意地理解科学和哲学的相互关系。”[116] 立足广义的文化空间看哲学，就会发现哲学是启发、设计、建构三位一体的功能系统，所以不能仅仅抓住对科学认识不同形式和手段的分析不放，而首先应该思考的是，哲学作为合理的理论认识要实现的是建构人和世界相互关系的特殊世界观功能。施维廖夫的转向并没有摈弃认识论主义的基本立场，只是不再把科学认识看成是单纯的认知活动，而是将其视为社会认识和整体社会文化的一个子系统。这一转向在弗罗洛夫那里已经清楚地表现出来，一般地说，这正是整个苏联科学技术哲学在 20 世纪 80 年代的总体发展趋势，施维廖夫正是这一思潮变动中的弄潮儿。还应看到，社会文化主义的兴起正是西方后现代科学哲学新转向的标志。世界观重新成为科学认识的前提性知识，被库恩看作是范式的核心。1969 年，在以批判逻辑实证主义为主题的厄巴纳（Urbana）会议上，形成了西方后现代科学哲学的新共识：“理论是通过世界观来解释的，因此理解理论就必须理解世界观。分析科学认识论的这样一种世界观进路，必须密切注意明显影响科学发展、表达、应用，以及对科学中的世界观的接受和反驳的那些科学史和社会学的因素。”[117] 这一论断被称作语境主义，所以，施维廖夫的这次转向是具有深刻时代背景的。

在这个新阶段，施维廖夫的哲学反思仍然集中在科学认识的方法论问题上，但是所选择的视角、问题的提法、研究的立论基础都有了重大变化。他指出：“方法论思想经历了复杂的变动时期，这与对价值的显著重估有关，专门的元方法论研究为更好地认识方法论思想本身的发展问题提供了可能性。”[118] 这里他把方法论思想的变化与价值重估的历史语境联系起来，是大有深意的。

在这方面，他确定的第一个主题就是科学认识中理论和经验的关系问题。

这个问题原是他1977年副博士论文的题目，1978年他将论文扩充为一部专著《科学认识中的理论和经验》出版。1979年，他又在明斯克出版了《科学认识中的理论和经验的相互关系》一书。直到1988年他的名著《科学认识分析：基本方向，形式，问题》，仍然以大量的篇幅讨论了科学认识中的理论和经验问题。这一问题直接与他早年对新实证主义的经验证实论的研究相衔接，但是，在新的语境下这一研究拓展了全新的概念空间。

他从文化角度重新定义了经验和理论两个科学认识环节及其相互关系，把它们作为科学认识的方法论概念与一般文化心理学和文化社会学概念做了比对，认为科学认识中的经验与理论的关系问题，和科学理论与日常实践认识的关系、思维与感觉的关系迥然不同，因为包括经验在内的全部科学知识都是思想和范畴加工的产物。[119]施维廖夫特别注意到经验和理论之间的辩证关系，指出两者的联系不是线性的、直接的，而是十分复杂的中介性的过程：首先是对原始经验材料做出初步的概念解释；其次是分类、理想化，形成具体规律；最后才是建构相对独立于经验的概念体系的理论形成阶段。[120]他特别指出，经验材料通过加工、建构成为概念系统或理论需要借助前提性知识，在这一点上，施维廖夫和他的苏联科学哲学同行是与西方后现代主义科学哲学有共识的。施维廖夫对此做了深刻的论述："现在，在科学的模式中，明确地意识到了一种情况，那就是科学认识活动的实现总是要通过所谓一定的相应的思维方式、'范式'，'主题'，'研究纲领'，特定的'世界图景'，这些就是在所确定的认知坐标系统中构成初始前提的东西，通过它们形成了科学概念、理论、解释图式等的具体内容。这些初始前提本身带有历史的性质，是以这样那样的方式由具体时代的社会文化语境决定的。"[121]这些论证已经全面地反映了后一时期施维廖夫的科学认识论研究的新指向。

从这样的思想出发，施维廖夫把科学认识的结构研究动力学化，创造性地建构了科学认识活动的概念。在《科学认识中的经验和理论》一书中，他已经定义了科学认识活动的概念；1984年，他进一步推出专著《作为活动的科学认识》。在施维廖夫看来，科学认识在经验层面上的活动是把理论手段运用于经验材料，旨在建立科学概念机制以及概念与概念之外的实在之间的联系。而在理论层面上的活动特点是完善和发展科学的概念机制，使之精确化，这是理论世界特殊的建构活动。[122]

他自述说，进入20世纪90年代后，他的哲学兴趣转向了科学合理性问题。1992年，他在《哲学问题》杂志第6期上发表《作为价值的合理性》；1995

年发表了一部专著《合理性的历史型式》；2003 年，又出版了《合理性作为文化价值：传统和现代》。很显然，他突破了合理性问题的认识论分析，把这个传统的认识论问题和价值论结合起来了。合理性属于科学评价论问题，历史上经验论和唯理论对科学知识合理性的判据都是认识论的，是价值中立的。施维廖夫认为，离开特定的文化语境，离开特定的价值取向，是无法全面把握合理性的，所以他的合理性理论本质上是合理价值论。他把合理性历史地分为三种形态：第一种是封闭的合理性，这是内在的合理性，从原初的科学原理出发以确定的范式、世界图景、理论和特殊假设为根据进行自我评价；第二种是开放的合理性，走出现有的已形成的体系范围，越出已建立起来的有限的前提框架，展现创造性的潜力，是一种与外在语境相互作用的不断更新的动态合理性；第三种是教条的赝合理性，把所设定的初始原则转化为不可碰触的金科玉律，压制和否定一切越界和替代的方案。所以合理性是文化历史范畴。

施维廖夫总是令人想起康德。他平生活动就在莫斯科，基本上是在科学院（前期是在苏联科学院，后期是在俄罗斯科学院）哲学研究所做纯粹的哲学理论研究，仅仅在莫斯科大学当过五年教师。他生平大体上是在莫斯科一个地方活动，是苏联地道的本土哲学家。他生长在战后和平时期，没有像几个认识论派的前辈那样有过投笔从戎的经历。他也不像比他年长的弗罗洛夫和比他略小的斯焦宾，不仅没有进入政界，甚至在学界也没有担任过学术团体的领袖。他不是院士，没有得过大奖，一生就是一个普普通通的研究员。所以他是一个真正的学者，是一个专门从事哲学思辨的思想家，他把自己的一切都完完全全地献给了哲学理论事业。但是，他生活的单调平凡并不意味着他的思想贫乏无味。他的哲学世界是浩瀚无垠的，他达到的理论高度堪与当代科学哲学任何一个大师比肩。2004 年他七十岁的时候写作了《我的哲学道路》一文，回顾了自己的思想历程，在结尾处写道："最后我想强调，我的哲学道路绝不是轻轻松松的，在这方面我当然分享了那一代人的命运，且不说所有那些在意识形态上的消耗，就是在正常的理论工作上我们也不得不投入难以想象的努力，这些在另外的情势下本来是可以轻易达成的。特别是回忆起前面提到的关于哲学本性的争论所遭遇的困境，就这个意义说现在的一代人当然处境优越得多了。但是从另一方面看，他们自然也会有复杂的问题，老实说，我绝不相信我会愿意和他们互换位置。"[123] 这最后的豪迈自白可谓流韵壮东风，他登上了哲学的高峰，有资格为自己的一生傲视群雄。

三、B. C. 斯焦宾

维亚谢斯拉夫·谢苗诺维奇·斯焦宾生于1934年，是本书论述的六名认识论主义导向的科学哲学家中最年轻的（施维廖夫生于1934年1月14日，斯焦宾生于1934年8月19日），也是最后一位逝世的（2018年12月14日）。他的学术生涯是从白俄罗斯起步的。1956年进入白俄罗斯国立大学哲学系，1959年毕业后即于该系读研究生。1959年以题为《科学认识的一般方法论问题和现代实证主义》的论文，通过答辩获副博士学位，即在本校哲学教研室任职。1976年获哲学博士学位，论文题目是《物理学理论的发生和结构问题》。1981—1987年出任白俄罗斯国立大学人文学系哲学教研室主任。1987年调任苏联科学院哲学法学部自然科学和技术史研究所所长，1988年转任哲学研究所所长。苏联解体后他仍留任，在这个岗位上一直工作到2006年。他1987年成为苏联科学院通讯院士，苏联解体后，1994年成为俄罗斯科学院院士。

一位友人在评价斯焦宾的时候说，他精神上是“六十年代人”，也就是说，他精神上流淌的是伊里因科夫等上一代改革派哲学家的血液。他在白俄罗斯国立大学哲学教研室工作期间，创造了一种无拘无束的自由学术气氛，集合起一群志同道合的年轻哲学工作者，带领大学生和研究生一道兴致勃勃地探讨哲学问题，从事课堂教学、学术研讨、撰写论文、出版著作，在明斯克建起了一个方法论学圈，俨然成了科学哲学明斯克学派的领袖。这一学术共同体很快赢得了全国性的声望，苏联哲学的权威刊物《哲学问题》选择斯焦宾的学术集体作为圆桌会议的基地。斯焦宾是个思想活跃的学者，与各种禁锢自由思考的教条和戒律格格不入。20世纪70年代他曾因鼓吹“人道主义面目的共产党人”而被清除出党，这事引起轩然大波，一直上报到苏共中央，后来在给予严重警告后，才恢复了他的党籍。斯焦宾睿智深思，思如泉涌，随时都能迸发灵感的火花，而且精力超群，异乎寻常的勤奋。他可以和凯德洛夫媲美，堪称苏联和俄罗斯科学技术哲学领域最高产的作家，从1963年起到2011年，仅专著就出版了23部，大量的论文还没有计算在内。他还是俄罗斯哲学学会的主席，是俄罗斯科学技术哲学的领军人物。

斯焦宾的科学技术哲学思想有鲜明的个性，概括起来说，他的研究是在科学认识的三维概念空间中展开的：结构维、动力维和文化维，而整个研究自始至终都贯穿着认知—方法导向与历史—文化导向的高度统一。他特别重视将认识论的变化和价值论的转换联系起来，他说过："今天是许多传统和昔日价值被破坏的时代，这个时代似乎令人困惑，对新的一代人来说更是难以理解的。但是，这个时期所获得的成就，在我国的科学和文化中留下了印记，为当代的变革做好了准备。"[124]

20 世纪 70 年代，苏联科学哲学家对科学知识的结构学的研究出现了一个高潮，其中斯焦宾的《科学理论的结构和发生问题》（1976 年）和《理论知识的结构和进化》（1978 年）独树一帜。斯焦宾认为科学理论可以划分为若干子系统，从而建构起"基础理论公式"。而各门学科各有从属于基础理论公式的特殊理论图公式，两者的区分相应于理论的基本定律和它的结果——特殊理论定律之间的区别。例如经典力学就有自己的特殊理论公式集，即表现为各种形式的特定机械运动模型：振动、刚体的转动、弹性体的碰撞等。至于从基础理论公式与特殊理论公式的联系，首先表现在从基础理论公式中得出特殊理论公式转而用来研究具体的理论客体，这需要学者的创造性工作，在这方面没有明确的设定和确定的理论，只有范例，而范例作为标准已经构成理论的组成部分。马姆丘尔等主编的《国内科学哲学初步总结》一书指出，这令人想起库恩的常规科学理论[125]。应当说二者确有某种相似之处。

斯焦宾对科学理论的发生学研究十分独到，他突破了传统反映论的狭隘眼界，意识到科学理论形成的动力学机制是一个十分复杂的课题。这一问题的思想出发点是，决定理论结构的与其说是所研究的自然客体，不如说是科学和社会实践的结果。这里预设是关键，这是理论形成的重要前提，但与西方学者的约定论主张不同，斯焦宾把这种预设看成是科学理论自身发展的结果。他指出，理论公式的发生问题所涉及的是，它们是作为假说被建立起来的，其方式是，把抽象客体从其他理论知识领域转移出来，并把这些客体联结为新的"关系网"。他强调说，在理论公式的建构过程中，抽象客体被赋予了新的特征，因为它们已经进入新的关系网中。[126] 接下来的问题是，外于经验的因素被纳入理论综合过程之中，如何才能保证知识的客观性，这就提出了斯焦宾所说的理论公式的"结构性论证"。在对抽象客体进行论证的过程中，抽象客体的新的特征符合该领域的实验材料，以此为基础提出了反映该领域的模型。此外，还表明了抽象客体的新特征与先前实践和认识发展过程中已经得到论证的客体的特征和性质是兼容的。[127]

为了规定科学形成和发展动力学要素，一些苏联科学哲学家提出了"科学知识的根据"（основания научного знания）的概念，有人把它定义为"保证理论能够发生和发挥作用的基础”[128]，也有人定义为“对科学探索起作用，被有机地纳入科学研究的结构之中的哲学范畴和原则”[129]，而斯焦宾的定义是“保证科学各个部门整体性的系统形成要素”[130]，这些要素包括世界图景、科学认识的理想和规范，以及其他科学的哲学根据如方法论原则等。

斯焦宾在《科学研究的理想和规范》（1981年）中，系统地阐发了关于科学认识的根据的理论。此外关于这个主题还有两篇十分重要的论文，一篇是《科学革命作为知识发展中的分岔“点”》（1985年），另一篇是《科学世界图景的启发功能》（1992年）。

斯焦宾对科学的理想和规范从认识功能上做了深入的分析，他认为可以从作用的类型和认识的层次上具体进行区分。按类型分，包括证明和论证、说明和描述、建构和组织三类科学知识的理想和规范。按层次分，则可以分成三层：第一层次，是所有科学研究共同的标准，是那些使科学区别于其他认识形式而成为科学的性质，最主要的是客观性；第二层次，是上述普遍标准在科学一定发展阶段上的具体化，如知识的解释、描述、证明、组织等规范都表现了特定时代的思维方式；第三层次，是把第二层次的那些方针具体化，使之对应于不同科学部门（物理学、化学、生物学等）的研究对象的特点。[131]

科学知识的根据的另一个重要成分是科学的世界图景（научная картина мира，НКМ）。苏联科学哲学对科学世界图景的研究一开始就与新实证主义的传统相对立，充分肯定哲学和世界观对建立世界图景的重大作用。但是，在这方面始终存在着本体论主义和认识论主义的对立，前者本质上是自然哲学式的导向，后者则从开始的认识论—方法论研究走向与历史—文化研究相结合的方向。斯焦宾相信，作为科学知识根据的一个层面，科学世界图景是在科学同其他文化领域相互作用的过程中形成的。他指出：“在科学世界图景的建立和发展过程中……能动地运用形象、类比、联想，专心致志地投入人类的对象—实践活动中去。”他认为科学世界图景的功能是：①保证科学知识的客观化并将其纳入文化中去；②提供科学知识系统化和综合的形式；③作为研究纲领发挥作用，保证科学知识的增长。[132]

斯焦宾把科学知识根据的研究聚焦到社会文化语境分析上来。他认为，在各个科学部门中，决定新科学知识根据建立的，不仅是在预见新事实或新一代理论模型的基础上新理论做出的成就，而且是社会文化的制度要素。“在科学知识的发展中科学革命是特殊的分岔点，这时科学探索的战略改变了，确定了未来科学发展的方向。这个时期在未来科学历史的几个可能的路线中，文化所选择的是符合其基本价值观和世界观结构的那一条最好的路线。”[133] 科学革命时代是世界观和文化价值取向转变的时代，而正是这样的转变关头成为新旧科学的分岔点。

斯焦宾从科学史上纵观科学认识的发展，根据认知主体的手段和操作（“主体—手段—客体”）的性质和方式，对科学理性的进步做了社会文化学的原创性考察。他把科学认知的发展分为三个阶段。第一阶段是经典型科学理性，专注于客体，撇掉一切与主体和活动手段有关的东西。第二阶段是非经典型科学理性，特点是意识到客体对主体和活动手段具有相对性，把这些手段和操作解释为获得关于客体的真理性知识的条件。第三阶段是后非经典型科学理性，考虑科学知识与客体的相关性时，不仅着眼于手段，而且着眼于活动的价值—目的结构，即将其纳入社会文化系统中去考察。当代充分发展的科学系统是把人纳入其中的综合体，它是“人的维度的综合体”，其组成部分包括：医学—生物学客体，涵盖整个生物圈的生态系统，生物技术客体（基因工程，人—机系统，包括信息论、人工智能）等。探索涉及“人的维度”客体的真理时，必须直接面对人文主义的价值问题，价值中立的研究理想和规范正在改变。[134]

列宁曾经提到“哲学上的‘圆圈’”。如果把苏联认识论主义的科学哲学比作一个认识圆圈，那么凯德洛夫-伊里因科夫-科普宁是第一个圆圈，弗罗洛夫-施维廖夫-斯焦宾是第二个圆圈。也许可以说斯焦宾结束了这个认识的螺旋发展，他的理论确实具有综合性。苏联刚刚解体的1991年，他在谈到对俄罗斯未来哲学发展的希望时，曾殷切嘱咐“新一代哲学家”要做到“两个不要”：不要重复过去的错误，不要割断和前辈优秀传统的纽带。这是他一生哲学工作的经验总结，对一切有志于推进哲学理论发展的人都是宝贵的金箴，而他自己是彻底忠实于自己这一信念的。在他八十岁寿辰时，他的朋友达尼洛夫（A. A. Данилов）在一篇纪念文章中的结尾说：“斯焦宾是今天所需要的人，学者、哲学家斯焦宾的时代仅仅是开始。”斯焦宾属于新时代。

※ ※ ※

苏联科学技术哲学的两个导向本来是个纯粹的哲学理论问题，但是由于苏联社会主义发展的特殊道路，这一问题竟与苏联的社会基本矛盾连接起来，从中透露出苏联社会历史命运的深层消息。作为历史进步的思想动力，哲学的作用是双重的：从微观上说，它是科学和文化创新的启发机制，既是新观念的生长点，又是新方法的原产地；从宏观上说，它是社会转型和变革的启蒙动因，既是打破旧传统的武器，又是探索新道路的指针。在文艺复兴以来欧洲资产阶级革命和近代工业社会的伟大社会转型中，哲学曾经起过这样的启蒙作用。无产阶级登上历史舞台后，在欧洲的社会主义革命，包括俄国十月革命中，马克思主义哲学也曾起到了同样的作用。

改革也是革命。20 世纪 30 年代到 20 世纪 50 年代，由于历史原因，也由于主观认识的限制，苏联建立了一个僵化的充满弊端的发展模式，改革已经成了苏联社会不能回避的选择。但是，传统是巨大的历史惰力，摆在 20 世纪 60 年代苏联社会面前的首要任务就是打破教条主义的思想牢笼，解放思想，为改革开辟道路。在当时苏联特殊的语境下，一批科学哲学家承担起这一历史重任，成了时代的鼓手。他们使用的是特殊的哲学语言，以反对先验的本体论教条为号召，鼓吹立足以实践为基础的活生生的认识，面对现实生活，解决实际矛盾，探索新的发展道路。这是科学技术哲学史上绝无仅有的现象。

当然，由于历史条件的限制，苏联整个体制积重难返，这些改革派科学哲学家本人的认识也不可避免地有极大的局限性，而且只是停留在哲学理论的思辨层面上，并没有机会也没有能力实际决定改革的方向，期待他们带领苏联人民走出历史的困境是不现实的。但是，正如马克思在《〈黑格尔法哲学批判〉导言》中所说：即使从历史的观点来看，理论的解放对德国也有特别的意义。[135] 苏联改革派的科学哲学家怀着高尚的动机，他们追求真理的勇气和态度是无可置疑的，在理论上所做的探索和已经取得的丰硕成果，包括他们的理论悲剧，都在科学技术哲学的历史上留下了不可磨灭的足迹。

注释

[1] 列宁. 唯物主义和经验批判主义//列宁. 列宁选集. 第 2 卷. 中共中央马克思恩格斯列宁斯大林著作编译局译. 北京：人民出版社，1972：344-346.

[2] 列宁. 唯物主义和经验批判主义//列宁. 列宁选集. 第 2 卷. 中共中央马克思恩格斯列宁斯大林著作编译局译. 北京：人民出版社，1972：314-315.

[3] 娜・康・克鲁普斯卡娅. 列宁回忆录. 哲夫译. 北京：人民出版社，1960：261.

[4] Graham L R. Science，Philosophy and Human Behavior in the Soviet Union. New York：Columbia University Press，1987：34.

[5] Selsam H，Martel H. Reader in Marxist Philosophy：from the Writings of Marx，Engels，and Lenin. New York：International Publishers，1963：326-327.

[6] Feyerabend P. Dialectical Materialism and Quantum Theory. Slave Review，1966，25（3）：414.

[7] Graham L R. Science，Philosophy and Human Behavior in the Soviet Union. New

York：Columbia University Press，1987：35.

［8］列宁．论我国革命//列宁．列宁选集．第 4 卷．中共中央马克思恩格斯列宁斯大林著作编译局译．北京：人民出版社，1972：689.

［9］列宁．共产主义运动中的“左派”幼稚病//列宁．列宁选集．第 4 卷．中共中央马克思恩格斯列宁斯大林著作编译局译．北京：人民出版社，1972：226.

［10］列宁．再论工会、目前局势及托洛茨基和布哈林的错误//列宁．列宁选集．第 4 卷．中共中央马克思恩格斯列宁斯大林著作编译局译．北京：人民出版社，1972：453.

［11］列宁．《共产主义》//列宁．列宁选集．第 4 卷．中共中央马克思恩格斯列宁斯大林著作编译局译．北京：人民出版社，1972：290.

［12］马克思．关于费尔巴哈的提纲//马克思，恩格斯．马克思恩格斯全集．第 3 卷．中共中央马克思恩格斯列宁斯大林著作编译局译．北京：人民出版社，1960：3.

［13］恩格斯．路德维希·费尔巴哈和德国古典哲学的终结//马克思，恩格斯．马克思恩格斯选集．第 4 卷．中共中央马克思恩格斯列宁斯大林著作编译局译．北京：人民出版社，1972：239.

［14］恩格斯．反杜林论//马克思，恩格斯．马克思恩格斯全集．第 26 卷．中共中央马克思恩格斯列宁斯大林著作编译局译．北京：人民出版社，2014：142.

［15］列宁．再论工会、目前局势及托洛茨基和布哈林的错误//列宁．列宁选集．第 4 卷．中共中央马克思恩格斯列宁斯大林著作编译局译．北京：人民出版社，1972：453.

［16］列宁．国家与革命//列宁．列宁选集．第 3 卷．中共中央马克思恩格斯列宁斯大林著作编译局译．北京：人民出版社，1972：201.

［17］列宁．国家与革命//列宁．列宁选集．第 3 卷．中共中央马克思恩格斯列宁斯大林著作编译局译．北京：人民出版社，1972：209.

［18］列宁．论尤尼乌斯的小册子//列宁．列宁选集．第 2 卷．中共中央马克思恩格斯列宁斯大林著作编译局译．北京：人民出版社，1972：857.

［19］列宁．第二国际的破产//列宁．列宁选集．第 2 卷．中共中央马克思恩格斯列宁斯大林著作编译局译．北京：人民出版社，1972：624-629.

［20］列宁．黑格尔“哲学史讲演录”一书摘要//列宁．列宁全集．第 38 卷．中共中央马克思恩格斯列宁斯大林著作编译局译．北京：人民出版社，1959：307.

［21］列宁．谈谈辩证法问题//列宁．列宁全集．第 38 卷．中共中央马克思恩格斯列宁斯大林著作编译局译．北京：人民出版社，1959：410.

［22］列宁．谈谈辩证法问题//列宁．列宁全集．第 38 卷．中共中央马克思恩格斯列宁斯大林著作编译局译．北京：人民出版社，1959：407.

［23］列宁．黑格尔“逻辑学”一书摘要//列宁．列宁全集．第 38 卷．中共中央马克思恩格斯列宁斯大林著作编译局译．北京：人民出版社，1959：215.

［24］列宁．黑格尔“逻辑学”一书摘要//列宁．列宁全集．第 38 卷．中共中央马克思恩格斯列宁斯大林著作编译局译．北京：人民出版社，1959：238.

［25］毛泽东. 矛盾论//毛泽东. 毛泽东选集. 第1卷. 北京：人民出版社，1991：320.

［26］孙慕天. 论精髓. 江海学刊，2010（6）：10-16.

［27］列宁. 黑格尔辩证法（逻辑学）的纲要//列宁. 列宁全集. 第38卷. 中共中央马克思恩格斯列宁斯大林著作编译局译. 北京：人民出版社，1959：357.

［28］列宁. 黑格尔“哲学史讲演录”一书摘要//列宁. 列宁全集. 第38卷. 中共中央马克思恩格斯列宁斯大林著作编译局译. 北京：人民出版社，1959：316.

［29］列宁. 黑格尔“逻辑学”一书摘要//列宁. 列宁全集. 第38卷. 中共中央马克思恩格斯列宁斯大林著作编译局译. 北京：人民出版社，1959：194.

［30］列宁. 黑格尔“逻辑学”一书摘要//列宁. 列宁全集. 第38卷. 中共中央马克思恩格斯列宁斯大林著作编译局译. 北京：人民出版社，1959：181.

［31］列宁. 黑格尔“哲学史讲演录”一书摘要//列宁. 列宁全集. 第38卷. 中共中央马克思恩格斯列宁斯大林著作编译局译. 北京：人民出版社，1959：290.

［32］列宁. 黑格尔“逻辑学”一书摘要//列宁. 列宁全集. 第38卷. 中共中央马克思恩格斯列宁斯大林著作编译局译. 北京：人民出版社，1959：208.

［33］列宁. 黑格尔“哲学史讲演录”//列宁. 列宁全集. 第38卷. 中共中央马克思恩格斯列宁斯大林著作编译局译. 北京：人民出版社，1959：278.

［34］马克思.《科隆日报》第179号的社论//马克思，恩格斯. 马克思恩格斯全集. 第1卷. 中共中央马克思恩格斯列宁斯大林著作编译局译. 北京：人民出版社，1995：219.

［35］斯大林. 论苏联土地政策的几个问题//斯大林. 斯大林全集. 第12卷. 中共中央马克思恩格斯列宁斯大林著作编译局译. 北京：人民出版社，1952：151.

［36］莫舍·卢因. 苏联经济论战中的政治潜流——从布哈林到现代改革派. 倪孝铨，张多一，王复加译. 北京：中国对外翻译出版公司，1983：90.

［37］新华月报，1953（11）：135-136.

［38］斯大林. 论工业化和粮食问题//斯大林. 斯大林全集. 第11卷. 中共中央马克思恩格斯列宁斯大林著作编译局译. 北京：人民出版社，1955：149-150.

［39］《哲学和自然科学红色教授学院党支部委员会就哲学战线上的形势问题同斯大林的谈话》，现藏于俄罗斯现代史文献保管和研究中心，全宗17，目录120，卷宗24。见马尔科维奇，塔克，等. 国外学者论斯大林模式. 李宗禹主编. 北京：中央编译出版社，1995：856-857. 此处引文见李静杰译. 斯大林与哲学和自然科学红色教授学院党支部委员会的谈话. 哲学译丛，1999（2）：50.

［40］Хрущёв Н С. Строительство коммунизма и развизие сельского хозяйства. т.1. М.: Госполитиздат，1962：10-11.

［41］徐隆彬. 赫鲁晓夫执政史. 济南：山东大学出版社，2002：36.

［42］关于自然科学中的哲学问题的研究任务. 外国自然科学哲学问题资料，第一辑（上册）上海：上海人民出版社，1966：272.

［43］Hutchinson R. Soviet Science，Technology，Design. London：Oxford University Press，

1976：116.

［44］Митин М Б. Разработка философского наследства В. И. Ленина-Важнейшая наша задача.//Философия и современность，М.：Изд-во Акад. наук СССР，1960：79.

［45］Митин М Б. Разработка философского наследства В. И. Ленина-Важнейшая наша задача.//Философия и современность，М.：Изд-во Акад. наук СССР，1960：90.

［46］Стёпин В С. Анализ исторического развития философии науки в СССР.// Грэхэм Л Р. Естествознание，философия и науки о человеческого поведении в Советском Союзе. М.：Политиздат，1991：431.

［47］贾泽林，王炳文，徐荣庆，等. 苏联哲学纪事（1953—1976）. 北京：生活·读书·新知三联书店，1979：157.

［48］Платонов Г В，Руткевич М Н. О диалектике природы как философской науке，Вопросы философии，1963（3）：134-144.

［49］贾泽林，王炳文，徐荣庆，等. 苏联哲学纪事（1953—1976）. 北京：生活·读书·新知三联书店，1979：403.

［50］贾泽林，周国平，王克千，等. 苏联当代哲学. 北京：人民出版社，1986：59-60.

［51］Лекторский В А. Философия не кончается...М.：РОССПЭН，1998：3.

［52］恩格斯. 路德维希·费尔巴哈和德国古典哲学的终结//马克思，恩格斯. 马克思恩格斯选集. 第4卷. 中共中央马克思恩格斯列宁斯大林著作编译局译. 北京：人民出版社，1972：210-211.

［53］亨利希·海涅. 论德国宗教和哲学的历史. 海安译. 北京：商务印书馆，1974：150.

［54］Лекторский В А，Фролов И Т.，Смирнов В А. Б.М.Кедров：Путь жизни и виктор мысли（материалы «круглого столы»）. Вопросы философии，1994（4）：35-56.

［55］鲍·米·凯德洛夫. 科学发现揭秘——以门捷列夫周期律为例. 胡孚琛，王友玉译. 北京：社会科学文献出版社，2002：108.

［56］Кедров Б М. Предмет и взаимосвязь естественных наук. М.：Изд-во академии наук СССР，1962：145.

［57］列宁. 卡尔·马克思//列宁. 列宁选集. 第2卷. 中共中央马克思恩格斯列宁斯大林著作编译局译. 北京：人民出版社，1972：584.

［58］Кедров Б М. Единство диалектики，логики и теории познании. М.：Ком Книга，2006：3.

［59］Кедров Б М. По поводу трактовки предмета марксистской философии как «мира в целом». Вопросы философии，1979（10）：35-36.

［60］马克思. 政治经济学批判导言//马克思，恩格斯. 马克思恩格斯全集. 第30卷. 中共中央马克思恩格斯列宁斯大林著作编译局译. 北京：人民出版社，1995：42.

［61］Абдильдин Ж М. и др. Материатическая диалекдика как логика и методология современной научной познании，Алма-Ата：Наука，1977. 凯德洛夫.《论辩证法的叙述方

法——从抽象到具体》. 李树柏译. 哲学译丛. 1978（6）：9. 另见：卡普斯京. 评关于辩证法叙述方法的争论. 林玉清摘译. 哲学译丛. 1979（5）：1-7. 并见：凯德洛夫. 我们争论的是什么. 林玉清译. 哲学译丛. 1979（5）：8-10.

［62］Кедров Б М，Огурцов А П. О методе изложения диалектии：три великих замысла，М.：Наука，1983. 中文参见：凯德洛夫. 列宁关于辩证法叙述的四种设想以及把列宁四种设想结合在一起的可能性. 苏国勋译. 哲学译丛. 1984（4）：89-90.

［63］鲍・米・凯德洛夫. 科学发现揭秘——以门捷列夫周期律为例. 胡孚琛，王友玉译，北京：社会科学文献出版社，2002：107.

［64］Кедров Б М. Марксистская философия：её предмет и роль в интеграции современных наук. Вопросы философии，1982（1）：55.

［65］Комсомольская правда，1967-12-10.

［66］贾泽林，周国平，王克千，等. 苏联当代哲学（1945—1982）. 北京：人民出版社，1986：95.

［67］恩格斯. 路德维希・费尔巴哈和德国古典哲学的终结//马克思，恩格斯. 马克思恩格斯选集. 第 4 卷. 中共中央马克思恩格斯列宁斯大林著作编译局译. 北京：人民出版社，1972：221.

［68］Ильенков Э В. Диалектика абстрактного и конкретного научно-теоретическом мышлении，М.：Росспэн，1997：20.

［69］Ильенков Э В. Диалектеческая логика. М.：Политиздат，1974：55.

［70］Ильенков Э В. Диалектеческая логика. М.：Политиздат，1974：24.

［71］列宁. 黑格尔“逻辑学”一书摘要//列宁. 列宁全集. 第 38 卷. 中共中央马克思恩格斯列宁斯大林著作编译局译. 北京：人民出版社，1959：117.

［72］Ильенков Э В. Диалектика идеального. Логос，2009（1）：6-62.

［73］Копнин П В. Развития категорий диалектеческого материализма—важнейшее условие укрепления союза философии и естествознания//Дышлевый П С，Петров А З. Философские проблемы теории тяготения Эйнштейна и релятивистской космологии，Киев：Наукова думка，1965：8

［74］Копнин П В. Развития категорий диалектеческого материализма—важнейшее условие укрепления союза философии и естествознания//Дышлевый П С，Петров А З. Философские проблемы теории тяготения Эйнштейна и релятивистской космологии，Киев：Наукова думка，1965：5

［75］Попович М В. Человек и философ，Вопросы философии，1997（10）：77.

［76］柯普宁. 科学的认识论基础和逻辑基础. 王天厚，彭漪涟，等译. 上海：华东师范大学出版社，1989：25.

［77］柯普宁. 科学的认识论基础和逻辑基础. 王天厚，彭漪涟，等译. 上海：华东师范大学出版社，1989：351.

［78］Копнин П В. Диалектика и логика научного познания，М.：Наука，1966：131.

［79］柯普宁. 科学的认识论基础和逻辑基础. 王天厚，彭漪涟，等译. 上海：华东师范大学出版社，1989：26.

［80］Копнин П В. Логические основы науки，Киев：Наукова думка，1968：50-51.

［81］柯普宁. 科学的认识论基础和逻辑基础. 王天厚，彭漪涟，等译. 上海：华东师范大学出版社，1989：171-177，298-311.

［82］列宁. 黑格尔“逻辑学”一书摘要//列宁. 列宁全集. 第38卷. 中共中央马克思恩格斯列宁斯大林著作编译局译. 北京：人民出版社，1959：181.

［83］柯普宁. 科学的认识论基础和逻辑基础. 王天厚，彭漪涟，等译. 上海：华东师范大学出版社，1989：175.

［84］Копнин П В. Диалектика как логика и теория познания，М.：Наука，1973：371.

［85］Копнин П В. Диалектика как логика и теория познания，М.：Наука，1973：257.

［86］Копнин П В. Марксистско-ленинсая теория познания и современная наука. //Материалы II всесоюзного совещения по философсим вопросам современного естествознания. М.：Наука，1970：694-695.

［87］柳树滋. 苏联哲学和自然科学联盟三十年（1953—1983）. 自然科学哲学问题丛刊. 1983（4）：91.

［88］Новое время，1987（5）.

［89］科宁厄姆. 苏联工业管理的现代化. 陈文林，王锡文，庞美珍，等译. 北京：科学技术文献出版社，1989：87.

［90］Graham L R. Science，Philosophy and Human Behavior in the Soviet Union. New York：Columbia University Press，1987：18-20.

［91］Стёпин В С. Анализ исторического развития философии науки в СССР.// Грэхэм Л Р. Естествознание，философия и науки о человеческого поведении в Советском Союзе. М.：Политиздат，1991：431.

［92］Ильчёв Л Ф. О соотношении философских и методологических проблемы，Вопросы философии，1976（4）：71-82.

［93］伊利切夫 Л Ф. 哲学和科学进步. 潘培新，汲自信，潘德礼译. 北京：中国人民大学出版社，1982：92.

［94］弗罗洛夫 И Т. 辩证世界观和现代自然科学方法论. 孙慕天，李成果，申振玉，等译. 哈尔滨：黑龙江人民出版社，1990：5.

［95］《共产党人》编辑部. 苏联哲学研究的现状和趋势. 宣燕音译. 哲学译丛，1980（2）：42.

［96］弗罗洛夫. 60—80年代苏联哲学的总结和展望. 哲学译丛，1993（2）：11.

［97］Ципко А С. Перестройка как русский проект. М.：Алгоритм，2014：261.

［98］Graham L R. Science，Philosophy and Human Behavior in the Soviet Union. New York：

Columbia University Press，1987：20.

［99］弗罗洛夫，斯杰平，列克托尔斯基，等. 关于《哲学导论》的写作意图. 李树柏译. 哲学译丛. 1989（2）：10.

［100］Фролов И Т. и др. Введение в философию. т. 1. М.：Политиздат，1989：29.

［101］Фролов И Т. Философия и история генетики：поиски и дискусси，М.：Наука，1988：5.

［102］Фролов И Т. Философия и история генетики：поиски и дискусси，М：，Наука，1988：206-207

［103］Фролов И Т. Очерки методологии биолокического исследовании（система метода биологии）. М.：URSS，2007：1.

［104］列宁. 黑格尔辩证法（逻辑学）的纲要//列宁. 列宁全集. 第38卷. 中共中央马克思恩格斯列宁斯大林著作编译局译. 北京：人民出版社，1959：355.

［105］Фролов И Т，Юдин Б Г. Этика науки. М.：Политиздат，1986：26.

［106］Фролов И Т，Юдин Б Г. Этика науки. М.：Политиздат，1986：378

［107］卢梭. 论科学与艺术. 何兆武译. 上海：商务印书馆，1959：16.

［108］Фролов И Т，Юдин Б Г. Этические аспекты биологии. М.：Знание，1986：410.

［109］弗罗洛夫. 全球问题条件下的人和人的未来. 宣燕音译. 哲学译丛，1982（2）：64.

［110］Фролов И Т. Человек и его будущего—социальный и гуманический аспекты.// Марксистско-ленинская концепция глобальных проблем современности. М.：Наука，1985：349.

［111］莫伊谢耶夫，弗罗洛夫. 新技术时代的社会、人和自然的“高度相关”. 陈贻安译. 哲学译丛，1986（4）36-42.

［112］Фролов И Т. и др. Введение в философию. т.2. М.：Политиздат，1989：367.

［113］Швырёв В С. Мой путь в философии.//Розов М А. Философия науки，М.：ИФ РАН，2004：223.

［114］马克思. 政治经济学批判导言//马克思，恩格斯. 马克思恩格斯全集. 第30卷. 中共中央马克思恩格斯列宁斯大林著作编译局译. 北京：人民出版社，1995：43.

［115］Швырёв В С. Мой путь в философии.//Розов М А. Философия науки，М.：ИФ РАН，2004：227.

［116］Швырёв В С. Мой путь в философии.//Розов М А. Философия науки，М.：ИФ РАН，2004：229.

［117］Suppe F. The Structure of Scientific Theories. Urbana：University of Illinois Press，1974：126-127.

［118］Швырёв В С. Анализ научного познания：основные направления，формы，проблемы. М.：Наука，1988：5.

［119］Швырёв В С. Теоретическое и эмпирическое в научном познании，М.：Наука，

1978：244-246.

［120］Швырёв В С. О соотношении теоретического и эмпирического в научном познании.//Природа научного знания，Минск：БГУ，1979：136.

［121］Швырёв В С. Анализ научного познания：основные направления，формы，проблемы，М.：Наука，1988：3.

［122］Швырёв В С. Теоретическое и эмпирическое в научном познании，М.：Наука，1978：2.

［123］Швырёв В С. Мой путь в философии.//Розов М А. Философия науки，М.：ИФ РАН，2004：247.

［124］斯捷平. 知识活动论——与伊戈尔・阿列克谢耶夫商榷. 郇中建摘译. 哲学译丛. 1992（4）：53.

［125］Мамчур Е А，Овчинников Н Ф，Огурцов А П. Отечественная философия науки：предварительные итоги，М.：РОССПЭН，1997：274.

［126］Стёпин В С. Становление научной теории，Минск：БГУ，1976：100.

［127］Стёпин В С. Становление научной теории，Минск：БГУ，1976：282.

［128］Кравченк А М. Структура оснований физической теории.//Философские проблемы оснований физико-математичеыкого знания. Киев：Наук. думка，1989：13.

［129］Храмова В Л. Категориально-философские основания кватовой механики.//Философские проблемы оснований физико-математичеыкого знания，Киев：Наук. думка，1989：56.

［130］Стёпин В С. Научные революции как «точки» бифункации в развитии знания.//Научные революции в динамике культуры. Минск：Университетское，1987：39.

［131］Стёпин В С. Научные революции как «точки» бифункации в развитии знания.//Научные революции в динамике культуры. Минск：Университетское，1987：42.

［132］Стёпин В С. Эвристические функции научной картины мира.//Научная картина мира современного мировоззрении，М.：ИФ РАН，1992：27.

［133］Стёпин В С. Эвристические функции научной картины мира，Научная картина мира современного мировоззрении，М.：ИФ РАН，1992：78.

［134］Стёпин В С. Становление идеалов и норм постнеклассической науки.//Проблемы методологии постнеклассиеской науки，М.：ИФ РАН，1992：12-13.

［135］马克思. 《黑格尔法哲学批判》导言//马克思，恩格斯. 马克思恩格斯全集. 第3卷. 中共中央马克思恩格斯列宁斯大林著作编译局译. 北京：人民出版社，2002：208.

第五章 新时代的历史回声——新俄罗斯哲学与科学哲学一瞥

德国社会学家曼海姆（Mannheim）在《重构时代的人与社会》一书中指出，一个处于结构重组中的社会，新观念和已有观念互不兼容，而更为深刻的冲突是，“不同时代的事物同时并存，昔日的特点和现在将来的特点同时并存，不同时期出现的观念和范型必然相互冲突”。[1] 他说得没错，新旧思想的激烈冲突确实是转型期社会的重要特征，但他只说对了一半。思想史和整个历史一样，有中断也有连续，结构重组不是归零，而是在原来基础上重建。恩格斯在谈到哲学的发展时说过：“每一个时代的哲学作为分工的一个特定的领域，都具有由它的先驱者传给它而它便由此出发的特定的思想资料作为前提。”[2]

在苏联解体后的俄罗斯学术界，马克思主义已经不再是统治的意识形态了。新时期的俄罗斯学界如何对待苏联时期的科学技术哲学，尤其是如何面对改革派学者所取得的举世公认的研究成果，是一个饶有兴味的问题，值得深入进行考察。

第一节 对苏联时期科学技术哲学的新反思

苏联解体后的俄罗斯开启了全新的历史时代，这是社会性质的根本转变，相应地，在意识形态领域马克思主义哲学也失去了原来的主导地位。“过去唯一可能的哲学范式马克思主义成了完全不必要的。”[3] 令人不能不设问的是：马克思主义哲学曾经受到那么多声名显赫、成就斐然的苏联哲学家真心服膺，难道真的就这样一夜之间烟消云散了吗？提出上述诘问的是著名科学哲学家列克托尔斯基，他横跨苏联和新俄罗斯两个时代，任权威哲学杂志《哲学问题》主编长达22年之久（1988—2009年），对这一问题的看法应当说是有代表性的。但是，正是列克托尔斯基态度鲜明地提出如何评价苏联时期哲学这一敏感问题，而且表明了自己反虚无主义的正面立场。早在1998年，他就主编了《哲学没有终结……》一书，该书第一册的历史断代是20世纪20—50年代，第二册是20世纪60—80年代。

第二册特别值得注意，它全面检讨了三分之一世纪中苏联哲学发展的曲折历程，包括人和事两个叙事空间。就事而论，首先是对当时苏联哲学发展概貌的述评，如《20世纪50—60年代莫斯科的哲学》；也包括一些特殊主题，如《苏联系统研究的历史情况试析》这样的专题研究；还有个人对这一时期在苏联从事哲学研究的主体感受，如《哲学猜想的魅力——主观印象》。其中，有四篇是关于哲学出版物的专论：《关于〈哲学百科全书〉》《六十年代的〈哲学问题〉》《六十年代的哲学杂志：成就，迷惘和未竟之业》《报告记录——1974年：苏共中央社会科学院关于〈哲学问题〉杂志的讨论》。这些文章透过历史的风云，考察了一些作者和编辑在重大哲学主题上的成果，特别突出了改革派哲学家对官方意识形态干预的抗争、奋力冲破教条主义桎梏的理论勇气和原创性探索。本书的后一部分是对这一时期苏联哲学家生平和思想的评介。编者有一个明确的入选标准，那就是看作者是否与官方的意识形态教条相区隔，在哲学上是否确有原创性的独立见解。根据这一原则，那些赫赫有名的官方哲学家如米丁、康斯坦丁诺夫（Ф. В. Константинов）、П. Ф. 尤金、斯捷潘年（Ц. А. Степанян）、罗森塔尔（М. М. Розенталь）都被排除在外。所列的15位哲学家都是官方眼中的异端分子和离经叛道者，但尽管受到体制的无情打压，却始终把批判正统的教科书马克思主义视为自己的神圣职责。

这批哲学家除了鲁宾斯坦（С. Л. Рубинстейн）、阿斯穆斯（В. Ф. Асмус）是老一辈学者外，其余都属于所谓“六十年代人”，即在赫鲁晓夫“解冻”时代异军突起的，在哲学领域高举改革旗帜的那一代学人，其中相当一部分是科学哲学家，他们是：凯德洛夫、伊里因科夫、科普宁、马马尔达什维里（М. К. Мамардашвили）、巴吉谢夫（Г. С. Батищев）、谢德洛夫斯基、彼得罗夫（М. К. Петров）、特鲁布尼科夫（Н. Н. Трубников）、格里亚兹诺夫（Б. С. Грязнов）、阿列克谢耶夫（И. С. Алексеев）、西尔伯曼（Д. Б. Зильберман）、Б. Г. 尤金、斯米尔诺夫（В. А. Смирнов）。他们并不否认自己的马克思主义理论立场，但却无情地揭露了官方哲学教条对马克思主义经典的曲解及其反科学性。他们的哲学纲领有两个基本点：一个是认为马克思主义哲学的灵魂和精髓是实践性，这集中体现为辩证法也就是马克思主义的认识论这一基本原则；另一个是认为马克思主义哲学的本性就是人道主义或人本主义。

在大转折之后的新俄罗斯，哲学领域的思潮是十分混乱的。按列克托尔斯基的分析，有三种负面观点很有代表性：第一种是取消主义，主张彻底废除哲学研究和哲学教育，代之以神学或文化学；第二种是回归主义，主张恢复苏维埃年代被强制中断的旧俄国宗教—神学传统；第三种是虚无主义，主张彻底抛弃苏联时期的全部哲学理论和实践，在空地上重建新俄罗斯哲学。列克托尔斯基明确反对割断历史、全盘否定苏联哲学的极端立场。他认为对待苏联时期的哲学遗产要遵循正确的原则，做出全面的、历史的、科学的分析。一方面，不能用哲学路线作为判定哲学成果的标准，不能认为非马克思主义的哲学一概都好，也不能认为马克思主义的哲学一无是处。同时，在马克思主义导向的哲学中，要严格区分以《联共（布）党史简明教程》四章二节为圭臬的官方教条主义哲学和那些有独立见解、富于原创性的马克思主义哲学成果。他概括自己对待苏联时期哲学的基本态度："今天，我国大多数哲学家都明白，关于苏联时期国内哲学的意见，即对《联共（布）党史简明教程》思想的简单宣传是同现实格格不入的。事实上，在苏联哲学中，在不同时期（特别是20世纪20年代和20世纪后半叶）工作着的各式各样的、有天赋的和创造性的人才，他们的思想不仅对于我国，而且对于世界也是有现实意义的。他们中的一些人是马克思主义者——尽管对马克思主义的理解不遵从官方的指令，而且在很大程度上是根据自己的理解；另一些人或者从来不是马克思主义者，或者后来不再是了。"[3]

20世纪60年代是苏联科学哲学的黄金时代，而这次非同寻常的哲学繁荣，恰恰是与当时苏联社会语境下马克思主义特殊的历史命运相关的。由于社会强烈的改革要求和官方集权主义的体制的尖锐矛盾，科学哲学成为改革呼声的特殊舆论平台。这是哲学史上空前未有的独特现象，对此列克托尔斯基解释说："从赫鲁晓夫'解冻'时代起，始于20世纪60年代，涌现出整整一代哲学家（那时还是年轻人），他们认真地对待马克思一系列思想的科学的和人道主义的论述，而要改变他们所不满意的社会，唯一可能的和唯一可以依靠的活动手段就是对科学认识的研究。哲学被他们理解为认识论，准确地说，是科学认识论。"问题在于，正是这样一批反传统的，但坚持马克思主义思想导向的科学哲学家做出了举世瞩目的成就，他们的哲学工作表明，马克思主义是"那种可能也必须认真采纳和深入研究的思想"[4]。他认为，正是20世纪60—80年代，苏联科学哲学的成就是与时俱进的，把握住了时代的主题，"相当成功地制定了科学哲学和认识论的问题群”。不仅如此，在一些科学哲学的前沿问题上，苏联马克思主义学者的工作不仅是世界级的，而且在很多领域已经超出了西方同行的水平。列克托尔斯基在评价斯焦宾那一时期的成果时说：“斯焦宾发展了理论知识的哲学，不仅不落后于波普尔和库恩的经典学说，而且在一系列方面大大超越了他们。”[5]

值得注意的是，这个结论并不是列克托尔斯基个人的观点，在新时期的俄罗斯，有一批科学哲学的领军人物对20世纪60—80年代苏联科学哲学的成就是充分肯定的，对那一代先锋思想家所坚持的马克思主义认识论和方法论原则是理解和尊重的，并不因其为马克思主义而弃如敝屣。上文已提到，1997年，苏联解体刚刚六年，俄罗斯科学哲学的三位权威学者马姆丘尔（E. A. Мамчур)、奥伏钦尼科夫（H. B. овчиников）和奥古尔佐夫就合作推出《国内科学哲学：初步总结》一书，对苏联时期科学哲学的发展做了全景式的概览，并对历史进程、理论主题、学术争论、杰出学者、重大成果一一进行梳理，作者们声明：“在分析过去那些哲学家的认识论思想和学说时，我们力求公正和客观。”[6] 该书认为马克思主义哲学导向具有无可争辩的真理性和启发价值，不能一笔抹杀：“通常的看法是，国内研究的历史源头是辩证唯物主义的传统，苏联方法论学者是在这个框架内工作的。这里所包含的真理是，辩证唯物主义传统内蕴发展观念，对任何现象包括认识现象都从发展过程上去考察。”作者们提醒说，不要忘记，辩证唯物主义认识论中不仅包含这一哲学学说一系列特有的原理，而且也是人类优秀哲学文化的继承和发展，是带有世界性的。其中，最有普遍意义的就是应用范畴的思维机制对知识进行理性重构，这可以上溯到康德的范畴论；而对苏联科学哲学家来说，立论的决定性出发点则是对马克思《资本论》辩证法的研究。作者们断言：“对于这些哲学家，辩证唯物主义与其说是认识的工具，不如说是方法论活动的背景——是科学认识研究的极其广阔、极其普遍，因而也是无可争辩的前提。”[7]

肯定苏联时期马克思主义科学哲学家的卓越成就，就无法否认他们所坚持的哲学立场。在评价所谓“六十年代人”的哲学理论时，不能绕开他们所坚守的辩证唯物主义世界观和方法论。例如，对凯德洛夫科学哲学成就的评价就是典型的例子。苏联解体后的1994年，《哲学问题》杂志发表了纪念凯德洛夫的“圆桌会议”材料，参加这次圆桌会议的有弗罗洛夫、列克托尔斯基、斯焦宾、奥伏钦尼科夫、乌耶莫夫、Б. Г. 尤金等俄罗斯科学哲学大家，著名科学哲学家萨多夫斯基（B. H. Садовский）还发表了题为《凯德洛夫和国际哲学协会》的专论。俄罗斯科学哲学的这些头面人物都不否认，凯德洛夫之所以取得了举世公认的理论成就，与他突破官方教条主义意识形态的束缚、创造性地解释和发展了唯物辩证法密切相关。弗罗洛夫指出："他是唯物辩证法的拥护者，孜孜不倦地同斯大林主义，尤其是同《联共（布）党史简明教程》第四章对辩证法的歪曲和庸俗化进行斗争。为此，他根据列宁关于辩证法的论断克服狭隘陈腐的流行解释，把辩证法学说看作是真正伟大的哲学思想遗产。"[8] 发言人公认，凯德洛夫不把辩证法看成是脱离现实的教条，而是立足现实生活，特别是科学实践理解和运用唯物辩证法，斯焦宾说："凯德洛夫善于找到那样一种方式，让辩证法和辩证唯物主义认识论的基本原理吸收新的科学材料从而丰富它的内涵。"所以，20 世纪 70 年代他的研究重心从本体论问题转向科学认识论和方法论，率先关注了这一领域的一系列前沿问题：科学知识的结构、科学方法、建立新知识的操作、科学发现过程的分析等。[9]

当然，哲学归根结底是社会生活的反映，随着新时期俄罗斯社会的分化，必然会涌现出各种不同的甚至彼此对立的哲学倾向，它们对待马克思主义的态度千差万别，这是不言而喻的。本书不打算讨论抛弃、反对乃至敌视马克思主义的那些哲学派别，我们感兴趣的是那些在不同程度上、以不同的方式、从不同的角度保持和马克思主义哲学历史联系的最新研究成果。本书试图以三位典型学者在三个重大理论主题上的工作为例，讨论这方面的几种典型的趋向。

第二节　奥伊则尔曼：质疑和修正

资深哲学家奥伊则尔曼（Т. И. Ойзерман）是反思批判导向的典型代表。

奥伊则尔曼生于 1914 年，是著名哲学家阿斯穆斯的及门弟子，也是"六十年代人"主将伊里因科夫的导师。2017 年，他以 103 岁高龄辞世，暮年经历了俄罗斯社会的历史大变局。他学术生涯的主要时期是在苏联时代，是德国古典哲学专家，在认识论和逻辑领域造诣极深。他是纯学者，不是跻身意识形态管理层的官方哲学家，但也不是改革派的"六十年代人"。总体上说，他的哲学思想是相当正统的，这从他 20 世纪 60 年代发表的一系列作品的标题就可以明显看出来：《现代资产阶级哲学的基本特点》（1960 年）、《反共产主义——资产阶级意识形态的表现》（1963 年）、《异化问题和资产阶级对马克思主义的伪造》（1965 年）等。在俄罗斯社会的转型期，苏联解体时，奥伊则尔曼已经 77 岁了，但他显然经历了激烈的思想斗争和深刻的理论反思，重新调整了自己的哲学理路，确定了新的超越主义的哲学观。2003 年，他在耄耋之年出版了一部新著《马克思主义和乌托邦主义》，阐明了自己对马克思主义的新立场。他认为，哲学不是一个简单的集合，而是一个特殊的王国，其中每一个成员都尊自己是国王，把自己的哲学完备化，使自己的哲学成为体系化的教条。马克思主义充分论证和尖锐批判了旧哲学的这种奢望。但是，马克思本身也陷入了他所批判的哲学家们的覆辙。问题在于，“马克思主义哲学的这种堕落是不是偶然的？更一般地说，教条主义是哲学特定时期的特点，还是哲学固有的本质？”对这一问题奥伊则尔曼的回答是否定的。他认为哲学不应当觊觎绝对真理，但却要提出自己的标准，因为找到比其他哲学学说更完备的唯一真理，是每种哲学固有的要求。他认为自己的任务是，指出把辩证唯物主义当成绝对真理体系的歪曲，回归这种哲学所固有的公开性和批判性。[10]

奥伊则尔曼是马克思主义哲学史的专家，对辩证唯物主义哲学的基本原理有长期深入的研究，其中一个用功甚勤的研究课题就是哲学基本问题。直到 20 世纪 80 年代，他一直坚持恩格斯的经典定义，认为思维和存在的关系是哲学基本问题，肯定哲学家按照他们如何回答这个问题而分成两大阵营，以批判唯心主义为自己的哲学使命，并曾发表过专题著作《列宁主义批判唯心主义的科学原则》（1969 年）、《现代唯心主义的危机》（1972 年）。他特别重视哲学基本问题在马克思主义哲学中的重要地位，在苏联哲学家中，他是研究这一问题的最高权威。早在 1971 年他的专著《哲学的主要派别》的第一章，就是专门论述哲学基本问题的，投案这一问题作为研究哲学派别问题的总纲。1983 年版的苏联《哲学大百科词典》中的“哲学基本问题”，这一分量很重的条目恰恰是奥伊则尔曼的手笔。

应当说，当时作者坚决维护恩格斯对哲学基本问题的界定，指出：“哲学基本问题一般是指‘意识对存在，精神对物质’的关系问题，对这个问题的不同理解（唯物主义的、唯心主义的、二元论的）构成每种哲学学说的基础。”他认为，哲学基本问题具有统摄一切、涵盖万有的普遍意义，因为制定辩证唯物主义的哲学基本问题理论的出发点是：“精神和物质、主观和客观（相应地主观实在和客观实在）的概念构成了涵盖一切存在的、一切可能的和一切被思考的事物的二分法，任何现象总是可以归属于精神或物质的，或主观的和客观的。”[11] 那时的奥伊则尔曼还没有像以后那样，区分主观和客观、精神和物质，而是认为：“全部有意识的、有目的的人类活动的一个必不可少的条件，即主观的东西与客观的东西的差别，构成了精神对物质关系的实际基础。”[12] 他也没有像后来那样，把精神和物质的关系问题看作是直到近代，随着社会发展才被提出来的客体，而是认为它是贯彻整个人类历史活动的哲学主题：“由于人有意识，由于人能认识周围世界，并把自身同他所认识到的物体区别开来，因此他处于这样一种由哲学基本问题所规定、所表达的情势之中。这个问题不是哲学家随想出来的；它是从人类的整个实践中产生出来的。”[12] 在这个问题上的立场是十分明确的，他肯定揭示和阐明哲学基本问题是恩格斯的伟大贡献，是他“思考人类意识本性的理论结论”，也是他对“人类思想史的历史总结”。[11]

如前所述，在俄罗斯社会大转折的时代，奥伊则尔曼的哲学观发生了重大的改变，其突出表现就是对哲学特别是马克思主义哲学有了全新的认识，对恩格斯关于哲学基本问题的经典论述的批判性反思就是这种思想转变的集中反映。2005 年《哲学问题》第 1 期发表了他的新作《哲学基本问题》，该文公开质疑恩格斯对哲学基本问题的界定和阐释。

恩格斯关于哲学基本问题的原始表述是：

全部哲学，特别是近代哲学的重大的基本问题，是思维和存在的关系问题。……但是，思维和存在的关系问题还有另一个方面：我们关于我们周围世界的思想对这个世界本身的关系是怎样的？我们的思维能不能认识现实世界？[13]

前面我们介绍了奥伊则尔曼 1980 年同名文章的观点，那时他是全盘肯定恩格斯对哲学基本问题的界说的。但是，25 年后的这篇文章，作者却在一系列根本观点上，针锋相对地向恩格斯提出挑战。

奥伊则尔曼不否认主观和客观的关系是哲学的第一个基本问题，因为一切现实的和非现实的东西都涵盖在主观和客观的二分法中，人的一切意识活动都和主观和客观相关，在这一点上所有哲学家的观点都是一致的，“因此，主观和客观（主体和客体）的原则划分，阐明二者的关系，认识实际上什么是客观、什么是主观，就成了全部哲学首要的、基本的（始终存在的）问题。”（c. 37）[14]①但是，他认为主观与客观的关系不等于思维和存在、精神和物质的关系。主观和客观是随人之产生即已提出的。人自从有了自我意识，就把自己和周边环境区分开来，这就划定了主观和客观的界线，所以，这个问题可说是与生俱来的。

哲学基本问题是历史的范畴，而在奥伊则尔曼看来，恩格斯的经典界说首

① 此处所引页码见[14]奥伊则尔曼论文，后文只标明该文出处页码，不在文后另行加注。——笔者注

先一个缺陷就在于忽视了这种历史性。和主观与客观的关系不同，思维和存在、精神和物质的关系问题却并非随着人的自我意识产生就随之提出的，而是当非物质的、精神的概念与物质的、身体的概念以某种根本性的方式区分开来以后，才被哲学家意识到。奥伊则尔曼指出，在古希腊伊奥尼亚学派、埃里亚学派、古代印度和中国的哲学中都还没有提出这一问题，它“是在文明、社会分工、体力和脑力劳动对立发生的时代产生的”。（c.37）因此，他主张主观和客观是哲学的第一个基本问题，而思维和存在、精神和物质的关系则可以作为哲学的第二个基本问题。

奥伊则尔曼认为，恩格斯哲学基本问题论述的第二个缺陷是，导致了简单化的哲学观。

后来的教条马克思主义往往把丰富多样的哲学学说归结为一个“基本问题”，这是对哲学的误读。无论这个基本问题多么重大，都不可能涵盖包括本体论、认识论、自然哲学、历史哲学、伦理学、美学等诸多部门的哲学全域，而每一个这样的领域都有自己的研究对象，都可以提出自己的基本问题。奥伊则尔曼因此说，对哲学基本问题的教条主义阐释“忽略了哲学学说的多样性，忽略了哲学问题群的多样性”。（c. 37）由此导致的结果是，认为所有的哲学学派和哲学家都把思维和存在的关系当作“最高问题”，而这是对哲学史的误读。作者根据里亚霍维茨基（Л. А. Ляховецкий）和丘赫金（В. С. Тюхтин）《哲学基本问题》一文的材料，指出不同的哲学学说对哲学基本问题的认识各不相同：对爱尔维修（Helvetius）来说是“人类幸福的本质”，对卢梭来说是“社会的不平等问题”，对培根（Bacon）来说是“人类借助发明扩展对自然的权力问题”。同样，在当代哲学家那里这一问题更是言人人殊，加缪（Camus）认为是“生命是否值得为了生活而存在”的问题，波普尔则认为是“宇宙学问题，理解世界的问题，包括理解我们自身和我们那些与世界有关的知识”（c. 39）。

恩格斯把哲学基本问题说成是划分唯物主义和唯心主义的基本标准，而这两种哲学导向的关系则被视为哲学上两大阵营的对立和斗争。奥伊则尔曼认为这是哲学基本问题经典诠释的又一缺陷。他对哲学史做了新的反思，认为这种按哲学基本问题划线的斗争，并不像传统上描述的那样泾渭分明和势不两立。一方面，唯物主义虽然经常批判唯心主义，但却并非论证性的，只有费尔巴哈对黑格尔的批判是个例外，但他的批判既对唯物主义有利，也对唯心主义有利。另一方面，唯心主义者康德和黑格尔对唯物主义的批判也缺乏系统性，略而不详，不过是些“否定性的评价”而已。与此形成强烈对比的是，各种唯心主义学说之间的斗争倒是激烈和严酷得多。作者以逻辑实证主义者艾耶尔（Ayer）为例，艾耶尔贬损黑格尔主义者布拉德雷（Bradley），说他的著作“毫无意义”，痛斥存在主义者海德格尔（Heidegger）、结构主义者德里达（ Derrida）为“江湖骗子”，尖刻地嘲讽他们的作品是“胡言乱语”“充塞着荒谬绝伦的胡诌八扯”。（c. 38）所以，奥伊则尔曼特别点出列宁，认为列宁自称“透彻地考察了唯物主义和唯心主义的斗争”的说法不足凭信，这就是说，他反对根据哲学基本问题把唯物主义和唯心主义的对立和斗争看作是贯穿哲学史的一条红线，从而也就直接否定了列宁提出的哲学的党性原则。

奥伊则尔曼认为恩格斯在这方面的另一个缺陷是对哲学基本问题第二方面的阐释。按恩格斯的意见，哲学基本问题的第二个方面是“我们关于我们周围世界的思想同这个世界本身的关系是怎样的？我们的思维能不能认识世界？我们能不能在我们关于现实世界的表象和概念中正确反映现实？”[13]这就是世界的可知性问题，恩格斯认为，一般说来，无论是唯物论还是唯心论都正面回答了这个问题。奥伊则尔曼认为，恩格斯的这个提法是不确切的，而这成为恩格斯对哲学基本问题阐释的又一缺陷。他认为，世界可知性问题与哲学基本问题的第一方面无关：“根据精神对物质关系问题的选择性解决从逻辑上引进世界可认识性（或不可认识性）的论断是不合适的。”（c. 39）不过，尽管恩格斯把世界可知性问题和思维与存在的关系问题联系起来是不确切的，但是他并没有直接把世界可认识性问题同唯物主义和唯心主义的划界等同起来，只是苏联的教科书马克思主义利用了恩格斯对哲学基本问题第二方面表述上的缺陷，硬把世界可知性问题和哲学党性原则混同起来。事实上，唯心主义既有黑格尔那样的绝对的可知论者，也有休谟和康德这样的不可知论者。在奥伊则尔曼看来，既然康德把科学理论看作是独立于经验的和先于经验的、绝对普遍性、绝对必然性的东西，那就等于是对知识的全部内容做了主观主义的解释，其实也就在实际上否认了客观实在的可认识性原则。

19世纪以后，哲学中的非理性主义盛极一时，奥伊则尔曼以尼采和西班牙哲学家加塞特（Gasset）为例指出，他们反对“抽象精神”，称之为理智幻觉，从而把知识贬为“被意识到的无知”。反过来，唯物主义者也并不都是坚定的可知论者，包括18世纪法国唯物主义的著名代表拉·美特里（La Mettrie）、爱尔维修、罗比耐（Robinet）。他特别引述普列汉诺夫的研究成果，雄辩地证明这些唯物论大家都认定物质和精神的本质是不可认识的，如罗比耐所说：“认识本质是超出我们能力范围的。”奥伊则尔曼的结论是：“关于外在世界或现象的本质可以认识（或者不可认识）的肯定或否定的结论，同样既和唯物主义有关，也和唯心主义有关。”（c. 41）这就是说，世界可知性问题和对思维与存在关系的回答没有关系。

综上所述，奥伊则尔曼列举了恩格斯在哲学基本问题的阐释方面存在的四个缺陷，而其核心意旨是对哲学基本问题的唯一性和至上性的挑战：“关于一个唯一的‘全部哲学最高问题’的命题已是因哲学自身的发展而成为声名狼藉的神话。”（c. 47）前面已经说过，他认为第一个哲学基本问题是主观和客观的关系问题，第二个是精神和物质的关系问题，而世界的可认识性问题，或如恩格斯所说，“我们关于我们周围世界的思想对这个世界本身的关系是怎样的”，在奥伊则尔曼看来，被“看作第三个哲学基本问题是十分正确的”（c. 42）。

那么，是否还有其他哲学基本问题呢？按照奥伊则尔曼对哲学基本问题的理解，在一系列哲学学说中占据中心地位的问题，就可以称为哲学基本问题。按这个标准，还有第四个哲学基本问题，他因此说，“我指的是，既反对唯物论，又反对唯心论的哲学实在论”。他历数了从古代亚里士多德、中世纪托马斯·阿奎那开始，直到19—20世纪的一大批实在论者，包括赫尔巴特（Herbart）、迈农（Meinong）、布伦塔诺（Brentano），甚至把胡塞尔（Husser）也看作是布伦塔诺的继承人。当然，还进一步列举了美国新实在论的代表佩利（Perry）、霍尔特（Holt）、斯波尔丁（Spaulding），批判实在论的代表洛夫乔伊（Lovejoy）、桑塔亚纳（Santayana）、塞拉斯（Sellars）以及英国实在论者摩尔（Moore）、罗素（Russell）和布罗德（Broad）。他还特别介绍了意大利沙卡（Scacca）的思辨实在论和德国哈特曼（Hartmann）实在论的形而上学。所有这些形形色色的实在论都贯穿着一个共同的主题，即对“存在着不依赖于认识主体的客观世界”的肯定。尽管实在论者之间对许多哲学问题，特别是认识论问题意见各不相同，甚至相互对立，但在肯定不依赖于认识主体的实在这一点上并无二致，即都认同存在是不依存于主体意识的实在。所以他进一步批评恩格斯的说法：“唯物主义是从存在第一性和思维第二性出发的，反之唯心主义则认为思维第一性，存在第二性。”奥伊则尔曼断言：“这个公式至少是不确切的。因为所有形而上学体系（其中大多数是唯心主义者）的创立者都强调，存在是第一性的。”（c. 43-44）奥伊则尔曼还指出，从列宁开始，苏联正统的哲学观是把实在论说成是“伪装起来的唯心主义”，理由是他们否认存在的客观性和第一性，而如果这一标准不能成立，上述论断就成了“向壁虚造”了。（c. 45-46）

奥伊则尔曼认为认识论问题是第五个哲学基本问题，这就是认识（知觉和概念）的根源、认识的过程、认识的（独立于主体的）对象问题，他断言："这类问题与物质或意识第一性的问题并无关系。"（c. 46）

在奥伊则尔曼的哲学基本问题谱系中，第六个也是最后一个是自由问题。他认为这个中世纪作为自由意志提出的哲学问题，到了近代才与必然相对而扩展开来，成为哲学的基本问题。他借用谢林的话说："已经到了揭示最高或者宁可说是真正的对立的时候了，这就是自由和必然的对立，考察这一对立才刚刚成为哲学最深刻的中心。"谢林把自由问题提高到哲学最根本的地位上，当然不是毫无根据的论断，奥伊则尔曼注意到谢林对这一问题的阐释："使自由成为全部哲学基础的思想，普遍地解放了人的精神——不仅对人本身——而且在整个科学的各个部门引起了比以前都更彻底的转折。"[15]

在接连提出六个哲学基本问题之后，奥伊则尔曼指出还要特别提出一个"头等重要的哲学基本问题"。他复述了康德的意见，除了"能够知道什么""应该去做什么""可以希望什么"这三大问题之外，还有第四个问题："人究竟是什么。"他之所以相信这个问题君临于其他问题之上，成为"最基本的问题"，从根本上说是因为哲学最深刻的意义在于"它的人道使命"。哲学至高无上的目标是尽力促进个人理性的和伦理的自我规定，"使人发展为人"。这就是建立人类观的问题，这乃是哲学最重大的问题和最重要的研究任务。（c. 46）

根据自己的上述研究，奥伊则尔曼做出了几点重要结论，概括地说，主要是三层意思：第一，恩格斯提出的全部哲学唯一的最高问题这一命题已经被哲学自身的发展所证伪，科学家们认为物质和精神关系的问题是"早已解决的问题"；第二，哲学作为相当广泛的研究域，存在着很多基本问题或疑问；第三，哲学学科自身在不断地发展，哲学语言正在发生本质性的变化，随着新的哲学学说的产生，"在哲学中正在产生新的基本问题"。（c. 47）

看来，奥伊则尔曼是经历了一次思想上的自我解放。他对自己大半生的哲学信仰做了一次彻底的清算，努力卸掉历史加给自己的重负，试图真正做到独立思考。还在苏联社会大变革的前夕，他就针对哲学史上的思想变革说过："且不说其间所有那些灾祸横逆，和过去历史的决裂从来都不是无关痛痒的。但是这却是社会进步的必要条件。"[16]他选择自己当年最有代表性的哲学论题——哲学基本问题作为思想解放的突破口，显示了巨大的理论勇气和追求真理的决心。奥伊则尔曼作为老一代哲学家对待马克思主义哲学的态度是一个代表，他所显示的指向性意义是努力重建独立的精神和自由的思想。他敢于挑战马克思主义哲学最核心的原则——对哲学基本问题的正统诠释，对恩格斯的经典文本提出疑问，并且根据哲学的历史发展和当代哲学的进步重构了哲学基本问题的理论体系。姑不论他所提出的新的理论构想是否合理，但他所呼唤的新的哲学精神却与马克思主义的批判性和革命性并无矛盾。马克思说过："哲学的敌人发出了要求扑灭思想烈火的呼救的狂叫"，哲学思想却"冲破了令人费解的、正规的体系外壳"，而哲学的这种历史命运正是"历史必然要提出的证明哲学真理性的证据"。[17] 奥伊则尔曼认为马克思主义哲学是人类哲学探索的一个重要的成果，它是历史的产物，当然也有自己的局限性，不能把它绝对化，恩格斯关于哲学基本问题的理论就是那个时代的一种相对性的认识。虽然奥伊则尔曼指出了恩格斯命题的种种缺陷和错误，但他并没有完全否定恩格斯的理论：他认为思维和存在、精神和物质确实是哲学基本问题之一，只是没有主观和客观的关系更普遍，而是劳动分工、体脑对立时代才出现的时代性主题。他的态度是扬弃和超越，而不是背叛和否定，这毕竟是一个严肃的哲学家的自觉选择，表现了对待经典马克思主义的一种全新的态度。

第三节 列文：继承和推进

20 世纪中叶西方科学哲学发生了重大的历史转折，其标志就是公认观点的破产，而这一过程从认识论上说，就是从预设主义向相对主义的转向。逻辑实证主义坚持科学认识中有某种必然的、不随经验事实和研究成果而变化的预设，这是一种理想模式，整个知识都要按照这一模式重构，所以公认观点也是一种逻辑重构主义。萨普（Suppe）指出，公认观点主张，"科学理论的特点是借助相互关联的概念系统把经验知识体系化"，问题是，作为这种公理化基础的概念是在理论的前公理化的叙事中产生的，其中一小部分被挑选出来作为基础概念或元科学概念，而公理则是这些元概念之间的基本关系。[18] 问题在于作为公理化基础的概念为什么是真的，逻辑实证主义从而引进了可证实性原则，即感觉经验上的可证实性，而凡在经验上不可证实的就是无意义的。但是，这一原则遇到了极大困难，公认观点于是被迫求助于彭加勒（Poincare）和迪昂（Duhem）的约定主义，把理论术语视为关于经验现象的约定，逻辑实证主义陷入了难以自拔的理论困境。

其实，早在 1953 年蒯因（Quine）就在《经验主义的两个教条》中给了公认观点致命一击，其出发点正是文化相对主义，他宣称物理对象不过是"文化设定物”。1958年汉森发表《发现的模式》，提出“观察荷载理论”的命题，理论前提的文化预设性质引起普遍关注。1962年库恩的《科学革命的结构》出版，科学理论范式的文化规定性和科学知识前提的语境决定论，成了西方科学哲学的主流话语。既然文化和语境都是变动不居的东西，赖以发生和变化的理论不可避免地是完全相对的。相对主义否认科学评价中存在不变的理性标准，强调知识或真理对价值信念的依赖性，把非理性因素夸大为科学发现和科学评价中的决定性因素。到20世纪70年代，以爱丁堡学派为代表的科学知识社会学更是把相对主义推向了极端，以所谓“知识的社会建构”为主旨反对真理的客观性和科学的客观性。这种相对主义已经成为晚近西方科学哲学挥之不去的梦魇，用美国科学哲学家基切尔（Kitcher）的话说是：“一个幽灵（specter）正在缠绕着科学研究：理性—社会的二分法。”[19]其实，后现代西方科学哲学的开路人波普尔早就说过：“当代哲学的主要弊病是理性上和道德上的相对主义。”[20]

对科学哲学中的相对主义导向，苏联科学哲学家早有共识。他们认为，西方科学哲学的这种相对主义转向，是对逻辑实证主义本体论教条的反动，但却走向了极端，抛弃了认识的客观基础，而诉求于形而上学信念和社会价值的文化心理取向。1982年，拉贾波夫（У. А. Раджабов）在《自然科学知识动力学》一书中，就曾明确指出，库恩只是肯定常规科学时期知识的发展具有连续性，而“范式的更迭本身却没有逻辑根据，完全是信奉不同范式的‘科学共同体’社会心理因素作用的结果”[21]。从认识论本质说，这种相对主义是夸大了主观因素在科学知识形成中的作用，尼基金（П. В. Никитин）的《发现与论证》特别揭示了库恩关于发现和论证同一性的观点，指出他“坚决否认发现的上下文与论证的上下文的对立，前者与主观因素相关，而后者则赋予了科学以客观的性质”，认为库恩的范式论夸大了这一过程中个性因素和主观因素的决定性作用。[22]所以，问题的要害在于是否承认科学认识是通向客观真理的过程。库恩声明，必须抛弃“范式的转变是科学家和向他们学习的人越来越接近真理”的想法，而宣称“改换所效忠的范式是一种不能被迫的改宗经验”，甚至干脆说，“在科学中有权就是正确，就是进步”[23]。正因如此，施维廖夫断言：“库恩范式概念的特点是前提的包容性（‘形而上学性’）和对特定科学共同体——社会的和社会心理的要素相交织。”[24]

在苏联时期，对西方科学哲学的相对主义转向所持的批判态度，当然是从马克思主义哲学立场出发的。我们感兴趣的是，进入新时期以后，随着俄罗斯社会的转型，俄（苏）科学哲学的一些重要传统是否仍然被一些研究者延续下来。我们注意到，在认识西方科学哲学最深刻的发展趋向方面所选择的哲学立场，以及一些作者在这一研究主题上对待马克思主义哲学遗产的态度，所折射出的新时期俄罗斯科学哲学家的学术个性，给人留下了深刻的印象。

列文（Г. Д. Левин）是俄罗斯科学院哲学研究所的研究员。他生于1937年，至今仍健在。与奥伊则尔曼相比，属于中年一代，对于所谓“六十年代”改革一代苏联科学哲学家来说，他也是下一辈人。2007年他发表《相对主义的三种类型》一文，一年后该文的姊妹篇《现代相对主义》问世。这两篇专论抓住现代西方科学哲学的核心难题——相对主义，从语义、历史、类型、根源和困境等视角做了全方位的解读，作者坚持的哲学立场和选择的思想进路，使人看到了俄（苏）科学哲学从六十年代改革派科学哲学家那里继承下来的独特传统。

相对主义疑难从表观上看是逻辑和语言学上的混乱，但传统的形式逻辑和语形学对此无能为力。作者从概念辩证法和逻辑语义学分析入手，对客体、对象、特征做了辨析：客体是一切指云；对象是客观实在存在着的客体；特征是只存在于对象中的客体。对象是具体本质、有形物、个体、殊相；特征是抽象本质、抽象物、属性、共相。特征包括属性和关系，特征是单个客体的属性，关系是一些客体的属性。通过这样的辨析，列文定义了相关性，即处于与另一客体的关系之中；而相对性则是由相关性引申出来的概念，一切与其他客体的相互关系都构成相对性。在科学和日常语言中，相对性与绝对性以多种形式频繁出现，其间的共同性无论在实证科学中，还是在日常语言中，都从未界定过，这不仅造成了语义学上的混乱，而且也成了本体论、认识论上一种特殊疾病的症候。

列文使用了逻辑和历史相统一的辩证逻辑方法，梳理了历史上相对主义的三种类型和三种症候：哲学的幼稚病、哲学的青春病、哲学的现代病。

第一种相对主义病症——哲学幼稚病，起源于对概念辩证法的无知。客体从本体论上区分为对象和特征，而特征则从认识论上区分为属性和关系。反映对象及其内在内容（不依赖于它同所有其他对象的关系）的概念称作绝对概念，而反映对象的外在内容即其与其他对象的关系的概念称作相对概念。从认识论上说，绝对概念在考察其自身时，即可断定；而相对概念则只有通过与其他对象的比较方可断定。

混乱是在把矛盾律运用于绝对概念和相对概念时发生的，在传统哲学中，对这个问题的解决只有两个出路——独断论和相对主义。这里有几种情形。第一种是认为矛盾律对于绝对概念和相对概念都不适用，无论对于绝对概念还是相对概念，“A 和-A（非 A）”不能同时为真。对于赫拉克利特悖论（“海水是有益的，又是有害的”），亚里士多德的解决就是独断论的，“对于相同事物，对立的意见不能自身同时为真”。第二种解决方案是，矛盾律可以应用于相对概念，在不同的关系上“A 和-A”可以同时成立，如对于人和对于鱼，海水的有害性和有益性同时存在。第三种情形是认为矛盾律无论对于绝对概念还是相对概念都适用，因为对象本身客观上就是矛盾的，黑格尔的辩证法就断定“‘A 和-A’型的逻辑矛盾陈述（‘海水是最纯洁的又是最不纯洁的’）是符合现实的，因为现实本身就是矛盾的”[25]。

根据这样的分析，列文揭示了相对主义哲学幼稚病的重大的哲学失误。首先，由于相对概念从客体与其他对象的关系中解决了矛盾律的适用问题，换言之，“A 和-A”可以同时成立，只要相对于不同的对象关系。但是，当把这个关系偷换为相对于不同主体（人）的时候，就成为以人为尺度了，A 和-A 是看相对于哪个人而言，这就成了普罗塔哥拉命题——“人是万物的尺度”。列文认为，这就陷入了唯我论：“没有任何客观世界，因此也没有我们的知识与这个世界的符合或不符合”，“每个人都有自己的真理”[25]。其次，相对主义不懂得矛盾的现实性：“无论是我的‘A’还是你的‘非 A’都符合现实，那么他或她的‘A 和非 A’是否符合现实呢？”[25]这种亦此亦彼是不依主体你、我、他为转移的客观实在，这就是绝对概念的矛盾律问题——“两个对立的性质不能同时属于同一个对象”是不符合现实的，这是事物矛盾的客观性问题。同样地，关于相对概念的矛盾律问题归根结底也涉及矛盾实在性。虽然从形式上看，相互对立的特征会因与不同对象的关系而同时成立，即 R（x）在和对象 Y 的关系上是 A，在和对象 Y′ 的关系上是-A，海水对人有害而对鱼有益。但这一命题其实是不完整的，作为严格的逻辑推论，“任何一个客体 Y 都不能同另一客体 Y′ 同时处于两种对立的（相反的）关系 R 和-R 中”[25]，无论人还是鱼都不能与海水同时处于既有益又有害的关系中。所以按传统逻辑相对概念并没有排除矛盾律，问题的本质仍然是现实中对象是否具有客观的矛盾性质。列文指出，除了黑格尔以及马克思主义的辩证法解读以外，胡塞尔还提出另一种方案，“不否定客观实在，然而却断定真理也像个体一样存在着”[25]。胡塞尔认为存在等同于真理，而直观的“被代现者”就是对象本身，所以在他那里世界是单一个体的集合，是一个一个的对象和事实，所以真实存在自身就是真理。这样一来真理就是非关系和非关系行为的相关项。这与传统上把真理看作是陈述和谓词大异其趣，事实是非关系的单束行为。[26]这种个体相对主义抛开对象之间的关系定义真理，虽然避开了矛盾律疑难，但一个没有对象关系的世界和唯我论的真理观同样是不可思议的。

第二种相对主义病症——哲学青春病，起源于对客体辩证法的无知。随着近代科学兴起，人们对物性的认识深化了，从对概念所做的相对和绝对的区分，转向对客体也同样做出相对和绝对的区分，这首先是来自对概念所标识的客体的内容所进行的形态和结构分析。

存在两种客体，一种是单一性质和单一构分的客体，即纯粹客体，其内容是以纯粹形态反映的本质。而混合客体的内容则是由不同的甚至对立的性质和构分组成的。客体的这种二元性质具有多个视角：从关系上说，纯粹客体是相对于所有关系，混合客体是相对于某些关系；从本体上说，纯粹客体具有成分的纯净性，混合客体的特点则是成分的驳杂性；从认识上说，纯粹客体是抽象的、理想的，混合客体则是经验的、现实的。列文用托马斯·阿奎那①的表达方式说，纯粹客体表达的是本体论意义上的真理——“符合自身概念的对象”，而混合客体表达的是认识论意义上的真理——“符合对象自身的概念”。前者是抽象的、理论的、理想的、绝对的、纯粹的，因此也可以称之为真正的客体，对它的表达就是真正的真理。[25]

由于客体客观上划分为纯粹客体和混合客体，就预伏了落入相对主义陷阱的三条歧路：一是矛盾律仅适用于纯粹客体，却被误用于混合客体，如“黄金不能既是金又是其他金属”仅适用于纯金；二是从混合客体的经验知识引出纯理论，如根据开放环境中微生物的滋生得出生命自生论的结论；三是在以混合客体为对象的实验中误用纯理论，如将纯净晶体中光的折射定律用于含杂质的硅芯片。如果对上述三种情况缺乏辩证的认识，就必然会陷入相对主义的困境，觉得“一切都是相对的，模糊不定的，没有什么东西是可靠的”[25]。

现代科学的发展在科学内部找到了克服相对主义的方法论手段。这里我们不妨对列文的阐述做一些进一步的解释。

一是使用间隔方式（interval approach）找到一种限度，在一定界限内，混合客体可以被视为纯粹客体，不仅适用矛盾律，而且可以对之应用纯粹理论，

---

① 托马斯·阿奎那是中世纪经院哲学家，列文在文中用的是他名字的斯拉夫叫法福马·阿克文斯基（Аквиский）。——笔者注

并根据关于它的经验知识建构纯理论。列文的说法是符合科学研究实践的。科学上，限度或间隔往往定量化为误差的允许值域，在这个范围内，不是“A∧-A”（“A 和-A”），而是“A∨-A”（“A 或-A”）。例如按照所规定的纯度，黄金就是黄金，而不是其他金属。当然可以制定出专门的标示术语，标明某物在何种范围内是真品而非赝品。如 K 即含金量的公式是 Au wt%=K/24×100%，中国规定每 K 的含金量为 4.166%，例如 18K 含金量为 75%。

列文关于混合客体认识论性质的诠释揭示了经验认识的相对性。我们知道，在实验科学中，在作为实验结果可靠性的确认问题上，通行的方法是误差评估，考虑到可能存在的各种干扰和不确定性，制定出误差限度（$\pm\Delta X$）。对实验对象的观察误差主要来自三个方面的变量：环境的影响、仪器的精度和仪器操作中的问题、观察主体的主观因素。对不确定因素影响的预估，使观察结果在误差范围内作为可靠知识而得到确认。英国科学社会学家齐曼（Ziman）的《可靠的知识》一书指出，在科学中寻找确定性证明的人，常常缺乏对“真实事物的复杂和混乱的特征”的了解，因而陷入过度精确的二值逻辑的误区。他主张：经验的逻辑由于实验误差而成为三值的。好的研究目标是把误差减至最小，但它们永远不会被完全消除。[27] 所谓二值逻辑即非此即彼的逻辑，但是除了 A 和-A，还有第三种结果，是介于此和彼的一个模糊域，这就突破了矛盾律，在这一界限内可以无视混合客体和纯粹客体的差别。

科学研究实践还提供了另一条消除相对主义的途径——理想化方法或理想实验。现实客体都是混合客体，无论对象本身还是其存在的条件都不是以纯粹形态出现的。但是，在科学研究中，可以假设一种不掺杂任何异质成分和干扰因素的理想化形态，并据此进行合理的逻辑推论，从而得出纯理论即科学定律或所谓科学真理。这里可以对列文的这个案例做些补充说明。伽利略最先使用理想化方法研究惯性定律。根据热力学第二定律，不可能将现实运动和摩擦分开，伽利略创立了向理想状态逼近的方法。他安置一个用羊皮纸铺就的斜槽，可以使摩擦不断减少，将金属球置于槽上使之下滑，观察滑落运动随摩擦减少的变化趋势，得出运动越来越均匀化和直线化的结论，并由此推定其极限情况，得出当摩擦降低为零时物体做匀速直线运动的结论。这样一来，理想化方法就解决了“纯粹（理论）客体和混合（经验）客体的知识相互联系”的问题。[25]

由于第二种相对主义是在近代科学兴起的过程中产生的，其认识论根源是对混合客体和纯粹客体关系缺乏辩证分析，所以列文把这种哲学疾病称为科学的青春病或成长病。

第三种相对主义病症——现代哲学病，起源于对关系辩证法的误读。从科学发展的角度说，这是由现代科学的方法论危机引发的。列文提出了四个典型的危机表现：数学基础的第三次危机引起的逻辑语义学悖论问题；共性问题；量子力学的完备性问题；相对论问题。[25]这些危机有的涉及客体自身的矛盾性质，有的涉及认知本性的矛盾性质，有的则是二者兼而有之。

现代科学的发展揭示了事物之间的某种特殊的依赖性，有时是本体论性质的，有时又是认识论性质的。这种依赖性通常被称作相对性，诸如物理客体时空尺度对参照系的相对性、微观客体对观测仪器的相对性、感性经验对理论体系的相对性、科学理论对概念框架的相对性。由于对这类依赖性的认识出现偏颇，常常引发理解上的混乱，列文因而称其为“悖论依赖性”。

列文把自己的研究锁定在上述第四种相对性上，即科学理论对概念框架的依赖性，这是因为这一问题已经成了后现代西方科学哲学具有特征性的主流话语，也是当代西方科学哲学争论的主题，卡尔纳普（Carnap）、蒯因、波普尔、戴维森（Davidson）、普特南（Putnam）、罗蒂（Rorty）、费耶阿本德、库恩等所涉及的正是这样一种相对主义。列文说他在关于相对主义的第二篇专论《现代相对主义》中，“决定只分析‘关涉的相对性’所引发的相对主义”[28]。关涉的相对性，原文作 релятивность к，相当于英语的 relativity to，意为对于某物或某事的相对性，所以笔者译作关涉相对性。按列文的意见，当代科学哲学的主题有两大要素：从属要素，是指什么是相对的（依从者）；独立要素，是指相对于什么（关涉物）。例如，核心概念是依从者，语言是关涉物；核心信念是依从者，文化是关涉物；认识论评价是依从者，先验认知模式是关涉物。所以这种相对性实质上是语言哲学上的指示的（denotative）相对性。

关涉相对性的发现是 20 世纪科学的一个表征，但是承认这种相对性并不等于主张哲学上的相对主义。在列文看来，只是在对关涉相对性做出错误的哲学解释的时候，才出现了现代相对主义疾病。关涉相对性的解释误区既有本体论的，也有认识论的。前者如微观粒子性质与观测仪器和操作的相关性的解释，后者如理论与概念框架的相关性解释。列文着力挖掘现代相对主义疾病产生的根源以求克服并超越它，而这正是他致力于相对主义研究的根本目的。

通读列文的《现代相对主义》一文，可以发现，他实际上是从三个层面上揭示了现代相对主义在哲学上的导向性错误。

第一个是语义诠释的层面。“并非把任何一种依赖性都称为相对性，而只是把悖论式依赖性称为相对性。”[28]例如不能说物体的尺度取决于相关参照系匀速直线运动的速度，即伽利略相对性，也不能说微观客体的性质取决于记录它的仪器。相反，生物体的机能和性状取决于遗传基因和环境；或在后现代主义科学哲学家如蒯因的话语体系里，本体论取决于语言。这里，前两个例子是悖论式的依赖性，A 相对于 B 而得到某种或某些规定，但 A 的存在和本质并不取决于 B，所以称作悖论式的依赖。但后两个例子却相反，A 的一切都是由 B 决定的。所以，在语义诠释上必须把“依赖于”和“取决于”区分开来。这样的语义混淆会直接导致相对主义。

第二个是前提性知识的层面。列文把批判现代相对主义的重点放在概念框架理论上面，他宣称：“文章篇幅的限制，仅能分析这些相对性之一——理论对概念框架的相对性，并且仅限于批评一种相对主义的变种——概念框架理论。”[28] 他这样做不是偶然的。后现代主义科学哲学颠覆了公认观点，而这一历史性转向的中心就在于把理论的根据从经验观察转向前提性知识，这种前提性知识则是理论的先导和立论的基点。问题的核心在于，概念框架是根据世界观制定的，世界观又是社会文化决定性的，而这正是现代相对主义最深刻的根源。萨普深刻地指出：“科学是根据内部的世界观或生活世界工作的，而科学哲学家的职业就是从科学工作的内部分析科学世界观的特性，分析语言—概念系统的特性。理论是根据世界观来解释的，因而理解理论就必须理解世界观。科学认识论的这样一种世界观的进路，显然必须充分注意影响科学世界观的发展、表达、应用、接受或反驳的那些科学史和社会学因素。”[29]

列文扼要概述了历史上关于概念框架的两种典型理论，指出了它们在哲学上的根本失误。为了理解列文关于关涉相对性引发现代相对主义的观点，我们有必要做一些进一步的解读。

第一个典型是康德的先验知性形式理论。众所周知，康德的先验逻辑是关于认知对象的普遍的纯思想的逻辑，这是对知性的分析；而知性与直接所与的感性表象不同，是从自身中产生的概念，其作为知识活动的本质就是综合，即把不同的表象统一起来，“综合毕竟是真正把各种要素集合成知识，并结合成一定内容的东西；因此，如果我们想对我们知识的最初起源作出判断，综合是我们首先应当予以注意的东西”[30]，而这就是从感性经验建构为理论知识的先验逻辑。在这里，康德的先验逻辑并不是发现和产生新知的逻辑，而是按先在的模式所安排的重构。所以，列文说，按照康德，“这是一种在缺乏真实的新观念的条件下建立创新幻象的体验方式”[28]。

第二个典型是卡尔纳普的逻辑语形学，列文指出在卡尔纳普那里概念框架就是语言架构，并把这种语言架构理解为“受确定规则支配的言说方式的总和”。为了更好地理解公认观点的这种概念框架理论，我们这里应当做一些补充说明。其实，卡尔纳普所说的语言架构是一个抽象演算模型，它包括形式公理系统和实质公理系统。实质公理系统以存在假说和描述假说为演绎前提。既然形式公理系统是无实际内容的纯形式化抽象演算，那么，实质公理系统的存在假说和描述假说及借助形式公理系统通过逻辑演绎得出的模型是否具有真值性和唯一性呢？在这一点上，早期的卡尔纳普追随维特根施坦《逻辑哲学论》的观点，坚持语言图像论，他把罗素的逻辑构造论贯彻到底，试图把关于外部世界的一切知识领域的对象（或概念）都从某种基本的对象或概念中构造出来。卡尔纳普在《世界的逻辑构造》一书中做了系统的尝试，他把一切已有的知识重构成基本概念的命题演算模型。由于实质公理系统的初始概念来自知觉经验，而物理世界和知觉世界之间有一种他所谓的“物理的一配置”，就是说，“物理学的世界点与知觉世界的世界点是一一对应的”[31]，而世界是原子事态的总和，元语言的原子语句就是原子事态的状态描述（赋予语言表达式以状态描述就是赋予其谓词），所以这个实质公理的谓词演算系统的结果就具有了经验可证实性，从而保证了它的真理性和唯一性。

要证实一个综合语句，即仅靠形式规则无法保证其真值条件的语句，必须引入意义公设，但是通过直接建立原子事实和原子语句之间的一一对应关系来建立意义公设，是根本无法实现的，卡尔纳普因而声明，意义公设本身不是经验的、综合的，本质上也是逻辑的，所以是逻辑学家根据他们对意义的“意向”而做出的自由选择。从这里出发，卡尔纳普把这一思想扩大到整个逻辑语形规则上面，提出了著名的“宽容原则”（tolerant principle)：“在逻辑中是没有道德的，每个人都有自由按照他自己的意愿来建立他自己的逻辑，即建立自己的语言形式。对他所要求的一切就是，如果他希望讨论它，他就必须清楚地说明他的方法，并且给出语形的规则，而不是给出哲学的论证。”[32]很显然，这里卡尔纳普直接从真理的符合论转向了真理的约定论。

我们概述了卡尔纳普逻辑语形论的思想发展，补充了列文的说明，是为了更清楚地揭示相对主义在认识论上的进路。列文指出，卡尔纳普走向约定论的相对主义关键在于否认语言与实在的关系，他特别引述卡尔纳普在《意义和必然性》一文中的论断：“承认物质世界知识意味着承认确定形式的语言，换言之就是承认建构语句、检验、接受或反驳它们的规则……但是在这些语句中却不能有关于物质世界实在性的命题。”既然抽掉了语言的客观实在性基础，那当然可以凭制订者的意愿随意选择语形规则。列文正确地认识到，问题的要害在于如何认识语言架构和概念框架的本性。卡尔纳普把概念框架和语言架构等同起来，“语言的理论和概念框架的理论实质上是同一问题的两种议论方式”，就此而论，语言的本质和概念框架的本质也应当是同一的。可是，列文质问说：“然而，为什么理论不能同时既符合客观世界，又符合概念框架（当然也是客观的）呢？”列文明确肯定语言的物质性本质，他断言：“如果语言是思想的物质性标志，那么语言架构则是概念框架的物质性标志”，他因而直截了当地作出结论说：“一种（语言架构）和另一种框架（概念框架）的实在性是毋庸置疑的。”[28] 列文的这一论断令人立即想起马克思关于语言是实践的、现实的意识的著名命题[33]，不难看出这一思想与马克思主义的渊源关系。

按列文的分析，在前提性知识这个层面上，现代科学哲学之所以从理论依赖于概念框架的命题得出相对主义的结论，关键在于把概念框架或语言架构说成是主观约定的，本质上在于抽掉了前提性知识的客观基础。列文根据戴维森的划分，把概念框架论区分为一元论和多元论两派，前者认为人类只有一种概念框架，后者认为有多种与不同文化相应的概念框架。但一元的概念框架论“从理论依存于概念框架出发（从理论的相对性到概念框架），推论出否定理论符合客观世界的结论”。列文没有对这一论断做出解释，对此也有必要做进一步的说明。对一元论的概念框架论者来说，理论虽然具有相对性，但理论所依赖的概念框架却是唯一的，因为对每个理论来说，只有一个概念框架对它而言是最适合的。按照蒯因的说法，这个概念框架就是该科学理论的“本体论承诺”（ontological commitment），之所以做出这一承诺，是因为这个概念框架是该理论最方便最有效的工具，而不是因为它反映了客观实在。所以蒯因说：“我们之接受一个本体论在原则上同接受一个科学理论，比如一个物理学系统，是相似的。至少就我们有相当的道理来说，我们所采用的是能够把毫无秩序的零星片段的原始经验加以组合和安排的最简单的概念结构。”[34] 所以，概念框架的选择只是一个方便和实用的问题，蒯因对此并不讳言，他在《经验主义的两个教条》这篇名文中说，本体论“不是关于事实的问题，而是关于为科学选择一种方便的语言形式，一个方便的概念体系或结构的问题”[35]。同样，劳丹也本着同样的精神讨论科学理论的评价问题，他提出的前提性知识形式是所谓研究传统，即“关于一个研究领域中的实体和过程以及关于该领域中用来研究问题和构作理论的合适方法的一组总的假定”，其内涵实际上就是一套本体论和方法论的概念框架。但是，根据研究传统评价理论进步的合理性标准是什么呢？劳丹认为，“合理性即在于接受那些能最有效解决问题的研究传统”，所以根本“不必预设什么与理论的真实性或逼真性有关的东西”。[36] 虽然一元论的概念框架论坚持认为理论存在着一个最优的概念框架，但是这个优选的标准却是效用，而对于选择者而言，既然否定了概念框架的客观基础，而每个人都有自己的效用标准，因而建立具有普遍共识的元标准是不可能实现的目标。所以，列文认为一元论的概念框架论并不能消除现代相对主义的病症。

多元论的概念框架论如戴维森所说，“类似对所发生事件的个人的、文化的和时代的观点”，这样就有多种多样的概念框架，而且不存在从一种图式向另一种图式的转译，“遵循不同概念图式的两个人就不能使各自的意见、心愿、期望和知识片段达成一致，甚至相对于图式的实在本身也被看作是相对的，在一个体系中被认为是实在的，在另一个体系中可能被认为是不实在的”。[28]

列文通过这样的分析得出了一个基本认识论结论，无论是一元论的还是多元论的概念框架论，由于都把作为理论根据的前提性知识和客观实在割裂开来，变成依凭于主体意愿的东西，因而是完全相对的，这正是现代相对主义最深刻的哲学根源。如列文所指出的，这些科学方法论家从理论对概念框架（或语言）的依赖中引申出的结果是：“不仅不存在理论对客观世界的依赖，而且也不存在客观世界本身。”[28]

第三个是方法论的层面。列文发现，历史上所有科学，在研究多因子依赖关系的对象时，起初都是采用单因子分析，“普遍转向多因子分析仅仅是今天才发生的，而且遇到了很多困难”。在认识论上，在考察知识的时候，开始也是单因子分析，在研究知识对多重因子的依赖关系时，使用的也是单因子分析，而最先注意到的是知识对于对象的依赖关系。康德第一个转向知识对先验感性形式和先验知性形式的依赖关系，他自称是在认识论上完成了一场“哥白尼式”的革命，这并非夸大其词。后来发生了从认识论转向到语言学转向（linguistic turn）的发展，产生了语言框架一元论的单因子分析，主张知识依赖于语言架构，而这种语言就是公认观点所说的唯一的可还原的理想语言。

但是，日常语言论的兴起和发展，取代了人工语言论，揭示了多种语言框架同时并存这一事实，语言框架的一元论被多元论所取代，多因子分析的方法应运而生。但是，多元论的语言架构论又遭遇了从一种语言架构向另一种语言架构转译的困难。问题根源在于不同的语言架构的本底是不同的文化。相对主义者认为语言框架赖以建立的文化在形式和本质上是迥然不同的，因此转译是不可能的，并因而产生了“不可通约性”（incommensurability）这个专用术语。但是，在列文看来，问题在于语言框架或概念框架是一种抽象，对抽象概念的认识不是直观的，它不是其原始对象的直接映像。列文宣布是马克思的论断给了他启示。马克思指出，在政治经济学中“既不能用显微镜，也不能用化学试剂，二者必须用抽象力来代替”，列文认为这话在认识论上也是正确的。现代相对主义不理解这种抽象，忘记了尽管语言架构或概念框架虽然产生于不同的文化，在形式和性质上各不相同，“但却朝向同一个对象的镜子”，抽象并不是脱离对象，而是更接近了对象的本质。列文明确指出，这种相对主义的错误根源在于“拒绝承认我们知识与客观世界相符合”，所以，“在不同文化中产生的对客观世界的描述都脱离了它们统一的根基，变成了为游戏而游戏的某种把戏”。[28]

列文的相对主义批判是在2007—2008年进行的，上距苏联解体已经近二十年了，他当然没有任何体制和意识形态上的考虑去维护马克思主义的哲学立场，事实上他也没有给自己的论述冠以辩证唯物主义的名号。但是，他的整个立论却有一个基点，那就是认为相对主义的根源就是否认知识与客观实在相符合这一认识论基本原则，而从思想方法上说则是缺乏辩证思维。这一代新俄罗斯科学哲学家一般都并不认同列宁，对列宁前期的著作《唯物主义和经验批判主义》尤为反感，但是，至少列文对相对主义哲学失误的分析，不能不使人联想到列宁的论述：“马克思和恩格斯的唯物主义辩证法无疑地包含着相对主义，可是它并不归结为相对主义，这就是说，它不是在否定客观真理的意义上，而是在我们的知识向客观真理接近的界限受历史限制的意义上，承认我们一切知识的相对性。”[37]

第四节　叶戈罗夫：选择和利用

不可通约性是科学评价论的争议焦点，涉及对科学知识进步的评价和科学真理的理解，直接关系到科学认识是否存在客观基础的问题。以没有什么共同的依据和标准对竞争范式进行比较为由，库恩说：“范式之间的竞争不是那种可以由证明来解决的战斗”，又说：“改换所效忠的范式是一种不能被迫的改宗经历。”[38]费耶阿本德对不可通约性的界定与库恩略有不同，他声称自己所理解的不可通约性仅仅是“演绎的不相交性”，意思是说理论内容之间没有建立起通常的逻辑关系（蕴含、排斥、交叉）。他认为在这一含义之外存在着其他的比较标准，包括形式的和非形式的，如简单性、一致性等。但和库恩一样，他也否认理论的比较方法应以符合客观实在为基础，比较只是形式上的，断然声称“内容的比较或逼真的比较当然不在此列”[39]。

库恩认为，科学理论相对于范式或所谓专业母体看待所有的观察，结果是透过不同的范式或专业母体所看到的是不同的世界。这一点，在西方科学哲学内部也已经引发了强烈的反响。例如沙夫勒（Scheffler）就指责说，这是褫夺了科学的客观事实基础，“实在作为一种独立的要素消失了，每一种观点都创造了它自己的实在”。于是，专业母体“对于库恩来说，就不仅仅是‘建构科学’而已，相反，他的主张还有另一层意义，‘按照这层意义，专业母体也建构了自然界’”[40]。

对于这一重大问题，苏联学者已经做过深入的研究。早在1978年，巴热诺夫（Л. Б. Баженов）就揭示了库恩范式论的认识论倾向，指出：“在库恩的理论中，范式转换的过程具有非理性的特点。”[41]前面已经说过，苏联学者特别指出，库恩的范式作为知识建构的前提，颠覆了公认观点的逻辑语形学框架，而诉求于社会文化主体。[42]与此同时，苏联学者更多的是从认识辩证法的角度对库恩式的不可通约性进行批判。马姆丘尔早在1972年就对库恩的范式变换理论做了深入评析，指出，虽然相互更迭的理论之间不可全面进行比较，但这绝不是否定认识中的继承性，因为两个相继变化的理论之间的关系是一个统一认识过程的两个合乎规律的阶段。[43]这里涉及认识过程中连续和间断的辩证法。1978年，波利卡洛夫（А. П. Поликаров）发表专论《论库恩关于科学发展的学说》，做出了时段性的分析，把科学发展中的革命性转换区分为两种类型：第一种是科学的发生，从前科学的知识状态中形成最初的理论体系；第二种是科学知识本身在发展过程中的根本变革。波利卡洛夫认为，对于第一种类型的转换，库恩的范式不可通约性概念可以认为在很大程度上是正确的。但是在第二种类型的场合，这一概念就不对了。我们体会作者的意思是，第一种转换是发现和创新，其中灵感、信念和各种文化心理要素是决定性的契机，是充分个体化的，因而确实具有不可通约的性质。但是，“在第二种转换中，在给定的科学领域里相继产生的理论之间存在着明显的继承性和可比较性”。这些理论的大量结论存在着一致性，有些甚至是完全相同的。[44]不过，也有苏联学者指出，即使在创新和发现阶段，也同样存在着与作为前导和先驱的理论之间的继承关系，创新不能和传统截然分开，新旧理论总有某种可通约性。例如，直到苏联解体前夕的1991年，库兹涅佐娃（Н. И. Кузнецова）和罗佐夫（В. Г. Розов）

还在《科学革命的不同形态》一书中批评库恩把革命和传统截然对立起来，文章强调说："传统和创新在其根基上并无对抗"，"传统是新条件、新形势下旧东西的复现（模板的复制）。新东西则是初次显身，既不能以别的方式存在，也不曾以别的方式复现"，但新东西确实是在传统中孕育出来的，所以，复现的形式同时也是新知识的"发生器"。[45]

苏联学者站在马克思主义哲学立场上，对不可通约论的批判，触及西方后现代科学哲学的核心观念。这个核心是什么呢？正是前面所说的相对主义，而其根源是在清算公认观点并复兴形而上学的过程中错误地运用了世界观分析。上一章曾提到在厄巴纳举行的"科学理论的结构"研讨会，会议做出了"关于科学理论的主要问题"的总结，明确指出："虽然世界观分析强调其对理解科学理论化的能动性理论和作为这种能动性条件的各种预设的重要性，但这一分析使科学过于主观化，过于神秘化，也太过于追求形而上学建构了。而且，这种分析极度需要心理学因素和社会学因素。"[46]这一论断已经触及了问题的实质。而如上所述，苏联学者对这里所说的主观性、神秘性和形而上学建构，有着更深刻的认识，因为他们的批判是立足于唯物主义的认识论和辩证的方法论。如前所述，在列文关于相对主义的研究中，已经显示出苏联时代科学哲学家的研究传统仍然在某种程度上延续下来，而下面我们将看到，在不可通约论的问题上，新俄罗斯的科学哲学家试图超越东西方的既有视域，另辟蹊径，做出全新的探索。

叶戈罗夫（Д. Г. Егоров），哲学博士、教授。如果说列文在俄罗斯科学哲学家中属于中年一代，叶戈罗夫显然是苏联解体后成长起来的新一代学者。2006年他发表了《如果范式不可通约，为什么还是变动不居》一文，对库恩和费耶阿本德的不可通约论做出全面审视和批判，这篇论文的突出特点是无论对后现代西方科学哲学，还是对俄（苏）先驱者的传统，均持分析批判的立场。作者试图对不可通约论做出全方位的审视，不仅回应前人已经取得共识的结论，而且拓展了研究空间，其中也根据自己的理解利用了马克思主义哲学的某些理论原则。

叶戈罗夫认为，不可通约论提出的问题有二：一个是理论选择的一般标准问题，另一个是新理论优于旧理论的根据问题。他指出，现代西方科学哲学代表人物之间的分歧被夸大了，他们的理论没有本质区别。波普尔提出的理论科学性的标准是两个：一要能和基本论断（观察陈述）相比较而可证伪，二要能预见新的、旧理论无法预期的事实。但要确定证伪的基本陈述就必须对观察的条件做出约定，换言之，尽管他反对特设性的假说，然而既然观察是根据特定前提预设的，那么基本论题（经验陈述）就不是中立的，这称作约定证伪。后来汉森提出“观察荷载理论”，以致没有中性的观察，“观察为理论所污染”，已经成为后现代西方科学哲学公认的理论结论。这样一来，可通约性的观察基础就坍塌了。波普尔的第二个标准也同样无法确立。费耶阿本德指出，科学史上即使是公认的合理性标准也存在被破坏的情形，常见的是为维护自己的理论而置冲突事实于不顾，他于是提出“韧性原理”，认为学者可按自己意愿维护任何理论。在叶戈罗夫看来，后现代科学哲学这些派别的共同点是都转向了约定主义的哲学导向，而他们之间的分歧不过是建构元理论时的“抽象层次”不同而已。波普尔证伪主义图式所具有的规范化力量来自完全的理想化：第一是研究主体的理想化，即具有完备信息和对成果充分批判能力的研究者；第二是经验基础的理想化，其内容可以作为彻底证伪的充分根据。当然，这些理想化的条件是预设的一致性约定。第一个理想化不必说了，现实中没有全知全能的研究主体。拉卡托斯的科学纲领方法论质疑了第二个理想化条件，认定没有任何基本陈述可以一劳永逸地证伪一个理论，应该允许理论在反常的海洋中繁荣，而失败的理论也会“卷土重来”。拉卡托斯指出：“波普尔认为，一个判决性实验可以表述为与一个理论相冲突的业经接受的基本陈述；而科学研究纲领方法论认为，任何业经接受的基本陈述都不能独自给科学家以拒斥一个理论的权利。”[47] 库恩的范式论则是对两个理想化条件的彻底摒弃。叶戈罗夫引用罗佐夫的话说，在库恩这里，“科学已经体现为由学者的意志所主宰的范式”[48]。这就超出了方法论的范畴，而进入价值论和科学社会学的领域了。

根据库恩的理论，常规科学是在某种传统或范式的框架内工作，是范式指导下的解难题活动，学者对范式的理解是一致的。问题出在常规科学向革命科学转变的时期，范式不可通约就是在竞争范式的选择和新旧范式的更迭中发生的。对产生不可通约论的根源，叶戈罗夫从心理学、认识论和方法论三个层面做了全方位的分析。

制定范式、选择范式和使用范式是不同的心理过程。组成范式的专业母体要素包括符号概括、模型信念、价值方针和活动范型，这构成科学活动的元层次。除符号概括外，信念价值和活动范型都属于波朗尼（Polanyi）所说的“隐知识”（tacit knowledge）。“在研究过程中，大部分是无意识的——在完成日常任务时，专业母体体现的是自动习惯的作用。”[48] 但是，在发生范式转换时，就必须在更高的元程序化的层次上做出自觉的选择，自主判断并确定以后按什么方式去做，这就要求对更高层次的元程序有个体化的认知，做出自己的评价，分析范式应付“反常”的方式，制定新的概念框架。此时无意识的习惯活动失效了，科学家随时都有可能利用全部个人资源和本人知识部门的任何信息，包括应用于所选择的范式的一整套方法论原则。在这个过程中，研究主体对所需要的各种认知的、智能的、包括非理性的要素的调动和使用是自由的，所以叶戈罗夫借用普朗克（Planck）的话说，这种创造性思维的基础是“完全不可比较的，观念和现象之间的同一”[48]。现实学者在元层次上的认识，是受信念支配的，而最有影响的信念是符合这种创造性心理活动机制需要的，范式之间的比较和变换无固定程序，无统一模式，而且是不可预期的，因而不可通约。

叶戈罗夫进而分析了不可通约论的认识论基础——非理性主义。范式的更迭是瞬间发生的格式塔转换，是描述世界的方式的改变，其间包含三个认知要素。第一个是概念，但是概念之间却没有一般的逻辑关系，如蕴含、拒斥、交叉等，这里所缺少的恰恰是理性要素。第二个是看事物的方式，使用不同范式的人，不仅应用的是不同的概念，而且所得到的是不同的知觉，要注意的是，这个结果是领悟的，而不是理解的。第三个是研究和评价结果的方法，这种方法不仅是智能的工具，而且也包括身体的工具。值得注意的是，这里特别强调了身体的工具。我们有必要对叶戈罗夫的这一特殊提法做一点引申说明。按叶戈罗夫的意见，从不同的范式出发，所采用的方法都是心智和体感双重性的，这与美国技术哲学家伊德（Ihde）提出的具身关系有相通之处。伊德划分了三种经验：直接的身体经验、对他人以及周围环境的经验、以技术为中介的经验。现代人的世界认识突出了技术的具身关系，本质上是“实践—知觉”的进路，他称这种进路为工具实在论，这是一种“科学的技术具身关系的同时性认识，是通过工具并在实践情景内发生的，而且是实践对这些技术知觉最重大的作用之一”[49]。这就是说，所谓适用身体工具，就是人们通过亲身与对象的接触和直接的感知，而获得对世界的体验—领悟式的把握，这与理性的抽象—推理式的把握有质的区别，当然具有非理性的色彩。

从方法论上说，不可通约论者陷入一种非此即彼的二难推理：在对科学理论进行比较时，要么有一个单一的绝对标准，要么没有任何标准。归纳主义要求以经验证据作为唯一的标准；证伪主义要求以通过经验证伪（亦即消除没有经验附加内容的理论）作为唯一标准。而库恩因为这些唯一标准的失败，以范式的改变作为信念的改变为由，宣称没有评价竞争范式优劣的固定标准，范式不可通约。叶戈罗夫批驳说：“引进竞争理论的单一的（而且是常规的）比较标准是不合适的，但是不能由此得出结论，认为对概念的所有选择行为都是非理性的。”他指出，尽管费耶阿本德也主张不可通约论，倡导 anything goes（怎么都行），但他曾提出“标准集群”来代替单一的绝对选择标准，这包括：①理论的线性或非线性；②逻辑融贯性程度；③拟真度；④与某种基础理论或形而上学原则的一致性；如此等等，其实这些都是理性的标准。按叶戈罗夫的意见，摒弃极端常规立场上的比较标准（或曰“硬标准”）是合理的，“但制定‘软标准’还是有意义的”。制定明确的标准并不是要消除任何概念，走向彻底的非理性主义的极端，而是相反，“即使不是一般地从科学中，至少要从科学争论中，完全消除非理性的，基于感情的偏见”[48]。叶戈罗夫特别指出，俄（苏）学者对竞争理论和选择标准问题已做过充分的研究，其导向与西方的不可通约论是迥然不同的。他以马姆丘尔的工作为例，指出她虽然根据物理学研究而突出了简单性作为基本方法论原则，但却不能以简单性作为唯一尺度和有效发挥作用的唯一根据，因为没有“一义性决定的选择标准”[48]。

作为总结，叶戈罗夫把不可通约论的错误根源归结为对辩证法的无知或误读。他认为，在后现代西方科学哲学中，这种错误可以溯源于波普尔对辩证法的诠释。叶戈罗夫这样说自有其道理，在后逻辑实证主义科学哲学家中，波普尔确实最早系统地阐述过自己的辩证法观。这里我们有必要概述一下波普尔对辩证法的认识。早在 1940 年，波普尔就在《精神》杂志上发表过《辩证法是什么》的专论，后来又在很多地方多次谈到过自己对辩证法的理解。遗憾的是，波普尔并没有真正理解辩证法的本性。他自述，自己 1937 年就曾试图“把著名的‘辩证法三段论式’（正题、反题、合题）解释为试验和排除错误方法的一种形式来弄懂它的意义”[50]，这段话后来被他写进了《辩证法是什么》这篇论文。波普尔对此颇为自得，认为是自己的一项重要独创。辩证法的这一三段论式是黑格尔提出来的，在黑格尔辩证法体系（注意：是黑格尔辩证法，不是唯物辩证法）中占据核心位置，当然其中也的确包含否定之否定的思想的合理内核。但波普尔将“正—反—合”的三段论法解释为试错法时，却恰恰是排除了矛盾。叶戈罗夫一针见血地指出：“波普尔对辩证法的批判立足于维护排除矛盾的法则：如果我们拥有正题和反题，那么就应该（根据出自矛盾律的禁令）抛弃其中之一。”[48]叶戈罗夫认为，库恩关于范式的跳跃式更迭的观念，所根据的就是形式逻辑的析取式（“或者—或者”），是形式逻辑的矛盾律，而不是辩证法的矛盾论，他因此认定不可通约性概念的根源正是波普尔对辩证法的错误理解。

我们有必要对叶戈罗夫的波普尔辩证法批判做一点补充说明。波普尔对辩证法的错误理解很有典型性，它反映了西方学者对马克思主义辩证法的偏见。波普尔否认矛盾的客观性，而且这个思想是一贯的。在1934年《研究的逻辑》中，他就宣称自相矛盾的陈述是伪命题。在他看来，不仅自相矛盾的陈述不传达任何信息，无矛盾是理论系统和公理系统的基本要求，而且“它可被看作每一个系统，不论它是经验的还是非经验的，都要满足的第一个要求”[51]。这里所说的经验系统实际上是现实系统，也就是说，在波普尔看来，无论是理论系统还是实在系统，如果在科学上有任何意义（“如果它想有任何用处”）就必须是无矛盾的。后来，波普尔在《辩证法是什么》这篇专论中，更直接向辩证法挑战，提出一个二难推理：接受矛盾就得牺牲成效，追求成效就得放弃矛盾。他甚至说：“如果我们准备容忍矛盾，那么批判以及一切人类智力进步都必定同归于尽。”[52]

叶戈罗夫明确指出，以波普尔为代表的后现代西方科学哲学对辩证法的这种批判“显得有些肤浅”。叶戈罗夫首先指出，不能把逻辑系统的无矛盾要求和现实系统的矛盾混淆起来。“辩证矛盾不是逻辑矛盾”，辩证法原则不是预设的，逻辑推理过程的自洽性是公理系统的形式化规定。辩证矛盾则超出了公理化系统内在结构的范畴，进入了系统之间的关系的领域。按叶戈罗夫的意见，相互冲突的系统之间的矛盾是“建立界限方面”的问题，矛盾的双方在各自的界限内分别为真。他以锥体的平面投影为例，指出其投影或为三角形，或为正方形，关键在于投影平面的性质。如果投影平面是垂直的，则椎体投影为三角形；而投影平面是水平时，锥体投影则是正方形。所以，叶戈罗夫认为现实系统的矛盾是客观存在的，而矛盾的产生是由于“缺乏边际条件”。但投影的原型锥体却始终是同一的，因此矛盾产生于现实的经验陈述系统，而这样的陈述系统是以各自的边际条件为转移的。叶戈罗夫将所研究的系统分成公理（非经验）系统和经验系统两类，前者遵循矛盾律，服从陈述系统内的形式化预设规则，属于“或者—或者”类型；后者遵循辩证法，服从陈述系统之间的边际条件。作者认为格林德尔-班德勒模型①作为一种中性语言规划（neutral language programme，NLP）是有启发性的尝试。这是一种心理图式，其中“心理发展过程是以相应的语境划界来解释的，在各自的语境中冲突的行为都是合理的”[48]，准

① 格林德尔-班德勒模型，是格林德尔（Grinder）和班德勒（Bandler）在《魔法的结构》（*The Structure of Magic*）一书中提出的。——笔者注

此可以建立一种相互冲突的事实陈述的元模型，消除正题和反题之间的矛盾而实现合题，恢复对立陈述的一致性。

叶戈罗夫对后现代西方科学哲学的辩证法观所做的批判，突出了矛盾在辩证法中的核心地位。作者区分了形式逻辑和辩证法，认为这是陈述系统的不同逻辑层次。对公理演绎系统而言，无矛盾性（或者—或者）是形式化的预设前提；而对经验陈述系统而言，相互冲突和对立是由于系统的特定边际条件所规定的，如果引进合适的划界条件，就可以实现相互矛盾的陈述系统的兼容。一种元层次的中性语言陈述模型，是对黑格尔正题—反题—合题的超越，从根本上解决了不可通约性难题。

应当肯定，叶戈罗夫从辩证法的高度揭示形式逻辑局限性是完全正确的。形式逻辑对矛盾的排斥是先验的预设，并不能反映经验陈述（现实系统的模型）系统的矛盾和冲突。形式逻辑只适用于公理化的形式系统，而经验事实的陈述系统的矛盾则必须用辩证法来解决。他认为波普尔等不懂得形式逻辑和辩证法的区别，“本身包含着对判断的不同逻辑层次的混淆”，这一指责令人想起恩格斯的论断：“甚至形式逻辑也首先是探寻新结果的方法，由已知进到未知的方法；辩证法也是这样，不过它高超得多；而且，因为辩证法突破了形式逻辑的狭隘眼界，所以它包含着更广泛的世界观的萌芽。”[53]叶戈罗夫提出辩证综合范畴是边际条件问题，也有一定道理。自然界具有本质的同一性，而具体矛盾总是在一定条件下表现出来的，离开这些特定条件，也就无法定义系统之间的矛盾。辩证法是条件论，这就是矛盾的相对性。既要看到矛盾和对立，也要看到同一和一致，这正是辩证法的本质。

叶戈罗夫的讨论实际上是在辩证逻辑的视域上展开的，主题是命题推理和陈述系统的辩证法。他明确指出形式逻辑矛盾律的局限性，揭示了经验陈述系统对矛盾的包容性。但是，如果辩证法的论述仅限于此，肯定是不全面的。对辩证法本性的正确理解要兼顾内与外、主观与客观，而不能有所偏颇。叶戈罗夫将陈述系统的矛盾视为现实经验陈述系统的边际条件问题，认为是不同陈述系统之间的关系，而一个系统内部则必须遵循矛盾律，这在辩证逻辑和现代谓词演算中，是不成立的。公理化系统并非绝对完备和自洽，这已由哥德尔不完全性定理所证明，如果公理系统 P 是充分丰富和协调的，则有一形式命题 A，使得 A 和-A 在该系统 P 的内部是不可证明的。这就是说，即使公理化的形式系统也包含着内在矛盾。至于现实的经验陈述系统所包含的矛盾，不仅存在于不同系统的关系之中，也必然存在于一个单一系统的内部。例如，人们早已熟知力学中机械运动的在与不在的矛盾；热力学公理系统中，自发运动过程在时间上的不对称性即可逆和不可逆的矛盾；量子力学中连续与间断即波与粒的矛盾；如此等等。当代以物理学为代表的实证科学已经充分公理化，根据哥德尔定理，作为公理系统即使从形式结构上说，也是包含内在矛盾的。实证科学的假说—演绎系统同样包含着内在的矛盾，例如内格尔（Nagel）就曾指出，彭加勒的物理几何学理论就是如此。按照欧几里得几何学的公理系统建立起来的天体力学，就是以光线的路径是欧几里得直线作为推理前提的，而三角形内角之和为两直角是欧式几何学平行公设的必然结论。但是，平行公设正是在欧几里得几何系统内部无法证明的公理，平行的概念是充满矛盾的。因此，仅从几何学公理系统出发，可以引申出相互矛盾的结论——维护欧式空间的平行公设与抛弃欧几里得第五公设。天体物理学的实际发展是，并没有为维护欧几里得几何而引进特设性的假说（如彭加勒所设想的"普遍力"），而是选择了与之矛盾的非欧几何学："广义相对论是在一种黎曼几何的框架内得到表述的，但广义相对论已抛弃了欧式几何学，这是因为，与把欧氏几何用来作为表达经典力学相比，抛弃欧式几何能使广义相对论获得一个更'简单'、更有包容性的力学理论。"[54]

叶戈罗夫的辩证法观还有一个重大的理论缺失：作者有意地把辩证法规定为陈述系统的矛盾性，而矢口不谈这种矛盾的客观基础，完全回避了辩证法的客观性。如上面引述过的恩格斯的著名论断："所谓的客观辩证法是在整个自然界中起支配作用的，而所谓主观辩证法，即辩证的思维，不过是在自然界中到处发生作用的、对立中的运动的反映"[55]。而在这个原则问题上，叶戈罗夫却完全接受了波普尔的观点，他毫不隐讳地声称："我完全同意波普尔对'辩证的'自然描述所做的批判。事实和事件不能相互矛盾，因为自然界按其本性是同一的——因不同研究者对这些事实和事件的理解才可能是矛盾的。"[48] 换言之，自然界本无矛盾，矛盾产生于研究者主体对同一事实和事件的不同理解，这就把矛盾彻底主观化了。这的确是波普尔对辩证法的基本认识。在《辩证法是什么》一文中，波普尔直接批判马克思和恩格斯，认为他们关于客观世界辩证发展的论述是强加于自然事实的文字游戏（"玩弄辞藻"），他声称："把辩证解释强加于各种发展以及全然不同的事物太容易了。"所以，波普尔反对把辩证法看作基本理论，他说："至于辩证法，从我们可以合理应用的意义上说，并不是一种基本理论，只是一种描述理论。"[56]

所谓辩证法不是"基本理论"而是"描述理论"的论断，是把辩证法贬低为一种叙事方法或陈述方法，而不是关于认识及其反映的现实世界的理论（“基本理论”）。叶戈罗夫固然突破了波普尔的狭隘眼界，划清了形式化公理体系的矛盾律和现实经验陈述体系的辩证矛盾的界限，从形式逻辑上升到辩证逻辑的层次。但是，他附和波普尔的观点，把辩证法仅仅看作一种描述理论，否定了辩证法的认识论和本体论意义，取消了辩证法的世界观地位。与上一代俄（苏）科学哲学家的辩证法观相比，在对辩证法的认识上，其思想高度是大大降低了。苏联解体后的1995年，施维廖夫发表了《我们怎样看待辩证法》一文，此文与波普尔的《辩证法是什么》有鲜明的互文性。十年后的2005年，在《我的哲学道路》这篇回忆文章中，施维廖夫谈到他这篇关于辩证法的专题论文的主旨，明确指出：“辩证法可以看作是思维发展的学说，其动力是这种矛盾认识在新水平上的发展。”这与波普尔把矛盾概念看成是纯粹的描述工具，甚至是文字游戏大相径庭，本质上是继承了俄（苏）科学技术哲学认识论派的传统，强调辩证法也就是认识论，认为“需要无偏见地看待知识发展的现实机制，这在辩证法的历史上无条件地获得了具体的表达”。他断然宣布自己的立场与“赝马克思主义的辩证法辩护”是截然不同的。[57]

总的说来，叶戈罗夫的不可通约性论辩，直指后现代西方科学哲学理论基础，认为它们尽管派别各异，但基本导向都是约定主义，这一论断可谓别具只眼。他从心理学和认识论上对不可通约论的非理性主义本质所作的剖析，见解犀利，以现代各领域的研究成果立论，论据确凿，观点新颖。他意识到辩证法是解决这一难题最有效的方法论根据，以矛盾分析的辩证逻辑揭露波普尔对辩证法的误读，并按自己的特殊理解重新诠释了辩证法。叶戈罗夫对待传统辩证法的态度，在新一代俄罗斯科学哲学家中有一定代表性。他们舍弃了所有经典的论述方式，完全根据自己的需要实用主义地借用已有的思想资源，并根据自己的理解重新诠释经典命题。这一对待传统的态度是彻底批判性的，显示了强烈的创新精神。但由于对历史遗产缺乏整体的把握，出于解决具体课题的实用需要，囿于某一视角和某个层面，结果反而模糊甚至误读了重大哲理的本质。叶戈罗夫把辩证矛盾解读为经验陈述系统边际条件的规定问题，根源即在于此。

※　※　※

从1883年普列汉诺夫成立劳动解放社算起，马克思主义哲学在俄罗斯这块土地上传播和发展迄今已经走过了100多年的历史道路。哲学的灵魂是自由的思想，而俄（苏）哲学的厄运在于上演了一段漫长的被畸形体制禁锢的思想悲剧。但是，正如马克思所说，虽然“哲学的敌人发出了扑灭思想的烈火的狂叫”，而“哲学思想冲破了令人费解的、正规的体系外壳”[58]，从这里涌现了满怀高尚理想和充满创造性精神的一代学人。俄（苏）哲学是糟粕中裹挟着珍珠的复杂历史遗产，其中以“六十年代人”为代表的俄（苏）改革派的科学哲学，就是世界哲学史上绽放异彩的学术瑰宝。历史大潮退去之后，所有那些曾经深刻改变人们思想和社会生活的观念变革和创新，并不会随之完全消退，而是像回声一样继续在新时代俄罗斯社会的思想空间中回荡。

苏联解体对后苏联时代的哲学界产生了巨大的冲击，哲学家群体对那一段历史的态度出现激烈的分化，这是历史的必然。在俄（苏）科学哲学中，对马克思主义哲学的全面反思始于20世纪中叶，在严肃的学者中，这种批判的审视是世界历史性的，是一种超越意识形态和政治立场的真理性探索。苏联的解体作为国家层面的事件，造成了政治制度与社会性质的根本转型，对学术研究当然会造成多方面的深刻影响，但对本来就在重新思考马克思主义哲学的本质、价值和历史地位的学者来说，并不会因此从根本上改变原有的学术道路。除了少数投机者外，真正的学人并未彻底背弃自己通过独立思考选择的学术立场，也不会出于某种政治目的或功利主义考量否定自己过去取得的、经受了历史检验的科学成果。这种情况在科学哲学领域有一定普遍性，这是俄（苏）科学技术哲学的光荣。我们看到，至少在科学哲学领域内，俄罗斯学者对苏联在马克思主义导向上进行的大量探索是尊重的，所抱的态度是以真理为指归的。当然，历史的大变局也推动了学者们的批判性反思，并对自己的研究理念做出相应的调整。我认为他们新的研究进路是：①历史语境主义。把马克思主义导向的理论，包括经典作家的一些重大结论，置于当时特定的社会环境中去考察，揭示时代造成的历史局限。②比较研究视角。把马克思主义导向的理论结论与西方科学哲学进行比较，从前提、基础、结构、趋势、效用等角度做出全方位评价，重新认识马克思主义哲学的特点及其世界历史地位。③科学实践检验。把马克思主义导向的理论运用于实证科学（特别是最新科学进展）的具体成果，通过案例分析检验马克思主义科学哲学的论断。

这样的态度是理性的和客观的。在激烈的转型期，在俄（苏）科学哲学中，确实有一些具有独立精神的研究者从积极方面评价马克思主义哲学。值得注意的是，尽管这样一批学人从总体上肯定了苏联时期改革派哲学家所坚持的理论导向，但在对待马克思主义哲学基本原理的态度和取向上却存在很大差异。

一种做法是继承发展式，坚持马克思主义哲学的重大理论原则，以之作为富于启发性的思想生长点，利用哲学史，特别是当代哲学的思想资源，去纵观科学哲学发展的历史趋向，得出规律性的结论。在这一研究进路上，列文很有代表性，他原创性地对后现代西方科学哲学的要害问题——相对主义做了类型学的界定，把现代相对主义定义为关涉相对主义，并对之做了深入解析。列文对关涉相对主义的批判极具现代感，是从语义解释、前提性知识和方法论三个维度展开的立体分析，揭示了后现代西方科学哲学的语义诠释学和逻辑语形学在概念框架理论上的深层矛盾。作者虽然没有直接使用马克思主义哲学的名称来标示自己坚持的哲学导向，但其整个立论的基础却是首先肯定任何概念或语言框架的唯一根据是客观实在，这是避免陷入相对主义的根本前提。他指出关涉相对主义的认识论迷误在于，在对语言架构的研究中，不能正确处理单因子分析和多因子分析的关系，同时又不懂得抽象作为认识的环节与现实对象的符合关系，实质上是背弃了作为辩证法的认识论——虽然作者没有使用这一传统术语。总之，后苏联时代有一些科学哲学家，无论是否坦承遵循马克思主义的思想导向，是否继承苏联时期改革派哲学家建立的理论传统，但在他们的学术研究实践中，却是以先驱者所肯定的理论观点作为指导原则的。

另一种做法是选择利用式，按照自己的独立认知，针对当代科学哲学发展的重大疑难问题，试图开启新的视角，建立论据充分的推理模式，找到坚实的实证科学论据；同时也选择性地在马克思主义哲学中找出自己所需要的某些原则，根据自己的解释，作为研究相应理论问题的工具。叶戈罗夫对不可通约问题的新解就是这一理论进路的典型。叶戈罗夫从心理学、认识论和方法论的视角切入，深刻揭示了不可通约论的两大要害，即约定主义和非理性主义。叶戈罗夫独创性地挖掘了这一理论的认识论误区，认为它摈弃了范式之间的逻辑通道，用直觉性的领悟替代理解，采用心智和体感的二元评价模式。这些立论没有依傍已有的——无论东西方——话语系统，确属作者的原创。作者强调了辩证法在解决不可通约问题上的方法论优越性，并以对辩证法的重新解读作为解开不可通约之谜的钥匙。他按照自己的理解，从概念逻辑上定位辩证法，批判波普尔对辩证法的误读，划分了公理陈述系统和经验陈述系统，界定了形式逻辑矛盾律的适用范围，肯定了后者的矛盾属性。但是，这样理解马克思主义（和黑格尔）的辩证法，完全无视辩证法也就是认识论这一马克思主义根本命题，正是反映了某些新一代俄（苏）科学哲学家对待马克思主义哲学前驱者遗产的实用主义态度。

还有一种做法是质疑修正式，彻底摆脱传统观点的束缚，力图与以往所有意识形态立场相切割，用纯客观的态度对作为马克思主义哲学理论基础的根本原理（包括经典作家的论断）重新进行审视——既有继承、补充和深化，也有匡正、扬弃和创新。奥伊则尔曼对恩格斯关于哲学基本问题的批判就是这条进路最典型的案例。奥伊则尔曼作为老一代正统的马克思主义哲学家，曾经是恩格斯哲学基本问题经典论述的权威阐释者，晚年时努力跳出传统的思想窠臼，试图以世界历史的宏大眼光，通过重申经典马克思主义的核心命题，显示一种全新的马克思主义哲学观。奥伊则尔曼没有完全背弃自己的过去，也没有从根本上否定马克思主义哲学的真理性，而是调整了自己对待马克思主义的立场。第一，把马克思主义哲学放在特定的历史语境中考察，指出它的一些结论只是时代的产物，具有定域性和相对性，是人类哲学思想发展中的一个环节。第二，马克思主义经典作家的认识同样有其局限性，甚至也包含错误，不能被神圣化。第三，要根据全部哲学史，特别是当代哲学发展的最新成果去重新审视马克思主义哲学的基本原则，应当敢于挑战经典，大胆地进行创新。奥伊则尔曼以恩格斯关于哲学基本问题的经典论述作为示范，实现了自己的思想转轨。他肯定思维和存在确实是哲学基本问题，但否认这一问题的唯一性，反对以此作为划分哲学上两大阵营的标准，进而建构了自己的哲学基本问题体系。这是一种新的思想解放，是俄（苏）马克思主义哲学发展进入新时代的一个标志。

列克托尔斯基说得对，历史没有终结。俄罗斯经历了天翻地覆的巨变，但是在那片土地上，历史留下的物质的、精神的遗产是厚重的，这些遗产有些方面，有些时候会成为包袱，而另外一些方面，在另外一些时候又会成为财富。在当今的俄罗斯，马克思主义只是历史的回声，但是它仍然会并正在引起共鸣。而今天的社会语境已经为自由的思考创造了空前有利的条件，汤因比认为："个人自由是人类做出任何成就（不论是善的或是恶的）所必要的条件。"[59]对于处在空前历史变局中的中国，俄（苏）一个世纪的思想生活是一面镜子，无论是她的过去，还是她的现在，都使我们警醒。历史的回声也在我们的心中回荡。黑格尔说："'哲学'所关心的只是'观念'在'世界历史'的明镜中照射出来的光辉。"[60]他这话当然是在绝对唯心主义的意义上说的，但是却道出了哲学的本质是追寻世界历史的本质和发展趋势，从过去预见未来。

注释

[1] Mannheim K. Man and Society in a Age of Reconstrution，London：Routledge and

Kagan paul，1953：14-16.

［2］恩格斯. 致康•施米特（1890年10月27日）//马克思，恩格斯. 马克思恩格斯选集. 第4卷. 中共中央马克思恩格斯列宁斯大林著作编译局译. 北京：人民出版社，1995：703-704.

［3］О настоящем и будущем（размышления о философии）. Беседа Б. И. Пружинина с В. Л. Лекторским. Вопросы философии，2007（1）：11.

［4］Лекторский В А. Философия не кочается...М.：РОССПЭН，1998：3.

［5］О настоящем и будущем（размышления о философии）. Беседа Б. И. Пружинина с В. Л. Лекторским. Вопросы философии，2007（1）：6.

［6］Мамчур Е А，Овченников Н. Ф，Огурцов А. П. Отечественная аилософия науки: предварительные итоги，М.：РОССПЭН，1997：357.

［7］Мамчур Е А，Овченников Н. Ф，Огурцов А. П. Отечественная аилософия науки: предварительные итоги，М.：РОССПЭН，1997：252-253.

［8］Лекторский В А. Философия не кочается...М.：РОССПЭН，1998：211.

［9］Лекторский В А. Философия не кочается...М.：РОССПЭН，1998：223.

［10］Гусейнов А А. Обсуждение книги Т. И. Ойзермана“Марксизм и утопизм”，Вопросы философии，2004（2）：50-52.

［11］Ойзерман Т И. Основной вопрос философии.//Философской энциклопедическнй словарь. М.：Советская энциклопедия，1983：468.

［12］奥伊则尔曼. 哲学基本问题的含义和意义. 刘朝平译. 哲学译丛，1992（3）：3-7.

［13］恩格斯. 路德维希•费尔巴哈和德国古典哲学的终结//马克思，恩格斯. 马克思恩格斯选集. 第4卷. 中共中央马克思恩格斯列宁斯大林著作编译局译. 北京：人民出版社，2012：229，231.

［14］Ойзерман Т И. Основные вопросы философии. Вопросы философии，2005（11）：37.

［15］Schelling F W J. Vom Ich als Princip der Philosophie oder über das Unbedingte im menschlichen Wissen. Tübingen：Bei Jakob Friedrich Heerbrandt，1795：12. 奥伊则尔曼此处引文出自谢林的早期著作《论我作为哲学的原则或人类知识中的绝对》（图宾根，1975年，德文版，第12页）。在其论文的脚注31中，他还引用了谢林在上述著作中的另一句话：“全部哲学的起点和终点是自由。”（同上，第12页）Ойзерман Т И. Основные вопросы философии. Вопросы философии，2005（11）：46.

［16］Ойзерман Т И. Философия эпохи ранних буржуазных революций，М.：Наука，1983：18.

［17］马克思.《科隆日报》第179号的社论//马克思，恩格斯. 马克思恩格斯全集. 第1卷. 中共中央马克思恩格斯列宁斯大林著作编译局译. 北京：人民出版社，1995：220-221.

［18］Suppe F. The Structure of Scientific Theories. Urbana：University of Illinois Press，1977：64.

［19］Kitcher P. The Third Way：Reflections on Helen Longino's The Fate of Knowledge. Philosophy of Science，2002，69（4）：549.

［20］Поппер К. Логика и рост научного знания. М.：Прогресс，1983：379.

［21］Раджабов У А. Динамика естественно-научного знания. М.：Наука，1982：287.

［22］Никитин У П. Открытие и обоснование. М.：Мысль，1988：69-70.

［23］托马斯・库恩. 科学革命的结构. 金吾伦，胡新和译. 北京：北京大学出版社，2003：137，150-152.

［24］Швырёв В С. Анализ научного познания：основные направления，формы，проблемы. М.：Наука，1988：53.

［25］Левин Г Д. О трех видах релятивнзма. Вопросы философии，2007（7）：73-74，77-80.

［26］倪梁康. 现象学的始基. 广州：广东人民出版社，2004：221.

［27］约翰・齐曼. 可靠的知识. 赵振江译. 北京：商务印书馆，2003：66.

［28］Левин Г. Д. Современный релятивизм. Вопросы философии，2008（8）：76-80.

［29］Suppe F. The Structure of Scientific Theories. Urbana：University of Illinois Press，1977：126-127.

［30］伊曼努尔・康德. 纯粹理性批判. 李秋零译. 北京：中国人民大学出版社，2004：100.

［31］鲁道夫・卡尔那普. 世界的逻辑构造. 陈启伟译. 上海：上海译文出版社，1999：237.

［32］Carnap R. Logical Syntax of Language. London：Routledge & Paul Ltd.，1937：52.

［33］马克思，恩格斯. 德意志意识形态//马克思，恩格斯. 马克思恩格斯全集. 第 3 卷. 中共中央马克思恩格斯列宁斯大林著作编译局译. 北京：人民出版社，1960：34.

［34］威拉德・蒯因. 从逻辑的观点看. 江天骥，宋文淦，张家龙，等译. 上海：上海译文出版社，1987：16.

［35］威拉德・蒯因. 从逻辑的观点看. 江天骥，宋文淦，张家龙，等译. 上海：上海译文出版社，1987：43.

［36］劳丹 L. 进步及其问题. 刘新民译. 北京：华夏出版社，1990：119，124.

［37］列宁. 唯物主义和经验批判主义//列宁. 列宁选集. 第 2 卷. 中共中央马克思恩格斯列宁斯大林著作编译局译. 北京：人民出版社，1972：136.

［38］托马斯・库恩. 科学革命的结构. 金吾伦，胡新和译. 北京：北京大学出版社，2003：133，138.

［39］保罗・法伊尔阿本德. 自由社会中的科学. 兰征译. 上海：上海译文出版社，1990：69.

［40］Schaffler I. Science and Subjectivity. Indianapolis：Bobbs-Merrill，1967：19.

［41］Баженов Л Б. Строение и функции естественнонаучной теории，М.：Наука，1978：55.

［42］Швырёв В С. Анализ научного познание，М.：Наука，1988：55.

[43] Раджабов У А. Динамика естественно-научного знания，М.：Наука，1982：289.

[44] Поликаров А П. По поводу концепции Т. Куна о развитии науки，Философские науки，1976（4）：111.

[45] Кузнецова Н И，Розов М. А. О разнообразии научных революций，М.：Наука，1991：69.

[46] Suppe F. The Structure of Scientific Theories. Urbana：University of Illinois Press，1977：234-235.

[47] 伊·拉卡托斯. 科学研究纲领方法论. 兰征译. 上海：上海译文出版社，1986：156.

[48] Егоров Д Г. Если парадигмы несоизмеримы，то почему они все-таки меняются，Вопросы философии，2006（3）：105-106，108-110.

[49] Ihde D. Technology and the Lifeworld：From Garden to Earth. Bloomington Indianapolis：Indiana University Press，1990：73.

[50] 卡尔·波普尔. 无穷的探索. 邱仁宗，段娟译. 福州：福建人民出版社，1984：139.

[51] 波珀 K R. 科学发现的逻辑. 查汝强，邱仁宗译. 北京：科学出版社，1986：63.

[52] 卡尔·波普尔. 猜想与反驳. 傅季重，纪树立，周昌忠，等译. 上海：上海译文出版社，1986：452.

[53] 恩格斯. 反杜林论//马克思，恩格斯. 马克思恩格斯全集. 第26卷. 中共中央马克思恩格斯列宁斯大林著作编译局译. 北京：人民出版社，2014：142.

[54] 欧内斯特·内格尔. 科学的结构. 徐向东译. 上海：上海译文出版社，2005：315.

[55] 恩格斯. 自然辩证法//马克思，恩格斯. 马克思恩格斯全集. 第26卷. 中共中央马克思恩格斯列宁斯大林著作编译局译. 北京：人民出版社，2014：541.

[56] 卡尔·波普尔. 猜想与反驳. 傅季重，纪树立，周昌忠，等译. 上海：上海译文出版社，1986：460-461.

[57] Швырёв В С. Мой путь в философии.//Розов М А. Философия науки，М.：ИФ РАН，2004：231.

[58] 马克思.《科隆日报》第179号的社论//马克思，恩格斯. 马克思恩格斯全集. 第1卷. 中共中央马克思恩格斯列宁斯大林著作编译局译. 北京：人民出版社，1995：220.

[59] 汤因比. 历史研究（下）. 曹未风，等译. 上海：上海人民出版社，1997：414.

[60] 黑格尔. 历史哲学. 王造时译. 北京：生活·读书·新知三联书店，1956：505.

第六章 西方的俄（苏）科学技术哲学研究

历史上，所有伟大的文明都是各种异质文化相互碰撞、交汇、融合而结出的硕果。中国古代文明虽以华夏文化为主干，但却是因为吸收了北方游牧民族的文化、南亚佛教文化、中东伊斯兰文化，乃至泰西希腊罗马文化的因子，才不断更新、繁荣滋长，诚如陈寅恪所说："以新兴之精神，强健活泼之血脉，注入久远陈腐之文化，故其结果灿烂辉煌。"[1] 同样，近代西方文明的主干虽然是古希腊罗马文化，但即使古希腊文化也有着近东文化的因子，即所谓"黑色雅典娜"，中世纪以降，更是深受阿拉伯文化的影响。

对异质文化互动的历史本体论进行反思，就是比较文化研究。历史上各种文化的碰撞和交汇也是异质文化相互比较的过程。文化比较古已有之，郑康成《诗谱序》说："欲知源流清浊之所处，则循其上下而省之；欲知风化芳臭气泽之所及，则旁行以观之"，已经指出了时间上的纵向比较和空间上的横向比较。不过总的说来，这种比较毕竟是不自觉地自发进行的，尚未上升到认识论和方法论的高度。黑格尔最先建立了辩证的比较哲学观，个性和共性、同一和差异、肯定和否定的对立统一是比较的方法论基础。当然，是强调个性、差异、否定，还是强调共性、同一和肯定，则随历史语境的变化而转移。应该强调的是，比较的中心是认识主体，比较是主体对异质文化的解释，在社会实践层面上则是吸纳和消化的过程。保罗·利科（Ricoeur）说："在占据他者语词的同时，将他者语词接回自己的家，自己的住所。"[2] 比较研究的深层意蕴就在这里。我们从事俄（苏）科学技术哲学研究，归根结底就是通过与其他范式科学技术哲学的比较研究取长补短，为我所用。

也许在基础自然科学研究中应当提倡非功利的立场，但是人文社会科学不可能离开价值取向，而有真正纯粹的"为学术而学术"。在我国，苏联自然科学哲学研究从一开始就有明确的价值目标，经历了以俄为师、以俄为敌、以俄为鉴的三部曲。[3] 当然，从很多方面说，苏联是个失败的国家，“历史是由胜利者书写的”这种历史观，源远流长，而且似乎左右着公众的潜意识。今天，国内的文化语境已经根本改变，苏联解体和冷战结束，俄罗斯的国际地位骤降，中国在向市场经济体制转型中，主要是向西方发达国家开放，而对现在的俄罗斯及其历史前体更多的是总结其教训以为鉴戒，或者从政治和经济层面寻求当前国际格局中中俄两国的契合点。

20 世纪 80 年代以后，俄（苏）科学技术哲学这样的冷学问已经边缘化，基本无人问津了。但是，在苏联和今日俄罗斯的整个文化领域，科学技术哲学占据十分特殊的地位，这一点在国内被普遍忽略，今天应当提醒学界重新关注这一主题。

俄（苏）科学技术哲学的历史地位、发展历程和理论属性决定了它在世界科学技术哲学中的独特地位，笔者和笔者的学生们曾在《科学技术哲学研究的另一个维度》中，对此做过初步分析，意犹未尽，这里想通过梳理西方学者的苏联科学技术哲学研究，旁行以观，从全球视角更全面地认识俄（苏）科学技术哲学。

西方的俄（苏）科学技术哲学研究就其理论立场，可以分成三个不同的导向：肯定的、否定的和中立的。而且三种导向恰好对应着 20 世纪的三个不同历史时期：30 年代初期—40 年代中期；40 年代中期—50 年代后期；60 年代初期—80 年代后期。这一分化虽然与研究者个人的政治态度和价值取向直接相关，但其更深刻的社会背景则是 20 世纪 30 年代以后世界范围内历史语境的变迁。

第一节　早期的正面研究导向

最初接触苏联自然科学哲学并做出评论的西方学者，基本上持肯定的态度。

1931 年第二届国际科学史大会上，苏联学者格森做了题为《牛顿〈原理〉的社会经济和政治根源》的报告，用唯物史观从牛顿所处的英国工业资本主义兴起的语境出发，分析牛顿力学的成就和局限性及其与社会经济基础和上层建筑的关系，使西方学者耳目为之一新。当时，科学史领域中唯理论和经验论占据统治地位，一方面是布伦瑞克（Brunschvicg）和梅耶松（Meyerson）为代表的法国古典唯理论科学哲学，另一方面则是英国经验论传统，代表人物是克隆比（Crombie）。格森使西方人认识到，把科学从历史背景和社会生活中剥离开来，就无法理解科学思想和科学活动的产生、发展、变革、传播、应用的机制和根据，也不可能有合理的科学编史学。后来，在第八届国际科学史大会上，李约瑟（Needham）回忆半个世纪前的这次会议说："（格森的报告）打开了智慧的魔瓶，它的声音至今仍在回荡。"[4]

贝尔纳说："在英国，对辩证唯物主义的兴趣真正开始于1931年举行的国际科学史大会，强大的俄国代表团参加了大会。他们说明：把马克思主义应用于科学，可以而且正在为理解科学史、科学的社会功能和作用提供多么丰富的新概念和新观点。"[5] 格森的报告构建了历史唯物主义科学史论的两个基本原则：一是科学发展的根本动力是社会生产力发展的需要；二是科学的进步受社会经济和政治关系的制约。所以，格森说："伟大人物，无论其天才如何超群绝伦，整个说来却只能制定并且解决生产力和生产关系历史发展的已有成就上提出的那些任务。"[6] 十月革命后，贝尔纳接触到马克思主义，悉心研读了马克思、恩格斯和列宁的哲学著作，特别重视马克思主义经典作家关于科学和技术的理论观点。科学史大会后的1932年，贝尔纳参加一个有科学家和医生组成的代表团访问苏联，《一位科学家在苏联人中间》记录了贝尔纳的访苏历程和观感，其中一个重要的主题就是在苏联的社会主义体制下科学技术事业的发展，以及由此引发的对科学技术与社会关系的思考。这次访问给贝尔纳留下了深刻的印象，他认为社会主义体现了科学与合理的社会制度之间的契合关系：第一个五年计划的成功实施证明了，有计划地组织和推进科技进步事业，为科学技术的发展开辟了广阔的前景，而这一切源于社会主义的本质。他总结说："马克思主义国家的基本原则就是利用人类知识、科学和技术直接为人类造福。"[7] 1939年贝尔纳出版了《科学的社会功能》一书，系统阐述了他以唯物史观为指导对科学与社会的交互作用的理论思考。贝尔纳反对为科学而科学的理想主义科学观，也反对以赢利为目标的功利主义科学观。他批评说："现有的科学史只不过是伟大人物及其成就的一种虔诚记录"，但科学"是一种社会现象"，其发展方向和成就并不是与世隔绝的天才人物头脑翻出来的，"促使人们去作科学发现的动力和这些发现所依赖的手段便是人们对物质的需求和物质工具"[8]，从根本上说，以单纯观照宇宙为指归的纯思维性的科学是不可能存在和发展的。同时，尽管科学技术进步的成果在资本主义社会被当作增加利润的基本手段，这一目的虽然也在一定程度上促进了科学的发展，但也造成了种种弊端，只有在社会主义制度下，科学技术才能得到健康的发展。1957 年问世的巨著《历史上的科学》，是贝尔纳马克思主义编史学理论的实际体现。

与此同时，贝尔纳也特别重视辩证唯物主义作为世界观和方法论对科学研究的指导作用。1934 年，他和卡里特（Caritt）等五位学者合作发表了《辩证唯物主义面面观》[9]。1935 年，他撰写了《恩格斯和科学》一文[10]，这是他学习恩格斯自然辩证法的心得。1937 年，他用马克思主义观点对弗洛伊德精神分析理论做了系统评述，写出《精神分析和马克思主义》一文[11]。1952 年，他还发表了《马克思和科学》。在《科学的社会功能》一书中，他指出英国科学界存在着“从来不把哲学和科学联系起来”的实证主义倾向，批驳了对苏联科学家的“诽谤”——“马克思主义是强加于科学之上的，对科学加以歪曲的教条”。他认为苏联科学家和哲学家正在建立“关于科学的哲学解释”，指出苏联学者对科学所进行的“再评价和其他的改造工作”，绝不是用辩证唯物主义代替科学。贝尔纳总结说：“辩证唯物主义可以起两个作用：启发人们的思路，以便求得特别丰硕的成果；统一规划和组织科学研究各分支之间的关系和科学研究各分支同包含这些分支的社会过程之间的关系。”[12]这一概括深刻揭示了哲学对科学发展的特殊作用，是科学哲学的重要理论原则。

20 世纪 30 年代后期到 20 世纪 40 年代中期的第二次世界大战期间，对马克思主义科学技术哲学的研究和宣传出现了一个高潮，特别是在英国左翼知识分子中。格兰茨（Gollancz）创立了“左翼图书俱乐部”，专门出版马克思主义思想倾向的著作（斯诺的《西行漫记》最初就是由这一出版集团出版的），而英国共产党党员拉贾尼·杜德（Rajani Dutt）主编的《劳动月刊》，也大量刊发了有关马克思主义科学技术哲学的论文，特别是关于苏联科学与哲学的评述。有几部影响很大的著作，如克劳瑟（Crowther）的《苏联科学》（1936 年）、霍格本（Hogben）的《为公民的科学》（1938 年）、李约瑟和戴维斯（Davies）的《苏俄的科学》（1942 年）[13]。这些著作以赞赏的态度对苏联科学发展的独特模式做了自己的解读，虽然难免有浮光掠影之嫌，颇多溢美之词，也有许多误读，但也揭示了苏联科学与西方遵循的范式之间的本质区别。例如克劳瑟在自己的著作中，就从三个层面比较了苏联和西方的不同科学模式。

（1）哲学层面：苏联坚持科学与社会的紧密联系，重视科学的社会建构。

（2）建制层面：大科学在苏联的兴起，专业分科的研究分工。

（3）人员组成：把科学作为群众的事业以及科学家队伍的多民族性和两性

的平衡。

值得一提的是，早在20世纪30年代，英国学者已经开始从马克思主义哲学的视角，根据苏联自然科学哲学的理论资源，研究哲学作为本体论、认识论和方法论对自然科学的指导作用。霍尔丹无疑是这方面最重要的代表人物。霍尔丹是遗传学家，在生物统计学领域做出过杰出贡献，曾继奥巴林之后提出过生命起源的假说（该假说至今仍称为“奥巴林-霍尔丹假说”）。他从20世纪20年代开始到20世纪30年代深入学习马克思主义哲学经典，1928年访苏实地考察了苏联的科学研究，接触了苏联科学家，与遗传学家H. И. 瓦维洛夫缔交。1935年英国共产党十三次代表大会明确将列宁的《国家与革命》作为思想纲领，指出：“辩证唯物主义是实践的哲学，是同争取社会主义的斗争实践紧密联系在一起的。”[14] 1937年霍尔丹真正成为马克思主义者，1938年加入英国共产党。他陆续撰文阐述自己对马克思主义哲学世界观的理解，阐释辩证唯物主义的科学哲学，发表了《唯物主义的若干推论》（1937年）、《马克思主义哲学和科学》（1939年）、《恩格斯〈自然辩证法〉英译本的序言和注释》（1940年）等论著[15]。有的研究者认为，霍尔丹自觉地用辩证唯物主义指导自己的实证科学研究，“这是通过他亲身领略到马克思主义与苏联社会主义建设相结合的成功经验”而做出的选择[16]。他也许是苏联以外实际运用自然辩证法进行具体科学探索并取得重要成功的科学家代表。他用辩证法三大规律研究突变与自然选择、疾病和进化的关系，发现了关于种分化的著名的霍尔丹法则，并写出了《进化的辩证解释》（1937年）这样的生物学哲学专著[17]。他还坚持用辩证自然观解释其他现代科学问题，如量子力学问题。20世纪40年代，当苏联斯大林主义歪曲辩证法，伪科学大肆泛滥的时候，霍尔丹清醒地认识到苏联官方哲学的迷误，面对反共振论的逆流，他明确指出，共振论是“辩证法的光辉范例：你必须在排除其中一个之前，做出对两个构分二择一的选择”[18]。

霍尔丹对苏联社会主义的认识是一个过程。早期他从良好的愿望出发，昧于表面印象，全盘肯定斯大林体制下的苏联科学模式。在李森科对摩尔根遗传学发难的初期，霍尔丹并没有看出问题的实质，反而做出了违背事实的解读。1941年他在致H. И. 瓦维洛夫的信中说：“在苏联遗传学中的争论，很大程度上是学院派的科学家——以瓦维洛夫为代表的和那些旨在搜集事实的科学家——和那些以李森科为代表的想做出成果的科学家之间的争论。它不是以恶毒的方式进行的，而是以友好的精神进行的。李森科针对1939年10月的争论说：‘重要的问题不是争论，让我们以友好的方式，根据科学地制定的计划工作，让我们着手定义问题，接受苏联农业人民委员会的分配，并在科学上完成它们。’整个说来，苏联遗传学是两种对立观点成功的综合尝试。”[19]但是，20世纪40年代，随着李森科伪科学真相大白于世，苏联官方对科学的粗暴干预特别是Н. И. 瓦维洛夫的悲剧命运，使霍尔丹受到了强烈的冲击，有人指出，他在1950年做出退出英国共产党的决定，与李森科事件直接相关[20]。

但是，霍尔丹的马克思主义信念终生未变。1940年，他系统地阐述了自己的马克思主义世界观，发表了《为什么我是一个唯物主义者》的论文。1957年移居印度并随后加入印度籍后，他仍然在一系列著作中坚持辩证唯物主义的理论立场。他死后出版的论文集《科学和生命》（1968年）收入他阐明自己哲学和政治立场的论文：《为什么我是一个唯物主义者》《你为什么是左翼》，也包括他对苏联科学家工作的正面评述《俄国科学家在干什么》。美国威斯康星大学教授克罗姆（Crom）为该书所作的序题为《马克思主义和科学普及》，特别指出，霍尔丹的作品有许多马克思主义的“说教”，但它们“有些是机智的，有些是精心策划的”，而后来，“虽然他不再为党（英国共产党）工作了，也放弃了对苏联遗传学的支持，但他仍然保持马克思主义的观点”[21]。

不过，在左翼学者的内部也有不同的意见，甚至展开了争论。莱维（Levy）是一位颇有成就的数学家，是1931年入党的英国共产党党员，是贝尔纳参与写作的《辩证唯物主义面面观》一文的第一作者。他是有独立思想的马克思主义者，对苏联的体制弊端有一定认识，曾撰文批评苏联的排犹政策，后终因对待苏联共产党的态度被开除出党。他对辩证唯物主义的自然解释也与苏联的教科书马克思主义有所不同，例如提出“区隔”的概念作为宇宙变化的普遍规律，认为“技术动力”是社会发展的主要动力，等等。他的主张遭到杜德（C. Dutt，亦译达特）的批评。针对莱维的论文《现代人的哲学》，C. 杜德发表了《自然科学家的哲学：答辩》。C. 杜德是英共刊物《劳动月刊》主编R. 杜德（R. Dutt）的兄长，翻译过众多马克思主义经典著作，包括《哲学的贫困》《哥达纲领批判》《反杜林论》《自然辩证法》《路德维希·费尔巴哈和德国古典哲学的终结》等书。他多次访问苏联，对苏联科学和哲学均十分熟稔，苏联学者弗罗洛夫（Ю. П. Фролов，不是И. Т. Фролов）的《巴甫洛夫和他的条件反射学说》就是他译成英文的。他认为莱维的观点有机械唯物论的倾向，批评他“没有建构起辩证法的本质”。C. 杜德本着苏联哲学的正统解释批评莱维的“普遍变化律”，认为是与对立统一规律对立的，而莱维把“技术动力”当作社会发展的主要动因则是机械论的社会学。[22]

在实证科学家中，美国生理学家、诺贝尔生理学或医学奖获得者缪勒（Müller）特别值得注意，他持有一种反斯大林主义的马克思主义立场。1934年，苏联学者克尔日札诺夫斯基编辑了《回忆列宁：逝世十周年论文集（1924—1934）》，缪勒为此书撰写了一篇“列宁和遗传学”的文章，系统论述了他的科学认识论主张，文中写道：“一些科学家主张，我们不应当根据先验唯物主义‘哲学’的假定做出承认科学可能性的前验证明，而应遵循该情况下经验事实所引导的任何方向；我们可以和列宁一道反驳他们，所有日常生活以及科学的事实一起构成了唯物主义无可辩驳的证明……因此，我们通过自己进一步的科学工作证明了，有理由把这一原则当作所有更高层次建构的基础。这一原则从根本上说是经验的（在这个词最好的意义上），有毋庸置疑的优点，它基于证据的整体，而不是其狭隘的部分。”[23] 这一论断虽然是针对教科书马克思主义说的，但也包含了对前提性知识的肯定，楬橥了科学研究必须选择理论范式的科学哲学论断，并强调了证据的整体论，这是早于库恩三十年的科学哲学命题，极具超前性。缪勒是斯大林主义的坚决反对者，也是李森科伪遗传学的无情批判者，但这一立场并没有改变他对社会主义的信仰。他认为优生只有在消灭了阶级差别的社会里才有可能实现，虽然由于对斯大林体制的反感和对李森科伪科学的批判，他关于优生学的著作不能在苏联出版，但是这并没有改变他对社会主义的基本信念。美国学者索恩本（Sonneborn）在《缪勒：为了人类完善的斗士》中说道：“他对斯大林主义的失望，根本没有改变他的信念：社会主义经济是必要的，因为只有它才能实现对人类进化过程有效而明智的控制。”[24]

20世纪20年代末到40年代初，在西方学界兴起的苏联热中，对苏联科学技术哲学总体上采取正面立场不是偶然的，这是由当时的历史语境决定的。1929年10月开始，从美国开始的经济危机席卷了整个西方世界，股市狂泻、物价下跌、银行倒闭、工厂停工、大批失业，美国失业工人一度高达1335.9万人，德国也达到607.9万人。这次危机是资本主义固有矛盾的总爆发，各帝国主义国家之间对全球资源的争夺加剧，法西斯主义应运而生，这成为第二次世界大战的直接诱因。相比之下，1929年4月，联共（布）十六次代表大会通过第一个五年计划，苏联开始启动高速工业化和全盘集体化的斯大林式的现代化进程，通过动员体制和凭借苏联巨大的资源优势，这一模式在初期阶段取得了显著的成效。1929—1932年工业化高潮时期，工业年均增长速度竟达19.2%，比美国工业化时期最快年均增长速度高出 10.7 个百分点。①“在此期间，共建起九千多个现代化工业企业，使苏联从一个经济技术依赖于西方的农业国变成世界工业强国之一，按绝对工业产量计算，苏联已跃居欧洲第一位和世界第二位。”[25] 在这样的特定历史阶段，一批西方知识分子纷纷把目光转向苏联，对苏联的社会主义试验充满赞赏和期待。例如，著名作家纪德（Gide）和罗曼·罗兰（Romain Rolland）当时都曾去苏联访问，尽管两人都已经敏感地看到斯大林模式的弊端，而且彼此还产生了严重分歧，但却一致肯定苏联的伟大成就和光明前景。纪德写道，在这片土地上，“乌托邦正在变成现实，而且已经取得伟大成就，让我们心中充满渴求”[26]。罗曼·罗兰则说：“苏联存在的事实，本身就是向剥削者的旧世界的挑战，对被剥削的各国人民来说，苏联是它们的典范和希望。”[27] 而苏联在卫国战争中，英勇地抗击德国法西斯的侵略，与西方盟友并肩作战，更是赢得了普遍的尊敬。在这样的背景下，西方的一批“苏联之友”在文化思想上，包括在哲学上，对苏联产生“同情的理解”，是非常自然的。

第二节　中期的负面研究导向

第二次世界大战后国际形势大变，战时的反法西斯同盟宣告瓦解。1946 年，丘吉尔在美国的一次演说中提出“铁幕”的概念，认为西方世界受到苏联势力的威胁。1947 年 3 月 12 日，美国总统杜鲁门在国情咨文中，明确提出世界分为“自由世界”和“极权政治”两大阵营，并提出对苏联的遏制战略，即所谓杜鲁门主义。相应地，1947 年 9 月苏联与东欧等九国发表宣言，指出世界已分为反民主的帝国主义阵营和反帝国主义的民主阵营，反对美帝等西方国家的霸权野心。1946 年，英国作家奥威尔（Orwell）最先使用了“冷战”一词，美国记者李普曼（Lippman）以《冷战》为题的专著发表后，这个词不胫而走，成为这一时期的标志性名称。东西两大阵营的对立是第二次世界大战后世界的主题，对西方来说，反苏就是反共，像反法西斯一样，是保卫自由民主的价值观的斗争，是全部政治生活的头等大事。对苏联意识形态的研究当然是冷战的一翼，况且战后苏联体制的弊端日益暴露，而在思想文化战线上一再掀起的批判运动，使科学和文化受到了严重摧残，这反过来更加强化了西方知识界对苏联

① 数据见夏炎德. 欧美经济史. 第 17 章第 3 节“30 年代大萧条”. 上海：三联书店上海分店. 1991：653-654；陆南泉，姜长斌，徐葵，等. 苏联兴亡史论. 北京：人民出版社，2002：406.

思想界的反感和敌对。从20世纪40年代后期开始，所谓“苏联学”（Sovietology）的总体导向是对共产主义的敌视，相应地西方的苏联科学技术哲学研究者也从总体上的赞同转向反对的立场，开始从不同的角度进行抨击和批判。

1948年，意大利哲学家维特（Wetter）的《苏联辩证唯物主义》，以意大利文出版于都灵，标志着对苏联哲学批判研究的开始。维特是耶稣会会士、教皇格里高利大学教授，是苏联学的创立者之一。他是研究苏联哲学特别是自然科学哲学的专家，发表过多部有关苏联哲学的专著，主要有：《辩证唯物主义：苏联哲学的历史和体系概论》（1952年）、《辩证唯物主义和生命起源问题》（1958年）、《苏联的哲学和自然科学》（1958年）、《今日苏联意识形态》（1963年）等[28]。维特站在正统天主教神学立场上，反对马克思主义的理性主义，为宗教信仰辩护，认为马克思主义把人仅仅“安放”在自然和社会中，不把人交付给上帝，从而消灭了爱的感情和救赎的信念。他说苏联的辩证唯物主义哲学无神论和对宗教的敌视，是由政治理由决定的，是“把哲学从科学转变为意识形态”。维特割裂唯物主义和辩证法的统一关系，把唯物主义解读为机械论或庸俗唯物论。他否认辩证唯物主义的自然科学基础，认为自然科学（物理学、化学、生物学等）并没有提供事实证明物质的永恒性。

维特通过对苏联哲学历史和体系的分析得出了三个独特的结论：一是青年马克思的哲学和成熟的马克思主义是对立的；二是马克思和恩格斯的哲学观点是不一致的，恩格斯哲学的“致命弱点”是把认识论和本体论混为一谈；三是马克思主义和列宁主义是迥然不同的。[29]维特的这些原创性“发现”正是后来西方马克思主义的重要理论出发点，他可以被称为西方马克思主义的引路人。

与维特大致同时，新托马斯主义哲学家波亨斯基（Bochenski）连续发表了研究苏联哲学的著作，主要有：《苏俄辩证唯物主义》（1950年）、《苏联哲学的教条主义原则》（1963年）、《苏联唯物主义文献》（1959年）、《苏联哲学；过去，现在和未来的前景》（1963年）、《马克思主义哲学指南：文献导论》（1972年）、《马克思列宁主义：科学还是信仰》（1973年）等[30]。他还于1959年创办了《苏联学》季刊，并于1961年主持编辑《苏联思想研究》杂志。

波亨斯基的苏联哲学研究虽然以一般哲学问题为主题，但其中大量涉及自然科学哲学问题。他对苏联科学技术哲学的评述很有特点，其苏联科学哲学批判是从新托马斯主义理论出发的，核心问题是如何对待科学和信仰的关系。他试图从认识论基础上检讨马克思主义的科学观，在他看来，苏联的辩证唯物主义科学观属于从古希腊到中世纪经院哲学的理性主义传统，直接赓续了黑格尔主义，把世界看成“普遍精神的忠仆”，是唯物主义和极端精神主义的综合。波亨斯基认为理性主义有其“不可逾越的界限”，不能代替神启。早在1947年，波亨斯基就在《欧洲当代哲学》中宣称：“哲学是从自然的经验出发，纯粹根据理性进行的，但是另一方面，它并不提供任何根据来否定启示的可能性。”[31] 波亨斯基和维特一样，试图把马克思主义和列宁主义进行区隔，他认为列宁主义是在特殊的俄国革命中诞生的，是马克思主义和独特的斯拉夫主义相结合的产物，他给出了一个谱系表（图6.1）。

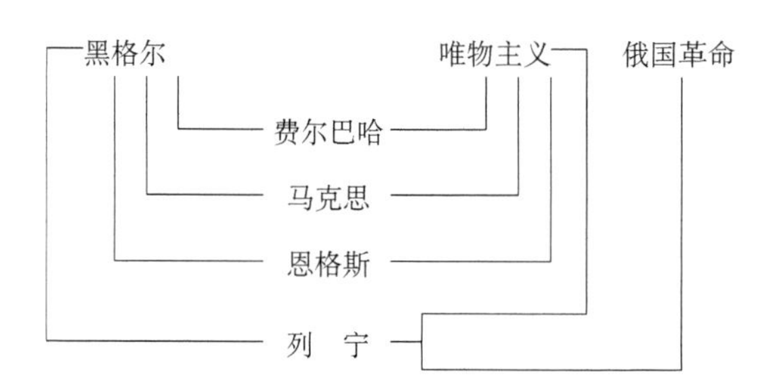

图6.1　波亨斯基：马克思主义源流示意图

资料来源：Bochenski J M. Soviet Russia Dialectical Materialism. Dordrecht：D. Reidel Pub. Co.，1963.

这就是说，列宁和他的几位先驱不同，他的思想体系不仅有西欧的拉丁渊源，还有俄罗斯斯拉夫的拜占庭渊源，包含专制主义和信仰主义的因子。波亨斯基认为苏联的共产主义具有“亚细亚性质”，带有“扩张主义”和“反人道主义”的性质。[32] 所以，苏联哲学是典型的教条主义，波亨斯基在《苏联哲学的教条主义原则》一书中，归纳了18个基本教条，其中包括处理哲学和科学关系的两个原则，一是在科学中也必须坚持唯物主义和唯心主义对立斗争的哲学基本问题，二是马克思主义哲学是“科学的科学”。

在20世纪中叶的特定背景下，新托马斯主义致力于“现代化”，在政治上采取缓和阶级矛盾的折中主义立场，在哲学上则试图找到信仰与科学相容的途径，即所谓“世俗化”和“科学化”。特别是1962年召开的梵蒂冈第二次大公会议，提出与共产主义对话，制定了调和科学和宗教的方针。与此相应，波亨斯基也对苏联哲学做了新的评价，他甚至提出和存在主义、实证主义、现象学等流派相比，苏联哲学和新托马斯主义相似处更多，因为二者都肯定实在的客观本性，主张本体论和认识论的实在论，反对把心理现象还原为机械物质，只不过辩证唯物主义是把属于上帝的属性的自我运动转交给了物质罢了。

还有一位重要的苏联自然科学哲学研究者，美国西北大学教授若拉夫斯基（Joravski），曾任美国斯拉夫和东欧研究促进会主任，发表了大量关于苏联科学和哲学的论著，影响最大的是《苏联马克思主义和自然科学》（1961 年），其系统研究了意识形态对苏联科学发展的负面影响。他的《李森科事件》是研究苏联遗传学史的专著，影响巨大，《伊西斯》《美国社会学》《科学》等杂志都发表了专门的书评。该书第八章“学术：马克思主义哲学”、第十章“意识形态和实在”，集中论述了苏联科学发展中哲学世界观所起的特殊作用。[33]

和波亨斯基不同，若拉夫斯基并不认为苏联的辩证唯物主义哲学是理性主义和实在论的导向，而主张实证主义是苏联哲学的认识论基础。他认为其实恩格斯的自然哲学就是实证主义。他针对恩格斯的《反杜林论》评价说：“这部意在反驳杜林唯心主义哲学的第一部哲学著作，推进了实证主义的立场，主张所有知识都必须由来自自然的、业经检验的事实材料所组成。”但是，他认为恩格斯是矛盾的，“后来的《自然辩证法》又包含一种形而上学倾向”，出现了“实证主义唯物论”和“形而上学辩证法”的矛盾。[34] 这正是若拉夫斯基分析苏联科学哲学问题的指导思想，他对恩格斯的指责显然是误读，对此需要专门的讨论，此处不再赘述，但他按这一思路分析斯大林主义的教科书马克思主义哲学，倒是颇有启发性。李森科遗传学的哲学论据一方面是形而上学的环境决定论，另一方面则是春化法的经验论，若拉夫斯基说“一个狂热的农艺家”竟称霸了苏联遗传学、植物学和农学三十年，“也许是现代科学史上最荒诞的一页”，这是反理性主义的科学悲剧。

也有一些学者认为，苏联官方对待科学的态度是功利主义的，并没有什么特定的立场，而是从实际的政治需要出发。费舍尔（Fisher）等四人的集体著作《苏联社会的科学和意识形态》[35] 就持这种立场，若拉夫斯基在《美国社会学评论》上发文评论此书说：科学和斯大林主义的纠葛似乎是苏联意识形态不可避免的结果，这种意识形态似乎承诺了一切具体的信念样式，从物理学中共相的存在，到生物学中基因和经济学中边际计算的不存在。此书的四位饱学之士强化了很久以前就应当接受的真相：苏联意识形态是很模糊的和难以捉摸的，简言之，他们说明了为什么苏联领导在不同的学科中采取不同的态度，包括根本不采取立场。

西方学者对苏联官方从意识形态和行政上干预科学事业极度反感，这是非常自然的，但也相应地导致了对马克思主义哲学的误读。格雷厄姆对此深刻地分析说：“斯大林时期的农学家特罗菲姆·李森科所倡导的那种形式的辩证唯物主义，其恶劣后果是许多有教养的西方人耳熟能详的……很多西方人把李森科主义这个令人遗憾的插曲和整个苏联辩证唯物主义画上等号。”[36] 在这方面典型的例子是缪勒-马尔库斯（Müller-Markus），作为弗赖堡大学东欧研究所物理学部的主任，他对苏联物理学和马克思主义哲学的关系十分关注，撰写了《爱因斯坦和苏联哲学》的专著，1960 年和 1966 年分别出版了煌煌两卷。作者虽然肯定福克等的原创性研究，但主要是尖锐地批判了苏联中央集权的官僚体制对科学研究的行政干预和思想控制，特别是深入挖掘了为推行这种政治压迫而制造的哲学根据，本体论主义就是其集中体现。缪勒-马尔库斯认为，苏联和西方的意识形态争论有两个主要领域，一个是高端的形而上学，一个是实用的经济学，而在这两个领域，人们都能在苏联的理论中“找到僵硬实体的残余”，先验的理论教条是研究的出发点：“结论可以从哲学叙事的高层方案中得出，这在众多的苏联哲学家和科学家的著作中俯拾即是。”[37]

第三节　后期的中立研究导向

虽然战后西方苏联研究的主流是批判和否定，但一些理性的苏联研究者，通过对大量文献资料的分析梳理，发现了远为复杂的情况：除了官方的斯大林主义正统观点之外，在不同的时期始终存在着非主流的异端思想。他们意识到，把马克思主义归结为斯大林主义是错误的，有众多苏联学者对马克思主义的解读是与教科书的诠释大相径庭的。

同时，一个特殊的事件给西方的苏联学研究带来了巨大冲击。1957 年 10 月 4 日苏联用强大的火箭运载装置成功发射了世界上第一颗人造地球卫星，震撼了整个西方世界，在西方公众中引发了对苏联的心理恐慌。此后，苏联又展示了一系列高科技成果，使西方科学界刮目相看。美国学者所罗门说，从对人造卫星的震惊开始，“苏联科学出乎预料的成就造成的冲击，引起西方对其科学教育系统和科学进步战略的全方位关注”。他指出，当时一些有识之士发现，西方对苏联科学技术的研究有许多东西偏离实际，例如，整个科学政策方面流行的对研究与发展（R&D）的跨国统计比较就是不实的，在探求取得这些成就的思想基础时，也没有正确认识苏联科学技术进步的思想前提。所以，“到 20 世纪 60 年代初，西方专家开始对苏联的科学固有模式进行反思”[38]。在这样的背景下，在西方苏联科学技术哲学研究队伍中，涌现出一批态度中立的研究者，他们撇开政治立场，从实际材料出发，尽量客观地评价苏联科学技术哲学研究的功过得失，注意进行划界，把主流和异端、政治和学术、科学和哲学、马克思主义原典和斯大林主义的曲解严格区分开来。

早在1956年，鲍尔（Bauer）、英克尔斯（Inkeles）和克拉克洪（Kluckhohn）在《苏联体制怎样工作：文化的、心理的和社会的主题》一书中，就对已经逃离苏联的科学家的矛盾的政治态度做过实事求是的评论："对第二次世界大战中逃出苏联的那些科学家的研究表明，尽管他们在很大程度上不满意苏联的政治现实，但这些人仍然大体上相信社会主义经济制度的优越性。"三位作者还专门研究了一些著名苏联科学家的哲学观点，认为他们中很多人真诚地服膺辩证唯物主义，并且肯定马克思主义哲学对他们的研究有所助益。作者们明确指出："很清楚的是，那些才能卓越、成就斐然的苏联知识分子认为，历史的和辩证的唯物主义自然解释，在概念基础上是令人信服的。"该书还特别点名提到："施密特、阿果尔、谢姆科夫斯基、谢列布罗夫斯基、鲁利亚（Лурия）、奥巴林、维果茨基（Выготский）、鲁宾施坦（Рубинштейн）等杰出苏联科学家，都强调马克思主义思想对他们的创造性活动的启发意义，而且还在他们被要求作马克思主义的陈述之前就已经这样做了。"[39]

美国康奈尔大学的科学史教授威廉姆斯（Williams）在研究场论的历史发展时，接触到苏联科学家在这一领域的工作，使他意识到，必须对苏联科学家的马克思主义世界观做具体分析，不能笼统地视为对政治压力的屈从。他在物理学史专著《场论的起源》（1966年）中，评论了苏联物理学家在场论研究方面的贡献，同时深入分析了西方学者误读苏联马克思主义科学哲学的原因。在威廉姆斯看来，苏联以外的学者之所以"极力从马克思主义中去除对物理自然的关注"，一是出于厌恶苏联对科学施加的限制，而"苏联意识形态对科学的干预在李森科事件中达到了高峰，这导致马克思主义哲学主张同自然科学的背离"，不懂得"李森科事件与作为科学哲学的马克思主义很少牵连"；二是出于西欧和北美哲学的普遍思想倾向，"形而上学和本体论研究（在西方）已经衰落，辩证唯物主义作为一种自然观，常被看作是旧自然哲学的残余，是试图侵入现在仅只属于自然科学的领地"。威廉姆斯通过对一些苏联科学家的专业工作的具体分析，客观地指出，一方面，辩证唯物主义与西方学者所遵奉并以之为指导的一些哲学是有可比性的，他认为西方研究者"始终不善于把辩证唯物主义和非苏联哲学中出现的新契机结合起来，而像过程哲学之类的非苏联哲学与辩证唯物主义是具有潜在可比性的"；另一方面，苏联科学家的研究实践证明，西方研究者“一直未认识到马克思主义对科学思维方式的主张中所蕴含的真正思想活力”。当然，作为西方研究者，他的论断中也有不少可以商榷的地方，例如他认为苏联学者为了坚持真正的马克思主义，试图通过区分马克思和恩格斯“而把马克思主义从自然哲学中拯救出来”，并极力强调马克思主义“深刻的西方起源”以证明辩证唯物主义哲学和西方理性主义的同一性。[40]

这一时期，美国有两位苏联科学技术哲学研究的集大成者，布莱克利（Blakeley）和格雷厄姆，特别值得关注。他们努力以客观中立的立场，尽可能全面地掌握苏联科学和哲学的第一手文献，通过历史的比较分析，对苏联自然科学哲学做出了实事求是的体系性建构。

布莱克利是美国波士顿学院哲学系教授，是美国第一位力图客观研究苏联科学技术哲学的权威学者，在 20 世纪 60 年代连续推出《苏联的经院哲学》（1961 年）、《苏联的知识论》（1964 年）、《苏联的无神论和宗教著作》（1964 年）、《苏联的哲学方法论》（1966 年）等[41]，可谓用功甚勤。

他的《苏联的知识论》一书，是系统梳理苏联科学认识论的体系性著作，全书共分八章，讨论了苏联知识论作为马克思主义哲学的一个部门的性质、原则、基本理论（认知功能论、认知模式论、认知方法论），以及苏联学者对资产阶级知识论的批判，最后是作者的总体评价。布莱克利认为，虽然教条主义确实是苏联哲学的基本特点，但是知识论却独树一帜，他认为：“知识论是在晚近发展起来的，本质上是附属于苏联哲学运动的其他方面，所以也许是现代苏联哲学部门中最游离于教条边界之外的领域。”

布莱克利独创性地对苏联科学知识论的特点做了言简意赅的概括，可以把他所提出的八条原理简述如下：①直接以常识作为出发点，这是连其反对者也承认的优点；②以理性主义为基础，一切均可理解，只有尚未认识之物；③哲学是一个整体，拒绝人为地将其割裂为各个部分；④反映是物质的普遍属性，但要澄清其人化的特殊性质；⑤坚持真理是一个符合事实的过程，克服西方逻辑论者的融贯论主义和准符合论者的实用主义的巨大困难；⑥意识的分析进路对知识论研究的必要性；⑦苏联知识论许多论题与西方面对的问题趋同，对西方的反驳和批判打开了对话的可能性，应致力于制定标准化的词汇表以利于沟通；⑧重视对现代知识论问题经典源头的回溯。[42]

应当说，布莱克利对苏联科学知识论的概括是相当公允的，他把官方教科书斯大林主义教条撇在一边，以 20 世纪 60 年代认识论派的非主流观点作为正面的、马克思主义的知识论原理，这是别具只眼的。他两年后发表的《苏联的哲学方法论》一文，副标题是《凯德洛夫的案例》，凯德洛夫正是认识论派的首领，是被称作“六十年代人”的哲学改革派的领军人物，布莱克利敏感地把握住了当时苏联科学哲学发展的基本动向，表现出严谨、科学的作风。

20世纪70年代，一部苏联科学哲学研究历史上划时代的巨著诞生了，那就是新一代苏联学专家洛伦·格雷厄姆的《苏联的科学和哲学》（1972年），此书赢得了普遍赞誉，获美国国家图书奖。1987年，作者做了修订增补推出新版，题为《苏联的自然科学，哲学和人的行为》。1991年，苏联解体前，由阿洪多夫（М. Д. Ахундов）和伊格纳契耶夫（В. Н. Игнатьев）译成俄文在苏联国家政治文献出版社出版，作者撰写了俄文版序。格雷厄姆的专业是科技史，先后在哥伦比亚大学、哈佛大学和麻省理工学院任教授，是美国根据美苏第一个学术交流计划派往苏联的学者，1960—1961年在莫斯科大学访学，后来常常一年几次去苏联，是真正的“知苏派”。格雷厄姆关于苏联的处女作是1967年出版的《苏联科学院和苏联共产党（1927—1932）》，在上述代表作问世以后，他对苏联的科技问题研究向更广阔的领域推进，1990年主编了《科学和苏联的社会秩序》一书。苏联解体后，他并未中止对苏联的研究，而是开始了对苏联科学技术事业的历史经验和教训的反思，写出《我们在科学技术方面从俄国人的经验中学到了什么？》（1998年）等著作。[43]

从研究域说，格雷厄姆抓住了苏联科学技术哲学研究最有代表性的主题——对自然界的辩证唯物主义解释，这是传统自然辩证法的本域，也是最具苏联特色的研究方向。恩格斯说过：“自然界是检验辩证法的试金石，而且我们必须说，现在自然科学为这种检验提供了极其丰富的与日俱增的材料，并从而证明了，自然界的一切归根到底是辩证地而不是形而上学地发生的。”[44]苏联自然科学哲学的正统研究一直是沿着这个主干进行的，一个最重要的特色是，大批有成就的实证科学家或者通过自己熟谙的科学成果诠释自然界的辩证法，或者把辩证方法论用于自己的科学研究实践，其成败利钝因而也就成了检验苏联科学技术哲学的一个标尺。格雷厄姆的这部代表作的主要篇幅正是用来阐述这一主题，是迄今世界上在这一领域最翔实的研究，对各个学科苏联学者的科学工作和哲学思考之间的关系，做了穷究底蕴的挖掘，对提出的问题、思考的过程、研究的方法、遇到的疑难、引发的争议、成果的评价，一一列叙，令人叹为观止。美国《科克斯书评》（*Kirkus Review*）①对该书评论说："因为苏联科学家实际上触及了西方科学家的每一个重大争论，格雷厄姆的著作涵盖了近现代的科学以说明苏联的地位。从源于恩格斯和列宁著作中的俄罗斯辩证唯物主义开始，格雷厄姆对物理学、化学、生命起源、控制论和心理学中科学和哲学的关联做了系统的阐释，和西方同行相比，苏联科学家在很多领域提出了更为敏感的方法论和哲学方面的问题。"[45]

在这样的叙事中，格雷厄姆全面论述了自己对苏联科学技术哲学的认识和评价，这些看法不带意识形态偏见，力求公正和客观。笔者认为，最有价值的见解有以下几点。

一、科学研究需要哲学作为前提性的知识

无论是在苏联，还是在其他国家，人类无法不去追究普遍的哲学体系试图给予解答的种种终极问题。格雷厄姆认为，这是各派苏联科学哲学家普遍认同的结论："学者在自己的研究过程中，应当超出物理要素和数学方法的限界，这样的理论化是科学解释的基础之一。须知我们不得不在各种方案之间做出选择，而这些方案从数学形式和物理事实的观点看，都同样是得到证实的。而这种选择常常是以哲学见解为基础的，并且总是有着哲学的结论。"[46]这和西方后现代科学哲学的共识"观察荷载理论"有异曲同工之妙。问题是不仅科学哲学家有这样的认识，苏联的大批实证科学家也对哲学有强烈兴趣，即使在解除了政治控制之后，仍然有许多科学家自动地参与科学哲学问题的争论，对辩证唯物主义怀有一定的兴趣，"作为一个群体的苏联科学家和英美等国家的科学家比起来，更开放地面对他们的哲学假定的含义，而在英美等国认为哲学和科学风马牛不相及却是时尚"[47]。

二、辩证唯物主义是具有优势的哲学世界观

格雷厄姆认为辩证唯物主义所代表的是科学导向的、理性的、唯物主义的研究方式，"现代苏联辩证唯物主义是一项引人注目的思想成就。把恩格斯、普列汉诺夫和列宁的初始见解阐述和发展为系统的自然解释，这是苏联马克思主

① 美国著名的书评杂志，半月刊，1933年开始发行。

义最新颖的思想创造。在其最富才能的倡导者手中，辩证唯物主义无疑是理解和说明自然的一种真诚的和合理的尝试。凭借普适性和发展程度，辩证唯物主义的自然解释在现代思想体系中无可匹敌”[47]。从苏联科学哲学家的研究中，特别是从苏联科学家应用辩证唯物主义进行实证研究的实践中，可以看出，辩证唯物主义的优势表现在两个方面：一方面，“它提供一个整体的综合的自然观”，显示了一种“包蕴万有的意向”[48]，这使科学家可以用整体论的观点探索客体之间的普遍联系；另一方面，辩证唯物主义坚持自然界的实在性，这并不是辩证唯物主义别出心裁，而是世界哲学的一个古老传统，坚持捍卫自然界的实在性是苏联哲学始终不渝的主题。与西方的“社会建制论”不同，苏联科学哲学的特殊优势在于正确地处理了社会语境和客观实在的关系，首先要肯定，“存在着实在的自然界，尽管都在致力于创立某种整体的自然图景，而社会因素有时会导致对实在描述的明显偏离，于是匡正这种背离就成为必要的了”；但是又“不能简单地把科学看作客观自然之镜”，要对社会环境的影响做出合乎实际的分析。[49]

三、对苏联科学技术哲学要做全面的分析

苏联科学技术哲学是一个复杂的研究域，充满了内在的矛盾斗争发展过程，经历了曲折的发展道路。格雷厄姆以历史的观点分析了西方主流苏联学对苏联科学技术哲学的误解，主要问题是以偏概全，没有全面考察苏联科学技术哲学发展的整个历史进程，而是截取其中的某些阶段代替整体发展趋势。格雷厄姆将长达七十年的苏联科学技术哲学历史划分为七个阶段：20 世纪 20 年代前期、20 世纪 20 年代后期至 1945 年、1945 年至 20 世纪 50 年代前期、20 世纪 50 年代中期至 1967 年、1967—1977 年、1977—1984 年、1984—1991 年。其中第一阶段是苏维埃体制确立时期；第二阶段是斯大林主义统治前期，是大清洗阶段；第三阶段是斯大林主义后期，是大批判阶段；第四阶段是赫鲁晓夫改革时期，是意识形态调整阶段；第五阶段 1967—1977 年是勃列日涅夫执政前期，是改革思想勃发时期，格雷厄姆认为是“苏联科学哲学健康发展”阶段；1977—1984 年勃列日涅夫执政后期（包括安德罗波夫和契尔年科的过渡时期）是回潮时期，传统教条主义思想抬头；1984—1991 年是戈尔巴乔夫上台到苏联解体的动荡时代，即所谓新思维时期，是意识形态多元化时代。其中只有第二和第三两个阶段，政治对科学全面进行控制，自由思想被彻底窒息，辩证唯物主义

完全被扭曲为斯大林主义。格雷厄姆认为，必须做出三个划界：一个是把李森科之类的伪学者的理论和辩证唯物主义区分开来，而“很多西方人把李森科主义这个令人遗憾的插曲和整个苏联辩证唯物主义画上等号”[48]；一个是把斯大林主义和苏联真正的辩证唯物主义哲学探索区分开来，和普列汉诺夫、列宁不同，只有斯大林“把这种对科学技术哲学的兴趣转变成对自然现象的教条主义解释，而堪与中世纪天主教经院哲学体系媲美”[50]；还有一个是把斯大林主义的官方理论和严肃的科学家，特别是改革派科学哲学家对辩证唯物主义的科学诠释区分开来。他特别注意到苏联20世纪六七十年代科学哲学中认识论派和本体论派的争论，并引用凯德洛夫的话说：“本体论立场的主要灵感是来自斯大林著名的《联共（布）党史简明教程》第四章，在这一章辩证法被拙劣地应用于自然。”[51]

四、苏联科学家与辩证唯物主义的联盟关系

格雷厄姆认为，苏联科学家真诚地相信辩证唯物主义对科学的启发意义，并在应用马克思主义哲学指导实证研究方面取得了显著成绩。和西方流行的看法不同，格雷厄姆认为苏联学者从主体上说是理性的，他们对政治和科学的关系有清醒的认识，不是一味屈从于政治高压而失去了独立思考的能力，他的判断是：“并非所有的苏联哲学家，更没有几个苏联科学家同意下述假定：自然科学本身包含政治成分，从而必然结论就是西方科学与苏联科学存在着本质区别。很多坚信马克思主义的哲学家和科学家仍然能够划清科学及其应用——无论是道德的还是哲学的——之间的界限。甚至那些公正地认为科学理论的主体不能完全同哲学问题分开的人，一般也意识到任何以政治手段决定此类问题的企图，都是极端有害的。”[52]很多杰出的苏联科学家对待辩证唯物主义的态度是真诚的，他们是善于“把辩证唯物主义自然观和科学公正的规范标准结合起来的科学家”[53]。格雷厄姆通过大量案例分析，用确凿的事实证明：“辩证唯物主义一直在影响着一些苏联科学家的工作，而且在某些情况下，这种影响有助于他们实现在国外同行中获得国际承认的目标。”[54]其中，苏联哲学家的创造性理论观点也起到了积极的作用，这些观点包含着辩证唯物主义的内容：“有些苏联学者的观点或者在当时或者在现在被承认是有价值的，其中辩证唯物主义可能起到了某种作用。”[55]格雷厄姆对维果茨基等14位科学大家的突出成就进行了结构学和动力学的分析，具体说明了辩证唯物主义所起到的引领和启发作用。如此集中地对实证科学的具体研究过程进行解析，挖掘哲学世界观和方法论在科学发

现和科学证明中的正面作用，这在世界科学哲学和科学史文献中鲜有其匹。

五、苏联科学和科学技术哲学的世界历史地位

苏联科学技术哲学是世界文化历史发展的一个组成部分，但又有其鲜明的民族特色。格雷厄姆的著作具有比较研究的意蕴，一方面把苏联的科学和哲学研究放在世界科学和哲学的历史上下文中，确定其独特的历史定位；另一方面又就一些重大主题与西方的同类研究进行参照，尤其重视二者的趋同演化，借以批驳西方对苏联科学和哲学的偏见。格雷厄姆的认识出发点是："苏联科学是世界科学的一部分，可以在苏联学者（那些知识生产者，而不是党的活动家）那里找到的哲学和科学相互作用的形式，它们和其他国家科学和哲学的相互作用并没有本质的区别。但是，由于苏联的哲学传统与西欧和美国不同，同样的交互作用的结果在不同地域也有所不同。"[56] 格雷厄姆认为，各个时代不同的科学家都自然而然地倾向于唯物主义，这是自然科学研究的本性决定的，为此他特别引用诺贝尔奖得主格拉肖（Glashow）对自己哲学立场的宣示作为证明，断言："世界各国的许多学者对辩证唯物主义自然观都颇感亲切。"[57] 他通过具体的比较发现，苏联学者对一系列重大科学问题的哲学见解，尽管是从辩证唯物主义哲学立场做出的，但在西方同样有类似的理论结论和哲学导向，例如玻尔和福克，德·布罗意、玻姆和布洛欣采夫在量子力学哲学解释方面的相近观点。格雷厄姆认为苏联的科学哲学并不是泥守经典成规陈陈相因，也不是与世界隔绝故步自封，而是具有创新活力的。苏联科学家和科学哲学家强调真理的相对性，能够跟踪自然科学的进步修正和发展哲学理论，"致力于探寻通向新自然观的道路，因为科学理论本身已经走上了新的道路。摈弃相应的马克思主义旧的自然解释，面对科学中的革命，在过去七十年间苏联的辩证唯物主义者在科学哲学中努力创新，在同其他思想努力的尖锐冲突中卓然独立"[58]。同时，苏联学者越来越面向世界开放，注意同西方同行的对话，对对方的观点做出科学的分析，"能够根据他们的对手用以反对他们的现代科学原理，来发展辩证唯物主义的宇宙观"[59]。例如，格雷厄姆推崇丘金诺夫（Э. М. Чудинов）是一个真正的"认识论主义者"，是"20 世纪 60—70 年代在学术上臻于成熟的改革一代的苏联科学哲学家的代表"，指出他熟悉后现代西方科学哲学的所有流派和理论，并正确地做出批判和鉴别，例如他批判波普尔的证伪主义抛弃了实践标准，而库恩的范式论则否定了理论从相对真理走向绝对真理的逼真性。"他致力

于研究真正的哲学问题，而不是对上一辈人肯定具体科学进展有效性的模仿性尝试，因而他的工作在苏联哲学中是积极的推进。”[60]

格雷厄姆的研究最主要的缺陷是把研究的主题设定为自然哲学，主要是论述各个实证领域苏联学者对科学问题所做的哲学解释，而没有深入系统地探索本来意义上的科学哲学问题。俄罗斯科学哲学的带头人斯焦宾为格雷厄姆这部巨著的俄文版专门撰写的书评《苏联科学哲学历史发展的分析》，特别点出了格雷厄姆著作的这一重大阙失，指出：“对苏联学者所致力的自然科学认识论和方法论研究，对20世纪科学研究活动的手段和方式上发生的变化的研究，作者的分析不够充分。书中只是指出在讨论本体论和认识论的争论中，以及在讨论物理学、生物学和心理学哲学问题时得出的某些结论。”斯焦宾认为，20世纪60—70年代，苏联哲学在科学的认识论、逻辑、方法论和历史的结合点上倾力进行研究，科学知识的结构和动力问题上浩如瀚海的文献是这些研究的成果，看来这一时期制定的许多思想在西方鲜为人知，其中特别值得注意的是运用活动的方式分析科学的结构和动力。正是在20世纪六七十年代，苏联科学技术哲学研究发生了历史性的转折，而这一转折与科学哲学中的后现代主义思潮的兴起几乎同步，具有深刻的时代意义。[61]不过，正如斯焦宾所说的那样：“但是这些对于一个研究者都无关宏旨，主要的是从另一种文化传统的视角来考察我国科学历史发展的复杂进程。格雷厄姆善于深入分析这一发展的很多关键的情势，创作了这样一部著作，为苏联哲学和科学复杂的相互作用的自然科学哲学和苏联科学史提供了一幅予人深刻印象的图景。”[62]

1991年苏联轰然解体，和有关苏联的所有研究一样，苏联科学技术哲学的研究进入了一个转折点，普遍的思潮认为一切都过去了，而苏联科学技术哲学也和它的整个意识形态一样，已经成了一堆废品。上一章我们引述过俄罗斯权威学者列克托尔斯基对苏联哲学的评价，这里还可以做一些补充。列克托尔斯基指出，在一些人眼里，“往好了说，苏联哲学家是一帮蠢人；往坏了说，他们就是一群骗子和政府的帮凶。倘真如此，那么在苏联存在过的无论哪一种哲学，都不足挂齿”。这种思潮和西方冷战结束后出现的“历史终结论”是联系在一起的，既然资本主义的自由市场经济和民主自由的政治制度已经取得了最后胜利，苏联的一切连同它的意识形态都应永远丢进历史的垃圾箱。这当然是不公正的，列克托尔斯基认为：“我国哲学生活的图景其实是非常有意义和非常复杂的。”[63]这种情况当然对苏联科学技术哲学的研究产生了负面的影响，这项研究虽然并未完全中断，但传统的苏联学研究的确已经式微，而作为冷学问的苏联科学技术哲学研究更是益发淡出了，研究者和研究成果数量锐减。1961 年创刊的《东欧思想研究》（*Studies in East European Thought*）是西方苏联学研究的主要阵地，以前经常刊出有关苏联科学技术哲学的论文，但近十年来，围绕人的问题（人格、人性、主体、意识等）的文章却是最热门的话题，而与俄罗斯国内的学术中心转移同步，宗教哲学和索洛维约夫（B. C. Соловьев）、别尔嘉耶夫（H. A. Бердяев）的哲学思想成了新的热门话题。诸如自然科学前沿的哲学问题、科学认识论和科学方法论问题等苏联时期备受关注的科学技术哲学主题，已经很少有人问津，翻阅一过，只有阿西马科普洛斯（Assimakopoulos）等的《20 世纪俄罗斯科学哲学：哲学争论》（2005 年）和阿罗诺娃（Aronova）的《苏联科学研究的政策和语境：十字路口的苏联科学哲学》（2011 年）是较有分量的专题论文。[64]

《20 世纪俄罗斯科学哲学：哲学争论》本是 2002 年 4 月在雅典举行的一次国际学术讨论会上的论文，是两位俄罗斯学者和希腊学者的对话。希腊学者阿西马科普洛斯认为，关于苏联科学技术哲学的研究所要解决的是三个主要问题：一是马克思主义科学哲学中主导性的问题是什么？二是苏联时期科学发展的理念是什么？三是俄罗斯科学哲学和文化传统对苏联科学哲学发展有多大的影响？俄罗斯学者奥古尔佐夫则肯定了苏联马克思主义的优势在于：把科学视为人类精神的普遍劳作，突出了科学的社会性，使科学哲学研究和科学社会学的研究结合起来，把科学研究的过程和结果、科学和权力、科学和生产、科学和组织结合起来，强调了科学活动的社会—历史和社会—文化语境分析。[65]

这一指向代表了新世纪以来苏联科学技术哲学研究与科技社会学、科学学研究相结合的新趋势，事实上这一研究已经纳入科学元勘（Science Studies），成为它的一个方面。《苏联科学研究的政策和语境：十字路口的苏联科学哲学》的作者阿罗诺娃就是美国加州大学科学史和科学元勘研究纲领的博士生，她的这篇论文主旨是讨论苏联的科学建制和科学反思模式如何主导了苏联的科学编史学，认为苏美两国的科学元勘叙事的术语具有互文性，而苏联的科学技术革命的话语系统成为苏联官方将其经济设计合法化的概念框架，也是学者们将其局域化以服务于自己个人学术兴趣的概念基础。作者认为东西方的科学元勘研究都有着深刻的冷战根源，她进而比较了库恩和丹尼尔·贝尔（D. Bell）、加尔布雷思（Garbraith）在苏联的不同命运，前者的《科学革命的结构》受到热烈欢迎，后者的“趋同论”却遭到冷遇。[66]

新世纪以后，年逾古稀的格雷厄姆笔耕不辍，开始关注后苏联时代的俄罗斯的科学技术问题，连续推出《莫斯科的故事》（2006 年）、《单一的观念：俄罗斯能竞争吗？》（2013年）、《新俄罗斯的科学：危机，援助，改革》（2008年），也明显地转向俄罗斯科技进步的科技社会学和科学技术政策研究。他致力于从科学社会学上解读解体后的俄罗斯和苏联时期在科技进步事业方面的历史上下文。[67]在《单一的观念》一书中，他指出，在三个世纪的期间里，俄罗斯在科技市场化方面始终一筹莫展，缺乏建立科技进步动力机制的社会条件，包括科技创新的培育、体现发明和实践的社会价值取向、保障科技创新的经济基础、知识产权保护的法律体系等，而这和俄罗斯在文学艺术和纯科学方面的辉煌成就是不相称的。但是，格雷厄姆仍然别具只眼，科学尽管要受外史条件的制约，但纯科学理念却总会超越于外在的社会环境变化，按照理论自身的逻辑相对独立地发展。时年83岁高龄的格雷厄姆发表了一部独特的著作《李森科的幽灵：表观遗传学和俄罗斯》。李森科遗传学的核心理论是“生活条件的改变引起遗传性的改变”，可以通过控制环境条件的变化改变生物体的机能和性状并使获得性遗传给子代。在20世纪30年代的特定政治环境下，这一学说被用来作为行政权力实现特殊政治目的的工具，造成了极其恶劣的后果，李森科主义也因此成为伪科学臭名昭著的典型。但是，李森科遗传学的外在政治性异化是一回事，环境改变决定遗传性的科学理念则是另一回事。近来，表观遗传学（epigenetics）①的兴起，提供了许多证据表明环境的确可以改变基因，使之发生基因表达的可遗传性变化。格雷厄姆指出，在俄罗斯，甚至在西方，“一些科学家宣称表观遗传学领域的发现证明李森科是完全正确的”，而格雷厄姆试图找出在俄罗斯科学的某些圈子里给李森科“恢复名誉”的理论根据。格雷厄姆通过这一案例分析，对科学发展的内史和外史的关系做了深刻的说明，确实独树一帜。[68]

※ ※ ※

克罗齐（Croce）有句名言：“一切真历史都是当代史”，这话常常被误解，以为克氏是以实用主义态度把历史看成只是为现实服务的工具。其实，克罗齐此语本质上是说，过去只有和当前的视域有所（不同程度）重合，才能为人所理解，所以他又说：“当生活的发展需要它们时，死历史就会复活，过去史就会再变成现在的。”[69]苏联毕竟是人类第一次大规模的社会主义实验，以几代人的艰苦卓绝的奋斗，献身于一个理想的事业，演出了世界舞台上波澜汹涌的历史活剧，这是一出悲剧，但却是雄壮的国际悲歌。尘埃落定，对那段历史的反思刚刚开始，反

① 近年来兴起的一门遗传学分支学科，研究在基因的核苷酸序列不改变的情况下，基因表达的可遗传变化，包括DNA 甲基化、基因组印记、母体效应、RNA 编辑等。美国遗传学家弗兰西斯（Francis）2011年出版了《表观遗传学：承续的终极奥秘》（*Epigenetics：the Ultimate Mystery of Inheritance*）。

思者当然各有各的角度，但是唯其多元，才能从中窥见个别中深蕴的普遍。例如仅就科学元勘而言，比较东西方对科学与哲学、科学与政治、科学与社会、科学与文化的不同观点，就不难找出其间所贯通的共性原则。马克思说过："一切已死的先辈们的传统，像梦魇一样纠缠着活人的头脑。"[70]对苏联研究而言，若要摆脱这样的梦魇，既要了解悲剧历史的真相，又要正确地认识悲剧的本质和根源，这里有个"知"与"思"的关系问题，无知则会误思。看看整个世界是如何了解和思考人类文明无法跳过的这段历史，做出我们中国人独立的判断，以促进中华文化重现辉煌的伟大事业，是我们这一代亲历者的历史责任。

注释

［1］吴宓. 空轩诗话//蒋天枢. 陈寅恪先生编年事辑. 上海：上海古籍出版社，1997：75.

［2］Ricoeur P. On Translation. Eileen Brennan（trans.）. London & New York：Routledge，2006：23.

［3］孙慕天，刘孝廷，万长松，等. 科学技术哲学研究的另一个维度. 自然辩证法通讯，2015（5）：150.

［4］Needham J. Address to Opening Session of the XV International Congress of the History of Science. The British Journal for the History of Science，1978，11（2）：103.

［5］贝尔纳 J D. 科学的社会功能. 陈体芳译. 桂林：广西师范大学出版社，2003：458.

［6］Bukharin N I. Science at the Cross Road：Papers Presented to the International Congress of the History of Science and Technology Held in London from June 29th to July 3rd，1931 by the Delegates of the U. S. S. R. London：Kniga，1931：203.

［7］Huxley J. A Scientist among the Soviets. New York and London：Harper & Brothers Publishers，1932：60-73.

［8］贝尔纳 J D. 科学的社会功能. 陈体芳译. 桂林：广西师范大学出版社，2003：9，17.

［9］levy H，Macmurray J，Fox R，et al. Aspects of Dialectical Materialism. London：Watts & Co.，1935.

［10］Bernal J D. Engels and Science. The Labour Monthly，1935，17（8）：506-513.

［11］Bernal J D. Psycho-Analysis and Marxism. The Labour Monthly，1937，19（7）：435-437.

［12］贝尔纳. 科学的社会功能. 陈体芳译. 桂林：广西师范大学出版社，2003：7-17.

［13］Crowther C J. Soviet Science. New York：E. P. Dutton & Company，1936；Hogben L. Science for the Citizen：A Self-Educator Based on the Social Background of Scientific Discovery. New York：Aflred A Knopf，1938；Needham J，Davies J S. Science in Soviet Russia. London：Watts & Co.，1942.

［14］Cornforth M C. Dialectical Materialism. New York：International Publisher，1961：150.

［15］Holdane J B S. Some Consequences of Materialism//The Inequality of Man. Harmondsworth Middlessex：Penguin Books，1937；The Marxist Philosophy and Science. New York：Random House & Unwin，1939；Preface and Notes to F. Engels：The Dialectics of Nature.London：Lowrene and Wishart，1940.

［16］刘佳. J. B. S.霍尔丹思想研究——对马克思列宁主义与辩证法的接受与运用.华东师范大学硕士学位论文.2014.

［17］Haldane J B S. A Dialectical Account of Evolution. Science and Society，1937，1（4）：473-486.

［18］Haldane J B S. The Marxist Philosophy and the Science. New York：Randon House，1939：101.

［19］Dejong-Lambert W. J. B. S. Haldane and Лысенковщина（Lysenkovschina）. Journal of Genetics，2017，96（5）：837-844.

［20］Haldane J B S. The Marxist Philosophy and the Science. New York：Randon House，1939：24.

［21］Haldane J B S. Science and Life：Essays of a Rationalist. London：Barie & Rockliff，1968：xix-xx.

［22］Levy H. A Philosophy for a Modern Man. Labour Monthly，1938，20（4）：254-260；Dutt C P. The Philosophy of a Natural Scientist. Labour Monthly，1938，20（6）：390-392.

［23］Крижановский Г М. Памня Ленина：Сборник статей к десятилетнию со дня смерти（1924-1934）. М. -Л.：Изт-во Академии Наук СССР，1934：565-579.//Graham L R：Science，Philosophy and Human Behavior in the Soviet Union. New York：Columbia University Press，1987：43.

［24］Sonneborn T M. Müller H J.，Crusader for Human Betterment. Science，1968，162（3855）：774.

［25］陆南泉，姜长斌，徐葵，等. 苏联兴亡史论. 北京：人民出版社，2002：409.

［26］安德烈·纪德. 访苏归来. 李玉民译. 桂林：广西师范大学出版社，2004：6.

［27］罗曼·罗兰. 莫斯科日记. 夏伯铭译. 上海：上海人民出版社，1995：193.

［28］Wetter G A. Materialismo Dialecttico Sovietico.Torino：G. Einaudi，1948；Der Dialektische Materialismus：Seine Geschichte und seine System in der Sowjetunion. Wien：Herder，Habmberg，1952；Der Dialektische Materialismus und der Problem der Entestehung des Lebens. Munchen：Pustet，1958；Philosophie und Naturwissenschaft in der Sowjetunion. Hamburg：Rowohlt，1958；Sowjetideologie heute，Frankfurt am Main：Fischer Bücherei，1963.

［29］Wetter G A. Dialectical Materialism：A Historical and Systematic Survey of Philosophy in the Soviet Union，New York：Pragegar，1958：281.

［30］Bochenski J M. Der Sowjetrussische Dialektische Materialismus. Bern：A. Francke，1950；Bibliographie der Sowjetische Materialismus，Fribourg：Ost-Europa Institut，1959；Soviet

Philosophy：Past and Present，and Prospects for Future. American Journal of Jurisprudence，1963，8（1）；The Dogmatic Principles of Soviet Philosophy（as of 1958）. Dordrecht：D. Reidel Publishing Company，1963；Guide to Marxist Philosophy：an Introductory Bibliography. Chicago：Swallow Press，1972；Marxismus-Leninismus：Wissenschaft oder Glaube. Müchen：Olzog，1973.

［31］Bochenski J M. Uropäische Philosopie der Gegenwart. Bern：A. Francke，1947：248.

［32］Bochenski J M. Soviet Russia Dialectical Materialism. Dordrecht：D. Reidel Publishing Company，1963：10.

［33］Roravski D. The Lysenko Affair. Cambridge：Harvard University Press，1970.

［34］Rolavski D. Soviet Marxism and Natural Science 1917-1932，New York：Columbia University Press，1961：9.

［35］Fisher G，George R T De，Graham L R，et al. Science and Ideology in Soviet Society，New York：Atherton Press，1967.

［36］Graham L R. Science Philosophy and Human Behaviour in the Soviet Union. New York：Columbia University Press，1987：3.

［37］Müller-Markus S. Einstein und Die Sovjet Philosophie，Dordrecht：D. Reidel Publishing Company，Vol. Ⅰ，1960，Vol. Ⅱ，1966. See Margenau H. Einstein und Die Sowjetphilosophie S. Müller-Markus. Philosophy of Science，1966，33（4）：403-404.

［38］Solomon S G. Reflections on Western Studies of Soviet Union//Lubrano L L，Solomon S G. The Social Context of Soviet Science. Boulder：Westview Press，1980，11，7.

［39］Bauer R，Inkeles A，Kluckhohn C. How the Soviet System Works：Cultural，Psychological and Social Themes. Cambridge：Harvard University Press，1956：114，116-117，118-119.

［40］Williams L P. The Origin of Field Theory. New York：Randum House，1966：29-30.

［41］Blakeley T J. Soviet Scholasticism. Dordrecht：D. Reidel Publishing Company，1961；Soviet Theory of Knowledge. Dordrecht：D. Reidel Publishing Company，1964；Soviet Writings on Atheism and Religion. Studies in East European Thought，1964，4（4）：319-338；Soviet Philosophic Method. Studies in Soviet Thought，1966，6（1）：1-24.

［42］Blakeley T J. Soviet Theory of Knowledge. Dordrecht：D. Reidel Publishing Company，1964：140-141.

［43］Graham L R. The Soviet Academy of Science and Communist Party 1927-1932. Princeton：Princeton University Press，1967；Science and Philosophy in the Soviet Union. New York：Alfred Knopf，1972；Science，Philosophy and Human Behavior in Soviet Union. New York：Columbia University Press，1987；Естествознание，философия и науки о человеческого поведении в Советском Союзе. М.：Политиздат，1991；Science and the Soviet Social Order. Cambridge：Harvard University Press，1990；What have We Learned about Science and Technology from the Russian Experience？Stanford：Stanford University Press，1998.

［44］恩格斯. 反杜林论//马克思，恩格斯. 马克思恩格斯全集. 第26卷. 中共中央马克思恩格斯列宁斯大林著作编译局译. 北京：人民出版社，2014：25.

［45］Kirkus Review.

［46］Graham L R. Science，Philosophy and Human Behavior in Soviet Union，New York：Columbia University Press，1987：352.

［47］Graham L R. Science，Philosophy and Human Behavior in Soviet Union，New York：Columbia University Press，1987：429.

［48］Graham L R. Science，Philosophy and Human Behavior in Soviet Union，New York：Columbia University Press，1987：Ⅸ.

［49］Graham L R. Science，Philosophy and Human Behavior in Soviet Union，New York：ColumbiaUniversity Press，1987：Ⅺ.

［50］Graham L R. Science，Philosophy and Human Behavior in Soviet Union，New York：Columbia University Press，1987：Ⅹ.

［51］Graham L R. Science，Philosophy and Human Behavior in Soviet Union，New York：Columbia University Press，1987：59.

［52］Graham L R. Science，Philosophy and Human Behavior in Soviet Union，New York：Columbia University Press，1987：10.

［53］Graham L R. Science，Philosophy and Human Behavior in Soviet Union，New York：Columbia University Press，1987：14.

［54］Graham L R. Science，Philosophy and Human Behavior in Soviet Union，New York：Columbia University Press，1987：3.

［55］Graham L R. Science，Philosophy and Human Behavior in Soviet Union，New York：Columbia University Press，1987：437.

［56］Graham L R. Science，Philosophy and Human Behavior in Soviet Union，New York：Columbia University Press，1987：66.

［57］Грэхэм Л Р.Естествознание，философия и науки о человеческого поведении в Советском Союзе，М.：Политиздат，1991：5.

［58］Graham L R. Science，Philosophy and Human Behavior in Soviet Union，New York：Columbia University Press，1987：431.

［59］Graham L R. Science，Philosophy and Human Behavior in Soviet Union，New York：Columbia University Press，1987：66.

［60］Graham L R. Science，Philosophy and Human Behavior in Soviet Union，New York：Columbia University Press，1987：58-59.

［61］孙慕天. 科学哲学在苏联的兴起. 自然辩证法通讯，1987（1）：8-13.

［62］Степин В С. Анализ исторического развития философии в СССР//Грэхэм Лорен Р. Естествознание，философия и науки о чековеческого поведении в Советском Союзе，М.：

Политиздат，1991：439-440.

［63］Лекторский В А. Философия не кончается…М.，РССПЭН，1998：3.

［64］Ogurtsov I P，Neretina S S，Assimakopoulos M. 20th Century Russian Philosophy of Science：A Philosophical Discussion. Studies in East European Thought，2005，57（1）：33-60. Aronava E. The Politics and Context of Soviet Science Studies：Soviet Philosophy of Science in the Crossroads. Studies in East European Thought，2011，63（3）：175-202.

［65］Ogurtsov I P.，Neretina S. S.，Assimakopoulos M. 20th Century Russian Philosophy of Science：A Philosophical Discussion，Studies in East European Thought，2005，57（1）：33-60.

［66］Aronava E. The Politics and Context of Soviet Science Studies：Soviet Philosophy of Science in the Crossroads. Studies in East European Thought，2011，63（3）：175-202.

［67］Graham L R. Moscow Stories. Bloomington：Indiana University Press，2006；Science in New Russia：Crisis，Aid，Reform（with Irina Dezhina）. Bloomington：Indiana University Press，2008；Lonely Ideas：Can Russia Compete？Cambridge：MIT Press，2013；Lysenko's Ghost：Epigenetics and Russia，Cambridge：Harvard University Press，2016.

［68］Graham L R. Lysenko's Ghost：Epigenetics and Russia，Cambridge：Harvard University Press，2016：209.

［69］克罗齐. 历史学的理论和实际. 傅任敢译. 北京：商务印书馆，1997：12.

［70］马克思. 路易·波拿巴的雾月十八日. 北京：人民出版社，2001：9.

第七章 两个案例

第一节 李森科现象及其教训

可以说，在苏联自然科学近七十年的历史上，没有任何一个学科像遗传学那样，在漫长的发展过程中，始终与意识形态特别是与哲学发生错综复杂的关系。对苏联遗传学和哲学关系的历史有过深入研究，并写出曾被明令禁止发行的著作《遗传学和辩证法》的著名哲学家 И. Т. 弗罗洛夫，在 20 世纪 80 年代甚至说："须知，现在人们谴责哲学家，说他们差不多就是苏联遗传学历史上发生的事件的罪魁祸首。"[1]①的确，苏联遗传学史是科学史上意识形态（特别是哲学）破坏科学独立精神，造成巨大负面影响的典型案例，而这一点又是通过"李森科现象"集中表现出来的。正如美国的苏联自然科学哲学研究专家格雷厄姆所说的那样："对于很多人来说，提起'马克思主义意识形态和科学'，就会联想起李森科的名字。"他认为："通常把这看作是有关辩证唯物主义和自然界关系的一系列争论中最重要的问题。"[2] 从 20 世纪 80 年代以后，随着苏联社会改革的推进，对李森科事件的反思，就成为清算历史的重要组成部分。除了上面所说的弗罗洛夫的著作解禁再版以外②，1987 年亚历山大洛夫（В. А. Александров）发表了《苏联生物学的苦难岁月》一文，1988 年费拉托夫（В. П. Филатов）则写了关于李森科现象的专论《李森科"农业生物学"的根源》，1987 年，作家杜金采夫（В. Д. Дудинцев）以苏联遗传学领域的历史斗争为题材创作了长篇小说《白衣》，1988 年格拉宁（Д. А. Гранин）还有一部题名《野牛》的

① 弗罗洛夫本人并不同意这一过分夸大的说法，如中国古语所说："纣之不善，不如是之甚也。"

② 1968 年，弗罗洛夫的《遗传学和辩证法》刚出版即被宣布为禁书。20 年后作者做了增补，又以《哲学和遗传学史：探索和争论》书名再版，在前言"20 年后致读者"中，交代了此书出版的原委。

小说问世，写的是同一题材。在苏联社会急剧转型的时代，一个历史主题受到这样密切的关注，说明李森科事件蕴含着深刻的时代意义。正如费拉托夫所说："李森科现象的规模、其后果对学者的命运的影响，以及它君临我国生物学并间接地凌驾于我国整个科学所带来的巨大损害，都使人把它看成有社会意义的现象，而不是在我国历史上偶然发生的某种令人遗憾的误会。"[3]

一、"李森科主义"的兴起和发展

李森科现象虽然臭名昭著，但其历史内幕在很大程度上仍然隐晦不明。苏联解体后，大批内部档案解密，历史的真相已经大白于世。

历史地说，对西方遗传学的否定思潮一开始并不是由李森科鼓动起来的。西方学者若拉夫斯基认为，在 20 世纪 20 年代苏联马克思主义生物学家中，存在一个"摩尔根主义者学派"[4]。当时，苏联老一代遗传学家在经典遗传学的理论和实践方面正在向前推进，取得了许多成就：谢维尔佐夫（А. Н. Северцов）和施马尔豪森（И. И. Шмальгаузен）揭示了生物系统在结构-功能组织的不同层次上对应关系的重要意义，Н. И. 瓦维洛夫提出了"同源系"定律，等等。与此同时，虽然还有一些学者仍然坚持西方流行的生物哲学观点，但不少人也确实在自觉地学习唯物辩证法。遗传学家萨拉比雅诺夫、扎瓦多夫斯基（Б. М. Завадовский）、杜比宁（Н. П. Дубинин）等，都在《在马克思主义旗帜下》杂志上发表了研究遗传的辩证法问题的文章。著名植物学家科佐-波利扬斯基（Б. М. Козо-Полянский）还于 1925 年出版了《生物学中的辩证法》一书。正是在对遗传现象的哲学反思中，不同的哲学观点的交锋也拉开了战幕。最初的争论是在生物学内部进行的，起因是生物学家别尔格（Л. С. Берг）在其著作《正向发生，或合规律性的进化》中，坚持从新拉马克主义的立场出发，认为活力论的"初始合目的性"是合理的。科佐-波利扬斯基则根据达尔文主义反驳了这种观点。但是，随着哲学领域机械论和"辩证论"大论战的爆发，遗传学也很快被卷了进去。德波林派的生物学家阿果尔（И. И. Агол）、列文（М. Л. Левин）、列维特出任自然科学的行政领导，他们作为"辩证论"的干将从生物学角度批判机械论，而一批著名遗传学者如萨拉比雅诺夫、杜比宁等都支持他们的观点。这样一来，围绕遗传学的论争就开始带上了意识形态的色彩。

在同机械论的论战中，有关生物遗传和变异的争论主要是对拉马克主义的态度，并由此提出了遗传学研究中的整个方法论问题，核心恰恰是基因的变异性问题。杜比宁在《基因的本性和结构》一文中，明确表示反对“把整个进化都归结为永远不变的遗传实体的不同组合”，认为这实质上意味着“在最新术语的掩盖下回到林奈的观点”[5]。在唯物主义生物学家协会中，这一争论在发展中孕育了以后思想分歧的一个基本生长点。扎瓦多夫斯基提出了“发展力学”，试图把拉马克主义和摩尔根主义结合起来，杜比宁则坚决反对，认为：“在拉马克主义和摩尔根主义之间，任何综合都是不可能的，因为遗传学的基本观念是同拉马克主义格格不入的。”[6]这显示了两种思想导向：一种是坚持摩尔根主义，在进化问题上强调内部因素的决定作用；另一种是坚持拉马克主义，强调环境因素的决定作用。在这次论战中，德波林派占了上风，而德波林派的自然科学领导所持的摩尔根主义立场，似乎代表了遗传学中的马克思主义方向。但是，1930年底反德波林派的战斗打响，形势骤变，在清算自然科学战线的德波林派时，遗传学中的摩尔根主义就成了矛头所向。

当时，正值所谓“大转折”时期，列宁的新经济政策被放弃，斯大林开始推行全盘国有化、全盘集体化和高速工业化的中央集权体制，相应地也在意识形态领域对异己思想发动全面进攻。1929年12月9日斯大林在红色教授学院的秘密讲话中，就把自然科学战线列为“重灾区”。在这样的形势下，共产主义科学院唯物主义生物学家协会于1931年3月14—24日召开全会，这是遗传学领域的一次意识形态性质的会议，主题是反德波林派，会议提出的任务是“重新审查‘被神圣化了的’资产阶级生物学”和“对生物学进行布尔什维克的改造”。会议的主题发言人是托金（B. П. Токин），他强调指出：“生物学战线是最落后的战线。”他的发言预示了苏联20世纪30年代生物学领域斗争的两大主题。

第一个主题是针对苏联坚持西方遗传学研究方向的科学学派和学者。托金从五个方面对这一学派做了批判。由于这五条具有纲领性的意义，这里不妨摘要引述如下：①“完全非批判地采用魏斯曼（Weisman）关于种质连续性、种质对身体独立性和把身体视为性细胞的‘匣子’的学说”；②“把遗传性、遗传变异性视为基因或基因组发展的内在固有过程，减弱外部环境的作用”；③“实质上，这个遗传学派是主张基因原初性的观点”；④“把（西方）遗传学研究方法普适化”；⑤“最后，最重要的是，很多自称是马克思主义的人，把（西方）遗传学同马克思主义混为一谈”。[7]

第二个主题是要求遗传学为发展国家的农业经济服务，通过遗传学研究改善育种技术，使农业走出困境。托金在总结发言中说：“摆在我们协会面前的主要任务是什么？……现在我说，它首先是同一个巨大的人民委员会——农业人民委员会的事业有关。"这个事业是什么呢？托金解释说，它不是那些在"研究所或实验室里产生的个别的偶然的问题"，而是"同农业集体化"，同"现在在畜牧和植物栽培的实践中必须做出什么成就"有关的问题。[7] 而这一点又抓住了坚持西方遗传学方向的学派在当时的致命弱点。20 世纪 30 年代，孟德尔-摩尔根学派的遗传学还处在起步阶段，基因的染色体理论在很大程度上仍然是假说，只是 20 年后分子生物学的发展和 DNA 的发现，才使遗传学的产业价值充分展示出来。弗罗洛夫后来公正地评论说："遗传学——特别是由于瓦维洛夫、谢列布罗夫斯基等的工作——已经向实践迈出了强有力的一步。但是，他们还没有提供足够的和显而易见的成果来说明遗传学在当时的地位。因此，必须使遗传学成为育种学的基础这个明确制定的任务，主要是面向未来的，是预见在遗传学的实验和理论基础中将发生本质的变化，而实际上遗传学在 30 年代中叶正在迅猛地发展。"[8] 当然，无论是那时苏联的最高决策集团，还是意识形态的理论家们，都不可能有这样的远见。于是，急功近利的短视就必然在战略上引导科学事业和理论思潮走上歧途。

这时的李森科，刚刚离开阿塞拜疆的甘仁斯基农业站（有讽刺意味的是，和孟德尔一样，他在那里也种豌豆）①，迁往奥德萨，当然没有资格参加这样的会议。但是，在我们这些回溯历史的人看来，会议的议题和氛围令人觉得李森科已经呼之欲出了。费拉托夫在谈到这次会议时，正是这样说的："李森科的形象似乎已经高悬在生物学的头上。"[3] 的确，李森科是那一特殊时代的产物。费拉托夫深刻地指出："在某种意义上说，在 30 年代形成的各种意识形态的、社会的和科学技术的因素稀奇古怪地拼凑起来的舞台上，李森科是被选择出来的文化傀儡，而他则在策略上手段灵活地和无耻地运用了这些因素。"[3] 上文谈到，苏联生物学界的官方代表已经为适应大转折时代的社会需要，确立了两个主题；从个人的主观因素说，李森科的崛起确实是因为他的理论和实践完全投合了这两大主题。

李森科是以标榜身怀解决作物增产问题的科学诀窍敲开中央学术殿堂大门的，这个诀窍叫作"春化法"。这是一种农业上早已用过的育种法，就是在

---

① 一本吹捧李森科的传记作品说："修道士孟德尔用那些豌豆为自己的遗传不变性的形而上学'定律'寻找证明，而这些豌豆本身却引导甘仁斯基农业站年轻的布尔什维克专家李森科走上了迥然不同的研究道路，这一道路的终点是辩证唯物主义的伟大胜利。"（Александров Б А. Творцы передовой биологической науки. М: Изд-во Моск. о-ва испытателей природы，1949：149.）

种植前使种子湿润和冷冻，以加速种子生长，从而缩短谷物的生长期来躲避收获季节的低温或霜冻，达到增产的目的。20 世纪 30 年代初，在奥德萨的乌克兰育种和遗传研究所，李森科就建立了专门的春化法研究室，还出版了专门的杂志——《春化法通报》。李森科是以一个实干的农学家的身份登场的。1934 年，瓦维洛夫提名他出任乌克兰科学院院士，1935 年成为列宁农业科学院院士，从此飞黄腾达，成为苏联科学技术阵地上的一头真正的"野牛"。

开始时，李森科还只是在实践的层面上宣传自己的春化法，并未致力于建构独立的理论体系，以与西方经典遗传学分庭抗礼，直至取而代之。1935 年后，他终于为自己找到了合适的理论包装——米丘林生物学。据我们的研究，至少在 1935—1936 年，他还没有特别打出"米丘林主义"的旗号（当时米丘林尚在世），而是打着捍卫达尔文主义的旗号。他指责当代遗传学的缺点是，"似乎非生物学化了，脱离了对遗传'要素'的达尔文主义生物学的研究"。他认为遗传学家"对研究性状的发展规律不感兴趣，同时却妄图根据要素'出现'的抽象数学概率找出这些性状的存在—缺失定律①……这也表明，遗传科学反映了资产阶级科学发展道路的共有的无政府状态……勾画出一条曲折的历史发展道路，这条道路远离了由遗传学的对象客观决定的内在的辩证认识逻辑"[9]。1936 年 12 月 19—24 日苏联列宁农业科学院召开特别会议，重点讨论广有争议的农业经济社会主义改造和"春化法"问题。在发言中，李森科有意地把米丘林和达尔文以及美国的达尔文主义育种学家布尔班克（Burbank）拉在一起，与作为孟德尔-摩尔根主义者的约翰逊（Johannsen）、贝特森（Bateson）和洛齐（Lotsy）对立起来，并结论说："遗传科学的基本观念不是沿着达尔文进化论的方向前进的。"[10]

但是，在这次会上，李森科的观点虽然占了上风，却仍然不乏反对者。据格雷厄姆的统计，会议的 46 个发言中，支持李森科的是 19 人，反对的是 17 人，模棱两可的是 10 人。[11] 作为一位德高望重的严肃科学家，瓦维洛夫的发言很委婉，只是说，用 X 射线和其他因素人工获得植物突变，已经得到广泛的应用，"这种方法虽然在个别场合取得了有价值的形态，但并未从根本上提供可以期待的东西"[12]。实际上是含蓄地批评了李森科把春化法泛化的错误做法。谢

① "存在—缺失"是现代遗传学创始人之一英国学者贝特森 1905 年提出的假说，认为有机体新特征的产生是因为抑制因子的缺失。贝特森是俄罗斯（后来是苏联）科学院国外通讯院士。

列布罗夫斯基就没有那么客气了，他公开为孟德尔-摩尔根学派辩护，大声疾呼："在我国的农学和畜牧学中的拉马克主义学派，陈腐的、客观上反动的因而也是有害的学派正在重新抬头。在'为了真正的苏维埃遗传学''反对资产阶级遗传学''为了不歪曲达尔文'等似乎革命的口号下面，20世纪科学的伟大成就正在受到猛烈地攻击，有人正在企图拉我们向后倒退半个世纪。"[13]这位谢列布罗夫斯基就是因为主张"增加基因储备能用两年半实现五年计划"而受到点名批判的，五年后，他不改初衷，正气凛然，发言掷地有声，捍卫了苏联一代学人的荣誉。如果说谢列布罗夫斯基的话尖锐、深刻，那么杜比宁的发言则更有远见，他提出了苏联遗传学的未来命运问题："不要玩弄辞藻，必须直言不讳，如果——按李森科院士的说法——普列津特（И. И. Презент）所提出的那种理论和思想在遗传学领域取得胜利，那时现代遗传学就将完全毁灭。"当时座位上有人喊："太悲观了！"而杜比宁当即回答说："我想，这个问题之所以尖锐起来，是因为我们今天的争论涉及我们这门学科最根本的问题。"[14]历史证明，这是一位正直而思想深刻的科学家的真知灼见，他真是不幸而言中了。

对此李森科当然不会善罢甘休。三年后，李森科已经羽毛丰满，自认有实力彻底打垮对手。1939年10月7—14日，《在马克思主义旗帜下》编辑部召开遗传学和育种学讨论会，李森科认为时机已到，他迫不及待地脱掉达尔文主义的外衣，打出了米丘林遗传学的新旗号。他的发言中有一段话，堪称"李森科宣言"："孟德尔-摩尔根主义者称自己是'阶级的'（至于是哪个阶级则讳莫如深）遗传学的代表，近来竟至大搞思辨。他们声称，批判孟德尔主义就将摧毁遗传学。他们不想承认，真正的遗传学乃是米丘林学说……（他们）不得不违心地宣称，就是李森科、普列津特等褒扬米丘林学说，破坏了科学遗传学。要知道，我们米丘林主义者，并不反对遗传学，而是反对科学中的废话、谎言，是要摈弃孟德尔-摩尔根主义的僵化的形式的原理。我们所推崇的、为千千万万人的科学和实践所发展起来的苏联学派的遗传学，就是米丘林学说。这种遗传学做出的成绩越大（在科学上我无须谦虚，因此可以自豪地宣布，所得到的成绩非同小可），孟德尔-摩尔根主义就越难以掩盖在科学上的各种谬误。"[15]会上李森科一伙的声势大振，在53个发言者中，反对者只有23人，已不像上次会议那种势均力敌的态势了。总的看来，反对者始终处于守势，只是要求继续从事研究的权利。瓦维洛夫几乎是用一种恳求的口气说："《在马克思主义旗帜下》杂志的编委会的领导会理解我们，那些追求真理和献身于科学的学术工作者，是很难放弃我们的观点的。你们理解情况是多么严重，因为我们正在捍卫的是巨大的创造性工作、精确的实验、苏联和国外的实践所取得的成果……解决众多的争论问题本质上只能通过实验。必须为实验工作提供充分的可能性，哪怕这些实验是从对立的观点出发的。"[16] 瓦维洛夫还在向对手要求科学的中立性和公正的实验评价，这样的善良愿望与李森科派的心中所想，真是南辕北辙。试比较一下李森科咄咄逼人的说法："这次会议从我这里听到的将主要是，我为什么不承认孟德尔主义，我为什么不认为孟德尔-摩尔根主义的形式遗传学是科学。"[16] 可以发现，像瓦维洛夫这样的真诚的学者，实在是太天真了，这也许是因为科学智慧终究并不等于政治智慧罢！①

当然，即使在那样的政治高压之下，仍然有许多学者始终坚持真理，捍卫了科学的尊严。第二次世界大战以后，学者们强烈要求学术自由，对意识形态主宰科学研究的状况进行挑战，而突破口正是李森科主义。生物学家施马尔豪森在 1947 年《哲学问题》第 2 期上发表《现代生物学的整体概念》一文，明确批判了李森科的错误理论，引起了普遍的共鸣。甚至在高层领导中，也有人公开抨击李森科。1948 年 4 月 10 日，苏共中央宣传部科学处处长日丹诺夫（Ю. А. Жданов）（此人系苏共中央书记 А. А. 日丹诺夫之子）公开作报告，指控李森科垄断生物学界，认为他否定摩尔根主义是错误的。但是，当时面对战后已拉开序幕的冷战形势，斯大林正在策划反世界主义的思想运动，以强化对西方的意识形态斗争。李森科利用这一时机，直接求助于斯大林，得到了最高领袖的全力支持。1948 年 8 月 7 日开幕的"全苏列宁农业科学院会议"，通过了决议，再一次肯定了生物学中存在着"进步的、唯物主义的米丘林路线"和"反动的、唯心主义的魏斯曼（孟德尔-摩尔根）路线"。而在会议闭幕的前一天，《真理报》刊登了 Ю. 日丹诺夫的检讨。经过斯大林亲自审校的会议决议宣布，会议"揭发和粉碎"了"孟德尔-摩尔根主义的理论立场"[17]，于是，李森科的"事业"达到了顶峰。

① 马克思说："服务于某个特定目的、某种特定事物的智力同支配一切事物和只为自己服务的智力是有根本区别的。"（马克思. 评奥格斯堡《总汇报》第 335 号和第 336 号论普鲁士等级委员会的文章//马克思，恩格斯. 马克思恩格斯全集. 第 1 卷. 中共中央马克思恩格斯列宁斯大林著作编译局译. 北京：人民出版社，1995：339. ）

二、李森科现象孳生的土壤

李森科主义无疑是科学史上的一个怪胎，它是20世纪30—50年代苏联社会特殊背景的产物。我们应当从科学的内部史（internal history）和外部史（external history）两个层面上去考察孳生李森科现象的历史语境。

从内部史的角度说，李森科利用了米丘林的工作。

米丘林是育种专家，致力于远缘杂交的研究，把南方的果树移植到北方，培育了300多种果树品种。米丘林毕竟是一个科学家（且不说他的成就如何），即使对孟德尔遗传学，他也采取了比较科学的态度，他说："任何科学结论以及从中得出的最后结语，例如，孟德尔定律，仅在没有发现其中有不可调和的矛盾时才是有用的"，而他举出孟德尔的山柳菊实验和自己的实验说明存在这样的矛盾，但又指出这也可能"算作例外"。[18] 当然，在后来的情势下，他的著作、讲话、致辞也有明显的倾向性，这是可以理解的。米丘林是一个实验生物学家，没有直接参与李森科主义的理论和实践活动，从总体上说，还是坚持了科学规范的。而植根于苏联社会特殊背景的米丘林学说，确实为李森科的学术和政治投机提供了可资利用的思想前提。历史表明，李森科用米丘林理论作为"李森科主义"思想体系的支撑点，是十分聪明的选择，这使他达到了一箭双雕的目的。

在理论上，米丘林发展了远缘杂交的方法，力图使遗传学专注于解决遗传性的定向变异问题，而且试图通过认识有机体与环境相互作用的规律，控制这一过程。他认为遗传环境和选择具有决定性的意义，而对有机体遗传基础的离散性和孟德尔所建立的遗传分化的量化定律持否定态度。这与西方经典遗传学着眼于有机体内遗传物质的研究确有不同。而这就给李森科提供了一个基本理论出发点。1935年李森科与合作者普列津特①发表的第一篇论文就是《育种和植物阶段发育理论》，不久又推出《春化法理论基础》等著作。通过"理论"建

① 普列津特是列宁格勒大学法律专业的毕业生，此人是李森科的长期合作者，被称作李森科在哲学上的"激励者"。费拉托夫说："李森科主义的一个最重要的方面是他的拥护者在刊物和讨论中使用的特殊话语形式。这种极端意识形态化的话语，是从特定的模式、引用的口号和引语等中汇集起来的，它们已经失去了原始意义，而很容易转化为标签，可以根据形势用来指称任何现象。在同学术对手的争论中，这种话语类型很容易把问题转移到'意识形态和政治的平面'上去。"[3] 普列津特就是使用这种话语的"大师"。格雷厄姆甚至推测说："完全有可能，有一次普列津特告知李森科他的观点中所包含的意识形态可能性，而后李森科本人才像普列津特一样积极地去制定这个体系。"[19]

构，他把春化法泛化，举凡对植物、种子和块茎在种植前所做的一切，都被称作春化。李森科从这里演绎出的“重大”理论结论是：生活条件改变引起遗传性的改变。[20]苏联植物学家亨克尔（П. А. Генкель）等曾这样阐述李森科的遗传理论：“李森科强调指出外界条件在发育中的作用，他认为外界条件具有决定性的意义。”阿瓦基扬（А. А. Авакян）用下列的话来叙述外界条件和历史过程在有机体发育中所起的作用：“应当在有机体与其生活条件（在现存的条件以及从前起着作用的而有机体曾经需要的条件）的相互影响中，找出任何特性和性状的发育和存在的原因。”[21]

经过这样的论证，李森科锻造了自己与西方经典遗传学作战的武器。

在实践上，米丘林的工作带有一种“民间科学”的色彩。当时，在苏联遗传学的研究中，明显地存在着三种导向：一是通过精确的和量化的实验并借助理性分析的现代主流方向；二是描述性的以经验分类的综合研究为基础的前达尔文主义方向；三是依赖世代积累的动植物育种技艺而进行的实验操作方向。米丘林的工作基本上属于第三个方向。他在田野中从事与农业生产直接相关的实验操作，以不断培育出的大量新果树品种展示出丰硕的实际成果；而那些主流遗传学者，在实验室中长期埋首于几乎看不到任何效益的研究，两者之间的确形成了鲜明的对比。要知道，当时的苏联，无论是党和政府，还是社会舆论，都对生物学和农学期望甚殷，因为20世纪30年代苏联的农业一直处于危困之中。按照斯大林模式实施的“一五”计划（1928—1932年）和“二五”计划（1933—1937年），推行片面的工业化战略，使农业投资不断下降，“二五”期间就比“一五”下降10个百分点；强制性的全盘集体化，导致粮食收购困难，农民大量屠杀牲畜，造成畜力不足；扩大工农业产品价格的剪刀差，使农民为工业化负担高额“贡税”。“一五”期间从农民手中得到的资金占年均工业化资金的33.4%。①斯大林本来指望全盘集体化能一劳永逸地解决农业问题，他乐观地说：“再过两三年，我国就会成为世界上粮食最多的国家之一，甚至是世界上粮食最多的国家。”[22]可是事与愿违，原定“一五”计划食品增长1倍，而实际产量1930年为83 540万公担，1932年减少到69 870万公担，下降到历史最低水平。特别是1932年以后的几年，情况更为严重，许多州出现饥荒，牲畜大批死亡。1932年牛的头数仅为1928年的57.6%，羊为34.8%，猪为51.0%。到第二个五年计划开始时牲畜的数量减少了近半。不仅牲畜大量死亡，1932—

① 数据引自陆南泉，姜长斌，徐葵，等. 苏联兴亡史论. 北京：人民出版社，2002：408.

1933年农民饿死的竟达800万人。①大量农民流入城市、粮食收购危机、物资匮乏、价格飞涨、基本食品和日用品全面实行配给制。在这样的情况下，直接为解决当前农业问题服务的学术研究，当然会受到特别的鼓励。如费拉托夫所说："那时在农业中弥漫的气氛是'突击运动'，要求在田野和农场成倍地增加收获和（创造）其他奇迹。"[3]党的要求是按社会主义的计划大规模地改造自然，米丘林式的研究道路是与这一语境完全吻合的。米丘林的名言是："我们不能等待自然的恩赐，而是要向自然去索取"，苏联党和政府在他生前就授予他"伟大的自然改造者"的称号，这不是偶然的。米丁对此做过"深刻的"说明："如何对待米丘林，对待米丘林的遗产，对待、发展他的工作方法，有着极为重要的意义。米丘林是生物科学中非常重大、非常深刻的现象。米丘林为生物学开辟了新的道路。我们党称他为伟大的自然改造者。你们知道，我们党对科学做出高度的评价，党在评价科学代表人物的作用和事业方面是十分严格的。如果布尔什维克党称米丘林为伟大的自然改造者，那么，这就是有极其深刻含义的。"[23]李森科敏感地迎合现实的需要，利用米丘林园艺学的这一特点，利用基础研究和应用研究的不同性质进行投机。他斥责理论生物学家们面对饥荒无动于衷，躲在实验室中埋首研究果蝇。这样，那些理论生物学家的动机就变得可疑了，他们似乎故意捣乱，有意削弱苏联农业，阻挠五年计划的实施。1935年，在莫斯科举行了一次集体农庄庄员会议，斯大林在主席台上就座。李森科在讲话中含沙射影地攻击学术对手说："同志们，你们知道，破坏分子和富农不只是在你们的集体农庄才有……在科学中他们也是这样危险，这样顽固……不管他是在学术界，还是不在学术界，一个阶级敌人总是一个阶级敌人……"斯大林高兴地插话说："好啊，李森科同志，好啊！"[24]反过来，李森科又吹嘘自己的春化法是使苏联农业摆脱困境、实现大幅度增产的灵丹妙药。1935年，《消息报》报道春化法使谷物增产1000万普特。[25]两年后，李森科宣布已经把名为"女合作社员"的冬小麦转化为春小麦，免去越冬时间，使小麦缩短了生长期。如此等等，李森科就成了献身社会主义事业的民族英雄。1935年，瓦维洛夫被免去列宁农业科学院院长的职务，由穆拉洛夫（А. И. Муралов）接替，他试图调和两个对立的遗传学派，于1937年被解职；继任者迈斯特（Г. К. Мейстер）刚刚上台就被赶下去；1938年李森科终于登上全苏列宁农业科学院院长的

① 数据见：苏联科学院经济研究所. 苏联社会主义经济史. 第3卷. 北京：生活·读书·新知三联书店，1982：522. 列利丘克 B C. 苏联的工业化：历史、经验、问题. 闻一译. 北京：商务印书馆，2004：204. 罗·梅德韦杰夫. 斯大林和斯大林主义. 北京：中国社会科学出版社，1989：117-118.

宝座。

从外部史角度说，虽然科学知识的内容是客观世界的反映，是价值中立的，但是，作为一种社会结构和社会建制，它的存在和它的成果都与社会各个阶级、阶层和集团有着密切的利害关系，因此每当社会各种力量发生重大利益冲突时，科学，它的研究目标、指导思想、研究方法，甚至科学的结论，都会成为社会斗争的焦点。列宁说得好："有一句著名的格言说：几何公理要是触犯了人们的利益，那也一定会遭到反驳的。"[26]不幸的是，20 世纪 30 年代的苏联自然科学恰好遭遇了社会主义历史上最严酷的政治形势。由于经济形势的恶化，对斯大林模式的怀疑和反对的情绪重新抬头，斯大林也不得不适当调整过左的政策，经济上对"二五"计划做了修改，增加了消费品的生产，取消了食品配给制；政治上，对反对派也宽松多了，布哈林等反对派还得到重新任命。有人甚至称党的十七次代表大会召开的 1934 年 1—2 月为"苏联之春"。当时，党内外一些力量试图改变斯大林的路线，要求进行改革。斯大林的旧相识、联共（布）中央候补委员柳京（М. Н. Лютин）等几名追随布哈林的党内反对派，秘密起草并散发了一份长达二百页的《致联共（布）全体党员》的宣言，根据布哈林的观点猛烈地抨击斯大林模式。围绕如何处置柳京事件，党内一批掌握实权的高层干部抵制了斯大林，采取了温和的立场。1934 年 12 月 1 日，深孚众望并有改革倾向的政治局委员基洛夫（С. М. Килов）被暗杀，这似乎使斯大林的论点——社会主义越是取得胜利，阶级斗争就越是尖锐——有了强有力的现实论据。由此发轫，斯大林发动了大规模的清洗和镇压活动，首当其冲的就是以布哈林为代表的党内反对派。虽然那时布哈林已经离开了政治中心，但由于他始终不渝地维护列宁的新经济政策而深得人心，主流派抱怨说："布哈林主义的理论还活着。在理论战线上，布哈林主义的新芽和表现形式忽而在这里，忽而在那里显露出来"[27]。所以，斯大林强调："右派反对派是最危险的——要更猛烈地向右派开火！"[28]社会主义的民主和法制从根本上被动摇。应斯大林的要求，苏联刑法增加了"即决审判"的条款，规定凡侦查恐怖案件不得超过十天；起诉书于开庭前一天送交被告；一经判决，被告无权上诉，死刑立即执行。一场人类历史上罕见的大恐怖开始了。从 1934 年到 1939 年，党员人数减少了 27 万人，联共（布）十七大 1796 名代表有 1108 人遭清洗，比例高达 62%。据一项后来公布的数据，1936 年在苏联因迫害死亡的人数是 1118 人，而 1937 年就猛增到 353 074 人，一年内增大了 315 倍。[29]

处在这样背景下的自然科学家，不可能不对自己的政治态度做出选择，特别是在涉及与自身的科学活动密切相关的问题上，更无法绝对置身事外。在当时的历史条件下，一个稍有科学良知的学者，必然同情反对派的政治主张，尤其是他们对科技进步事业所持的立场。布哈林毕生倡导学术自由，坚持科学的灵魂是事实，反对把任何人的主观意志凌驾于科学事实之上。他曾以苏联科学院院士、最高经济委员会工业研究部主任和认识史研究院学术委员会主席的身份，率团参加了 1931 年 6 月 29 日到 7 月 3 日在伦敦举行的第二届国际科学技术史大会，并做了题为《从辩证唯物主义观点看理论和实践》的发言。他有感而发，在论述自然科学的作用和性质时说："社会的人生活和工作在生物圈中，彻底重塑了这个星球。物理学的视野使工业或农业的一些部门的地位发生了前所未有的改变，一种人工的物质介质充盈于空间之中，我们正面对着技术和自然科学的巨大成功。随着精确的测量仪器和新的研究方法的进步，认识的范围极大地扩展了：我们已经称量了这个行星，研究了它的化学组成，拍摄了不可见的射线等。我们预言世界的客观变化，而且我们正在改变世界。但是，没有真实的知识，这一切都是不可能的。"[30] 本着这样的精神，在政治上失势以后，他把主要精力放在支持科学技术进步的工作上，为维护学者从事自由研究的权利奔走呼号。科恩（Cohen）所写的布哈林英文传记题名为《布哈林和布尔什维克革命：政治传记（1888—1938）》，该书的第六章"布哈林主义和社会主义之路"，论述了布哈林所设想的社会主义模式，其中重要的一环就是发展科学技术事业，在政治上受到排挤之后，他更是把主要精力放在这一主题上："布哈林写得最多的主题是科学及其在苏联的发展。三十年代初期，作为工业研究的一个领导人，他大大增加了科学研究机构和研究设备的数量，并撰写了大量有关这方面的内容的文章。"[31] 仅从 1929 年 2 月到 1933 年 8 月这段时间里，布哈林就发表了 8 篇有关科技政策的文章。他呼吁在科研工作中实行分权自治原则，杜绝"官僚主义的歪曲现象"，他还特别提醒警惕"机器拜物教和技术至上"的危险[32]——所有这些显然都是直接针对斯大林模式的弊端提出的。他直接关注遗传学领域的争论，还发表了一部专著《马克思主义和达尔文主义》，公开支持瓦维洛夫，主张公正评价孟德尔-摩尔根主义。这一切都使布哈林成为持异见的科学家的代言人。

但是，这样一来，这些科学家也就和党内的反对派拴在一条线上，成为这场浩劫的牺牲品，而首当其冲的就是那些摩尔根主义的遗传学家们。前文已经说过，李森科在 1935 年就把这些遗传学家说成是和富农一样的阶级敌人。1937

年，普列津特则进一步给这些学者定性为“托洛茨基匪徒遗传学家”，从而把科学领域的斗争与党内的政治斗争直接挂上钩，为科学领域的大清洗提供根据。欲加之罪，何患无辞。媒体的调门愈来愈高，摩尔根主义的科学家被讥为“基因骑士”，说：“人民公敌布哈林同这些骑士们一起战斗。”面对即将到来的灾难，瓦维洛夫曾挺身而出，进行反抗，他直接上书农业部和党中央，为科学申辩。但得到的回答是：“我们正式谴责孟德尔主义和形式遗传学所造成的倾向，绝不给这种潮流以任何支持。”[33] 1940 年 8 月瓦维洛夫以“布哈林阴谋集团成员”的罪名被捕并判死刑，两年后改为 20 年徒刑，终因不堪折磨，瘐死狱中。与此同时，先后接替瓦维洛夫出任列宁农业科学院院长的穆拉洛夫和迈斯特，相继被捕处死。瓦维洛夫的一些已成为教授的学生全部被捕，幸存者仅一人。德波林派的遗传学家阿果尔、医学遗传学权威列维特双双罹难。牵连所及，整个生物学界全部在劫难逃。最典型的是微生物学科，受害面之广，令人触目惊心。被逮捕的著名微生物学家有兹德罗夫斯基（Здровский）、巴雷金（В. А. Барыкин）、克里切夫斯基（И. Р. Кричевский）、季利别尔（Л. А. Зильбер）、舍波尔达耶娃（А. Д. Шебордаева）等，许多人死于监禁之中。德高望重的微生物学家纳德松（Г. А. Надсон）被捕时已 73 岁高龄，也没有被放过，死于北方的集中营。其他知名生物学家如兹纳缅斯基（А. В. Знаменский）、特罗依茨基（Н. Н. Троицкий）也都含冤而死。

В. А. 亚历山大洛夫在半个世纪以后，对当时苏联生物学特别悲惨的境遇做了因果分析，他认为：“在自然科学中生物学这么倒霉，是有其原因的。生物学比其他自然科学更接近于建立在党性原则基础上的人文科学，而农学和畜牧学又与它相邻。上级期待这两门学科拯救我们被破坏了的农业经济，它已病入膏肓，以致相信无论什么巫医偏方，都能妙手回春，而在生物学领域冒充专家要比数学、天文学或物理学容易得多。”[34] 这个说法是有一些道理的。当然，在当时的形势下，哪一门学科的日子都不好过，而生物学所受到的打击却是毁灭性的。据索费尔（V. Soyfer）的统计，当时苏联受到冲击的生物学家竟达 3000 多人。①苏联生物学元气大伤，直至今日俄罗斯分子生物学的发展还在为这段历史付出代价。

---

① 索费尔，俄裔美国人，遗传学家、生物物理学家，在专业著作之外，撰写过许多苏联遗传学史论著。关于苏联生物学家遭受迫害的情况，参见他的专著《李森科和苏联科学的悲剧》(*Lysenko and the Tragedy of Soviet Science*)

三、值得记取的教训

在李森科事件中，苏联的一些哲学家扮演了不光彩的角色，一些人被永远钉在了历史的耻辱柱上。米丁、П. Ф. 尤金、科尔曼（Кольман）等一批哲学界的“斯大林学者”，始终无视真理，挥舞意识形态大棒，为李森科造势，起到了十分恶劣的作用。其中，科尔曼在1939年遗传学讨论会上的发言最具代表性，他认为这次会议不应和稀泥，为此他提出了会议成功的三条标准，由于它在一定程度上反映了官方对这场论战的态度，值得向读者转述。①隶属于形式的经典遗传学的同志们要从辩证唯物主义的立场对自己的错误观点做严肃、深刻的批判，不是在词句上，而是在事实上；不是在形式上，而是在本质上。②这些同志要倾听作为先进科学真正革新者的米丘林和李森科所提供的所有新东西。③李森科同志及其拥护者要对现有的缺点开展自我批评，以便对他们将会取得的重大成就做出进一步深刻而广泛的论证。[35]

研究一下这些哲学家在此次会议上的表现是很有教益的。他们在遗传学领域是地道的门外汉，但说起话来，却似乎掌握着真理宝库的万能钥匙，指手画脚，俨然是佩戴尚方宝剑的钦差大臣。如费拉托夫所说：“‘新体制的学者’在社会人文科学和哲学领域对‘科学战线’进行领导。他们通过对同行进行的政治诽谤和意识形态的教条为自己铺平道路，既不熟悉本学科的历史，也不熟悉国外的文献，而是通过注释党的方针和斯大林的讲话来从事科学工作。”[3]这是在缺乏社会主义民主的文化专制主义体制下，在科学技术哲学领域孳生出的学术怪胎，也是一面历史的镜子。虽然哲学属于上层建筑，与一个时代的文化背景有着密切的联系，但是哲学的研究是真理的事业，作为时代精神的精华，哲学必须尊重自然科学所揭示的客观真理，而不能屈从于任何霸权话语。作为从事自然科学哲学研究的学者，在面对被神化的政治威权向真理挑战的时候，必须挺身而出，保卫科学，决不能让科学蒙羞。

在20世纪前半叶，苏联自然科学领域的争论的学术性越来越淡化。一些固守科学精神的学者，由于缺乏政治经验，天真地从科学是非和哲学理念角度参加论战和进行“不合时宜”的创新独白（本书正文已对这些成果做了专门的讨论），而那些意识形态的打手们却从来不在这方面纠缠。我们发现，在那些冗长的、充满政治术语的论战文本中，没有多少东西是有思想闪光的。许多研究者都指出，苏联20世纪20年代时，有一大批科学家和哲学家真诚地学习马克思主义，独立地得到一大批成果，虽然有许多失误，但却生动活泼，充满创造性。但是，到了20世纪30年代后，这样的黄金时代结束了。历史证明，科学与民主是不可分的，民主是科学（也是哲学）存在和发展的前提。无论什么时代，科学都必须立足于不依任何个人和社会集团的意志为转移的客观实在。尊重实在，这永远是科学的灵魂。因此，必须创造一种彻底维护科学独立性的社会体制，否则科学事业就会被扼杀。这始终是一个必须不断提醒人们注意和警觉的问题。当今后现代科学哲学的社会建构主义主张可以随意用任何社会文化诠释科学的成果，这其实是在为历史上反复出现过的、左右科学事业的政治霸权话语招魂。重温20世纪苏联时期科学和哲学的历史，足以使我们清醒地认识到自己的责任——保卫民主、保卫科学。

第二节 切尔诺贝利核灾难①

苏联是世界上和平利用核能最早（或最早之一）的国家。早在1954年苏联就建起了核电站——莫斯科附近的奥勃宁斯克核电站。该电站最初只是作为开发利用核能的实验基地，功率只有5千千瓦，但他的成功给苏联发展核动力工业提供了宝贵经验。苏联核反应堆的发展史大致经历了三代：第一代是1964年建成的别洛雅斯克核电站，功率10万千瓦；第二代是1974年建成的列宁格勒核电站，功率100万千瓦；第三代是1984年建成的伊格纳林斯克核电站，功率

---

① 2012年3月26日，在首尔举行第二届核安全峰会，各国政要关注的焦点当然还是核武问题，但核能安全问题也是议题之一。日本福岛核电站事故创伤还在流血，看那些受害的普通民众，他们剩下的只有一种感情，那就是无奈。这使我想起1986年4月25日苏联切尔诺贝利核事故。1988年我来到乌克兰哈尔科夫做访问学者，虽然哈尔科夫位于乌克兰东部地区，但毕竟是在乌克兰，而且事情刚刚过去不久，我的乌克兰同行和相识的乌克兰朋友们仍然是心有余悸，谈“核”色变。那时我曾把在报章上读到的和电视上看到的一些有关该事件的报道做了一些记录，后来又看到苏联官方出版的《问题和回答：切尔诺贝利，事件和教训》一书。1989年，我承担一项国家社会科学基金课题——“苏联科学技术政策的历史发展”，觉得这一事件是一个典型案例，于是将手边的资料整理成一篇文字。由于行文时的技术考虑，课题结题时并未将此文收入，草稿一压就是20年。不久前见到友人肖显静的大作《核电决策中的科技专家：技治主义还是诚实代理人》，深有所感。自勃列日涅夫-柯西金体制以来，苏联力行技治主义，我在拙著《跋涉的理性》中，曾借用英国学者哈钦森（Hutchinson）的说法，称之为Soviet Technocracy，苏维埃技治主义，其公式是polities-cum-technology：政治+技术。切尔诺贝利核事故的深层体制原因恐怕即在于此，但那时的苏联官方对此讳莫如深，大约他们也没有这样的自觉。适逢其会，想起这篇东西，从箱底翻出，略加润色，公诸同好。今天我们仍然面对的这样的危险，即扩大的苏维埃技治主义：polities/market-cum-technology——政治/市场+技术。1989年4月，乌克兰哈尔科夫一片葱绿，有一种树，不知何名，我在国内没有见过，远处看去，树叶像一瓣瓣的玉兰花。特别喜欢我居住的小区不远处的天然矿泉，我和当地人一道去那里汲取矿泉水。泉边的标语牌上写着 Натурная минерарная вода благо——природы，天然矿泉——大自然的恩赐。一位邻居叹息着对我说：“在切尔诺贝利这一切都毁灭了！”我们欠大自然的债，必须偿还；拖欠越久，负担越重，最终结果就是文明的灭亡。

150 万千瓦，是当时世界上单功率最大的反应堆。1986 年切尔诺贝利核事故前，苏联正在研制第四代反应堆，计划使单堆功率提高到 240 万千瓦。与此同时，还从国外引进了一座快中子反应堆。据 1989 年统计，苏联共有核电站反应堆 46 座，总功率 3640 万千瓦。1986 年苏联核电站的总发电量达 2157 亿千瓦时，占世界总量的 15.3%，居世界第三位。

苏联核电站的技术设备基本上是国产的，由专门的生产厂家为核电站生产配套设备、仪器仪表和各种机械零部件。这些工厂中最知名的是“原子能机械厂”“红色锅炉厂”“伊若尔斯基工厂”等，其中“原子能机械厂”的技术水平很高，是苏联最先进的企业之一。

切尔诺贝利，俄语为 Чернобыль，英语译成 Chernobyl。切尔诺贝利核电站位于乌克兰和白俄罗斯交界处的波列斯克区，在德涅泊河支流普里皮亚特河畔，距基辅北 180 公里，距今日白俄罗斯边界 30 公里，电站及其周边占地 18 平方公里。该核电站始建于 1970 年 1 月，共有 6 座百万千瓦的石墨沸水堆，6 个配套机组。1977 年 9 月 26 日第一涡轮组并网运行，开始向国家电网供电。1978 年 12 月 21 日，核电站发电量首次达到 10 亿千瓦时。1978 年 12 月 21 日，二号机组投入运行，1979 年 4 月 22 日发电量达到 100 亿千瓦时。1981 年 12 月 3 日，三号机组投入运行。1983 年 12 月 31 日，四号机组开始发电，使该站总发电量达到 1000 亿千瓦时。1986 年 1 月 1 日，四套机组总功率达到 400 万千瓦，完全实现了设计目标。事故发生前，五号和六号机组尚在建设中。出事是四号机组，实际上是四号反应堆。切尔诺贝利核电站的核反应堆按功用类型属于动力堆；按引发裂变的中子速度属于热中子动力堆，是由军用转型而来的；按结构属于压力管式。一般称此类反应堆为石墨沸水堆，准确地说，该站所使用的反应堆是压力管式石墨慢沸水堆（РБМК 型）。反应堆安全防护全部是无人操作的自动化程控系统，密封舱上各种仪表记录安全工作时的数据，并由电脑实施监测和检验，一旦出现差错立即发出警报。

切尔诺贝利核电站职工总数为 4000 余人，后来形成了一个新兴的市镇——普里皮亚季。家属区也是 1970 年同时修建的，该电站和苏联所有企业一样，实行每周五天、每天八小时的工作制。1986 年 4 月 25—26 日夜间事故发生时，四套机组的值班人员和其他各车间的工人总数为 176 人，现场附近还有正在第五、六机组工地施工的建筑工人和安装工人 268 人。

事故发生后，经专家的调查分析，曾整理出一份详细的材料。对切尔诺贝利核事故的各种报道和研究资料虽连篇累牍，而这份苏联官方所做的报告，由于行政干预难免含有各种问题，但无论如何它终归是原始文献，具有无可取代的价值。这份报告记述了事故的发展过程、状况和直接起因，并对事故进行了分析和总结。后来，苏联政府将这份报告作为正式文件呈送给国际原子能机构。现将主要部分摘译（为了减少读者阅读的困难，笔者对文字略有润饰）如下。

1986 年 4 月 25 日

1：00 一名防护维修工发现石墨反应堆的一个测试表上标明的参数开始下降。

1：05 四号机组的第七发电机在热功率 1600 兆瓦条件下一度短路，由此引发的特殊供电需求和总循环泵的其他供电需求转移到第八发电机上。

14：00 运行中的反应堆配套应急冷却系统曾一度中断工作。在没有冷却系统配合工作的情况下，反应堆本应立即停止运转，但基辅总部的调度员却没有下令关机，致使系统在极端危险的情况下继续工作。

23：10 决定停止反应堆的工作。反应堆开始降温，功率实际已降至 1000—700 兆瓦，但未停止运转。操作员虽未改变操作，反应堆仪表显示的功率却几乎为零，按理反应堆本应熄火，操作员没有意识到情况反常，结果热功率又开始上升。

1986 年 4 月 26 日

1：00 操作员又按仪表开始提高反应堆热功率至 200 兆瓦，其实实际热功率仍达 1000—700 兆瓦，结果反应堆反而加速运转起来。

1：03—1：07 为了强化冷却系统的可靠性，保证反应堆运行安全，在 6 个正在工作的循环泵之外，又拟增加 2 个循环泵，试验准备就绪。

1：20 程控模式数据显示，自动调节棒的工作不正常，操作员手控制动试图进行校正，欲使热功率控制在仪表显示的 200 兆瓦水平上。按安全运行规则，反应堆若没有足够快中子储备量是严格禁止这样进行操作的，操作员显然违反了操作规程。

1：22：30 由于连续几次间断性地进行了这样的操作，仪器控制棒显示从 6 提升到 8，跳过两格表明已完全越过规定的极限值，操作员意识到出现问题试图关机。

1：23：04 操作员关闭了 4 号机组的第八发电机调节制动阀，致使蒸汽聚集，运行异常，应当立即关闭发电机，而反应堆的自动防护器会随之关闭。但操作员却在关闭发电机的同时关闭了自动防护器，试图在一次制动失败后再重复进行制动操作。操作员连续违规操作，使反应堆处于绝热消耗状态，导致热蒸汽的聚集，使反应堆热功率的实际水平远远高出仪表的读数。热蒸汽的聚集使反应堆处于危险状态，功率的摇摆变化使反应堆的温度持续升高。

1：23：40 4号机组动力舱值班长意识到危险性，命令一级工程师按下反应堆高效紧急防护器的控制键。仪表上控制棒的指标读数显示下降，但几秒钟后却发出了撞击声，操作员发现中子吸收器已停止工作。于是操作员关掉助传动装置的离合器，试图使控制棒指数降到规定标准，但操作无效，大多数控制棒指标读数仍显示处于超标位置。

专家事后分析表明，当时按下紧急防护器的控制键后，反应堆上部出现了中子流扩散，仪表的控制棒的数据显示已经失灵，所标出的读数仍为正常。

爆炸终于发生了。

爆炸后燃起大火，整个核电站被震动了，人们开始投入扑救这场特殊火灾的战斗中，集中全力防止火势蔓延，力求避免引发更大的灾难。

下面是关于爆炸后事态延续发展的报告。

1：28 爆炸后4分多钟，切尔诺贝利核电站消防警卫二分队值班人员在普拉维克（В. П. Правик）中尉的带领下，一行14人迅即赶到现场，这位年轻的指挥员对险情做出了及时正确的判断，果断率领队员首先扑救机械厅顶部的大火，一边切断火头，阻止火势向其他机组蔓延。

1：35 普里皮亚季市消防警卫分队在值班班长基宾科夫（В. Н. Кибинков）中尉的率领下一行10人火速赶到事故现场，负责搜索、探查反应堆各舱内的设施和所有防护管道的火情，组织人员扑救各处的火灾，用水冲洗和冷却反应堆。这个决策是十分正确的。当时反应堆的一个分舱的舱顶火势异常凶猛，所有力量很快向那里集中。该处地势甚高，离地面27—71.5米，必须使用专门的消防云梯，赶到火场的所有救火车一起喷水灭火。与此同时又组织了一队人马去扑救4号机组动力舱内的火源，核电站的大部分工作人员都聚集在这里灭火。

1：40 切尔诺贝利核电站正在休假的消防二队队长杰良特尼科夫（К. П. Телятников）闻讯赶来救火现场，并立即出任现场总指挥。他首先视察了火情，然后把人员分成两队。此时最关键的任务是防止机房的火势蔓延到3号机组的动力舱，其次则是迅速扑灭4号机组反应堆顶部的大火。当时现场的所有消防队员的处境极端险恶，身处高空，周围一片火海，硝烟弥漫，烈火炙烤，毒气熏呛，更可怕的是致命的高辐射。

2：30 到达合适位置，开始扑灭反应堆顶部的大火。4号机组主循环泵舱内的火情仍在发展，情况十分紧急。

3：22 乌克兰基辅地区执委会消防总队梅里尼科夫（В. П. Мельников）少校率领消防队员赶来增援。此时先前在火场的消防队员都已遭受过量辐射、毒气伤害和烈火灼伤，被陆续送往医院抢救。梅里尼科夫接任现场总指挥。

4：00 基辅地区抽调各路专业消防人员组成 15 队人马，紧急驰援，集中力量奋力灭火，冷却反应堆毁坏的基架。

4：15 乌克兰消防总局图林（В. М. Турин）上校率队赶赴现场，接任总指挥。此时被毁反应堆的上空已经辐射弥漫，靠近出事地点的人都已接受了过量辐射，许多人开始恶心呕吐，方圆 5 公里的地区已成为高危地带。

5：50 火势基本上得到了控制。

6：35 大火已被彻底扑灭。

整个救火行动历时五个多小时，参加救火的消防队员共 69 人，技术人员 19 人。事故发生时，当场死亡 2 人，他们是自动装置系统调控员和核电站操作员。事故发生后因接受过量辐射、烧伤和中毒死亡的有 6 人。1986 年 4 月 26 日晨 6 时共 106 人被送往医院救治。据 1988 年 1 月 1 日公布的统计数据，切尔诺贝利核事故罹难人员总数为 30 人。当时有的西方媒体报道的死亡人数是 31 人，苏联官方纠正说明，多出来的那个人死于心肌梗死，与核事故没有直接关系。

官方报告承认，这次核灾难的确是工作人员操作失误造成的。直接原因是反应堆上部的蒸汽包或锆合金压力管破裂，其中的高温高压水蒸气和锆合金及温度高达 700℃ 的石墨发生了剧烈的化学反应，生成大量一氧化碳、氢等气体，引发了大爆炸，将反应堆顶部炸毁，使石墨与空气接触燃烧而造成大火。专家根据测定结果认为，事故并非链式反应失控引起，没有发生核燃料分裂的连锁反应。事故后对大气所做的取样分析也表明，当时空气中并没有发现钚 ^{239}，这进一步证明了上述推测。国外专家分析认为，根据所掌握的资料，苏联此类核电站没有蒸汽双冷却回路，反应堆也没有钢筋混凝土密封设施及安全壳装置，这是设计上的缺陷，致使爆炸起火摧毁了反应堆，造成了大量辐射泄漏，导致了巨大的核灾难。但如此重要的核设施，其安全防护竟如此疏漏，而且在初始设计中完全未曾预作防范，实在是难以置信的。设计防护的疏漏、操作过程中出现的严重失误，正是苏联体制片面追求速度和产值的长期积弊的集中暴露。苏联官方报告对这方面的问题讳莫如深，这是耐人寻味的。如果西方专家的说法属实，那么对苏联的核政策以及整个技术战略都应该另行评价。

对这一严重事故，苏联政府确实是高度重视的。事故发生后，立即组成了由部长会议副主席谢尔比纳（Б. Е. Щербина）牵头的政府委员会，专门处理切尔诺贝利核事故，调动了一切可以调动的力量。参加事故起因调查的单位就有十几家，全是苏联顶级的科研机构和国家相关部委，包括：苏联科学院、乌克兰科学院、库尔恰托夫原子能物理研究所、拉基雪夫市 В. Г. 赫洛宾动力研究所、С. Я. 茹克水利设计院、全苏核电站运输科技研究院、苏联原子能开发委员会附属生物物理研究所和应用地球物理研究所、苏联卫生部、国防部、国家核动力监督局、内务部消防总局等。参加调查研究工作的著名专家有：库尔恰托夫原子能物理研究所第一副所长、苏联科学院院士列加索夫（В. А. Легасов）、苏联科学院院士韦里霍夫（Е. П. Велихов）、苏联医学科学院院士伊里因（Л. А. Ильин）、苏联卫生部生物物理研究所所长、苏联科学院主席团成员伊兹拉埃尔（Ю. А. Израэль）、苏联国家水文气象委员会主席、苏联科学院主席团成员、苏联科学院院士昆采维奇（А. Д. Кунцевич）、全苏核电站运营科学研究院院长、技术科学博士阿巴江（А. А. Абагян），以及苏联国防部化学特种部队司令皮卡洛夫（В. К. Пикалов）上将等。

苏联物理科学的权威研究机构库尔恰托夫原子能物理研究所的第一副所长列加索夫院士在核能科学领域享有盛誉，他对事故进行了深入的调查研究，并做了系统的反思和总结，他的看法似乎可以作为苏联官方观点的代表。他认为切尔诺贝利核事故的起因包含六个方面的“致命”失误：①操作员允许反应堆堆芯中放射性运转的保留量超出正常值，削弱了反应堆的防护力；②操作员允许反应堆容量大大偏离设计规定的 700 兆瓦；③主循环泵超载；④为制止反应堆停止运行，操作员切断了自动闭锁装置，按设计该装置在蒸汽排放失常时会自动启动；⑤关掉了控制水位和蒸汽压力的阀门；⑥关闭了紧急冷却系统。

列加索夫把这些操作失误称作“致命的”，尤其是第六条失误违反了“神圣不可侵犯”的戒律。当然，一至五条的失误如能依次避免，事故都不会发生；但即使出现了所有这些失误，在危急关头如果紧急冷却系统还能正常运作，问题仍然可以控制在局部范围内，不致酿成弥天大祸。

当然，作为科学家的列加索夫仅仅是从技术操作层面检讨了事故的直接原因，不可能就全局特别是苏联整个科技体制做出深刻反思。出于政治体制上的原因，也不能指望当时的苏联执政者在这方面有多大作为。不过从公开的文件和新闻报道中，还是有不少很有价值的东西。特别是面对西方铺天盖地的舆论喧嚣，听听当事者自己的告白，至少多一个参照系。

事故发生后，苏联政府提出的动员口号是“善后工作是全体苏联人民的事”，规定的应急措施是：①尽快疏散方圆30公里以内的居民；②封闭被毁反应堆；③尽快全面展开检测工作，对出事地区周边的大气、土壤、水源、森林、农作物、牲畜以及所有设施、货物、食品的放射性污染做全面的测试和评估，对进出口货物有关法规进行修订和补充；④及时展开医疗救护和预防工作；⑤组织力量对灾区恢复和重建；⑥调查研究事故的原因和经过、总结经验教训、汇编详细的报告，以文字、图片、电影胶片的形式汇总上报国际原子能机构；⑦贯彻公开性原则，在基辅设立国际热线电话，及时向世界和国内各地通报事故现场情况，回答有关咨询，开展国际合作。

整个善后工作是十分复杂的综合性系统工程，而排在首位的、最惊心动魄的是灭火和对被毁反应堆的处置。

封闭被毁反应堆是最艰难和最危险的作业。苏联调动军用直升机从空中将5000多吨的凝固剂硼、铅、白云石、沙土、黏土和混凝土等物一股脑投向反应堆。这项工作需要准确性和时间性，约几秒钟内定点投放到反应堆上。苏联空军飞行员高超的驾驶技术保证了此项作业的顺利实施。第一天投放93次，第二天186次，每次都是百分之百的命中目标，无一失误。人们还发明了沙袋捆缚投掷法，用特制网将6—8个沙袋捆在一起投下。机组人员为此还专门设计了一种自动开启的舱口盖锁，以提高效率。作业时直升机不能停留时间过长，要保持每小时140公里的速度，这要求高超的驾驶技能。这项工作从4月27日开始，持续13天，到5月10日结束，大部分工作集中在4月28日到5月2日这四天里。熊熊燃烧的反应堆终于熄灭了。这项工作提醒了苏联科学家，他们意识到必须尽快研制出一种可以迅速使反应堆制冷的材料，使核燃料的活性急速减弱。

经验丰富、技术熟练的矿井队的井下工人，来自全国各地，于5月3日集结到施工现场，任务是将一层厚厚的水泥浇灌到反应堆底座下面，以完全排除放射性物质对地下水源的污染。为了构筑这样一个混凝土“垫兜”，他们从地下挖掘了一条通向反应堆底部的长136米、直径1.8米的隧道。由于作业面强烈的放射性污染，矿工们只能分班作业，每班日工作3小时，每队只工作15天。这项工程6月下旬基本完成。但隔离反应堆底部仅仅是处理4号反应堆事故的一部分工作，为防止继发突然的核爆炸，防止光辐射和放射性物质污染，需要建筑一个大型掩体，这一工程更加艰巨。掩体造型像一个耸立的大烟囱，高达60多米，壁厚3—4米，直径十几米。为防光辐射，内部安装了特制的大型反光器，并配备了云梯，一旦出事可以由此攀升到掩体顶部，在那里由直升机接应逃离。这座掩体在世界建筑史上是首例。掩体用去钢材165吨，内设专用通道和平台，都装有特制的40立方米的铅板防护墙。为保证施工安全还设计了自动混凝土浇灌车，上面有一个巨型屈臂管道装置，可以自动伸缩，伸展长度可达50多米，便于高空作业，向搭好的钢架中灌注水泥。1986年9月底掩体竣工。由于掩体表面涂铅，并设有防光辐射的反光器，被专家称作“生物防护墙”，工人则称赞它是大无畏精神的象征。苏联的专家们认为，这是切尔诺贝利核事故最深刻的教训之一。石墨沸水堆的安全壳装置事关重大，没有安全壳，放射性物质大量排放到周围环境中去，使事故过程完全失控。

为完成疏散和救援等工作，苏联政府动员了空军部队、化学特种部队、矿山井下掘进队、建筑和安装企业、交通运输行业、科学院、工程设计院、医学院和卫生部所属的医疗部门，分头承担各项善后任务。

1986年4月27日开始疏散居民。政府调动了1167辆客车用以疏散周边30公里以内的居民，1486辆载重汽车运送牲畜和物品。学生们提前放假，安置在基辅近郊的夏令营。对老人、病残者和孕妇给予特别照顾和妥善安置。对核电站全体工作人员全面进行身体检查和放射性污染检测。政府对受灾地区实行临时补助措施：发放救济金，照常兑现这一地区职工的工资，对疏散中个人财产的损失给予等价资金补偿，核电站全体职工及其家属的安置和医疗保健、碘化剂等药物和其他应急物品的发放实行全额免费，并保证灾民顺利迁入新居开始正常生活。

在灾难面前，苏联人民包括政府官员、科技工作者和普通公众表现了英勇无畏的献身精神，数千人参加了救灾抢险，许多人面对致命的辐射，不顾个人安危奋不顾身地进入险地，在人类和平利用原子能的历史上，书写了可歌可泣的壮烈诗篇。苏联政府高度评价了参与抢险和其他善后工作人员的突出贡献和崇高精神，给予表彰和嘉奖。1987年1月14日在克里姆林宫为抢险救灾中牺牲的两名烈士、十多位英雄举行了隆重的奖励仪式。

此次事故属于责任事故，不是天灾而是人祸。经过调查取证，苏联政府处置了事故责任人。1986年6月，切尔诺贝利核电站站长、总工程师被解职。《真理报》点名批评了切尔诺贝利核电站党组织、工会和青年团的工作和表现。1987年7月7—29日在切尔诺贝利核电站的大厅里，举行了由苏联最高法院审判团主席团成员布里泽（Р. К. Бризе）、苏联总检察长沙德林（Ю. Н. Шадрин）等主持，有记者和各界公众出席的审判大会。六名被告被指控未能实行坚定而正确的领导和执行严格的纪律，表现出玩忽职守，事故发生后没有采取必要措施，也没有组织起有效的抢险工作。根据罪责对当事人给予程度不同的刑事处罚：分别判处核电站站长布柳哈诺夫（В. П. Брюханов）、总工程师福明（Н. М. Фомин）、副总工程师加特科夫（А. С. Дятков）十年监禁，判处值班长罗果日金（Б. В. Рогожкин）五年监禁，判处反应堆车间主任科瓦连科（А. П. Коваленко）三年监禁，判处国家原子能动力局国家监督员拉乌斯金（Ю. А. Лаушкин）二年监禁。这是苏联历史上对企业责任事故刑事处罚判决中最严厉的一次。

切尔诺贝利核事故损失惨重。1988 年苏联官方统计，事故造成的财产损失约为 40 亿卢布，用于善后、恢复和重建的资金 80 亿卢布，耗资总额达 120 亿卢布。

苏联决策部门对切尔诺贝利核事故做了多方面的反思，也对核能发展战略做了一些调整和改进。

首先是在直接技术性的层面上做了一些政策性的调整工作。立即采取的措施是建立相应的科研机构。事故发生后，在基辅成立了全苏放射医学研究中心，由三个研究所组成，即放射性医疗研究所、放射学实验研究所和光辐射与流行病预防研究所；基辅地区其他一些医疗科研单位和保健疗养部门也参与进来。国际知名的放射性和辐射医学专家、苏联科学院院士 Л. А. 伊里因积极参与了此次事故的医疗救护工作，并从医护角度做了专门的研究，他在回答记者提问时说："在 1963 年我就在博士论文中详细研究了有关放射性物质和光辐射对人体的作用等问题了……这次核事故又给了我们一次实践机会。我个人认为，这次事故后一个重大的成功就是我们能够迅速而有效地控制、降低并且预防了放射性辐射。采用口服碘化骨粉片剂可以达到预防和治疗的作用，而且事实证明效果不错。"该研究中心所做的工作提供了宝贵的经验，其各种资料引起世界同行的极大兴趣。

在事发地点 30 公里内还成立了一个放射学生物实验基地。参加该基地工作的有苏联科学院有关研究所和苏联农业部相关部门。在大量检测工作的基础上，研究人员开始进行生物实验研究，有计划地对农田和农作物的生长进行培育和观察。研究发现 30 公里内的地带，农作物在受到少量辐射后，植物长势十分茂盛，产量均有所增加。这里的农田已成为特殊的试验田，建起了温室，培育西红柿、黄瓜等蔬菜以及草莓等水果，并种植了各种花卉，长势普遍良好，产量成倍增加。尤其是马铃薯的品种培育，变化极其明显，结出的马铃薯比其他地方的块茎要大许多。专家认为这是因为弱辐射的促激作用，因此这里可以变成良种培育基地。当然，产品需要经过严格测试，以确保食用安全。

在经验教训的总结方面，苏联决策部门和有关专业人员得出以下主要结论。①核电站在设备和技术方面的安全保障，包括反应堆的更新换代和改进、设计和制造的质量、安全运行和程控系统的信息处理特别是模糊信息的随机处理，其中报警系统的灵敏性尤为重要。②核电站配套设施的完备性，包括电站的管理体制，消防、医疗等保障系统的岗位责任和效能，员工的技术水平、操作熟练程度、危机应对能力和心理素质。③各类人员包括核电站周边地区居民的基本科技素质和精神状态。事变中愚蠢的职业错误、麻痹情绪、惊慌失措，是事态恶化的深层原因，而事后出现的“辐射恐惧综合征”干扰了正常救援。必须在全社会强化核安全的教育。

1988 年 12 月 14 日苏共中央政治局审议通过了 1986 年 7 月 14 日拟定的一份决议草案——《切尔诺贝利核电站事故起因的研究结果，善后措施和保障核动力安全的措施》。苏联国家电力局根据该决议的精神，重新制定了核动力安全生产法规，将核动力学、核电站及其管理、研究、计划和生产统统汇编成系统化的文献资料，对各有关事项一一规定了相应的原则和标准。

决议要求完善苏联现有核电站的沸水堆，必须确保生产过程的安全性和可靠性，新核电站不再采用 РБМК 型沸水堆。切尔诺贝利核事故后所建的另外 16 座该型号的沸水堆，都被暂停运行，看来当局已经注意到这种型号沸水堆的技术缺陷。根据决议精神，研制新一代更安全的反应堆，决定推广压水堆 1000 型，同时继续完善其结构和技术，改进其零部件和材料，提高仪器和整个自动化系统的性能，包括自动报警装置、程控信息处理，尤其是模糊信息处理。1988 年苏联已研制出压水堆 1000 型的最新报警装置和自动排除故障的设备，并立即投入使用。

根据决议要求，对专业技术人员和操作员不断进行职业培训，要求这些人员通过理论学习、技术操作训练和一系列生理、心理及应急能力的水平测试，达到规定标准才允许上岗。为此苏联计划建立若干现代化的培训中心，配备与实际岗位完全相同的操作控制室，模拟各种事故发生的情景以训练学员应对危机的能力，其表现都可以在控制台上记录并显示出来，以便对之进行考核和改进。在各个核电站工作人员中建立轮训制，力图确保所有工作人员具备合格的素质和高水平的工作能力。

切尔诺贝利事件并没有使苏联改变开发核能的国家战略，也没有中止既定的核能计划。在四十多年间，苏联一直重视核能源的开发和应用。1983 年苏共二十六大前夕，时任苏联科学院院长的 A. П. 亚历山大洛夫曾在《消息报》上发表文章，指出由于石化能源日益枯竭，太阳能、水能等能源的利用受条件制约，开发潜力有限，所以应该大力发展核能。他在《核能：20 世纪后的主要能源》中，从经济和技术上系统分析了能源发展的历史、现状和前景，通过对各种能源的比较，明确地提出核能是 20 世纪以后世界主要能源的观点。1986 年 5 月 16 日，切尔诺贝利核事件后不到一个月，戈尔巴乔夫向全苏发表电视讲话，倡议加强国际合作，建立安全发展核能的国际合作体制。讲话提出要深入研究这次事故的各个方面，包括核电站的设计、结构、技术、运行和安全防护等问题，强调必须在国际原子能机构的框架内加强协调。根据这样的指导思想，苏联政府提出了四点建议。①在所有开发核能的国家紧密合作的基础上，建立发展核能的国际体制，在核电站发生故障和事故时，特别是发生核泄漏时，必须迅速通报情况，各国应及时给予支援。②在国际原子能机构主持下，召开具有高度权威性的专门会议，讨论有关问题。③鉴于国际原子能机构始建于 1957 年，已不适应当代原子能发展的形势，应该通过改革提高该组织的作用和职能。④让联合国及其专业机构更积极地参与保障核能发展安全的国际合作。

苏联政府特别强调，世界经济的未来离开核动力的开发是不可想象的。但是，切尔诺贝利核事故对苏联核能开发也产生了一定的负面影响，特别是心理上的阴影一时难以消除。事故后苏联核能发展的速度放慢了，新的五年计划原定核电和相关企业的建设指标都削减了，表现了决策者的慎重态度。但是，这不等于说苏联已经放弃了核能的开发，事实上，1988 年苏联核电站总功率仍然增加了 100 万千瓦，而库尔斯克、斯摩棱斯克、扎波罗日斯克、加里宁斯克、南乌克兰、罗文斯克、巴拉科夫斯克、罗斯托夫、鞑靼斯克、巴什基尔、别洛亚尔、科斯特罗姆等地的 12 座核电站都仍在兴建中。高尔基城和伏龙芝还在建设供热核电站，别洛亚尔斯克和南乌拉尔的核电站均将采用快中子反应堆。当然，这是苏联解体前的发展计划，解体后俄罗斯和其他前加盟共和国均已各自独立，各国的核能开发计划各有千秋，这已超出本书的范围了。

切尔诺贝利核事故在国际上引起了强烈的反响。此前在美国虽然发生了三次核事故，但只有一次有较多伤亡，即切尔诺贝利事件发生前三个月（1986 年 1 月 6 日），美国俄克拉何马核电站因错误加热发生爆炸，死 1 人，100 人受伤住院。但与切尔诺贝利核事故相比，俄州的事件不过小事一桩。切尔诺贝利事件堪称大劫难，死亡 31 人，受辐射伤害的居民高达 320 万人。灾害范围之广，损失之重，后遗症之多是历史上空前的。事故发生后，立即引起全世界的密切关注，对这一事故的兴趣和研究一直延续至今。

事发之后，欧共体成员国代表随即召开会议并发表声明，强调所有国家和政府应毫不拖延地向国际社会通报其领土上发生的一切核事故。在意大利威尼斯举行的欧共体部长会议上，应当时的联邦德国部长根舍的请求，专门讨论了切尔诺贝利核事故问题。西方舆论认为，虽然切尔诺贝利核事故的直接原因是管理不善、电站的建筑设计有严重缺陷，但深层原因出自苏联科技体制机制的固有矛盾，并由此联系到苏联的社会制度问题，这涉及当时冷战的政治斗争，另当别论了。美国媒体一仍旧贯，充分发挥其技术优势，用四颗卫星搜集苏联核事故的情报，进行“实时报道”，大造舆论，其中不乏虚构夸张和各种不实之词，幸灾乐祸，明显地是在为其冷战战略服务。

国际原子能机构总干事汉斯·布利克斯（Hans Blix）在切尔诺贝利事故发生后不久，即赶赴莫斯科，进行了专访。他与陪同人员乘直升机飞到切尔诺贝利上空，从800米高度查看了事故现场。苏联政府向他保证，将向国际原子能机构提供所有情况，事后苏联政府兑现了承诺。布利克斯对新闻界发表看法，认为此次事故的确是世界历史上同类事故中最严重的一次，强调每个国家都应当做出“决定性的努力”，以避免发生类似事故。各国必须加强合作，保证不断提高核设施的安全标准。他认为核能是石油的替代品，在这一领域无法排除风险，应当毫不延误地强化安全措施，使下一代核反应堆更加安全可靠。

由于挪威、瑞典、芬兰和丹麦等北欧国家上空发现放射性尘埃，辐射程度高出正常值4倍，人们对核能开发的前景忧心忡忡。意大利、荷兰、芬兰、瑞典、瑞士等西欧国家受事故影响，准备适度冻结核能的开发，但只有奥地利通过全民公投决定不再引进核电设备，并决定彻底放弃核电站的建设。

亚洲国家的核能开发普遍落后，日本和韩国表示要继续发展核能。日本把切尔诺贝利核事故提到七国（G7）会议上要求紧急磋商，经会议研究，与会各国认为此次事件不会对与会各国的核能开发造成实质性的影响。法国是利用核能最多的国家，到20世纪80年代，核电已占该国总发电量的65%（到2006年这一比例已上升到78.4%）。法国核电站的运营成本仅为美国的40%，其工业民用电的电价是世界最低的国家之一。核能的发展使法国能源自给率由急剧下降转为迅速上升，在满足本国电力需求的同时，还能出口大量剩余电力。在发达国家中，比利时核电事业的发展程度仅次于法国，核电占该国能源比例也已达到60%。

看来，事故并未阻止世界核电发展的步伐。切尔诺贝利核事故是人类在如何开发和应用自然力方面的一次警示，事故虽然已经过去三十多年了，但那燃烧的熊熊大火和灼人致死的核辐射，仍然是悬在人类头顶上的达摩克利斯剑。2011 年 3 月 14 日日本福岛核事故也已过去很久了，我们对科学技术进步的反思仍在继续。事实证明，人类文明远未成熟，我们在客观世界面前，应当谦逊再谦逊。

注释

[1] Фролов И Т. Философия и история генетики，М.：Наука，1988：8.

[2] Грэхэм Л Р. Естествознание，философия и науки очеловеческом поведении в Советском Союзе，М.：Политиздат，1991：103.

[3] Филатов В П. Об истоках лысенковсой «агробиологии». Вопросы философии，1988（8）：3-22.

[4] Joravsky D. Soviet Marxism and Natural science 1917-1932. New York：Columbia University Press，1961：300.

[5] Дубинин Н П.Природа и строение гена.Естествознание и марксизм，1929（1）：60.

[6] Стенограмма речей на общем собрании общества биологов-материалистов Коммунистической академии 14 и 24 марта 1931 г.. Философские науки，1992（1）：92-134.

[7] Стенограмма рсчсй на общем собрании общества биологов-материалистов Коммунистической академии 14 и 24 марта 1931 г.. Философские науки，1992（1）：101-102.

[8] Фролов И Т. Философия и история генетики. М.：Наука，1988：80.

[9] Лысенко Т Д. Агробиология，М.：Госиздат сельскохозяйственной литературы，1952：55-56.

[10] Таргульян О М. Спорные вопросы генетики и селекции：Работы Ⅳсессии ВАСХНИЛ 19—24 декабря 1936 г.. М.-Л.：Изд-во Всес. акад. с.-х. наук им. В. И. Ленина，1937：46.

[11] Грэхэм Л Р. Естествознание，философия и науки очеловеческом поведении в Советском Союзе. М.：Политиздат，1991：124.

[12] Таргульян О М. Спорные вопросы генетики и селекции：Работы Ⅳсессии ВАСХНИЛ 19—24 декабря 1936 г.. М.-Л.：Изд-во Всес. акад. с.-х. наук им. В. И. Ленина，1937：36.

[13] Таргульян О М. Спорные вопросы генетики и селекции：Работы Ⅳсессии ВАСХНИЛ 19—24 декабря 1936 г.. М.-Л.：Изд-во Всес. акад. с.-х. наук им. В. И. Ленина，1937：336.

[14] Таргульян О М. Спорные вопросы генетики и селекции：Работы Ⅳсессии ВАСХНИЛ 19—24 декабря 1936 г.. М.-Л.：Изд-во Всес. акад. с. -х. наук им. В. И. Ленина，1937：159-160.

[15] Под знаменем марксизма，1939（11）：139-140.

[16] Под знаменем марксизма，1939（11）：147.

[17] Россиянов К О. Сталин как редактор Лысенко. Вопросы философии，1993（2）：65.

［18］米丘林. 论孟德尔定律//李森科. 米丘林全集. 第 4 卷. 北京：农业出版社，1965：397.

［19］Грэхэм Л Р. Естествознание，философия и науки очеловеческом поведении в Советском Союзе. М.：Политиздат，1991：118.

［20］李森科. 遗传及其变异. 吴绍骙，王鸣歧译. 上海：商务印书馆，1950：22.

［21］Генкель П А，Кудряшов Л В. 植物学（第二分册）. 傅子祯译. 北京：中华书局，1954：402.

［22］斯大林. 大转变的一年//斯大林. 斯大林全集. 第 12 卷. 中共中央马克思恩格斯列宁斯大林著作编译局译. 北京：人民出版社，1955：118.

［23］Митин М. За передовую советскую генетическую науку. Под знаменем марксизма，1939（10）：172.

［24］洛伦・R.格雷厄姆. 俄罗斯和苏联科学简史. 叶式炬，黄一勤译. 上海：复旦大学出版社，2000：144.

［25］Исвестия，1935-02-15.

［26］列宁. 马克思主义和修正主义//列宁. 列宁选集. 第 2 卷. 中共中央马克思恩格斯列宁斯大林著作编译局译. 北京：人民出版社，1972：1.

［27］Шестнадцатная коференцая ВКП（б）. Стенографич.отчёт. М.-Л.：Госиздат，1929：488.

［28］Правда，1930-05-27.

［29］Nove A. How Many Victims in the 1930s? Soviet Studies，1990，42（2）：372.

［30］Bukharin N I. Theory and Practice from the Standpoint of Dialectical Materialism. Science at the Cross Roads，London：Bush House，1931：372.

［31］Cohen S F. Bukharin and the Bolshevik Revolution：A Political Biography 1888-1938. Oxford：Oxford University Press，1991：160-213.

［32］法比奥・贝塔宁. 布哈林和三十年代的经济“新方针”//革命与改革中的布哈林. 任延黎译. 哈尔滨：黑龙江教育出版社，1988：187.

［33］龚育之. 自然辩证法工作的一些历史情况和经验. 石家庄：河北省自然辩证法研究会，1982：32-33.

［34］Александров В А. Трудные годы советский биологии，Знание—сила，1987（10）：72.

［35］Под знаменем марксизма，1939（11）：108.

结语　重构俄（苏）科学技术哲学研究的思路

我国对苏联自然科学哲学的系统研究始于20世纪中叶。20世纪80年代初，在龚育之先生的指导下，这项研究开始有组织地开展起来，从人才培养、资料建设、基础理论、方法设计等方面做了大量工作，为这一领域的研究打下了坚实的基础。苏联解体后，由于种种原因，这项研究一度出现停滞；可喜的是，近年来一批中青年学者已经成长起来，俄（苏）科学技术哲学的研究全面展开，显示了强劲的势头。随着我国改革开放进入深水区，国际关系格局正在动荡中重组，中俄关系发生了重大的历史性变化，形势的发展要求我们重新审视俄（苏）科学技术哲学研究，总结经验、理清思路、明确重点、探索新的生长点、开拓新的研究空间，把这项研究提高到新的水平。

从纵向说，要重新反思和总结历史，正确认识现实，科学地预见发展趋势。苏联科学技术哲学经历了近七十年漫长曲折的发展历程，提供了宝贵的经验，也留下了深刻的教训，对此我国学者已经做过全面的总结，但限于当时的历史条件，还没有从社会主义的道路和本质的高度，立足意识形态与整体社会语境的关联，揭示俄（苏）科学技术哲学的历史特点。

1. 科学技术哲学与社会主义改革的关系

今天的问题是进一步探寻苏联模式的结构性缺陷和内在矛盾，研究这一体制对科学技术哲学发展的影响。苏联改革派的“六十年代人”曾经努力寻求改革之路，力图通过改变思维模式推动思想解放，为冲破体制束缚提供思想武器。20世纪60—80年代苏联的科学哲学研究大放异彩，是世界哲学史上一个独特的思想现象。就全球舞台说，那是以计算机技术为核心的信息革命和工业革命4.0蓬勃兴起的时代，科学认识的创新本性和社会文化的前提性规范正在充分显露出来，西方科学哲学公认观点被颠覆，后现代西方科学哲学实现了以世界观分析和社会文化导向的后现代转折。就当时苏联的国内形势说，社会矛盾已经全面爆发，改革成为整个社会不可遏止的普遍诉求。在这样的历史关节点，苏联科学哲学界在正统话语中，找到了“辩证法也就认识论”这一列宁主义哲学命题作为批判的武器，掀起了一场哲学革命，使科学哲学成为改革的前沿阵地。

20 世纪 80 年代，在我国改革开放起步的阶段，自然辩证法界也通过诠释最新科学技术革命，译介西方科学哲学反传统的批判性理念，成为那一时期思想解放的一支先遣军。放眼世界，20 世纪后半叶东西方科学哲学几乎同步发生的重大转折，展现某种令人惊异的趋同性。这种趋同演化透露出人类思想发展的深层规律，包括哲学理想与历史语境的相关性、哲学观念的发生机制所显示的哲学创造性特点、哲学理论的启蒙和思想解放功能、哲学思想演进中的继承和变革，如此等等，是世界哲学发展的愈益突出的趋势。可惜的是，对哲学的这种世界性趋同演化，迄今没有人做出整体性的综合研究，甚至还没有引起足够的注意，这是 20 世纪思想史研究亟待填补的一个空白。

还应特别指出的是，20 世纪中叶具有改革思想的苏联科学哲学家，虽然以无畏的创新精神进行了宝贵的探索，做出了极有价值的理论成果，但最终却成为一朵不结果实的花。笔者曾撰文指出，科学哲学的两大功能：一是启蒙，为解放思想和冲破传统束缚提供思想武器；二是启发，为科学发现和技术创新提供思路和生长点。但科学哲学对社会进步的作用毕竟是间接的，它不能开出解决疾病的药方，更不是引导人民走出政治经济困境的现实方案。何况“批判的武器不能代替武器的批判”，说到底科学哲学只是抽象的哲学理论而已。苏联社会主义模式的问题积弊已久，问题十分复杂，改革派的科学哲学家怀抱着美好的愿望，选择科学哲学作为实现理想的工具，推动了对教条主义的马克思主义和斯大林式社会主义模式的反思和批判，但它的作用也仅此而已。研究俄（苏）科学哲学在苏联社会主义兴衰中的历史作用，是全面认识十月革命开辟的社会主义道路的一个重要侧面，也是深入理解意识形态在社会主义改革中的地位和作用的独特视角。在建设新时期中国特色社会主义的实践中，这一工作自有其不容忽视的意义。

2. 历史语境对科学技术哲学的影响

苏联解体已经超过四分之一世纪，新的俄罗斯哲学包括科学技术哲学是在苏联遗产的基础上重构起来的，但既不同于原来的苏联自然科学哲学，也不同于西方科学技术哲学，当然更有别于我国自然辩证法传统的科学技术哲学，是当代世界科学技术哲学的一种特殊的范式。就历史发展说，俄（苏）科学经历了思想垄断和官方意识形态钳制自由思想的特殊时期，对真理的探索被视为异端，这样的哲学际遇在哲学史上并不多见，也许只有中世纪的经院哲学才有一定可比性。俄（苏）科学技术哲学的特殊历史进程使我们可以从不同层面反思科学技术哲学与社会多重关系。

首先是外史层面：官方奉行的政治经济路线及相应的体制对科学技术哲学主流话语的规定性；官方与民间科学技术哲学研究的分化和对立；政治斗争与路线转移对科学技术哲学主题选择和重心转移的影响；社会政治生活与重大理论争论及全局性的学术事件的关系；苏联与西方在科学技术哲学领域的疏离、冲突和互动。

其次是内史层面：学者的学术生活处境基本状况和历史变化；学者群体和个体的思想生活方式和特点；不同学术派别的形成、分化和斗争；科学哲学家和技术哲学家在当代俄罗斯学术领域中的地位；苏联解体后科学技术哲学领域的著名学者的学术动向；科学伦理规范、学术理想、思想信念与功利目标、利害关系的冲突。

3. 制度转型与科学技术哲学的趋势和前景

苏联解体后，俄罗斯社会发生了根本的制度转型，苏联的社会主义经济基础和上层建筑被彻底否定了，马克思主义已经不再是统治的意识形态。普京执政后，特别是本届普京政府，出于复兴俄罗斯的强烈自觉意识，在经济、政治、军事、文化各个领域推行了一条独特的路线，但内外形势的发展使俄罗斯的未来充满不确定性。在这样的新历史起点上，俄罗斯科学技术哲学的未来走向和发展趋势特别令人关注。必须跟踪俄罗斯科学技术哲学不同思潮的起伏消长，尤其要密切注意新命题的提出、新领域的拓展、新争论的发生、新学派的兴起。俄罗斯社会正在激烈转型，随着社会结构的裂变和重组，科学技术哲学也和整个意识形态领域一样随之发生变化，研究和分析这种同时性依随关系，对把握俄罗斯科学技术哲学的演变趋向具有决定性的意义。还要根据综合比较，观察当前俄罗斯科学技术哲学是否完成了范式转换，是否已经形成了主流的理论导向。下述主题尤其值得关注：科学技术哲学在当代俄罗斯学术领域中的地位；苏联解体后科学技术哲学领域的著名学者的学术动向；马克思主义思想在当代俄罗斯科学技术哲学研究中的地位；斯拉夫文化传统和东正教哲学以及沙俄一度流行的欧亚主义思潮，对当代俄罗斯科学技术哲学研究的影响；解体后俄罗斯科学技术哲学与西方同行的互动；当前俄罗斯科学技术哲学的派别划分；苏联解体迄今俄罗斯科学技术哲学发展的历史进程（阶段性）。对这些重大问题的研究，有的刚刚开始，有的尚未被触及，从横向说，最重要的是对苏联和当代俄罗斯科学技术哲学进行综合研究，着力揭示俄（苏）科学技术哲学的理论特点，给出合理的历史评价。

（1）列宁曾提出“哲学和自然科学的联盟”的基本原则，苏联科学技术哲学的发展一直倡导和极力贯彻这一原则，至少从理论上说，直到苏联解体也没有放弃这一指导思想。恩格斯曾指出：“恰好辩证法对今天的自然科学来说是最重要的思维形式”，苏联科学技术哲学曾努力实践恩格斯的这一重要指示，不仅哲学家从理论上全面系统阐发了辩证法作为科学发展的基本方法论，而且众多数学家和自然科学家也自觉地用辩证法指导自己的实证科学研究。但是，这一联盟在何种程度上是成功的，又在什么意义上是流产的；除了把马克思主义哲学庸俗化而炮制的伪科学之外，是否有并且有哪些是真正在唯物辩证法指导下取得的重大科学成果——对这些关键问题在苏联、中国以至西方一直存在争论。这是当代世界哲学中的一个不断聚焦的问题。西方科学哲学从 20 世纪 50 年代对公认观点的批判，直接的理论结果就是形而上学的复兴，即所谓的世界观分析。但是这里实际上存在两个不同的分支：一个是认识论主义，即将形而上学的对科学认识的作用限于为认识提供概念框架和思维模式；一个是本体论主义，即肯定哲学提供客观的世界图景，为认识实证科学问题提供根据和出发点。在西方哲学的认识论转向中，前者争议不大，已经成为主流话语；后者却受到工具主义、约定主义、现象学和解释学的普遍反对，更与后现代西方科学哲学的核心观念相抵牾；当然也不乏支持者，特别是在实证科学家中，有许多人对物理实在的普遍联系是持有明确哲学信念的，而相当一部分专业自然科学家是所谓“自然科学唯物主义者”。20 世纪中叶在苏联兴起的本体论主义和认识论主义之争，更多的是社会政治矛盾的折射，当然作为对教条主义话语体系的反弹，反对把辩证法直接应用于自然本体的认识论派占据上风，认为辩证法仅仅是贯穿于自然科学的认识之中。但是，自然图景始终是苏联自然科学哲学研究的主题，上述争论并没有影响哲学家和自然科学家对自然本体论问题的兴趣，关于因果必然性、时间和空间、物质结构、宇宙进化的方向性等本体论研究时至今日仍然长盛不衰。辩证法是否仅仅是主观辩证法，恩格斯关于主观辩证法是客观辩证法的反映的论断是否是过时的哲学，在马克思主义哲学界争论不断，对西方马克思主义反自然辩证法的思潮，至今褒贬不一，而且不乏支持者。这个问题涉及马克思主义哲学的理论基础，是检验自然辩证法生命力的试金石。值得注意的是，由于极左思潮造成的消极后果，人们对运用哲学观点和辩证方法论研究自然现象和实证科学问题十分反感，实证主义和虚无主义思潮被主流化，以致不能理性地、科学地看待哲学和辩证法的意义和作用。在这个哲学主题上，苏联的科学哲学的成就和教训都是哲学史上最丰富和最有典型意义的，遗憾的是，近年来国内俄（苏）科学技术哲学的研究已经完全放弃了这个至关重要的主题，无论从理论意义上还是实践需要上，这种情况都亟待扭转。

（2）在苏联整个意识形态中，科学哲学相对说是较为理性的研究域，也是正统思想最先受到质疑和改革意识最早萌发的领域。老“三驾马车”凯德洛夫、伊里因科夫、科普宁和新“三驾马车”弗罗洛夫、施维廖夫、斯焦宾，分别在20世纪60年代和20世纪80年代构建了与教科书马克思主义迥然不同的科学技术哲学纲领。一方面，他们的理论是以实证科学的实践为依据的，并且注意与西方科学哲学的对话，跟踪世界科学哲学思潮的发展，有明显的开放性；另一方面，他们没有全面放弃马克思主义的思想导向，在相当大的程度上保持了与经典马克思主义的连续性。一般地说，科学哲学是俄罗斯人文科学中相对稳定的领域。时至今日，在这一学科中，仍然有很多人坚持以马克思主义哲学观点（虽然未必公开使用这一名称）研究科学认识和科学知识，这是饶有兴味的。笔者曾把上述情况称为“俄（苏）科学哲学现象”。根据俄罗斯科学哲学的思想资源深入反思科学哲学作为哲学部门的特殊性质，是一个有启发性的研究主题。

科学哲学的独特性首先在于研究对象的特殊性。科学哲学的对象域有狭义、广义之分，狭义地说，科学哲学就是科学认识论和科学逻辑；广义地说，科学哲学涵盖自然本体论和对自然科学成果的哲学反思。前者研究的是科学发现、结构、演进、评价、解释，后者则研究物理世界的一般秩序、普遍形态和整体演化，即所谓自然图景。就俄（苏）科学哲学的历史发展说，这两个问题域两峰对峙、难分轩轾。在20世纪中叶，由于特殊政治背景，科学哲学中认识论主义与本体论主义的争论，曾经成为苏联社会改革派思想家挑战官方教条主义的特殊战场。但是，客观地说，科学技术哲学研究的这两大论域虽然随着语境的转换，其地位和作用会有所变化。例如现代西方科学哲学也发生了认识论转向，但本体论研究从未中止，仍然是科学哲学的重大主题。当代许多杰出自然科学家从未失去对宇宙终极奥秘的浓厚兴趣，霍金就宣称："我的目标很简单，就是彻底理解宇宙。"他的研究直逼科学和哲学的最彻底的诘问——本体论和存在论问题。这两个方向上的哲学反思，在俄（苏）科学技术哲学中都得到了充分的发展，可以说，俄（苏）科学技术哲学是深入理解这一学科部门的对象、性质和意义的一个难得的历史空间和理论空间。

（3）恩格斯指出："各个民族所占的地位，至少是在近代所占的地位，直到今天在我们的历史哲学中都阐述得很不充分，或者更确切些说，还根本没有加以阐述。"[1] 比较科学史和比较科学哲学在国外也没有形成系统的学科，在国内则几乎完全是空白。前文笔者曾引述过俄罗斯哲学界的领军人物弗罗洛夫的话："现在我国对科学哲学的研究已经达到很高的水平，达到世界水平。"这绝非溢美之词，因此，开辟西方和俄（苏）科学技术哲学比较研究的新方向，是一个很有前途的学术事业。

近二十年来，俄罗斯学者在总结苏联和新时期俄罗斯科学技术哲学的研究成果时，已经充分注意到和西方科学技术哲学的比较研究。其中，特别突出了后现代西方科学哲学陷入理论困境的那些重大主题，通过比较分析，阐述了俄（苏）学者解决科学哲学理论疑难的独特思路和方法，令人信服地论证了这些理论成果的合理性和优越性。在这方面，最富原创性的主题是：科学知识结构中的前提性知识、科学发现的认知要素和文化要素的整体系统、科学进步的动力学模式、科学革命的系统理论、科学理论的合理性评价等。

总之，俄罗斯是有鲜明特点和悠久文化传统的民族国家，从苏联到今日俄罗斯的科学技术哲学在世界科学技术哲学视域中，构成一个独特的理论维度。要深刻认识俄（苏）科学技术哲学的历史道路、特殊性质、功过得失、成败利钝，必须将其放在世界科学技术哲学的大语境中开展俄罗斯、西方和中国科学技术哲学的比较研究。改革派科学哲学家的代表人物科普宁说过："对世界过程的真正理解既不是他们（西方），也不是我们，将来的某一刻会产生第三方，而我们所能做的只是全力促进这一点。"[2] 笔者认为，我们中国研究俄（苏）科学技术哲学的学者，应该在这方面有更强烈的自觉性。

最后笔者想对俄（苏）科学技术哲学研究的组织工作提一点建议。

中国的俄（苏）科学技术哲学研究，如果从 20 世纪 50 年代龚育之等老一辈学者的工作算起，已经走过了七十年的漫长道路。今天，新的一代人正在崛起。当前紧迫的任务首先是重新聚集队伍和培养人才。俄罗斯科学技术哲学研究有其特殊的条件。一是语言功夫。近些年来，学习俄语的青少年锐减，这给这项研究带来了先天限制。二是实证科学的功夫。苏联科学技术哲学的传统是特别重视各门科学哲学问题研究，即使科学知识论的研究也立足于实证科学的案例分析，而这恰恰是当前科学技术哲学研究生队伍的普遍弱点。所以，要有针对性地招收符合条件的学生定向培养，逐渐形成一个少而精的年轻队伍。

建议在中国自然辩证法研究会设立“俄（苏）科学技术哲学专业委员会”，形成学术中心，制定研究规划，定期召开会议，疏通和扩大与俄罗斯和西方同行的学术交往。应当重视信息资料的建设，更好地利用网络空间，可考虑在研究会的网站上设立专页。当年在龚育之先生倡导和主持下，由笔者等具体负责编辑出版的“苏联自然科学哲学丛书”，由于形势的变化只出了三种，这一工作未能继续下去。该丛书印数极少。考虑到俄（苏）科学技术哲学的文献浩如烟海，为了满足学术研究的需要和各方面的需求，应当组织人力，选择俄（苏）科学技术哲学的精品，有计划地组织翻译，将前人的工作继续下去。

注释

［1］恩格斯. 英国状况——十八世纪//马克思，恩格斯. 马克思恩格斯全集. 第3卷. 中共中央马克思恩格斯列宁斯大林著作编译局译. 北京：人民出版社，2002：528.

［2］Попович М В. П.В.Копнин：Человек и философ//Лекторский В А. Философия не кончается...М.：РОССПЭН，1998：414.

参考文献

安启念. 1990. 苏联哲学70年. 重庆：重庆出版社.

鲍·米·凯德洛夫. 1984. 列宁《哲学笔记》研究. 章云译. 北京：求实出版社.

鲍·米·凯德洛夫. 2002. 科学发现揭秘——以门捷列夫周期律为例. 胡孚琛，王友玉译. 北京：社会科学文献出版社.

波珀 K R. 1986. 科学发现的逻辑. 查汝强，邱仁宗译. 北京：科学出版社.

弗罗洛夫 И Т. 1990. 辩证世界观和现代自然科学方法论. 孙慕天，李成军，申振钰，等译. 哈尔滨：黑龙江人民出版社.

福克 B A. 1965. 空间、时间和引力的理论. 周培源，朱家珍，蔡树棠，等译. 北京：科学出版社.

哥斯塔夫·威特尔. 1963. 辩证唯物主义. 周辅成，朱德生，陈启伟，等译. 北京：商务印书馆.

格·阿·库尔萨诺夫. 1987. 马克思主义辩证法史·列宁主义阶段. 王贵秀译. 北京：人民出版社.

龚育之. 2008. 龚育之回忆："阎王殿"旧事. 南昌：江西人民出版社.

龚育之，柳树滋. 1990. 历史的足迹——苏联自然科学领域哲学争论的历史资料. 哈尔滨：黑龙江人民出版社.

贾泽林，王炳文，徐荣庆，等. 1979. 苏联哲学纪事（1953—1976）. 北京：生活·读书·新知三联书店.

贾泽林，周国平，王克千，等. 1986. 苏联当代哲学（1945—1982）. 北京：人民出版社.

姜长斌. 1988. 苏联社会主义制度的变迁. 哈尔滨：黑龙江教育出版社.

姜长斌. 1988. 苏联早期体制的形成. 哈尔滨：黑龙江教育出版社.

卡尔·波普尔. 1986. 猜想与反驳——科学知识的增长. 傅季重，纪树立，周昌忠，等译. 上海：上海译文出版社.

凯德洛夫 Б М. 1986. 论辩证法的叙述方法. 贾泽林，周国平，苏国勋译. 北京：中国社会科学出版社.
柯普宁 П В. 1981. 辩证法 逻辑 科学. 王天厚，彭漪涟，等译. 上海：华东师范大学出版社.
柯普宁 П В. 1989. 科学的认识论基础和逻辑基础. 王天厚，彭漪涟，等译. 上海：华东师范大学出版社.
科恩，等. 1988. 革命与改革中的布哈林. 任延黎译. 哈尔滨：黑龙江教育出版社.
科学出版社. 1959. 苏联关于质量和能量问题的讨论（论文集）. 北京：科学出版社.
劳丹 L. 1990. 进步及其问题. 刘新民译. 北京：华夏出版社.
列利丘克 В С. 2004. 苏联的工业化：历史、经验、问题. 闻一译. 北京：商务印书馆.
鲁道夫・卡尔那普. 1999. 世界的逻辑构造. 陈启伟译. 上海：上海译文出版社.
陆南泉，姜长斌，徐葵，等. 2002. 苏联兴亡史论. 北京：人民出版社.
洛伦・R. 格雷厄姆. 2000. 俄罗斯和苏联科学简史. 叶式辉，黄一勤译. 上海；复旦大学出版社.
马・莫・罗森塔尔. 1982. 马克思主义辩证法史・从马克思主义产生到列宁主义阶段之前. 汤侠声译. 北京：人民出版社.
马尔科维奇，塔克，等. 1995. 国外学者论斯大林模式. 李宗禹主编. 北京：中央编译出版社.
马龙闪. 1996. 苏联文化体制沿革史. 北京：中国社会科学出版社.
马依斯基 И Н. 1956. 关于生活物质的细胞和非细胞形态演发问题的新资料. 北京：科学出版社.
麦德维杰夫 Z A. 1981. 苏联的科学. 刘祖慰，符家钦，杜友良，等译. 北京：科学出版社.
莫舍・卢因. 1983. 苏联经济论战中的政治潜流——从布哈林到现代改革派. 倪孝铨，张多一，王复加译. 北京：中国对外翻译出版公司.
欧内斯特・内格尔. 2005. 科学的结构. 徐向东译. 上海：上海译文出版社.
萨契柯夫. 1961. 论量子力学的唯物主义解释. 李宝恒译. 上海：上海人民出版社.
苏联科学院经济研究所. 1979. 苏联社会主义经济史. 第 1 卷. 北京：生活・读书・新知三联书店.
苏联科学院经济研究所. 1980. 苏联社会主义经济史. 第 2 卷. 北京：生活・读书・新知三联书店.
苏联科学院哲学研究所，莫斯科大学俄罗斯哲学史教研室. 1959. 苏联各民族的哲学与社会政治思想史纲. 第 1 卷. 周邦立译. 北京：科学出版社.
孙慕天. 2020. 跋涉的理性（第二版）. 北京：科学出版社.
孙慕天，采赫米斯特罗 И З. 1996. 新整体论. 哈尔滨：黑龙江教育出版社.
塔切夫斯基 В М，等. 1954. 论共振论. 商燮尔，龚育之译. 北京：科学出版社.
托马斯・库恩. 2003. 科学革命的结构. 金吾伦，胡新和译. 北京：北京大学出版社.
万长松. 2017. 歧路中的探求——当代俄罗斯科学技术哲学研究. 北京：科学出版社.
王彦君. 2008. 俄罗斯科学哲学研究. 哈尔滨：黑龙江人民出版社.

威拉德·蒯因. 1987. 从逻辑的观点看. 江天骥，宋文淦，张家龙，等译. 上海：上海译文出版社.
雅默 M. 1989. 量子力学的哲学. 秦克诚译. 北京：商务印书馆.
姚海. 1996. 近代俄国立宪运动源流. 成都：四川大学出版社.
叶夫格拉弗夫 B E. 1998. 苏联哲学史. 贾泽林，刘仲亨，李昭时译. 北京：商务印书馆.
伊·拉卡托斯. 1986. 科学研究纲领方法论. 兰征译. 上海：上海译文出版社.
伊利切夫 Л Ф. 1982. 哲学和科学进步. 潘培新，汲自信，潘德礼译. 北京：中国人民大学出版社.
伊利延科夫. 1986. 马克思《资本论》中抽象和具体的辩证法. 郭铁民，严正，林述舜译. 福州：福建人民出版社.
扎列斯基 E. 1981. 苏联的科学政策. 王恩光，等译. 北京：科学出版社.
张念丰，郭燕顺，等. 1982. 德波林学派资料选编. 长春：吉林人民出版社.
中国人民大学辩证唯物论与历史唯物论教研室.1954. 辩证唯物论与自然科学（一）：天文学部分. 北京：中国人民大学出版社.
《哲学研究》编辑部. 1964. 苏联哲学资料选辑. 上海：上海人民出版社.
《哲学研究》编辑部. 1966. 外国自然科学哲学资料选辑. 第一辑（上册）. 上海：上海人民出版社.
Bakhurst D. 1991. Consiousness and Revolution in Soviet philosophy：From the Bolsheviks to Evald Ilyenkov. New York：Combridge University Press.
Bauer R，Inkeles A，Kluckhohn C. 1956. How the Soviet System Works：Cultural，Psychological and Social Themes，Cambridge：Harvard University Press.
Blakeley T J. 1961. Soviet Scholasticism. Dordrecht：D. Reidel Publishing Company.
Blakeley T J. 1964. Soviet Theory of Knowledge. Dordrecht：D. Reidel Publishing Company.
Bochenski J. 1947. Europäsche Philosopie der Gegenwart. Bern：A. Franke.
Bochenski J. 1950. Der Sowjetrussische Dialektische Materialismus. Bern：A. Franke.
Bochenski J. 1959. Bibliographic der Sowjetische Materialismus. Fribourg：Universität Ost-Europa Institut.
Bochenski J. 1963. Soviet Russian Dialectical Materialism. Dordrecht：D.Reidel Publishing Company.
Bochenski J. 1972. Guide to Marxist philosophy：An Introductory Bibliography. Chicago：Swllow Press.
Bochenski J. 1973. Marxusmus-Lenunismus：Wissenschaft oder Glaube. München：Olzog.
Cornforth M C. 1961. Dialectical Materialism. New York：International Publisher.
Crowther C J. 1936. Soviet Science. NewYork：E. P. Dallon & Company.
d'Encausse H. 1981. A History of the Soviet Union. London：Longman.
Dobb M. 1948. Soviet Economic Development since 1917. London：Routledge and Kegan Paul.

Dose K，Fox S W，Deborin G A，et al. 1974. The Origin of Life and Evolutionary Biochemistry. New York：Plenumn Press.

Dunlop J B. 1983. The Faces of Contemporary Russian Nationalism. Princeton：Princeton University Press.

Feyerabend P. 1975. Against Method：Outline of an Anarchstic Theory of Knowledge. London：Humanities Press.

Field M G. 1976. The Social Consequances of Modernization in Communist Societies. Baltimore：The Johns Hopkins University Press.

Fisher G，George R T De，Graham L R，et al. 1967. Science and Ideology in Soviet Society. New York：Atherton Press.

Graham L R. 1967. The Soviet Academy of Science and the Communist Party（1927-1932）. Princeton：Princeton University Press.

Graham L R. 1970. Sciene and the Soviet Social Order. Boston：Harvard University Press.

Graham L R. 1987. Science，Philosophy and Human Behavior in the Soviet Union. New York：Columbia University Press.

Graham L R. 1998. What have We learned about Science and Technology from the Russian Experience? Stanford：Stanford University Press.

Graham L R. 2006. Moscow Stories. Bloomington：Indiana University Press.

Graham L R. 2008. Science in the New Russia：Crisis，Aid，Reform. Bloomington：Indiana University Press.

Graham L R. 2013. Lonely Ideas：Can Russia Compete? Cambridge：MIT Press.

Graham L R. 2016. Lysenko's Ghost：Epigenetics and Russia. Cambridge：Harvard University Press.

Hahn W. 1982. Postwar Soviet Politics：The Fall of Zhdanov and the Defeat of Moderation，1946-1953. Ithaca：Conell University.

Haldane J B S. 1933. Science and Human Life. New York：Harper & Brothers.

Haldane J B S. 1939. Marxist Philosophy and the Science. New York：Random House.

Hogben L. 1939. Science for the Citizen：A Self Educator Based on the Social Background of Scientific Discovery. New York：Alfred A. Knopf.

Hutchinson R. 1976. Soviet Science，Technology，Design. London：Oxford University Press.

Huxley J. 1932. A Scientist among the Soviets. New York：Harper & Brothers Publishers.

Joravski D. 1961. Soviet Marxism and Natural Science（1917-1932）. New York：Columbia University Press.

Joravski D. 1970. The Lysenko Affair. Chicago：University of Chicago Press.

Jordan Z A. 1967. The Evolution of Dialectical Materialism：A Philosophical and Sociological Analysis. New York：Macmillan.

Levy H，Macmurray J，Fox R，et al. 1935. Aspect of Dialectical Materialism. London：Watts.

Lichtheim G. 1961. Marxism：An Historical and Critical Study. New York：Praegar Publishers.

Lubrano L，Solomon S G. 1980. The Social Context of Soviet Science. Colorado：Westview Press.

Lukacs G. 1972. History and Class Consciousness. Cambridge：MIT Press.

Lysenko T D.1949. The situation in biological science：Proceedings of the Lenin academy of agricultural sciences of the USSR. New York：International publ.

Marcel M. 1975. Leninsm under Lenin. London：The Merlin Press Ltd.

Marcuse H. 1958. Soviet Marxism. New York：Columbia University Press.

Medvedev Z A. 1969. The Rise and Fall of T. D. Lysenko. New York：Columbia University Press.

Mepham J，Ruben D-H. 1979. Issues in Marxist Philosophy. Vol 1. Brighton：Harvester Press.

Meyer A. 1957. Leninism，Cambridge：Harvard University Press

Müller-Markus S. 1960. Einstein und die Sowjet Philosophie. Pordrechit Holland：D. Reidel Publishing Company.

Needham J S，Davies J S. 1942. Science in Soviet Russia by Seven Biritish Scientists. London：Watts and Co.

Promper P. 1986. Trotsky's Notebooks，1933-1935，Writings on Lenin，Dialectics and Evolutionism. New York：Columbia University Press.

Scanlan J P. 1985. Marxism in the USSR：A Critical Survey of Current Soviet Thought. Ithaca：Cornell University Press.

Selsam H，Martel H. 1963. Reader in Marxist Philosophy. New York：International Publisher.

Soifer V. 1994. Lysenko and the Tragedy of Soviet Science. New Brunswick：Rutgers University Press.

Suppe F. 1977. The Structure of Scientific Theories. Urbana：University of Illinois Press.

Thomas J，Kruse-Vaucienne U. 1977. Soviet Science and Technology. Washington：George Washington University Press.

Tucker R C. 1963. The Soviet Politicl Mind：Studies in Stalinism and Post-Stalin Change. New York：Norton.

Turkevich J. 1963. Soviet Man of Science. Princeton：Princeton University Press.

Wetter G A. 1958. Der Dialektische Materialismus，Seine Geschichte und seine System in der Lebens：Zur Theorie von A. I. Oparin，Munich：München-Salzburg-Köln.

Wetter G A. 1958. Dialectical Materialism：A Historical and Systematic Survey of Philosophy in the Soviet Union. NewYork：Praegar Publishers.

Wetter G A. 1958. Philosophie und Naturwissenschaft in der Sowjetunion. Humburg：Rowohlt.

Wetter G A. 1963. Sowjet Ideologie Heute. Frankfurft：Fisher.

Zirkle C. 1959. Evolution，Marxian Biology and the Social Scene. Philadelphia：University of Pennsylvania Press.

Акчурин И А，Омельяновский М Э，Сачков Ю А. 1978. Физическая теория：философско-методологический анализ，М.：Наука.

Баженов Л В. 1978. Строение и функция естественнонаучной теории. М.：Науки.

Беляев Е А. 1971. Формирование и развитие сети научных учреждерий СССР. М.：Наука.

Власов М Г. 1968. Рождение советской интеллигенции. М.：Госполитиздат.

Горбнов Н П. 1960. В. И. Ленин во главе великого строительства. М.：Госполитиздат.

Грязнов Б С，Садовский В Н. 1978. Структура и развитие науки. М.：Прогресс.

Грязнов Б С. 1972. Методологические основы теории научного познания. М.：Высшая школа.

Давытова Ю Н. 1988. Критика немарксистских концепций диалектики ⅩⅩ века：Диалектика и проблемы иррационального. М.：МГУ.

Иглис Г М. 2010. Исследование по истории физики и механики. М.：Издадельство фирма “физико-математическая литература”.

Игнатенко Е И. 1989. Чернобыль：события и уроки. М.：Политиздат.

Илларионов С В. 2007. Теория познания и философия науки. М.：РОССПЭН.

Ильенков Э В. 1974. Диалектическая логика. М.：Политиздат.

Ильенков Э В. 1997. Диалектика абстрактного и конкретного научно-теоритическом мышлении. М.：РОССПЭН.

Ильенков Э В. 1999. Личность и творчество. М.：Языки русской культуры.

Иовчук И Я，Ойзерман Т И，Щипанов И Я. 1971. Краткий очерк истории философии. М.：Мысль.

Кедров Б М. 1947. Энгельс и естествознание. М.：Госпотиздат.

Кедров Б М. 1958. День одного великого открытия：Об открытии периодич. закона Менделеевым. М.：Соцэкгиз.

Кедров Б М. 1962. Предмет и взаимосвязь естественных наук. М.：Академия наук СССР.

Кедров Б М. 1977. Прогнозы Д.И.Менделеева в атомистике：неизвестные элементы.Том 1. М.：Атоммиздат.

Кедров Б М. 1983. О методе изложения диалектики：три великих замысла. М.：Наука.

Комков Г Д，Карпико О М，Левшин Б В.，и др. 1968. Академия наук СССР. М.：Наука.

Копнин П В. 1961. Диалектика как логика. Киев：Наукова Думка.

Копнин П В. 1966. Введение в марксистскую гносеологию. Киев：Наукова думка.

Копнин П В. 1969. Философские идей В. И. Ленина и логика проблемы диалектики как логики и теории познания. М.：Наука.

Копнин П В. 1973. Диалектика，логика，наука. М.：Наука.

Корольков А А，Браский В П. 1990. Роль философии в научного исследовании. Л.：ЛГУ.

Косарева Л И. 1977. Предмет науки：социально-философский аспект проблемы. М.：Наука.

Кравченко А М，Лукьяннец В С. 1989. Структура оснований физической теории：философские проблемы оснований физико-математеческого знания. Киев：Наукова Думка.

Крижанновский Г. 1974. Памня Ленина：Сборник статей к дедельностию со дня смерти （1924-1934）. М.-Л.：Академия наук СССР.

Левин Г Д. 2005. Проблема универсалий：Современный взгляд. М.：Канон+.

Лекторский В А. 1998. Философия не кончается…М.：РОССПЭН.

Мамчур Е А，Овчиников Н В，Огурцов А П. 1997. Отечерственная философия науки：предварительные итоги. М.：РОССПЭН.

Мамчур Е А. 1975. Проблема выбора теория. М.：Наука.

Мамчур Е А. 1987. Проблемы социокультурной детерминации знании. М.：Наука.

Мамчур Е А. 1990. Естествознание：системность и динамика. М.：Наука.

Никитин Е П. 1988. Открытие и обоснование. М.：Мысль.

Ойзерман Т И. 1958. К.Маркс-основоположник диалектического и исторического материализма. М.：Знание.

Ойзерман Т И. 1969. Ленинские принципы научной критики идеализма. М.：Знание.

Ойзерман Т И. 1971. Главные философские направления：теорический анализ историко-философского процесса. М.：Мысль.

Ойзерман Т И. 1989. Научно-философское воззрение марксизма. М.：Наука.

Ойзерман Т И. 2003. Марксизм и утопизм. М.：Прогресс-Традиция.

Ойзерман Т И. 2009. Метафилософия：теория историко-философского процесса. М.：Канон+.

Печенкин А А. 1984. Гипотетико-дедуктивная схема строения научного знания и ее альтернативы. М.：Наука.

Раджабов У А. 1982. Динамика естественно-научного знания. М.：Наука.

Ракитов А И. 1977. Философские проблемы науки：системный подход. М.：Мысль.

Рузавин Г И. 1978. Научная теория：Логико-методологический анализ. М.：Мысль.

Соболева Е В. 1983. Организация науки в пореформанной России. Л.：Наука.

Стёпин В С，Горохов В Г，Розов М А. 1996. Филосщфия науки и техники. М.：Гардарики.

Стёпин В С. 1976. Становление научной теории. Минск：БГУ.

Стёпин В С. 1981. Идеалы и нормы научного исследования. Минск：БГУ.

Стёпин В С. 1982. Критика теории познания и методологии современного позитивизма. М.：ИНИОН АН СССР.

Стёпин В С. 1985. Научные революциии как“точки”бифункации в развитии знании. Научные революции и динамике культуры. Минск：БГУ.

Стёпин В С. 1992. Филосовская антропология и философия науки. М.：Высшая школа.

Стёпин В С. 2000. Теоретичесое знание，структура и историческая эволюция. М.：Прогресс-Традиция.

Стёпин В С. 2011. История и философия науки. М.：Академический проект.

Стёпин В С. 2018. Человек，деятекьность，культура. СПБ：СПБГУП.

Сухомлинов М И. 1875. История Российской академии，СПб：тип. Императорской акад. Наук.

Фролов И Т. 1985. Человек и его будущего：научный социальые и гуманнические аспекты// Марксистско-ленинская концепция глобальных проблем современности.М.：Наука.

Фролов И Т. 1988. Философия и история генетки. М.：Наука.

Фролов И Т.，Юдин Б Г. 1986. Этика Науки：Проблемы и дискуссии. М.：Политиздат.

Фролов И Т.，Юдин Б Г. 1986. Этические аспекты биологии. М.：Знание.

Чудинов Э М. 1977. Природа научного истины. М.：Политиздат.

Швырёв В С. 1966. Неопозитивизм и проблема эмпирического обосновании науки. М.：Наука.

Швырёв В С. 1975. Теоретическое и эмпирическое в научном познании. М.：Наука.

Швырёв В С. 1978. О соотношении теоретического и эмпирического в научном познании. М.：Наука.

Швырёв В С. 1979. Природа научного познании：Логико-методологический аспект. Минск：БГУ.

Швырёв В С. 1988. Анализ научного познания：основные направление，формы，проблемы. М.：Наука.

英俄汉术语对照表

A

absolute concept	абсолютная концепция	绝对概念
absolute world	абсолютный мир	绝对世界
abstraction	абстракция	抽象
accelerating field	поле ускорения	加速场
Acmeism	Акмеизм	阿克梅派
acquired character	приобретённое свойство	获得性
action at a distance theory	действие на расстоянии теория	超距作用
ad hoc hypothesis	к этой гипотезе	特设性假设
analytic method	аналитический метод	分析方法
analytic philosophy	аналитическкая философия	分析哲学
anything goes	всё позволено	怎么都行
artificial language	искусственный язык	人工语言
Assoiation of Battle Materialist （ABM）	Общество войнных материалистов （OBM）	战斗唯物主义者协会
atomic weight	атомный вес	原子量
attribute	свойство	属性
autogenetic theory	автогенез	自生论

B

basic question of philosophy	основный вопрос философии	哲学基本问题
being	бытие	存在

Bell inequality	Белл неравенство	贝尔不等式

C

centralism	централизм	集权主义
Chernobyl nuclear disaster	Чернобылбская ядерная катастрофа	切尔诺贝利核灾难
chromosome	хромосома	染色体
coacervate	коацерват	团聚体
coherentism	когерентизм	融贯论
colloid	коллоид	胶体
concrete	конкретизовация	具体
conservation law	закон сохранения	守恒定律
context of discovery	контекст открытия	发现上下文
context of verificatin	контекст обоснования	论证上下文
contingency	случайность	偶然性
conventionalism	конвенционализм	约定论
convergency theory	теория конвергенции	趋同论
convex	выпуклое тело	凸面体
coordinate	координаты	坐标
Copenhagen interpretation	Копенгагенская интепретация	哥本哈根解释
Copernicon revolution	революция Коперника	哥白尼革命
correspondence theory	теория корреспонденциия	符合论
corvee system	барщина	徭役制
covariation	ковариация	协变性
cultural setting	культурное заданное	文化设定物

D

Darwinism	Дарвинизм	达尔文主义
delocalization	делокализация	非定域化
determinism	детерминизм	决定论
dialectical materialism	диалектеческий материализм	辩证唯物主义
dialectics of nature	диалектика природы	自然辩证法
dialectics	диалектика	辩证法
direct transition	непосредственрый переход	直接过渡
disciplinary matrix	дисциплинарная матрица	专业母体
division	отделение	区隔
dogmatism	догматизм	独断论

dualism	дуализм	二元论

E

Eastern Orthodox Church	православие	东正教
Edinburgh school	Эдинбурская школа	爱丁堡学派
Einstein-Podorsky-Rosen Paradox	Парадокс Эйнштейна-Подольского-Розена	EPR 悖论
element	элемент	元素
elliptic differential geometry		椭圆型微分几何
embodiment	олицентворение	具身关系
energetics	энергетика	唯能论
energy	энергия	能量
ensemble	ансембль	系综
epigenetics	эпигенетика	表观遗传学
epistemology	гносеология	认识论
error	ошибка	误差
essence	сущность	本质
Euclidean geometry	Евклидова геометрия	欧几里得几何学
Eureka	Эврека	尤里卡
experience	опыт	经验
experiment	эксперимент	实验

F

falsificationism	фальсификационизм	证伪主义
falsify	фальсификация	证伪
fideism	фитеизм	信仰主义
field theory	теорие поля	场论
foundation of scientific knowledge	основание научного знания	科学知识的根据
four-dimensional continuum	четрехмерный континуум	四维连续体
framework of concept	рамка концепции	概念框架
free will	свободная воля	自由意志
Freudianism	Фрейдизм	弗洛伊德主义
function	функция	机能
functional analysis	функциональный анализ	泛函分析

G

genaral isoperimetric inequiality	общее изопериметрическое неравенство	一般等周不等式
generality	общность	共性
genetics	генетика	遗传学
genonema	генонема	基因线
Gödels incompleteness theorem	теорема Геделя о неполноте	哥德尔不完全定理
gravitational field	поле тяготения	引力场
gravitational mass	гравитационная масса	引力质量

H

heredity	расследование	遗传
heuristics	эвристика	启发法
hidden variables	скрытый параметр	隐参量
Hirbert space	Гирберт пространство	希尔伯特空间
ideal and norm of science	идеал и норм науки	科学的理想和规范
ideal experiment	идеальный эксперимент	理想实验
ideal	идеальное	观念物
idealism	идеализм	唯心主义
incommensurability	несоизмеримость	不可通约性
indefinite metric space	неопределенное метрическое пространство	不确定度量空间
individuality	индивидуальность	个性
inductivism	индуктивизм	归纳主义
inertial field	поле инерция	惯性场
inertial mass	масса инерция	惯性质量
interval approach	интервальный подход	间隔方式
intuitionism	интуитивизм	直觉主义
Ionian shool	ионическая школа	伊奥尼亚学派
irrationalism	иррационализм	非理性主义
irreversibility	необратимость	不可逆性

K

Kantianism	Кантианство	康德主义
Kant-Laplace Hypothesis	Кант-Лаплас гипотеза	康德-拉普拉斯假说
Kepler law	закон Капрела	开普勒定律

L

labour service	трудовая повинность	工役制
Lamarckism	Ламаркизм	拉马克主义
level	уровень	层次
liberty	свобода	自由
life	жизнь	生命
life-world	жизненный мир	生活世界
limiting case	предельный слуай	极限情况
linguistic turn	лингвистиеский поворот	语言学转向
liquidationism	ликвидаторство	取消主义
Lorentzrenz transformation	Лоренц трансформация	洛伦兹变换

M

Machism	Махизм	马赫主义
many-electron	theory многоэлектронная теория	多电子理论
mass	масса	质量
materialism	материализм	唯物主义
materialistic dialetics	материалистическая диалектика	唯物辩证法
mathematical crystallography	математическая кристаллография	数学晶体学
mechanistic materialism	механистический материализм	机械唯物主义
megascience	меганаука	大科学
metacriterion	метакритерий	元标准
metaphysics	метафитика	形而上学
methodology of scientific research programme	методология программы научного исследования	科学研究纲领方法论
methodology	методология	方法论
mexed object	смешаный объект	混合客体
Michurinism	Мичуринизм	米丘林主义
microobject	микрообъект	微观客体
mind-body problem	проблем души и тела	身心问题
mixed intersection	смешаный объем	混合相交体
momentum	количество движения	动量
Morganism	Морганизм	摩尔根主义

N

narrative method	метод изложения	叙述方法

natural selection	естественный отбор	自然选择
neccesity	необходимость	必然性
NEPMAN man of new economic policy	НЭПМАН man новой экономической политики	耐普曼
Neutral Language Programme	нейтральный лингвистический план	中性语言规划
new economic policy	новой экономической политики	新经济政策
nihilism	нигилизм	虚无主义

O

object	объект	客体
objective	объективный	客观
observational sentence	наблюдательный приговор	观察语句
ontological commitment	онтологическая приверженность	本体论承诺
ontology of nature	онтология природы	自然本体论
ontology	онтология	本体论
operationalism	операционализм	操作主义
origin of life	происхождение жизни	生命起源
ottepel（unfreeze）	оттепель	解冻

P

paradigm	парадигм	范式
paradox	парадокс	悖论
party character	партийнность	党性
patriarchal relation	патриархальное отношение	宗法关系
Pauling's principle	принцип поулинга	泡利原理
periodic table of elements	периодическая таблица элементов	元素周期表
phenomenon	явление	现象
philosoohy of science and	философия науки и техники	科学技术哲学
philosophization	философствование	哲学化
philosophy of nature	натурилософия	自然哲学
philosophy of science technology	философия науки	科学哲学
pilot-wave	пилот волна	导波
point of force	точка приложения силы	力点
populists	народничество	民粹派
positivism	позитивизм	实证主义

postive science	позитивная наука	实证科学
pragmatism	прагматизм	实用主义
presupposition knowledge	знание посылки	前提性知识
probability	вероятность	几率
proletarian cultural school	пролеткультовец	无产阶级文化派
pure object	чистый объект	纯粹客体

Q

quantum ensemble	квант ансембль	量子系综
quantum entanglement	квант запутанность	量子纠缠
quasimarxism	квазимарксизм	赝马克思主义

R

rationalism	рационализм	理性主义
realism	реализм	实在论
reason	разум	理性
receive view	стандартная концепция	公认观点
regressive doctrine	регрессивная доктринант	回归主义
relactivity to	релятивность к	关涉
relative concept	относительная концепция	相对概念
relativism	релятивизм	相对主义
relativity theory	теория относительности	相对论
representative	репрезентативное	被代现者
resonance theory	теория резонаса	共振论
Riemannian geometry	Риманова геометрия	黎曼几何学
RSPOE，Russia State Plan of electrification	ГОЭЛРО，Государственный план электрификации России	俄罗斯国家电气化计划
Russian（Soviet）Philosophy of Science and Technology	Русская（Советская）философия науки и техникиа	俄（苏）科学技术哲学

S

school of Debolin	школа Деборина	德波林派
Science Studies	научные исследования	科学元勘
scientific and techlological revolution（STR）	научно-техническая революция（НТР）	科学技术革命
second law of thermodynamics	второй закон термодинамики	热力学第二定律

semantics	семантика	语义学
sensation	ощущение	感觉
sensibility	сенсуальность	感性
sensualism	сенсуализм	感觉主义
sensuous contemplation	чувственное созерцание	直观
serfdom	крепостничество	农奴制
shape and properties	вид и свойство	性状
slavic civilization	славянская цивилизация	斯拉夫文化
slavic context	славянский контекст	斯拉夫语境
socialist primitive accumulation	социалистическое первоначальное покопление	社会主义原始积累
Sovietology	Советология	苏联学
space	пространство	空间
spin	спин	自旋
statistical causation	стастичуская причинность	统计因果性
struggle for survival	борьба за существование	生存竞争
subject	субъект	主体
subjective	субъективное	主观
substsnce	субстанция	实体
superposition of states	суперпозиция состояний	叠加态
syntactics	сентактика	语形学
synthesis	синтез	综合

T

tacit knowledge	неявное знание	隐知识
technocracy	технократия	技治主义
tenacity principle	принцип вязкости	韧性原理
The Eleatic School	Элейская школа	埃里亚学派
the law of contradiction	закон противоречия	矛盾律
the sixtie people（1960 s people）	шестидесятый человек（1960 г. человек）	六十年代人
the theory of measure	теория измерения	度量理论
the theory of tide	теория прилива	潮汐说
the whole world	весь мир в целом	整个世界
theoretic sentence	теоретический приговол	理论语句
theory of gravity	теория гравитация	引力论
theory	теория	理论
theory-loaded	теория-нагруженный	理论荷载

three-valued logic	тризначимая логика	三值逻辑
time	время	时间
tolerant principle	терпимый принцип	宽容原则
two dimensional manifold with closed surfaces	двумерное многообразие с замкнутыми поверхностями	闭曲面二维流形
two short phrases	две кроткие фразе	双短语
two-valued logic	двузначимая логига	二值逻辑

U

uncertainty principle	принцип неопределенности	测不准原理
understanding	разумение	知性
United Communist Party（Bolsheviks）	Всесоюзная Коммунистическая партия（Большевиков）	联共（布尔什维克）
unity of world	единство мира	世界统一性

V

valiation	вариация	变异
variational method	вариационное исчисление	变分法
verisimilitude	правдоподобие	拟真度
view of nature	понимание природы	自然观

W

wave function	волновая функцияый	波函数
wave packed collapse	волна карман свернуть	波包坍缩
wave-particle duality	корпускулярно-волновой дуализм	波粒二象性
world outlook	мировоззрение	世界观

英汉人名对照表

A

Adams，M. B.	亚当斯
Aquinas，T.	阿奎那
Aristotle	亚里士多德
Aronova，E.	阿罗诺娃
Assimakopoulos，M.	阿西马科普洛斯
Ayer，A.	艾耶尔

B

Bacon，F.	培根
Bakhurst，D.	贝库斯特
Bandler，R.	班德勒
Bateson，W.	贝特森
Bauer，R. A.	鲍尔
Bell，D.	贝尔
Bergson，H.	柏格森
Bernal，J. D.	贝尔纳
Blakeley，T. J.	布莱克利
Bochenski，J. M.	波亨斯基
Bohm，D.	玻姆
Bohr，N.	玻尔
Bondi，H.	邦迪
Boscovich，R.	波斯科维奇
Bradley，F. H.	布拉德雷

Brentano，F.	布伦塔诺
Broad，C. D.	布罗德
Brunschvicg，L.	布伦瑞克
Burbank，L.	布尔班克

C

Camus，A.	加缪
Caritt，E. F.	卡里特
Carnap，R.	卡尔纳普
Chamberlain，T. C.	张伯伦
Copernicus，N.	哥白尼
Croce，B.	克罗齐
Crom，J. F.	克罗姆
Crombie，A. C.	克隆比
Crowser，J. G.	克劳瑟

D

Davidson，D.	戴维森
de Broglie，P. R.	德布罗意
Deborin，G. A.	德波林
Derrida，J.	德里达
Deser，S.	德塞尔
Duhem，P.	迪昂
Dutt，R. P.	杜德
Dutt，C. P.	杜德

E

Einstein，A.	爱因斯坦
Engels，F.	恩格斯
Euclid	欧几里得
Euler，H.	欧拉

F

Feyerabend，P.	费耶阿本德
Fox，S. W.	福克斯

G

Galileo，G.	伽利略
Garbraith，K.	加尔布雷思
Gardan，E. J.	嘉当
Gasset，O. Y.	加塞特
Gide，A.	纪德
Glashow，S.	格拉肖
Gollancz，V.	格兰茨
Goter，H.	戈特
Graham，L. R.	格雷厄姆
Grinder，J.	格林德尔

H

Haldane，J. B.	霍尔丹
Hans Blix	布利克斯
Hanson，N. R.	汉森
Harada，K.	哈拉达
Hartree，D. R.	哈特里
Hatmann，N.	哈特曼
Hawking，S. W.	霍金
Hegel，G. W. F.	黑格尔
Heidegger，M.	海德格尔
Heine，H.	海涅
Helvetius，C. A.	爱尔维修
Heraclitus	赫拉克利特
Herbart，J. F.	赫尔巴特
Hogben，L. T.	霍格本
Holt，E. B.	霍尔特
Hussert，E. G.	胡塞尔
Hutchinson，R.	哈钦森

I

Ihde，D	伊德
Inkeles，A.	英克尔斯

J

Jeans，J.	金斯
Jeffreys，J.	杰弗里斯
Johannsen，W. L.	约翰逊
Joravski，D.	若拉夫斯基

K

Kitcher，P.	基切尔
Klingberg，W. P.	克林贝尔格
Kluckhohn，C.	克拉克洪
Kuhn，T.	库恩

L

Lakatos，I.	拉卡托斯
Laudan，L.	劳丹
Lebet，A. I.	莱贝特
Lessing，G. E.	莱辛
Levy，H.	莱维
Lichnerowicz，A.	里奇涅罗维奇
Lippman，W.	李普曼
Lotsy，J. P.	洛齐
Lovejoy，A. O.	洛夫乔伊
Lowin，M.	卢因
Lukacs，G.	卢卡奇

M

Martel，H.	马特尔
Marx，K.	马克思
Maxwell，J. C.	麦克斯韦
Meinong，I.	迈农
Mender，G. J.	孟德尔
Mepham，J.	梅法姆
Mettrie，L.	美特利
Meyerson，E.	梅耶松
Minkowski，H.	闵可夫斯基
Moore，J. E.	摩尔

Mora，P. T.　莫拉
Morgan，T. H.　摩尔根
Moulton，F. R.　莫尔顿
Müller，H. J.　缪勒

N

Nagel，E.　内格尔
Needham，J.　李约瑟
Newton，I.　牛顿

O

Orwell，G.　奥威尔
Ostwald，W.　奥斯特瓦尔德

P

Pavlovskaya，T. E.　帕甫洛夫斯卡娅
Planck，M.　普朗克
Poincare，H.　彭加勒
Polanyi，M.　波朗尼
Popper，K.　波普尔
Pouchet，F. A.　普歇
Putnam，H.　普特南

Q

Quine，W. V. O.　蒯因

R

Rauch，H. E.　劳赫
Ricoeur，P.　利科
Robinet，J. B.　罗比耐
Rolland，R.　罗兰
Rorty，R.　罗蒂
Rosen，N.　罗森
Roussea，J.　卢梭
Ruben，D-H.　鲁本
Russell，B.　罗素

S

U

V

W

俄汉人名对照表

А

Абагян，А. А.	阿巴江
Авакян，А. А.	阿瓦基扬
Агол，И. И.	阿果尔
Аксельрод，Л. И.	阿克雪里罗得
Александр Ⅱ	亚历山大二世
Александров，А. Д.	亚历山大洛夫
Александров，А. П.	亚历山大洛夫
Александров，В. А.	亚历山大洛夫
Александров，Г. Ф.	亚历山大洛夫
Александров，И. Г.	亚历山大洛夫
Алексеев，И. С.	阿列克谢耶夫
Андреев，Э. Н.	安德烈耶夫
Асмус，В. Ф.	阿斯穆斯
Ахундов，М. Д.	阿洪多夫

Б

Баженов，Л. Б.	巴热诺夫
Бакунин，П. П.	巴库宁
Баммель，Г. К.	巴梅尔
Банч-Бруевич，М. Д.	邦契-布鲁也维奇
Барыкин，В. А.	巴雷金
Батищев，Г. С.	巴吉谢夫
Бах，А. Н.	巴赫

Бекетов，Н. Н.	别克托夫
Белинсгаузен，Ф. Ф.	别林斯高晋
Белинский，В. С.	别林斯基
Берг，Л. С.	别尔格
Бердяев，Н. А.	别尔嘉耶夫
Блохинцев，Д. И.	布洛欣采夫
Блудов，Д. И.	布鲁多夫
Блюментрост，Л. Л.	布留门特洛斯特
Бовин，А. Е.	鲍文
Богданов，А. А.	波格丹诺夫
Богоявленский，Л. Н.	博格亚夫连斯基
Бошиан，Г. М.	波希扬
Бредихин，Ф. А.	勃列吉欣
Брежнев，Л. И.	勃列日涅夫
Бризе，Р. К.	布里泽
Брюханов，В. П.	布柳哈诺夫
Бутлеров，А. М.	布特列洛夫
Бухарин，Н. И.	布哈林
Быханов，Е. В.	贝汉诺夫

B

Вавилов，Н. И.	瓦维洛夫
Вавилов，С. И.	瓦维洛夫
Варьяш，А. И.	瓦利亚什
Васильев，В. П.	瓦西里耶夫
Ващук，Н. В.	瓦修克
Велинкий князь Романов	罗曼诺夫亲王
Вернадский，В. И.	维尔纳茨基
Веселовский，К. С.	韦谢洛夫斯基
Виденев，Б. Е.	维杰涅夫
Вильнщекий，М. Б.	威林谢基
Вильямс，В. Р.	威廉斯
Виноградский，С. Н.	维诺格拉茨基
Винтер，А. В.	温切尔
Вислобоков，А. Д.	维斯洛波可夫
Выготский，Л. С.	维果茨基

Г

Гагарин，П. П.	加加林
Генкель，П. А.	亨克尔
Герцен，А. И.	赫尔岑
Гесс，Г. И.	盖斯
Гессен，Б. М.	格森
Глушков，В. Г.	格鲁什科夫
Голицын，Б. Б.	戈里岑
Головнин，А. В.	戈洛夫宁
Горбунов，Н. П.	戈尔布诺夫
Гранин，Д. А.	格拉宁
Грязнов，Б. С.	格里亚兹诺夫
Губкин，И. М.	古布金
Гумилёв，Н. С.	古米廖夫
Гусев，А. А.	古雪夫

Д

Данилов，А. А.	达尼洛夫
Дашкова，Е. Р.	达什科娃
Деборин，А. М.	德波林
Делокаров，К. Х.	杰洛卡罗夫
Дзержинский，Ф. Э.	捷尔任斯基
Дмитриев，Г. Ф.	德米特里耶夫
Докучаев，В. В.	道库恰耶夫
Дудинцев，В. Д.	杜金采夫
Дышлевый，П. И.	德什列维
Дятков，А. С.	加特科夫

Е

Егоров，Д. Г.	叶戈罗夫
Екатерина Ⅱ	叶卡捷琳娜二世

Ж

Жданов，А. А.	日丹诺夫
Жданов，Ю. А.	日丹诺夫
Жуковский，Н. Е.	茹科夫斯基

З

Завадовский，Б. М.	扎瓦多夫斯基
Загладин，В. В.	扎格拉金
Здровский，П. Ф.	兹德罗夫斯基
Зильбер，Л. А.	季利别尔
Зильберман，Д. Б.	西尔伯曼
Зинин，Н. Н.	济宁

И

Иглис，Г. М.	伊德里斯
Игнатенко，В. И.	伊格纳金克
Игнатьев，В. Н.	伊格纳契耶夫
Израэль，Ю. А.	伊兹拉埃尔
Ильенков，Э. В.	伊里因科夫
Ильин，Л. А.	伊里因
Ильчев，Л. Ф.	伊利切夫

К

Каверин，И. Д.	卡维林
Кайзерлинг，Г. К.	凯泽林
Калинин，Ф. И.	卡里宁
Капица，П. Л.	卡皮查
Карев，Н. А.	卡列夫
Карпинко，О. М.	卡尔宾科
Карпинский，А. П.	卡尔宾斯基
Катков，М. Н.	卡特科夫
Кедров，Б. М.	凯德洛夫
Кибинков，В. Н.	基宾科夫
Килов，С. М.	基洛夫
Клаус，К. К.	克劳斯
Книпович，Н. М.	克尼波维奇
Коваленко，А. П.	科瓦连科
Козо-Полянский，Б. М.	科佐-波利扬斯基
Коллонтай，А. М.	柯伦泰
Кольман，Э.	科尔曼
Комков，Г. Д.	科姆柯夫

Константинов，Ф. В.	康斯坦丁诺夫
Копнин，П. В.	科普宁
Коровиков，В. И.	科罗维柯夫
Корф，И. А.	科尔夫
Костычев，С. П.	科斯特切夫
Косыгин，А. Н.	柯西金
Кравец，Т. П.	克拉维茨
Кренсевский，В.	克连谢夫斯基
Кржижановский，Г. М.	克尔日札诺夫斯基
Кричевский，И. Р.	克里切夫斯基
Крупская，Н. К.	克鲁普斯卡娅
Крылов，А. Н.	克雷洛夫
Кузнецов，И. В.	库兹涅佐夫
Кузнецова，Н. И.	库兹涅佐娃
Кунцевич，А. Д.	昆采维奇
Курнаков，Н. С.	库尔纳科夫
Курсанов，А. Д.	库尔萨诺夫

Л

Лазарев，П. П.	拉札列夫
Ландсберг，Г. С.	兰德斯贝格
Ларин，Ю.	拉林
Лаушкин，Ю. А.	拉乌斯金
Лебедев，П. Н.	列别捷夫
Лебедев，С. В.	列别捷夫
Левин，Г. Д.	列文
Левин，М. Л.	列文
Левинсон-Лесинг，Ф. Ю.	列温松-莱辛
Левит，С. Г.	列维特
Левшин，Б. В.	列夫申
Легасов，В. А.	列加索夫
Лекторский，В. А.	列克托尔斯基
Ленин，В. И.	列宁
Лепёхин，И. И.	列皮奥欣
Лепешинская，О. Б.	勒柏辛斯卡娅
Литке，Ф. П.	利特克
Лобачевский，Н. И.	罗巴切夫斯基

М

Н

Никифоров，П. М.	尼基弗罗夫
Николай Николаевич	尼古拉耶维奇
Новик，И. В.	诺维克
Новиков，Н. И.	诺维科夫
Новосильцев，Н. Н.	诺沃西利采夫
Норов，А. С.	诺罗夫

О

Обручев，В. А.	奥布鲁契夫
Овчиников，Н. В.	奥伏钦尼科夫
Огурцов，А. П.	奥古尔佐夫
Озерецковский，Н. Я.	奥泽列茨科夫斯基
Ойзерман，Т. И.	奥伊则尔曼
Ольденбург，С. Ф.	奥尔登堡
Орлов，В. Г.	奥尔洛夫
Осинский，В. В.	奥辛斯基

П

Павел Ⅰ	保罗一世
Паллас，П. С.	帕拉斯
Пётр Великий. Пётр Ⅰ	彼得大帝
Петров，М. К.	彼得罗夫
Пикалов，В. К.	皮卡洛夫
Платонов，Г. В.	普拉东诺夫
Плетнёв，В. Ф.	普列特涅夫
Плеханов，Г. В.	普列汉诺夫
Поликаров，А. П.	波利卡洛夫
Попов，А. С.	波波夫
Попович，М. В.	波波维奇
Правик，В. П.	普拉维克
Презент，И. И.	普列津特
Преображенский，Е. А.	普列奥布拉任斯基
Пушкин，А. С.	普希金

Р

Раджабов，У. А.	拉贾波夫

Радищев，А. Н. 拉吉舍夫
Разумовский，К. Г. 拉祖莫夫斯基
Ральцевич，В. Н. 拉里采维奇
Рамзин，Л. К. 拉姆津
Рогожкин，Б. В. 罗果日金
Розенталь，М. М. 罗森塔尔
Розинг，Б. Л. 罗金
Розов，В. Г. 罗佐夫
Романов，К. К. 罗曼诺夫
Рубинстейн，С. Л. 鲁宾斯坦
Русов，Э. 鲁索夫
Руткевич，М. Н. 鲁特凯维奇

С

Садовский，В. Н. 萨多夫斯基
Самойлов，А. В. 萨莫依洛夫
Сапожников，П. Ф. 萨波日尼科夫
Сарабьянов，В. Н. 萨拉比扬诺夫
Сахаров，А. Д. 萨哈罗夫
Свидерский，В. И. 斯维捷尔斯基
Севергин，В. М. 谢维尔金
Северцов，А. Н. 谢维尔佐夫
Семёнов，Н. Н. 谢苗诺夫
Серебровский，А. С. 谢列布罗夫斯基
Серёжриков，В. К. 谢廖日里科夫
Серуве，В. Я. 司徒卢威
Сикорский，И. И. 西科尔斯基
Скворцов-Степанов，И. И. 斯克沃尔佐夫-斯捷潘诺夫
Смирнов，А. Н. 斯米尔诺夫
Соболева，Е. В. 索波列娃
Соловьёв，В. С. 索洛维约夫
Спиркин，А. Г. 斯皮尔金
Сталин，И. В. 斯大林
Стеклов，В. А. 斯捷克洛夫
Степанян，Ц. А. 斯捷潘年
Стёпин，В. С. 斯焦宾

Степняк-Кравчинский，С. М.	斯捷普尼亚克-科拉夫钦斯基
Столетов，А. Г.	斯托列托夫
Столыпин，П. А.	斯托雷平
Струмилин，С. Г.	斯特鲁米林
Стэн，Я. Э.	斯滕
Суворов，Л. С.	苏沃洛夫

Т

Тамм，И. Е.	塔姆
Телятников，К. П.	杰良特尼科夫
Терлецкий，Я. П.	捷尔列茨基
Тимирязев，К. А.	季米里亚捷夫
Тищура，В. П.	吉舒拉
Токин，В. П.	托金
Толстой，Д. А.	托尔斯泰
Толстой，Л. Н.	托尔斯泰
Троицкий，А. Я.	特罗依茨基
Троицкий，Н. Н.	特罗依茨基
Трубников，Н. Н.	特鲁布尼科夫
Турин，В. М.	图林
Тытенок，Н. И.	戴杰诺克
Тюхтин，В. С.	丘赫金

У

Уваров，С. С.	乌瓦罗夫
Уемов，А. И.	乌耶莫夫

Ф

Фалькнер-Смит，М. Н.	斯密特
Фаминцын，А. С.	法明岑
Фёдоров，Е. С.	费奥多洛夫
Федоров，Н. Ф.	费多罗夫
Федосеев，П. Н.	费多谢耶夫
Ферсман，А. И.	费尔斯曼
Филатов，В. П.	费拉托夫
Фок，В. А.	福克
Фомин，Н. М.	福明

后　记

1985年，龚育之先生在北京主持了“苏联自然科学哲学丛书”编委会会议，决定将苏联一批科学技术哲学的原著译成中文出版，他任编委会主任，我是常务主编。后来得到黑龙江省委的支持，省财政拨专款资助。当时与出版社协议出15部书，第一批先出三部，第一部就是龚师的大作《历史的足迹——苏联自然科学领域哲学争论的历史资料》。经过努力，三部文稿交到出版社，不久我即奉派出国做高级访问学者，后续事务交由一位年轻同志处理。我回国后，得知由于我的疏忽，没有与出版社签订书面合同，15部书无法出齐。2007年我参加北大召开的一个纪念会，龚师抱病出席，会前我到休息室看他，把我的《跋涉的理性》送他，简单汇报了一下俄（苏）科学技术哲学的研究情况。龚师握着我的手，说：“好好干吧。”冰冷的手，苍白的脸，我知他已重病在身，果然先生只在主席台坐了几分钟，就提前告退了。不想那就是我和先生的永诀。三十年来，再出一套新的俄（苏）科学技术哲学丛书，弥补我的过失，实现龚师对我的殷殷期望，成了我暮年的沉重心事。

2016年11月在浙江大学召开的全国俄（苏）科学技术哲学学术讨论会上，科学出版社以推进学术进步的前瞻眼光和宏伟的学术气魄，毅然决定出版“俄罗斯科学技术哲学文库”，这使我欢忭雀跃，多年心愿终于得偿。该文库由科学出版社负责编辑出版。我的几位当年的学生不仅促我主持其事，而且鼓动我再作冯妇，重新操刀，出一本新著。想到手中还有一些积稿，近些年又就这一主题做过几次学术报告，经不住至交的诱劝，便贸然答应下来。没想到当时的讲座只有简单的课件，敷衍成文却是浩大的工程，而今年事已高，不知能否经受住这样的挑战。压力和动力的关系确实是辩证的，如果没有这样的压力这本书是不可能问世的。我要感谢早年的研究生和学生刘孝廷、万长松、白夜昕、王彦君，他们已学有所成，成长为大邑上庠的名家，但始终念及程门立雪，对我有深深的精神依恋。他们对我的激励和期望，是我砥砺前行、老而弥笃的动源。还要感谢我的研究生刘春国，他在事业上风生水起，但不忘初心，一直关注本文库的出版，慷慨赞助，保证了此书如期问世。更要感谢科学出版社的领导，使我能与这一权威出版社两次结缘，“庶青萍结绿，长价于薛卞之门”。特别要感谢我的第一任责编刘溪同志，他学殖丰厚，慧眼卓识，与作者在学术之路上结伴同行，关怀呵护，不遗余力，且慧眼镜心，如钱钟书先生所说“小扣则发大鸣”，对文稿的修订提出许多宝贵意见。他是拙著和整套文库真正的助产士，已经把自己的名字铭刻在中国俄（苏）科学技术哲学研究的历史上。

在这个年龄段从事如此艰苦的思维劳作，最提心吊胆的是我的爱妻。而我到了这个年龄段竟诸务冗杂，一如既往，真如先贤刘半农所说：“当还不尽文章债，欲罢无从事务麻”。爱妻无奈地伴着我走过了这段时日，她的理解和深沉的爱使我心无罣碍地在思想的天空中自由地飞翔。在写作的最后阶段，我五岁的小外孙女正萦绕膝下，这孩子伶俐聪慧，对我的写作生活十分好奇，也许是因为我似乎与周边老人的生活方式迥乎不同。她略识一些字，看到我写的标题“迷思后的清醒”突然发问：“为什么不是清醒后的迷思呢？”我一时不知如何作答，她却自己回答说：“迷思后的清醒可以开始工作，清醒后的迷思就不能工作了！”想一想，孩子说的很有哲理：从迷惘中走出来，是开始工作的先决条件，真正的事业必须从清醒的认知出发。而工作是实践，是人类生存和发展的全部基础。想起 13 岁那年，一位小友向我推荐陈学昭的小说《工作着是美丽的》，我一直记着这部令人鼓舞的作品。现在我早已年逾古稀，但仍在努力工作，没有去优游岁月，所以不断地感受着生命的美丽。

孙慕天

2018 年 1 月 27 日晨于三亚海滨